文科数学基础及应用

吉林大学数学学院
主　编　张　然
副主编　杨　雪　贾继伟　朱本喜　高彦伟

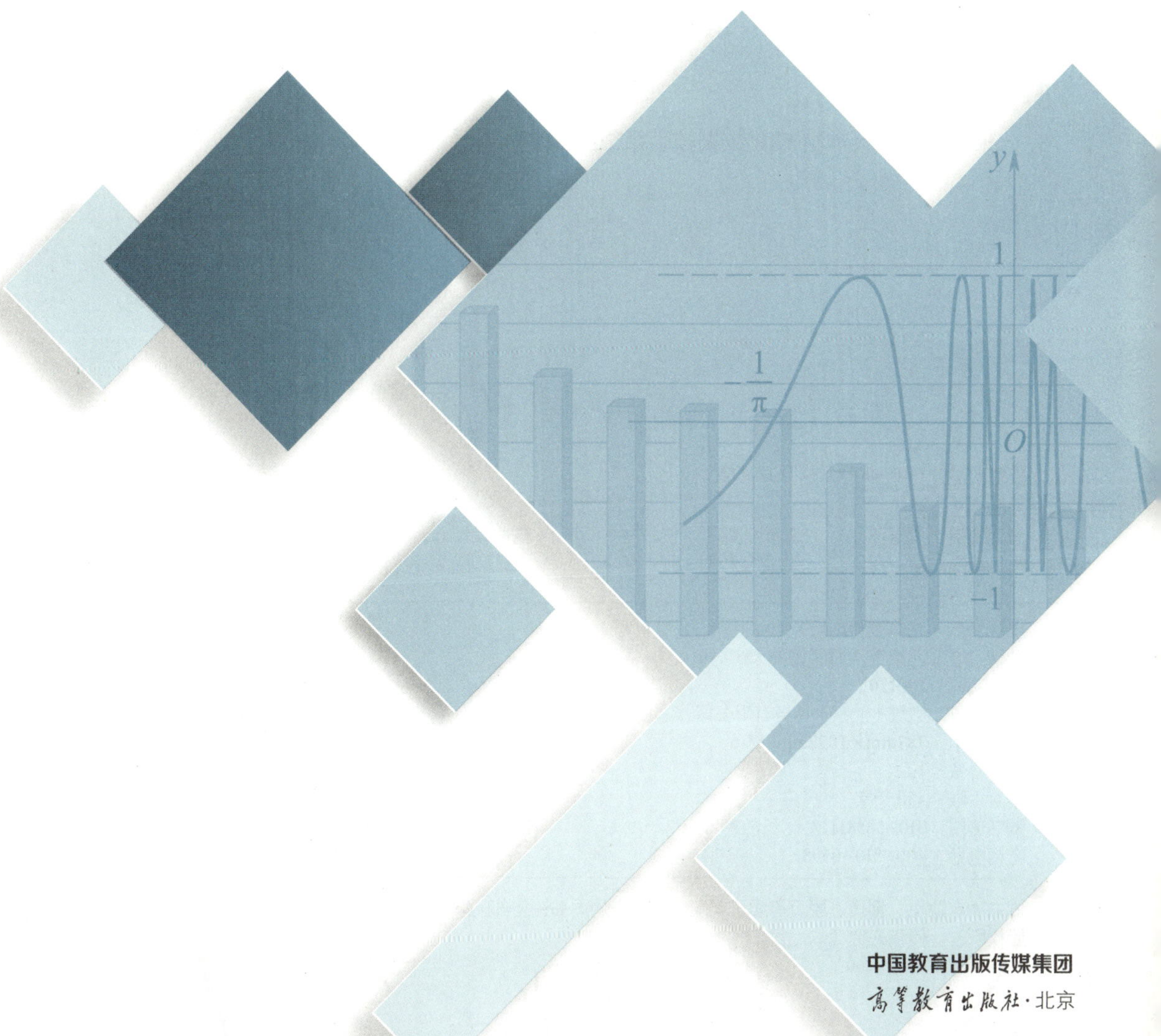

中国教育出版传媒集团
高等教育出版社·北京

内容提要

本书是针对高等学校人文社会科学类专业学生编写的教材。本书坚持在理论体系上保持完整性、严谨性、准确性和简洁性，旨在帮助学生掌握一定的现代数学的基础知识，吸收数学思想与方法的精华，提升数学素养，加强数学应用能力。

本书内容分为三篇，共计 10 章。第一篇为微积分，共 4 章，内容主要包括函数与极限、导数与微分、不定积分及定积分；第二篇为线性代数，共 3 章，内容主要包括行列式、矩阵、线性方程组及矩阵的对角化；第三篇为概率论与数理统计，共 4 章，内容主要包括随机事件及其概率、随机变量及数理统计初步。同时，也配置了讨论题、数学家简介、部分习题讲解等数字资源。

本书既可供高等学校人文社会科学类专业学生作为教材使用，亦可供想要了解数学知识的人文社会科学领域工作者参考。

图书在版编目（CIP）数据

文科数学基础及应用 / 张然主编；杨雪等副主编．北京：高等教育出版社，2024. 8. -- ISBN 978-7-04-062655-1

Ⅰ. O143

中国国家版本馆 CIP 数据核字第 2024MV4433 号

Wenke Shuxue Jichu ji Yingyong

策划编辑　贾翠萍　　责任编辑　贾翠萍　　封面设计　裴一丹　　版式设计　杜微言
责任绘图　裴一丹　　责任校对　张　薇　　责任印制　存　怡

出版发行　高等教育出版社
社　　址　北京市西城区德外大街4号
邮政编码　100120
印　　刷　中煤（北京）印务有限公司
开　　本　787mm×1092mm 1/16
印　　张　19.5
字　　数　450 千字
购书热线　010-58581118
咨询电话　400-810-0598
网　　址　http://www.hep.edu.cn
　　　　　http://www.hep.com.cn
网上订购　http://www.hepmall.com.cn
　　　　　http://www.hepmall.com
　　　　　http://www.hepmall.cn
版　　次　2024 年 8 月第 1 版
印　　次　2024 年 8 月第 1 次印刷
定　　价　42.00 元

物 料 号　62655-00

前言

在新文科建设视域下，培养新型社会所需要的优秀人文社会科学人才，关键在于不同学科之间进行交叉融合，而数学与人文社会科学的交叉融合又占有特别重要的地位。数学的思想与方法在人文社会科学问题研究中有着极为广泛的应用。超越现实世界的客观性使数学获得了在本体意义上的新的客观性，这使数学被赋予了特有的人文特质，它包含人类普遍的思想方法、人类认识的普遍范式和人类普遍的思维模式，具有造福人类的功能及独特生动的审美价值。数学具有的人文性，表现在数学的理性精神、批判精神、创新精神和对完美境界的追求精神，它在培养人的内在品格、气质、观念等方面有着独特的作用。随着新一轮的科技产业革命的到来，人类生活环境与方式也随之出现了巨大的变化。外部环境导致人文社会科学面对的问题具有高度的复杂性，很多问题需要数学的思想与方法帮助理解和认识。数学素养作为数学文化、数学知识、数学美学与数学价值观的集成在个体中的内化，是高层次文化素养的表现。所以，人文社会科学专业人才接受必要的数学教育，掌握一些现代数学的基础知识，吸收数学思想与方法的精华，提升数学素养，加强数学应用能力，对帮助他们成长为客观、理性、专业、包容的创新人才是十分有益的。

基于上面的考虑，我们组织编写了本书。我们认为，数学的思想和思维方法主要贯穿于数学的基本知识和习题之中，所以仍坚持教材在理论体系上保持完整性、严谨性、准确性和简洁性。本书分为三篇，共计 10 章。第一篇为微积分，包括函数与极限、一元函数微分学和一元函数积分学的基本内容，其中，第 1 章由张然编写，第 2 章由贾继伟编写，第 3，4 章由杨雪编写。第二篇为线性代数，主要介绍行列式、矩阵、线性方程组和特征值，由朱本喜编写。第三篇为概率论与数理统计，主要介绍随机事件和概率、随机变量及其分布与数字特征、统计的基本概念和参数估计，由高彦伟编写。同时，也配置了讨论题、数学家简介、部分习题讲解等数字资源。

本书是教育部首批新文科研究与改革实践项目“新文科大学数学课程体系和教材体系建设实践”的部分建设成果，是吉林大学“十四五”规划教材，得到了高等教育出版社和吉林大学教务处的大力支持与帮助，吴晓俐女士承担了本教材的编务工作。

编者在编写过程中，参考了一些文献资料和兄弟院校的相关教材，在此向其作者致以崇高的敬意，表示衷心的感谢。由于编者水平有限，书中的疏漏与不足之处，诚恳地希望广大读者批评指正。

编　者

2024 年 4 月

目 录

第1篇

微积分

微积分是数学的一门基础学科，它主要研究函数，并以极限为研究手段. 微积分诞生于17世纪，在其诞生之前，极限与无穷小的思想与概念已经历了千余年的孕育，成为微积分和大多数现代数学与技术的基石. 17世纪后半叶，在大量前期工作的基础之上，微积分的基本概念才开始在高等数学中确立，而无穷小学说被众多的哲学家、科学家和数学家视为科学进步、思想多元的关键.

第 1 章　函数与极限

微积分以变量为研究对象, 函数的关系就是变量之间的依赖关系, 极限是研究变量的一种基本方法.

本章主要介绍集合、函数、极限和函数的连续性等微积分所涉及的基本概念、方法以及它们的主要性质.

§1.1　函数

1.1.1　集合

集合是现代数学中的基本概念之一, 也是函数概念的基础. 下面我们将从集合开始这门课的学习.

在数学上, 将具有某种确定性质的对象的全体称为**集合**, 组成集合的每一个对象称为该集合的**元素**.

习惯上, 用大写拉丁字母 $A, B, C, X, Y, \cdots$ 表示集合, 用小写拉丁字母 $a, b, c, x, y, \cdots$ 表示集合的元素. 对于给定的集合来说, 它的元素是确定的. 若 a 是集合 A 中的元素, 则用 $a \in A$ 来表示; 若 a 不是 A 中的元素, 则用 $a \notin A$ (或 $a \overline{\in} A$) 来表示.

含有有限个元素的集合称为**有限集**; 含有无限多个元素的集合称为**无限集**; 不含任何元素的集合称为**空集**, 用 $\varnothing$ 表示.

表示集合的方法主要有两种, 一种是列举法, 就是把集合的所有元素一一列举出来, 写在大括号内. 例如, 把方程 $x^2-4=0$ 的解构成的集合表示为 $A=\{-2,2\}$. 另一种方法是描述法, 就是指出集合的元素所具有的性质. 一般地, 将具有某种性质的对象 x 所构成的集合表示为

$$A=\{x \mid x \text{ 具有某种性质}\}.$$

例如, 方程 $x^2-4=0$ 的解集也可以表示为 $A=\{x \mid x^2-4=0\}$.

设 A, B 是两个集合. 若 A 的每个元素都是 B 的元素, 则称 A 是 B 的**子集**, 记作 $A \subset B$(或 $B \supset A$); 若 $A \subset B$ 且 $B \subset A$, 则称 A 与 B **相等**, 记作 $A=B$.

若集合的元素都是数, 则称其为**数集**. 本书中涉及的集合都是数集. 常用的数集有:

自然数集, 用 $\mathbb{N}$ 表示, 即

$$\mathbb{N}=\{0,1,2,\cdots\}.$$

整数集, 用 $\mathbb{Z}$ 表示, 即

$$\mathbb{Z}=\{\cdots,-2,-1,0,1,2,\cdots\}.$$

有理数集, 用 $\mathbb{Q}$ 表示.

实数集, 用 $\mathbb{R}$ 表示.

复数集, 用 $\mathbb{C}$ 表示.

有时我们在表示数集的字母的右上角添加 "+" 或者 "−", 来表示该数集中所有正数或者负数构成的特定子集. 例如, $\mathbb{Z}^+$ 表示全体正整数构成的集合, $\mathbb{R}^-$ 表示全体负实数构成的集合等.

区间是微积分中常用的一类数集, 它们的记号和定义如下 (其中 $a,b\in\mathbb{R}$): 把 $[a,b]=\{x\mid a\leqslant x\leqslant b\}$ 称为**闭区间**; 把 $(a,b)=\{x\mid a<x<b\}$ 称为**开区间**; 把 $[a,b)=\{x\mid a\leqslant x<b\}$ 和 $(a,b]=\{x\mid a<x\leqslant b\}$ 称为**半开区间**; 前四个区间也称为**有限区间**. 把 $[a,+\infty)=\{x\mid x\geqslant a\}$, $(a,+\infty)=\{x\mid x>a\}$, $(-\infty,b]=\{x\mid x\leqslant b\}$, $(-\infty,b)=\{x\mid x<b\}$, $(-\infty,+\infty)=\mathbb{R}$ 称作**无限区间**.

a,b 分别称为区间的**左端点**和**右端点**, $b-a$ 称为**区间长度**. $+\infty$ 和 $-\infty$ 分别读作 "正无穷大" 和 "负无穷大", 它们不表示数值, 仅仅是记号. 在不一定要指明区间是开的或闭的以及是有限的或无限的场合, 我们就简单地称之为**区间**, 并且常用字母 I 表示.

区间可以在数轴上表示出来 (如图 1.1).

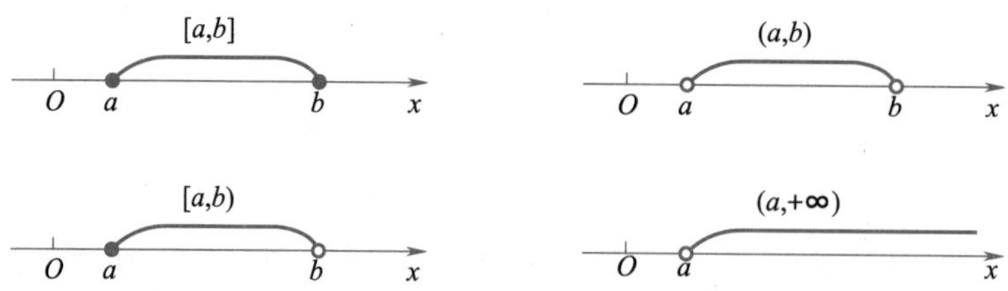

图 1.1

邻域也是微积分中经常用到的数集. 设 $a,\delta\in\mathbb{R}$, 其中 $\delta>0$, 数集

$$\{x||x-a|<\delta\}$$

称为点 a 的 δ **邻域**, 记为 $U(a,\delta)$, 点 a 称为**邻域的中心**, δ 称为**邻域的半径**. 因为

$$U(a,\delta)=\{x\mid-\delta<x-a<\delta\}=\{x\mid a-\delta<x<a+\delta\},$$

所以 $U(a,\delta)$ 就是开区间 $(a-\delta,a+\delta)$, 见图 1.2(a).

在 $U(a,\delta)$ 中去掉中心 a 后得到的数集

$$\{x|0<|x-a|<\delta\}$$

称为点 a 的**去心 δ 邻域**, 记作 $\mathring{U}(a,\delta)$. 显然

$$\mathring{U}(a,\delta)=(a-\delta,a)\cup(a,a+\delta)$$

是两个开区间的并集, 见图 1.2(b).

图 1.2

把开区间 $(a-\delta,a)$ 称为点 a 的**左 δ 邻域**, 把开区间 $(a,a+\delta)$ 称为点 a 的**右 δ 邻域**.

1.1.2　函数的概念

函数是对现实世界中各种变量之间的相互依存关系的一种抽象, 为了研究它, 我们首先给出映射的定义 (定义 1.1).

定义 1.1

设 X,Y 是两个非空集合, f 是一个对应法则. 若对于任何一个 $x\in X$, 按照对应法则 f, 都有唯一确定的 $y\in Y$ 和它对应, 则称 f 为 X 到 Y 的**映射**, 记为

$$f:X\to Y.$$

称元素 y 为在映射 f 之下 x 的**像**, 记为 $f(x)$, 即 $y=f(x)$; 称元素 x 为在映射 f 之下 y 的**原像**; 集合 X 称为映射 f 的**定义域**, 记作 D_f, 即 $D_f=X$; 而 X 的所有元素的像 $f(x)$ 的集合

$$\{y\mid y\in Y,y=f(x),x\in X\}$$

称为映射 f 的**值域**, 记作 R_f.

例 1.1　设集合 X 为某班全体学生, Y 为实数集合, 我们将每个学生与其身高建立对应关系, 则每个学生均有唯一的身高, 即对于集合 X 的每一个元素, 在集合 Y 中都有唯一确定的元素与之对应, 故这样的对应关系构成了从 X 到 Y 的映射.

对于定义 1.1, 要注意以下几点:

(1) 应区别 f 和 $f(x)$. 前者是从 X 到 Y 的一种对应关系, 后者是在 f 之下 x 的像, 是 Y 的一个元素.

(2) 对任何一个 $x \in X$, 都有且只有一个像 $y = f(x) \in Y$, 即像是唯一的.

(3) 对于某个 $y \in Y$, 若在映射 f 之下在 X 中有原像, 则其原像可能不止一个, 即原像不一定是唯一的.

若原像是唯一的, 即对于 X 中的任意两个不同的元素 $x_1 \neq x_2$, 它们的像 y_1, y_2 也满足 $y_1 \neq y_2$, 则称映射 f 为**单射**. 若映射 $f: X \to Y$ 满足 $R_f = Y$, 则称映射 f 为**满射**. 若映射 f 即是单射, 又是满射, 则称 f 为**一一映射 (一对一映射)**.

若 $f: X \to Y$ 是一一映射, 则对于每一个 $y \in Y$, 在 X 中存在唯一的 x 与 y 对应, 满足 $y = f(x)$, 或记作 $x \xrightarrow{f} y$, 这样就有了一个从 Y 到 X 的映射, 记作 $f^{-1}: Y \to X$, 称为映射 f 的**逆映射**.

设有映射

$$g: X \to Y, \quad f: Y \to Z,$$

则对于每一个 $x \in X$, 有

$$x \xrightarrow{g} y \xrightarrow{f} z(y \in Y, z \in Z).$$

这说明, 对于每一个 $x \in X$, 通过 y, 都存在唯一的 $z \in Z$ 与 x 对应, 因此产生了一个从 X 到 Z 的新映射, 记为 $f \circ g: X \to Z$, 称为 g 与 f 的**复合映射**.

有了映射的概念, 就可以在映射的基础上定义**函数** (定义 1.2).

定义 1.2

设非空数集 $X \subset \mathbb{R}, Y = \mathbb{R}$, 称从 X 到 Y 的映射

$$f: X \to Y$$

为定义在 X 上的**函数**, 称集合 X 为函数 f 的**定义域**, 也用 D_f 表示, 称集合 $R_f = \{f(x) \mid x \in D_f\}$ 为函数 f 的**值域**. 函数通常记为

$$y = f(x), x \in D_f,$$

称 x 为**自变量**, 称 y 为**因变量**.

当自变量 x 取数值 $x_0 \in D_f$ 时, 与 x_0 对应的因变量 y 的数值称为定义在 D_f 上的函数 $y = f(x)$ 在点 x_0 处的**函数值**, 记为 $f(x_0)$ 或 $y|_{x=x_0}$, 这时, 我们也说函数 $f(x)$ 在 x_0

处有定义.

由于经常通过函数值来研究函数, 为了方便, 在以后的叙述中, 将 “定义在 X 上的函数 f” 说成函数 $y=f(x), x\in X$. 如前所述, 我们应该注意到 f 和 $f(x)$ 是有区别的.

从函数的定义上来看, 确定一个函数的两个基本条件是定义域和对应法则. 若两个函数的定义域相同, 对应法则也相同, 则不论使用什么样的函数记号, 它们都是同一个函数.

在实际问题中, 要根据问题的条件或实际意义来确定函数的定义域. 对于用公式形式给出的函数, 若没有其他附加条件, 则认为函数的定义域是使得公式有意义的一切 x 值. 例如, 由公式

$$f(x)=\sqrt{1-x^2}$$

给出的函数 $f(x)$ 的定义域是闭区间 $[-1,1]$. 但是, 若 x 是斜边长为 1 的直角三角形的一条直角边的边长, $f(x)$ 是另一条直角边的边长, 则函数 $f(x)=\sqrt{1-x^2}$ 的定义域应为 $(0,1)$.

例 1.2　求函数 $y=\sqrt{16-x^2}+\lg\sin x$ 的定义域.

解　要使函数 y 的表达式有意义, 必须有

$$\begin{cases}16-x^2\geqslant 0,\\ \sin x>0,\end{cases}$$

即

$$\begin{cases}-4\leqslant x\leqslant 4,\\ 2n\pi<x<(2n+1)\pi \quad (n=0,\pm1,\cdots).\end{cases}$$

这两个不等式的公共解为

$$-4\leqslant x<-\pi \quad \text{或} \quad 0<x<\pi,$$

故函数的定义域为 $[-4,-\pi)\cup(0,\pi)$.

通常表示函数的办法是给出解析表达式 (公式) 的形式, 例如, $y=\cos x, y=\ln(1+x^2)$ 等. 函数也可以用其他的方式给出, 如表格法, 图形法等.

在平面直角坐标系 xOy 中, 点的集合

$$\{(x,y)\mid y=f(x), x\in D_f\}$$

称为函数 $y=f(x)$ 的**图形** (或**图像**). 一个函数的图形通常是一条曲线 (图 1.3), 称之为**曲线** $y=f(x)$. 函数的图形具有直观性和明显性, 使我们有可能利用几何方法研究函数的有关特性. 相反, 一些几何问题也可借助函数来做理论研究.

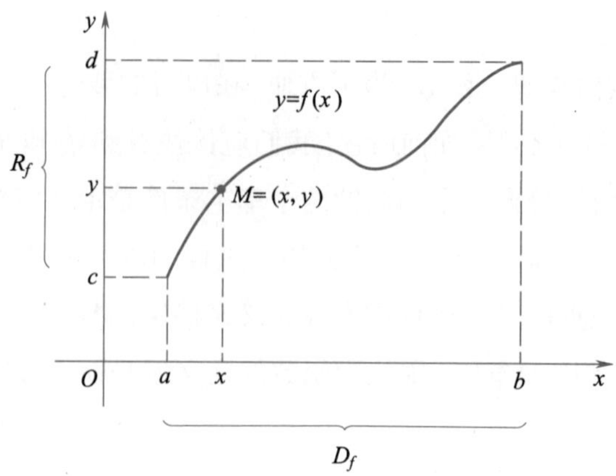

图 1.3

在函数的定义中, 对于每一实数 $x \in X$, 对应唯一的实数 y, 这样的函数也称为**单值函数**. 有时也会遇到这样的情况: 对于实数集 X 中的某些实数 x, 每一个数 x 可能对应于几个甚至无穷多个 y 值. 例如: $y = \pm\sqrt{1-x^2}, y = \arcsin x$ 等. 这种情况不符合上述函数的定义, 但为了方便, 有时也把它们称作**多值函数**. 今后, 若无特别声明, 本书所讨论的函数都是指单值函数.

下面给出一些以后经常用到的函数.

例 1.3 绝对值函数

$$y = |x| = \begin{cases} -x, & x < 0, \\ x, & x \geqslant 0, \end{cases}$$

它的定义域为 $(-\infty, +\infty)$, 值域为 $[0, +\infty)$, 如图 1.4 所示.

例 1.4 符号函数

$$y = \operatorname{sgn} x = \begin{cases} -1, & x < 0, \\ 0, & x = 0, \\ 1, & x > 0, \end{cases}$$

它的定义域为 $(-\infty, +\infty)$, 值域为 $\{-1, 0, 1\}$, 如图 1.5 所示. 显然, 对于任意 $x \in (-\infty, +\infty)$, 有

$$|x| = x \operatorname{sgn} x.$$

例 1.5 对于任意实数 x, 用 $[x]$ 表示不超过 x 的最大整数. 例如,

$$[2] = 2, \quad \left[-\frac{1}{2}\right] = -1, \quad \left[\frac{1}{\sqrt{2}}\right] = 0, \quad [-\pi] = -4.$$

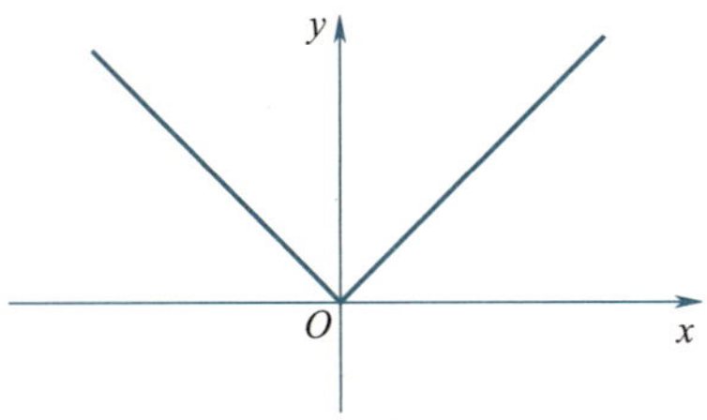

图 1.4

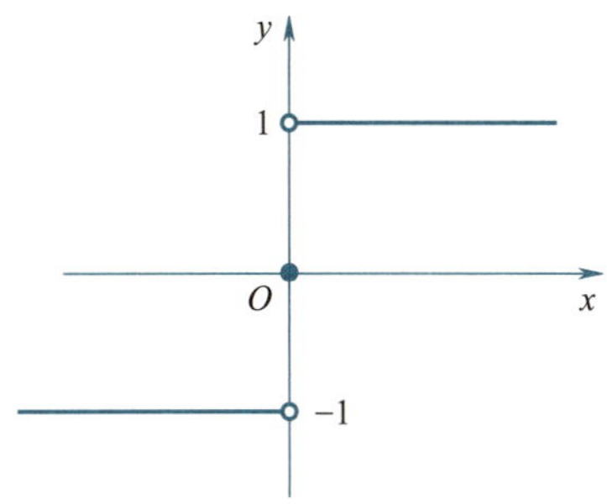

图 1.5

这个函数可以分段表示如下 (如图 1.6):

$$y = [x] = n, \quad n \leqslant x < n+1 \quad (n = 0, \pm 1, \pm 2, \cdots).$$

它的定义域为 $(-\infty, +\infty)$, 值域为 $\mathbb{Z} = \{$ 整数 $\}$.

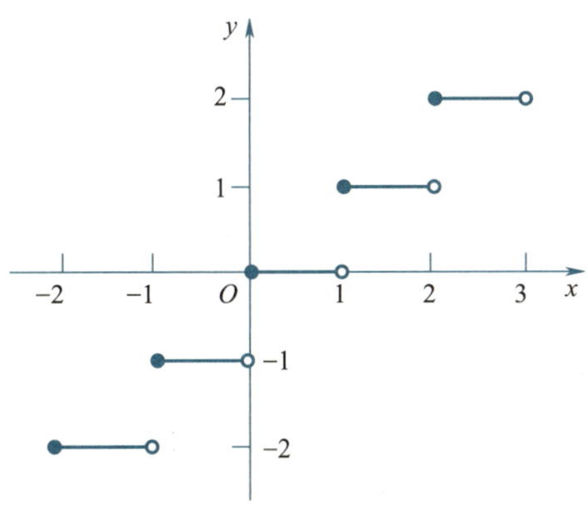

图 1.6

例 1.6　狄利克雷 (Dirichlet) 函数

$$y = D(x) = \begin{cases} 1, & x \text{ 为有理数}, \\ 0, & x \text{ 为无理数}, \end{cases}$$

它的定义域为 $(-\infty, +\infty)$, 值域为 $\{0, 1\}$.

例 1.3 到例 1.6 中这几个函数在定义域的不同部分用不同的解析式表示, 这样的函数称为**分段初等函数** (简称**分段函数**). 它也是自然科学、工程技术和经济学中常用的函数形式.

1.1.3 函数的性质

1. 有界性

设函数 $y=f(x)$ 的定义域为 D_f, 实数集 $X\subset D_f$, 若存在正数 M, 使得对于任何的 $x\in X$, 都有不等式

$$|f(x)|\leqslant M$$

成立, 则称 $f(X)$ 在 X 上**有界**; 若这样的正数 M 不存在, 就说函数 $f(x)$ 在 X 上**无界**.

从几何直观上来看, 若函数 $y=f(x)$ 在区间 $[a,b]$ 上有界, 则函数 $y=f(x)$ 的图形位于两条平行直线 $y=M,y=-M$ 之间, 如图 1.7 所示.

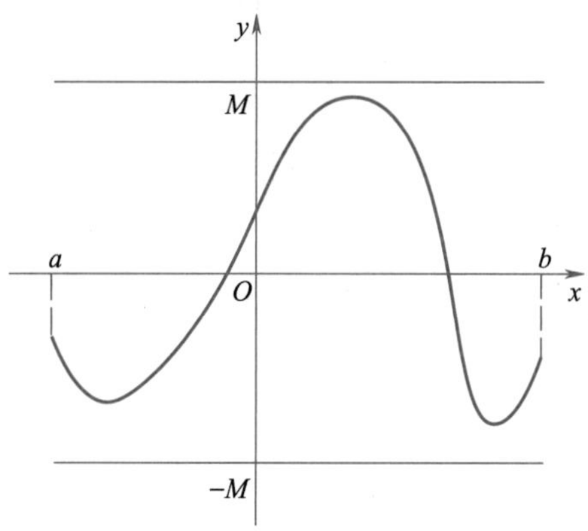

图 1.7

例如, $f(x)=\cos x$, 因为对于任意的 $x\in(-\infty,+\infty)$, 都有

$$|\cos x|\leqslant 1,$$

若取 $M=1$ (当然也可以取任何大于 1 的数作为 M), 则函数 $f(x)=\cos x$ 满足不等式

$$|f(x)|\leqslant M,$$

所以函数 $f(x)=\cos x$ 在 $(-\infty,+\infty)$ 内有界.

应该注意的是, 讨论函数的有界性, 不仅仅要考虑函数的表达式, 还要考虑自变量 x 的取值范围 X. 同一个函数在自变量的不同范围上的有界性可能是不同的.

例 1.7 证明函数 $f(x)=\dfrac{1}{x}$ 在区间 $(1,2)$ 内是有界的, 在 $(0,1)$ 内是无界的.

证 若取 $M=1$, 则对于任意 $x\in(1,2)$, 都有

$$|f(x)|=\left|\frac{1}{x}\right|\leqslant 1,$$

所以函数 $f(x)$ 在区间 $(1,2)$ 内是有界的.

对于任何正数 M (不妨设 $M>1$), 取 $x_0=\dfrac{1}{2M}\in(0,1)$, 则有

$$\left|f\left(x_0\right)\right|=\left|\frac{1}{x_0}\right|=2M>M,$$

所以函数 $f(x)$ 在区间 $(0,1)$ 内是无界的.

2. 单调性

设函数 $y=f(x)$ 的定义域为 D_f, 区间 $X\subset D_f$, 在 X 上任取两点 x_1,x_2. 若当 $x_1<x_2$ 时, 有

$$f\left(x_1\right)<f\left(x_2\right)\left(\text{或} f\left(x_1\right)>f\left(x_2\right)\right),$$

则称 $y=f(x)$ 在 X 上是**单调增加函数** (或**单调减少函数**); 若当 $x_1<x_2$ 时, 有

$$f\left(x_1\right)\leqslant f\left(x_2\right)\left(\text{或} f\left(x_1\right)\geqslant f\left(x_2\right)\right),$$

则称 $y=f(x)$ 在 X 上是**单调不减函数** (或**单调不增函数**). 函数的这些性质统称为**单调性**.

若 $y=f(x)$ 在区间 I 上是单调函数, 则称区间 I 为函数 $y=f(x)$ 的**单调区间**.

单调增加的函数的图形是沿 x 轴正向上升的 (如图 1.8), 单调减少的函数的图形是沿 x 轴正向下降的 (如图 1.9).

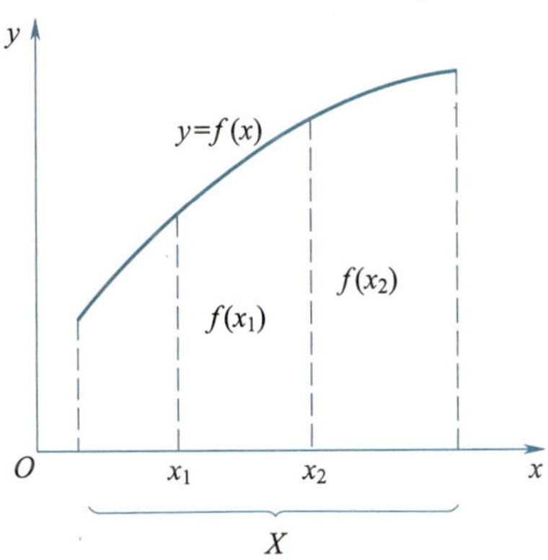

图 1.8

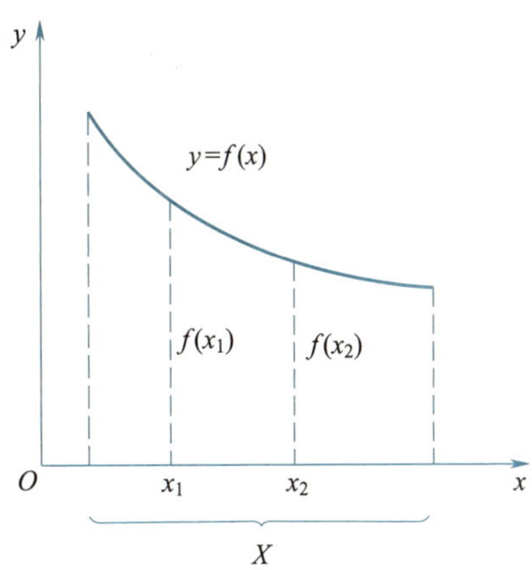

图 1.9

函数 $f(x)$ 在区间 X 上单调增加 (或单调减少) 的充分必要条件是 $-f(x)$ 在 X 上单调减少 (或单调增加).

例 1.8 确定函数 $f(x)=3\left(x^2-1\right)$ 的单调区间.

解 对于任意的 x_1, x_2, 有

$$f(x_1) - f(x_2) = 3\left(x_1^2 - 1\right) - 3\left(x_2^2 - 1\right) = 3\left(x_1^2 - x_2^2\right).$$

当 $x_1, x_2 \in (-\infty, 0]$ 且 $x_1 < x_2$ 时, 有 $x_1^2 > x_2^2$, 于是 $3(x_1^2 - x_2^2) > 0$, 即 $f(x_1) - f(x_2) > 0$, 从而

$$f(x_1) > f(x_2),$$

因此 $f(x)$ 在 $(-\infty, 0]$ 上单调减少.

当 $x_1, x_2 \in [0, +\infty)$ 且 $x_1 < x_2$ 时, 有 $x_1^2 < x_2^2$, 于是 $3(x_1^2 - x_2^2) < 0$, 即 $f(x_1) - f(x_2) < 0$, 从而

$$f(x_1) < f(x_2),$$

因此 $f(x)$ 在 $[0, +\infty)$ 上单调增加.

由上述讨论可知函数 $f(x)$ 在 $(-\infty, +\infty)$ 内不是单调函数, 它的单调区间为 $(-\infty, 0]$ 及 $[0, +\infty)$.

3. 奇偶性

设函数 $y = f(x)$ 的定义域 D_f 关于坐标原点对称, 若对任何 $x \in D_f$, 有

$$f(-x) = -f(x),$$

则称 $y = f(x)$ 为**奇函数**; 若对任何 $x \in D_f$, 有

$$f(-x) = f(x),$$

则称 $y = f(x)$ 为**偶函数**.

奇函数的图形关于坐标原点对称, 偶函数的图形关于 y 轴对称.

例如, 函数 $f(x) = x^3$ 是奇函数 (如图 1.10), $f(x) = x^2$ 是偶函数 (如图 1.11), 而 $f(x) = x^3 + x^2$ 既不是奇函数也不是偶函数.

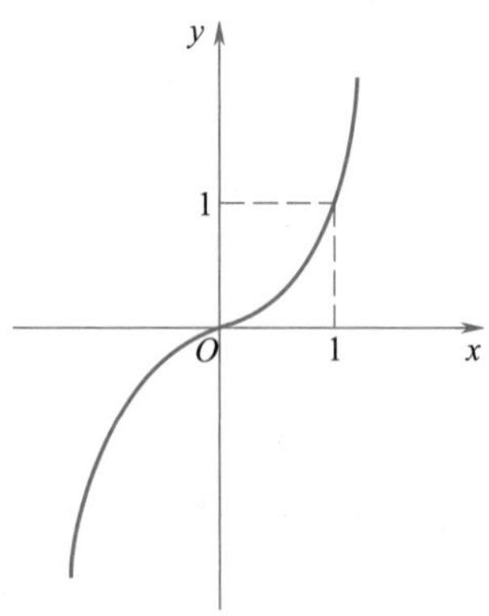

图 1.10

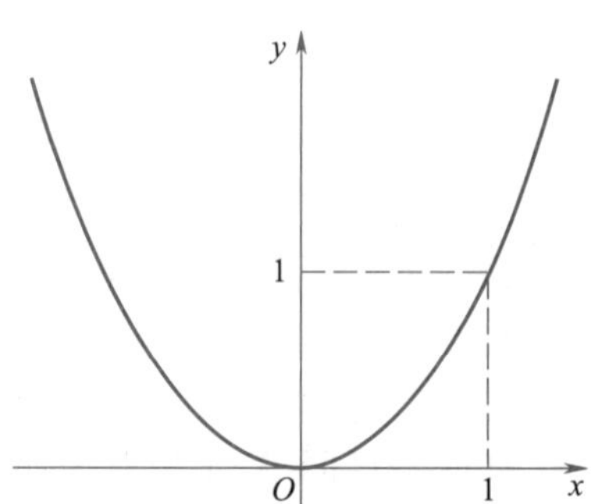

图 1.11

例 1.9　判断函数 $f(x)=\log_2\left(x+\sqrt{1+x^2}\right)$ 的奇偶性.

解　函数 $f(x)$ 的定义域为 $(-\infty,+\infty)$. 对任意实数 x, 由于

$$\begin{aligned}f(-x)&=\log_2\left(-x+\sqrt{1+(-x)^2}\right)\\&=\log_2\left(\sqrt{1+x^2}-x\right)\\&=\log_2\frac{1}{\sqrt{1+x^2}+x}\\&=-\log_2\left(x+\sqrt{1+x^2}\right)\\&=-f(x),\end{aligned}$$

所以 $f(x)=\log_2\left(x+\sqrt{1+x^2}\right)$ 是奇函数.

根据函数奇偶性的定义, 可以得到下面的几个结论: 设 I 是关于坐标原点对称的区间, 则在区间 I 上的两个奇函数的和或差仍是奇函数, 两个奇函数的乘积是偶函数, 两个偶函数的和或积是偶函数, 奇函数与偶函数的乘积是奇函数, 奇函数的倒数 (如果存在的话) 是奇函数, 偶函数的倒数 (如果存在的话) 是偶函数.

4. 周期性

设函数 $y=f(x)$ 的定义域为 D_f, 若存在正数 T, 对任何 $x\in D_f$, 有 $x+T\in D_f$, 且

$$f(x+T)=f(x),$$

则称 $y=f(x)$ 为**周期函数**, T 称为 $y=f(x)$ 的一个**周期**.

显然, 如果 T 是 $f(x)$ 的一个周期, 则 $2T,3T,\cdots,nT$ (n 为正整数), $\cdots$ 都是 $f(x)$ 的周期. 通常称使 $f(x+T)=f(x)$ 成立的最小正数 T 为函数 $f(x)$ 的**周期**. 例如, $f(x)=\sin x$ 是以 2π 为周期的周期函数.

若 $y=f(x),x\in D_f$ 是以 T 为周期的周期函数, 则在 D_f 内的每个长度为 T, 左端点相距为 $kT\,(k\in\mathbb{Z}^+)$ 的区间上, 函数图形有相同的形状 (图 1.12).

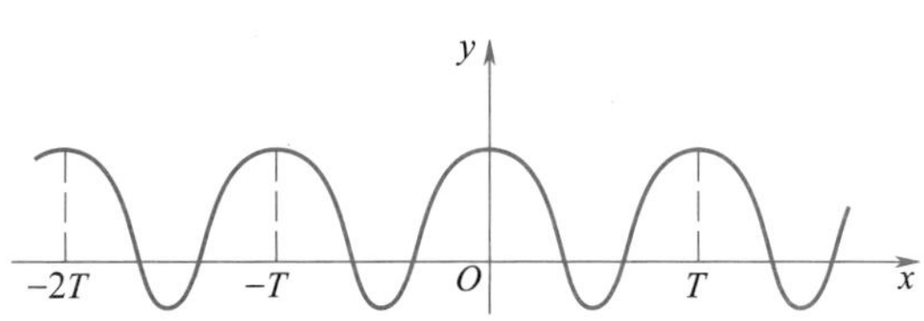

图 1.12

例 1.10　设 $y=f(x)$ 是以 ω 为周期的周期函数, 证明函数 $y=f(ax)(a>0)$ 是以 $\dfrac{\omega}{a}$ 为周期的周期函数.

证　因为 $f(x)$ 以 ω 为周期, 从而有

$$f(ax)=f(ax+\omega),$$

即

$$f(ax)=f\left[a\left(x+\frac{\omega}{a}\right)\right],$$

所以 $f(ax)$ 是以 $\frac{\omega}{a}$ 为周期的周期函数.

1.1.4　反函数、复合函数及初等函数

与前面介绍的逆映射与复合映射的概念相对应, 在函数中有反函数与复合函数的概念.

设函数 $f: D_f \to R_f$ 为一一映射, 其中 D_f 为定义域, R_f 为值域, 则称逆映射 $f^{-1}: R_f \to D_f$ 为函数 f 的**反函数**, 而函数 f 也可称为**直接函数**. f^{-1} 的对应法则由 f 的对应法则确定, 即对于每个 $y \in R_f$, 若 $y=f(x)$, 则 $x=f^{-1}(y)$. 由于函数关系与自变量和因变量用什么字母表示无关, 而且习惯上总是用 x 表示自变量, 用 y 表示因变量, 因此常把函数 $y=f(x)$ 的反函数 $x=f^{-1}(y)$ 写作 $y=f^{-1}(x)$. 例如, 函数 $y=2x+1$ 是一个自 $\mathbb{R}$ 到 $\mathbb{R}$ 的一一映射, 故有反函数 $x=\frac{y-1}{2}, y\in\mathbb{R}$. 互换自变量与因变量的符号, 通常将这个反函数写作 $y=\frac{x-1}{2}, x\in\mathbb{R}$.

函数 $y=f(x)$ 与它的反函数 $x=f^{-1}(y)$ 的图形在同一平面直角坐标系上是同一条曲线. 如果反函数用 $y=f^{-1}(x)$ 表示, 那么在同一直角坐标系上, 曲线 $y=f(x)$ 与曲线 $y=f^{-1}(x)$ 关于直线 $y=x$ 对称 (图 1.13). 以后如不作特殊说明, 函数 $y=f(x)$ 的反函数都是指 $y=f^{-1}(x)$.

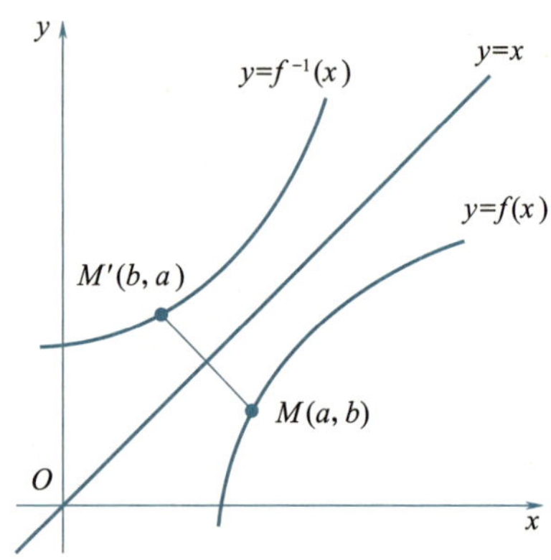

图 1.13

并不是所有函数都有反函数, 例如, 函数 $y=f(x)=x^2$ 的定义域为 $D_f=(-\infty,+\infty)$, 值域为 $R_f=[0,+\infty)$. 因为映射

$$f: D_f \to R_f$$

不是一一映射, 所以函数 $y=x^2$ 没有反函数. 如果函数 $y=f(x)$ 是单调函数, 那么相应的映射就是一一映射, 因此有下面的结论.

单调函数 $y=f(x)$ 必存在单调的反函数 $y=f^{-1}(x)$, 且 $y=f^{-1}(x)$ 具有与 $y=f(x)$ 相同的单调性.

例 1.11　求函数 $y=\dfrac{10^x}{10^x+1}$ 的反函数.

解　函数 $y=\dfrac{10^x}{10^x+1}$ 的定义域为 $D_f=(-\infty,+\infty)$, 值域为 $R_f=(0,1)$. 由

$$y=\frac{10^x}{10^x+1},$$

可解得

$$x=\lg\frac{y}{1-y}.$$

再将 x 与 y 位置互换, 得反函数

$$y=\lg\frac{x}{1-x}\quad(0<x<1).$$

下面我们介绍复合函数.

在复合映射的定义中, 若集合 X,Y,Z 都是实数集, 则相应的复合映射就称为**复合函数**. 为了应用的方便, 我们把复合函数的定义叙述如下:

设函数 $y=f(u)$ 的定义域为 D_f, 函数 $u=\varphi(x)$ 的定义域为 D_φ, 值域为 R_φ, 当 $D_f\cap R_\varphi$ 非空时, 记 $D=\{x\mid u=\varphi(x),x\in D_\varphi,u\in D_f\}$, 显然有 $D\subset D_\varphi$. 对于任意 $x\in D$ 有 $u=\varphi(x)\in D_f\cap R_\varphi$ 与之对应, 进而有 $y=f(x)$ 与之对应. 这样通过 u 得到了以 x 为自变量, y 为因变量的函数, 称为由 $y=f(u)$ 与 $u=\varphi(x)$ 构成的**复合函数**, 记作

$$y=f[\varphi(x)],$$

并称 u 为**中间变量**.

例如, 函数 $y=\arctan x^2$ 可以看成是由函数 $y=\arctan u$ $(u\in D_f=(-\infty,+\infty))$ 及 $u=x^2\,(x\in D_\varphi=(-\infty,+\infty)$, 值域为 $R_\varphi=[0,+\infty))$ 复合而成的, 其定义域为 $D=(-\infty,+\infty)$.

例 1.12　设 $f(\sin x)=\cos 2x+1$, 求 $f(x)$ 及 $f(\cos x)$

解　因为

$$f(\sin x)=\cos 2x+1=1-2\sin^2 x+1=2-2\sin^2 x,$$

所以

$$f(x)=2-2x^2,$$

$$f(\cos x)=2-2\cos^2 x=2\sin^2 x.$$

下面介绍基本初等函数与初等函数.

基本初等函数包括常函数、幂函数、指数函数、对数函数、三角函数、反三角函数.

有了基本初等函数, 可以给出初等函数的定义 1.3.

定义 1.3

由基本初等函数经过有限次四则运算以及有限次复合运算所构成并可用一个式子表示的函数, 称为**初等函数**.

例如, $y=\sqrt{1-x^2}, y=\dfrac{\sqrt{1+\mathrm{e}^{x^2}}}{1+\sin^2 x}, y=\dfrac{\ln\left(x+\sqrt{1+x^2}\right)}{\tan^2 2x+\cot^2 x}$ 等都是初等函数.

初等函数是我们讨论的主要对象. 不是初等函数的函数一般称为**非初等函数**. 某些分段函数就是非初等函数. 例如, 函数 $y=\operatorname{sgn} x, y=[x]$ 等都不是初等函数. 它们也称为**分段初等函数**.

§1.2 极限

而极限方法是研究函数的一种基本方法, 深入而准确地理解极限的概念, 掌握极限的运算方法是学好微积分的基础.

1.2.1 数列的极限

在讨论函数极限之前, 我们先介绍数列极限.

定义 1.4

按照正整数的顺序排列起来的无穷多个数

$$x_1, x_2, \cdots, x_n, \cdots$$

叫做**数列**, 记作 $\{x_n\}$ 或 $x_n(n=1,2,\cdots)$. 并把每个数叫做数列的**项**, 第 n 个数叫做数列的第 n 项或**通项**.

若令

$$x_n=f(n), \quad n=1,2,\cdots,$$

则可以看出, 数列实际上是定义在集合 $\mathbb{Z}^+$ 上的函数.

例 1.13

(1) $1, \dfrac{1}{2}, \dfrac{1}{3}, \cdots, \dfrac{1}{n}, \cdots$;

(2) $3, \dfrac{5}{2}, \dfrac{7}{3}, \cdots, \dfrac{2n+1}{n}, \cdots$;

(3) $-\dfrac{1}{2}, -\dfrac{1}{4}, -\dfrac{1}{8}, \cdots, -\dfrac{1}{2^n}, \cdots$;

(4) $1,-1,1, \cdots,(-1)^{n+1}, \cdots$;

(5) $2, 4, 6, \cdots, 2n, \cdots$

都是数列, 可以分别记为

$$\left\{\frac{1}{n}\right\}, \left\{\frac{2n+1}{n}\right\}, \left\{-\frac{1}{2^n}\right\}, \{(-1)^{n+1}\} \quad 及 \quad \{2n\}.$$

由于实数与数轴上的点是一一对应的, 因此, 一个数列在数轴上对应无穷多个点, 也称为一个点列.

类似于函数的单调性及有界性, 可以定义数列的单调性与有界性概念.

对于数列 $\{x_n\}$, 若有

$$x_1 \leqslant x_2 \leqslant \cdots \leqslant x_n \leqslant x_{n+1} \leqslant \cdots,$$

则称数列 $\{x_n\}$ 是**单调增加的**; 若有

$$x_1 \geqslant x_2 \geqslant \cdots \geqslant x_n \geqslant x_{n+1} \geqslant \cdots,$$

则称数列 $\{x_n\}$ 是**单调减少的**. 单调增加数列或单调减少数列统称为**单调数列**.

例 1.13 中的数列 (3)、(5) 是单调增加的, 数列 (1)、(2) 是单调减少的. 数列 (4) 不是单调数列.

一个数列 $\{x_n\}$, 若存在正数 M, 使得对一切 $n \in \mathbb{Z}^+$ 都有

$$|x_n| \leqslant M,$$

则称数列 $\{x_n\}$ 是**有界的**; 若上述的正数 M 不存在, 即不论 M 多么大, 都有这样的正整数 m 存在, 使得

$$|x_m| > M,$$

则称数列 x_n **无界**.

例 1.13 中的数列 (1)、(2)、(3)、(4) 都是有界数列, 数列 (5) 是无界数列.

一般地, 对于数列 $\{x_n\}$, 若存在常数 a (或 b), 使得对于任意 $n \in \mathbb{Z}^+$, 都有

$$x_n \geqslant a \quad (x_n \leqslant b),$$

就将 a 称为数列 $\{x_n\}$ 的**下界** (b 称为数列 $\{x_n\}$ 的**上界**). 数列 $\{x_n\}$ 有界的充分必要条件是数列既有上界又有下界.

下面给出数列极限的定性描述.

一般地, 对于数列 $\{x_n\}$, 若 n 无限增大时, x_n 无限地接近于某一个常数 a, 则说**数列 $\{x_n\}$ 有极限**, 并把常数 a 叫做 $\{x_n\}$ 的**极限**. 否则, 称数列 $\{x_n\}$ 没有极限.

按照这种说法, 数列 $\left\{\frac{1}{n}\right\}$ 有极限, 极限为 0, 数列 $\left\{\frac{2n+1}{n}\right\}$ 的极限为 2, 数列 $\left\{-\frac{1}{2^n}\right\}$ 的极限为 0, 数列 $\{(-1)^{n+1}\}$ 及 $\{2n-1\}$ 没有极限.

这种描述性的说法, 如 "n 无限增大", "x_n 无限接近于某一个常数" 等都不够准确, 应该将这些说法用严密精确的数学语言和数学表达式表述出来.

我们以数列 $\left\{\frac{n+(-1)^n}{n}\right\}$ 为例来讨论这个问题. 不难看出, 当 n 无限增大时, $x_n = \frac{n+(-1)^n}{n}$ 无限接近于常数 1. 如何用数学表达式反映这个事实呢? 这里主要有两句话, 一句是 "n 无限增大", 另一句是 "x_n 无限接近于常数 1". 我们说 x_n 无限接近于常数 1 就是要求 $|x_n-1|$ 可以任意小, 也就是可以小于任意的、预先给定的无论多么小的正数; n 无限增大就是要求 n 充分大, 大到足以保证 $|x_n-1|$ 小于前面已经预先给定的、无论多么小的正数. 比如, 给定正数 $\frac{1}{100}$, 由于

$$|x_n-1| = \left|\frac{(-1)^n}{n}\right| = \frac{1}{n},$$

所以只要使 $|x_n-1| < \frac{1}{100}$, 即 $n > 100$ 就行了. 又如, 给定正数 10^{-10}, 要使 $|x_n-1| < 10^{-10}$, 只要 $n > 10^{10}$ 就行了. 一般地, 对于任意的、预先给定的正数 ε, 要使不等式 $|x_n-1| < \varepsilon$ 成立, 只要 $n > \frac{1}{\varepsilon}$ 就行了. 因此, 只要 n 充分大, 就能保证 $|x_n-1|$ 可以任意小.

这就是说, 对于任意给定的 $\varepsilon > 0$, 无论它怎样小, 相应地, 总能找到一个大于或等于 $\frac{1}{\varepsilon}$ 的正整数 N, 即 $N \geqslant \frac{1}{\varepsilon}$, 使得对于满足 $n > N$ 的一切 a_n, 即

$$a_{N+1}, a_{N+2}, a_{N+3}, \cdots,$$

都满足不等式

$$|x_n-1| < \varepsilon.$$

由于 ε 的任意性, 上述不等式就精确地刻画了数列 $\{x_n\}$ 随着 n 无限增大 (记作 $n \to \infty$) 而无限接近于常数 1 这一变化趋向. 也就是说, 我们用数学语言和数学表达式把 "n 无限增大, x_n 无限接近于常数 1" 的含义作了精确的描述. 下面给出数列极限的定义.

定义 1.5

设 $\{x_n\}$ 为一个数列, a 为一个常数. 若对于任意给定的正数 ε, 总存在一个正整数 N, 使得当 $n > N$ 时, 有

$$|x_n - a| < \varepsilon,$$

则称 a 是数列 $\{x_n\}$ 的**极限**. 记作

$$\lim_{n\to\infty} x_n = a \quad 或 \quad x_n \to a(n\to\infty).$$

若数列 $\{x_n\}$ 有极限, 则称该数列为**收敛的**. 否则, 称其为**发散的数列**. $\{x_n\}$ 以 a 为极限也可以说成 $\{x_n\}$ 收敛于 a.

例如, 当 $n\to\infty$ 时, 数列 $\left\{1+\dfrac{(-1)^n}{n}\right\}$ 收敛于 1, 数列 $\left\{\dfrac{1}{n}\right\}$ 收敛于 0, 数列 $\{(-1)^{n+1}\}$ 是发散数列, 数列 $\{2n-1\}$ 是发散数列.

数列极限有明显的几何意义.

若 $\lim\limits_{n\to\infty} x_n = a$, 则对于任意给定的 $\varepsilon>0$, 都存在正整数 N, 使得 $n>N$ 时, $|x_n-a|<\varepsilon$, 即从第 $N+1$ 项开始 x_n 的所有项全部落到点 a 的 ε 邻域 $(a-\varepsilon, a+\varepsilon)$ 中, 在这个邻域之外, 最多只有有限项 $x_1, x_2, \cdots, x_N$ (图 1.14).

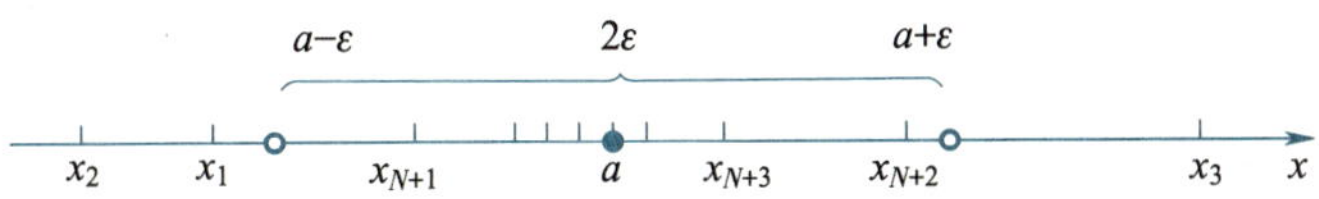

图 1.14

例 1.14　利用定义证明

$$\lim_{n\to\infty}\frac{2n+1}{n}=2.$$

证　对于任意给定的正数 ε, 欲使

$$\left|\frac{2n+1}{n}-2\right|=\frac{1}{n}<\varepsilon,$$

只要 $n>\dfrac{1}{\varepsilon}$ 即可. 因此, 取正整数 $N\geqslant\left[\dfrac{1}{\varepsilon}\right]$, 则当 $n>N$ 时, 恒有

$$\left|\frac{2n+1}{n}-2\right|<\varepsilon$$

成立. 由此可知, 当 $n\to\infty$ 时, $x_n=\dfrac{2n+1}{n}$ 以 2 为极限, 即

$$\lim_{n\to\infty}\frac{2n+1}{n}=2.$$

例 1.15　用定义证明

$$\lim_{n\to\infty} q^n = 0 \quad (|q|<1).$$

证 当 $q=0$ 时, 等式显然成立.

当 $0<|q|<1$ 时, 对任意给定的正数 ε (不妨设 $\varepsilon<1$), 为使不等式

$$|q^n-0|=|q^n|<\varepsilon$$

成立. 只需 $n\ln|q|<\ln\varepsilon$, 即 $n>\dfrac{\ln\varepsilon}{\ln|q|}$ (因为 $\ln|q|<0$). 取正整数 $N\geqslant\left[\dfrac{\ln\varepsilon}{\ln|q|}\right]$, 则当 $n>N$ 时, 有不等式

$$|q^n-0|<\varepsilon$$

成立, 即

$$\lim_{n\to\infty}q^n=0(|q|<1).$$

有了数列极限的定义, 接下来我们来看数列极限的性质.

定理 1.1

(极限的唯一性) 若数列 $\{x_n\}$ 收敛, 则其极限唯一.

定理 1.2

(有界性) 收敛数列必有界.

数列有界是数列收敛的必要条件, 但不是充分条件. 例如, 数列

$$x_n=1+(-1)^n, n=1,2,\cdots,$$

显然对于任意 $n\in\mathbb{Z}^+$, 都有

$$|x_n|\leqslant 2,$$

因此, 数列 $\{x_n\}$ 是有界的. 但当 n 无限增大时, x_n 却不能无限接近某个常数. 因此, 数列 $\{x_n\}$ 发散.

定理 1.3

(保号性) 若 $\lim\limits_{n\to\infty}x_n=a$, $\lim\limits_{n\to\infty}y_n=b$, 且 $a>b$, 则存在正整数 N, 当 $n>N$ 时, 恒有 $x_n>y_n$.

在上述定理中, 若取 $y_n=b(n=1,2,\cdots)$, 即得如下结论:

推论 1.1

若 $\lim\limits_{n\to\infty} x_n = a$, 且 $a > b$ (或 $a < b$), 则存在正整数 N, 当 $n > N$ 时, 有 $x_n > b$ (或 $x_n < b$).

在上面的推论中取 $b = 0$, 则有

推论 1.2

若 $\lim\limits_{n\to\infty} x_n = a$, 且 $a > 0$ (或 $a < 0$), 则存在正整数 N, 当 $n > N$ 时, 有 $x_n > 0$ (或 $x_n < 0$).

值得注意的是上面的推论的逆命题不成立. 也就是说, 即使 $x_n > 0$ (或 $x_n < 0$) $(n = 1, 2, \cdots)$, 但极限却不一定大于 0 (或小于 0). 例如, 对于数列 $\left\{\dfrac{1}{n}\right\}$, 显然 $\dfrac{1}{n} > 0$ $(n = 1, 2, \cdots)$, 可是 $\lim\limits_{n\to\infty} \dfrac{1}{n} = 0$. 但是我们有如下推论:

推论 1.3

若 $\lim\limits_{n\to\infty} x_n = a$, 且存在正整数 N, 当 $n > N$ 时, 有 $x_n \geqslant 0$ (或 $x_n \leqslant 0$), 则有 $a \geqslant 0$ (或 $a \leqslant 0$).

1.2.2　函数的极限

因为数列 $\{x_n\}$ 可以看作是自变量 n 的函数 $x_n = f(n), n \in \mathbb{Z}^+$, 数列 $\{x_n\}$ 的极限为 a, 即当自变量 n 取正整数且无限增大 (即 $n \to \infty$) 时, 对应的函数值 $f(n)$ 无限接近于确定的数 a. 对于一般的函数 $y = f(x)$, 也需要研究在自变量 x 的某个变化过程中, 函数值 $f(x)$ 是否无限接近于某个确定的数 a, 这样就可以得到函数极限的概念.

在自变量 x 的某个变化过程中, 如果对应的函数值 $f(x)$ 无限接近某个确定的常数, 那么称这个确定的常数为自变量在这一变化过程中函数 $y = f(x)$ 的极限.

这个极限与自变量的变化过程显然有密切的关系. 由于函数 $y = f(x)$ 的自变量 x 取值的范围是实数集或它的子集, 因此它的自变量 x 的变化趋势要复杂一些, 主要有下面两种情形:

(1) 自变量 x 无限接近于定值 x_0, 但不等于 x_0, 即 $|x - x_0|$ 充分小但不等于零, 称为 x 趋向于 x_0, 记作 $x \to x_0$.

它有两种特殊情形, 一种情形是 x 在数轴上从左边无限接近于 x_0 且不等于 x_0, 即 $x_0 - x > 0$, 充分小且不等于零, 记作 $x \to x_0^-$. 另一种情形是 x 在数轴上从右边无限接近于 x_0 且不等于 x_0, 即 $x - x_0 > 0$, 充分小且不等于零, 记作 $x \to x_0^+$.

(2) 自变量 x 的绝对值 $|x|$ 无限增大, 称作 x 趋向于无穷大, 记作 $x \to \infty$.

它也有两种特殊情形, 一种情形是 x 在数轴上向正方向无限增大, 即 x 取正数且无限增大, 记作 $x \to +\infty$. 另一种情形是 x 在数轴上向负方向无限减小, 即 $-x$ 取正数且无限增大, 记作 $x \to -\infty$.

下面分别就自变量 x 的上述几种变化趋势, 讨论函数 $f(x)$ 的极限.

定义 1.6

设函数 $f(x)$ 在点 x_0 的某去心邻域内有定义 (在点 x_0 处可以没有定义), A 为常数. 若对于任意给定的正数 ε, 总存在正数 δ, 使得当 $0 < |x - x_0| < \delta$ 时, 恒有不等式

$$|f(x) - A| < \varepsilon$$

成立, 则称函数 $f(x)$ 当 x 趋向于 x_0 时有极限 A, 或 $f(x)$ 在 x_0 处有极限 A. 记作

$$\lim_{x \to x_0} f(x) = A \quad \text{或} \quad f(x) \to A \quad (x \to x_0).$$

利用定义 1.6 可以证明, 若 $f(x) = c$ (c 为常数), 则 $\lim\limits_{x \to x_n} f(x) = c$; 若 $f(x) = x$, 则 $\lim\limits_{x \to x_0} f(x) = x_0$.

例 1.16 用定义证明

$$\lim_{x \to 0} \sin x = 0.$$

证 对于任意给定的正数 ε, 为使

$$|\sin x - 0| = |\sin x| \leqslant |x| < \varepsilon,$$

只需取 $\delta = \varepsilon$, 当 $0 < |x| < \delta$ 时, 便有

$$|\sin x - 0| < \varepsilon,$$

即

$$\lim_{x \to 0} \sin x = 0.$$

例 1.17 用定义证明 $\lim\limits_{x \to 1} \dfrac{2x^2 - 2}{x - 1} = 4$.

证 当 $x \neq 1$ 时, 有

$$\left|\frac{2x^2 - 2}{x - 1} - 4\right| = |2(x+1) - 4| = 2|x - 1|.$$

对于任意给定的正数 ε, 为使

$$\left|\frac{2x^2-2}{x-1}-4\right|=2|x-1|<\varepsilon,$$

只需取 $\delta=\dfrac{\varepsilon}{2}$, 当 $0<|x-1|<\delta$ 时, 便有

$$\left|\frac{2x^2-2}{x-1}-4\right|<2\cdot\frac{\varepsilon}{2}=\varepsilon,$$

即

$$\lim_{x\to 1}\frac{2x^2-2}{x-1}=4.$$

下面再考虑当 $x\to x_0^+$ 或 $x\to x_0^-$ 时, $f(x)$ 的变化趋势.

定义 1.7

设函数 $f(x)$ 在点 x_0 右侧某邻域内有定义, A 是一个常数, 若对于任意给定的正数 ε, 总存在正数 δ, 使得当 $0<x-x_0<\delta$ 时, 有

$$|f(x)-A|<\varepsilon$$

成立, 则称 $f(x)$ 在点 x_0 处有**右极限** A, 记为

$$\lim_{x\to x_0^+}f(x)=A \quad 或 \quad f\left(x_0^+\right)=A.$$

将函数 $f(x)$ 改为在点 x_0 的左侧附近有定义, 并将 $0<x-x_0<\delta$ 改为 $0<x_0-x<\delta$, 就得到 $f(x)$ 在点 x_0 处有**左极限**的定义. 相应地记作

$$\lim_{x\to x_0^-}f(x)=A \quad 或 \quad f\left(x_0^-\right)=A.$$

左极限和右极限统称为**单侧极限**.

根据 $x\to x_0$ 时函数 $f(x)$ 的极限及 $f(x)$ 在点 x_0 处左极限和右极限的定义, 可以证明: 极限 $\lim\limits_{x\to x_0}f(x)=A$ 的充分必要条件是

$$\lim_{x\to x_0^-}f(x)=\lim_{x\to x_0^+}f(x)=A.$$

例 1.18　设

$$f(x)=\begin{cases}-1, & x<0,\\ x, & x\geqslant 0.\end{cases}$$

讨论当 $x\to 0$ 时, 函数 $f(x)$ 的极限是否存在.

解 当 $x<0$ 时, 有

$$\lim_{x\to 0^-} f(x)=\lim_{x\to 0^-}(-1)=-1;$$

当 $x>0$ 时, 有

$$\lim_{x\to 0^+} f(x)=\lim_{x\to 0^+} x=0.$$

函数 $f(x)$ 在点 $x=0$ 处的左极限和右极限都存在但不相等, 即

$$f\left(0^-\right)\neq f\left(0^+\right),$$

因此, 当 $x\to 0$ 时, 函数 $f(x)$ 的极限不存在.

例 1.19 设

$$f(x)=\begin{cases} x, & x<0. \\ \sin x, & x\geqslant 0, \end{cases}$$

讨论当 $x\to 0$ 时, 函数 $f(x)$ 的极限是否存在.

解 当 $x<0$ 时, 有

$$\lim_{x\to 0^-} f(x)=\lim_{x\to 0^-} x=0;$$

当 $x>0$ 时, 有

$$\lim_{x\to 0^+} f(x)=\lim_{x\to 0^+}\sin x=0.$$

由于

$$f\left(0^-\right)=f\left(0^+\right)=0,$$

因此

$$\lim_{x\to 0} f(x)=0.$$

当 $x\to\infty$ 时, 函数 $f(x)$ 的极限如下:

定义 1.8

设函数 $f(x)$ 在 $|x|\geqslant b\geqslant 0$ 上有定义, A 为一个常数. 若对于任意给定的正数 ϵ, 总存在正数 $X>b$, 使得当 $|x|>X$ 时, 有

$$|f(x)-A|<\epsilon$$

成立, 则称函数 $f(x)$ 当 $x\to\infty$ 时有极限 A. 也称函数 $f(x)$ 当 $x\to\infty$ 时收敛于 A. 记作

$$\lim_{x\to\infty} f(x)=A \quad 或 \quad f(x)\to A \quad (x\to\infty).$$

例 1.20　证明

$$\lim_{x\to\infty}\frac{1}{x}=0.$$

证　当 $x\neq 0$ 时, 函数 $\dfrac{1}{x}$ 有定义, 对于任意给定的正数 ε, 欲使

$$\left|\frac{1}{x}-0\right|=\frac{1}{|x|}<\varepsilon,$$

只需 $|x|>\dfrac{1}{\varepsilon}$. 取 $X=\dfrac{1}{\varepsilon}$, 当 $|x|>X$ 时, 便有

$$\left|\frac{1}{x}-0\right|<\varepsilon,$$

从而

$$\lim_{x\to\infty}\frac{1}{x}=0.$$

例 1.21　证明

$$\lim_{x\to+\infty}\mathrm{e}^{-x}=0.$$

证　对任意给定的正数 ε, 欲使

$$\left|\mathrm{e}^{-x}-0\right|=\mathrm{e}^{-x}<\varepsilon$$

成立, 只需 $-x<\ln\varepsilon$, 即 $x>-\ln\varepsilon=\ln\dfrac{1}{\varepsilon}$. 取 $X=\max\left\{1,\ln\dfrac{1}{\varepsilon}\right\}$ (这样是为了使 X 为正数), 当 $x>X$ 时, 有

$$\left|\mathrm{e}^{-x}-0\right|<\varepsilon$$

成立, 因此

$$\lim_{x\to+\infty}\mathrm{e}^{-x}=0.$$

下面介绍函数极限的一些性质.

定理 1.4

(极限的唯一性) 若函数 $f(x)$ 当 $x\to x_0$ (或 $x\to\infty$) 时有极限, 则其极限唯一.

定理 1.5

(局部有界性) 若 $\lim\limits_{x\to x_0}f(x)=A$, 则存在正数 δ, 当 $0<|x-x_0|<\delta$ 时, $f(x)$ 有界. 若 $\lim\limits_{x\to\infty}f(x)=A$, 则存在正数 X, 当 $|x|>X$ 时, $f(x)$ 有界.

定理 1.6

(局部保号性) 若 $\lim\limits_{x \to x_0} f(x) = A, \lim\limits_{x \to x_0} g(x) = B$, 且 $A > B$, 则存在正数 δ, 当 $0 < |x - x_0| < \delta$ 时, 有 $f(x) > g(x)$; 若 $\lim\limits_{x \to \infty} f(x) = A, \lim\limits_{x \to \infty} g(x) = B$, 且 $A > B$, 则存在正数 X, 当 $|x| > X$ 时, 有 $f(x) > g(x)$.

1.2.3 极限的运算

下面介绍极限的运算规则.

定理 1.7

设 $\lim f(x) = A, \lim g(x) = B$, 则

(1) $\lim(f(x) + g(x)) = A + B$;

(2) $\lim(f(x)g(x)) = AB$;

(3) 当 $B \neq 0$ 时, $\lim \dfrac{f(x)}{g(x)} = \dfrac{A}{B}$.

推论 1.4

$\lim[cf(x)] = c\lim f(x)$ (c 为常数).

推论 1.5

$\lim[f(x)]^k = [\lim f(x)]^k$($k$ 为正整数).

例 1.22 求极限 $\lim\limits_{x \to 2} (2x^2 - 3x + 1)$.

解 根据极限的四则运算法则, 有

$$\begin{aligned}
\lim_{x \to 2} \left(2x^2 - 3x + 1\right) &= \lim_{x \to 2} \left(2x^2\right) - \lim_{x \to 2}(3x) + \lim_{x \to 2} 1 \\
&= 2 \lim_{x \to 2} x^2 - 3 \lim_{x \to 2} x + 1 \\
&= 2 \left(\lim_{x \to 2} x\right)^2 - 3 \times 2 + 1 \\
&= 2 \times 2^2 - 6 + 1 \\
&= 3.
\end{aligned}$$

例 1.23 求极限 $\lim\limits_{x \to 2} \dfrac{2x^2 + x - 5}{3x + 1}$.

解　因为

$$\lim_{x\to2}\left(2x^2+x-5\right)=2\times2^2+2-5=5,$$

$$\lim_{x\to2}(3x+1)=3\times2+1=7\neq0,$$

所以

$$\lim_{x\to2}\frac{2x^2+x-5}{3x+1}=\frac{\lim\limits_{x\to2}(2x^2+x-5)}{\lim\limits_{x\to2}(3x+1)}=\frac{5}{7}.$$

若 $f(x)$ 是基本初等函数, 其定义域为 D_f, 则对于任意一点 $x_0\in D_f$, 有

$$\lim_{x\to x_0}f(x)=f\left(x_0\right).$$

例 1.24　求 $\lim\limits_{x\to1}\left(\dfrac{1}{x-1}-\dfrac{3}{x^3-1}\right)$.

解　当 $x\to1$ 时, 两个分式中分母的极限都是 0, 这两项都没有极限, 不能直接应用极限的四则运算法则. 可以先通分相减, 约去非零因子 $x-1$, 再应用函数极限的四则运算法则, 得

$$\begin{aligned}\lim_{x\to1}\left(\frac{1}{x-1}-\frac{3}{x^3-1}\right)&=\lim_{x\to1}\frac{x^2+x+1-3}{x^3-1}\\&=\lim_{x\to1}\frac{(x-1)(x+2)}{(x-1)\left(x^2+x+1\right)}\\&=\lim_{x\to1}\frac{x+2}{x^2+x+1}\\&=\frac{1+2}{1^2+1+1}\\&=1.\end{aligned}$$

例 1.25　求 $\lim\limits_{n\to\infty}\dfrac{n^2+n-1}{2n^2+1}$.

解　当 $n\to\infty$ 时, 分子和分母的极限都不存在, 不能直接用运算法则. 用 n^2 除分子和分母, 可得

$$\lim_{n\to\infty}\frac{n^2+n-1}{2n^2+1}=\lim_{n\to\infty}\frac{1+\dfrac{1}{n}-\dfrac{1}{n^2}}{2+\dfrac{1}{n^2}}=\frac{1}{2}.$$

例 1.26　求 $\lim\limits_{x\to\infty}\dfrac{x^2-1}{x^3+x+2}$.

解　用 x^3 除分子和分母, 再求极限, 得

$$\lim_{x\to\infty}\frac{x^2-1}{x^3+x+2}=\lim_{x\to\infty}\frac{\dfrac{1}{x}-\dfrac{1}{x^3}}{1+\dfrac{1}{x^2}+\dfrac{2}{x^3}}=\frac{0}{1}=0.$$

下面介绍函数的复合运算法则.

定理 1.8

设函数 $u=\varphi(x), y=f(u)$. 若 $\lim\limits_{x\to x_0}\varphi(x)=u_0, \lim\limits_{u\to u_0}f(u)=f(u_0)$, 则复合函数 $y=f[\varphi(x)]$ 当 $x\to x_0$ 时的极限存在, 且

$$\lim_{x\to x_0}f[\varphi(x)]=f(u_0). \tag{1.1}$$

式 (1.1) 显然可以写成

$$\lim_{x\to x_0}f[\varphi(x)]=f\left[\lim_{x\to x_0}\varphi(x)\right]. \tag{1.2}$$

公式 (1.2) 表明, 在定理 1.8 的条件下, 求复合函数 $f[\varphi(x)]$ 的极限时, 极限记号与函数符号可以交换次序. 公式 (1.2) 还表明, 在定理 1.8 的条件下, 要求 $\lim\limits_{x\to x_0}f[\varphi(x)]$, 可以做代换 $u=\varphi(x)$, 若 $\lim\limits_{x\to x_0}\varphi(x)=u_0$, 则

$$\lim_{x\to x_0}f[\varphi(x)]=\lim_{u\to u_0}f(u).$$

例 1.27　求极限 $\lim\limits_{x\to 2}\cos(2x-1)$.

解　由 $\lim\limits_{x\to 2}(2x-1)=3, \lim\limits_{u\to 3}\cos u=\cos 3$ 及定理 1.8, 有

$$\lim_{x\to 2}\cos(2x-1)=\cos 3.$$

接下来, 我们给出判断极限存在的两个准则以及利用这两个准则得到的两个重要极限. 先看关于数列的夹逼准则.

定理 1.9

设有三个数列 $\{x_n\},\{y_n\},\{z_n\}$, 满足条件:

(1) $y_n\leqslant x_n\leqslant z_n\quad(n=1,2,\cdots)$;

(2) $\lim\limits_{n\to\infty}y_n=\lim\limits_{n\to\infty}z_n=a$,

则数列 $\{x_n\}$ 收敛, 并且 $\lim\limits_{n\to\infty}x_n=a$.

与上述的数列极限的夹逼准则类似, 函数极限也有夹逼准则.

定理 1.10

设函数 $f(x), g(x), h(x)$ 在点 x_0 的某去心邻域内有定义, 且满足条件:

(1) $g(x) \leqslant f(x) \leqslant h(x)$;

(2) $\lim\limits_{x \to x_0} g(x) = \lim\limits_{x \to x_0} h(x) = A$,

则极限 $\lim\limits_{x \to x_0} f(x)$ 存在且等于 A.

I. 重要极限 $\lim\limits_{x \to 0} \dfrac{\sin x}{x} = 1$.

例 1.28　求极限 $\lim\limits_{x \to 0} \dfrac{\tan x}{x}$.

解　根据极限运算法则及重要极限 I, 有

$$\begin{aligned}\lim_{x \to 0} \frac{\tan x}{x} &= \lim_{x \to 0} \left(\frac{\sin x}{x} \frac{1}{\cos x}\right) \\ &= \lim_{x \to 0} \frac{\sin x}{x} \cdot \lim_{x \to 0} \frac{1}{\cos x} \\ &= 1.\end{aligned}$$

例 1.29　求极限 $\lim\limits_{x \to 0} \dfrac{\arctan x}{x}$.

解　令 $\arctan x = t$, 则 $x = \tan t$, 当 $x \to 0$ 时, 有 $t \to 0$. 根据复合函数极限运算法则得

$$\lim_{x \to 0} \frac{\arctan x}{x} = \lim_{t \to 0} \frac{t}{\tan t} = 1.$$

我们知道, 收敛数列一定有界, 但有界数列却不一定是收敛的, 若再加上单调的条件, 就有下面的重要结论:

定理 1.11

(单调有界准则) 单调有界数列必有极限.

II. 重要极限 $\lim\limits_{x \to \infty} \left(1 + \dfrac{1}{x}\right)^x = \mathrm{e}$.

例 1.30　求极限 $\lim\limits_{x \to \infty} \left(1 + \dfrac{3}{x}\right)^{2x}$.

解　令 $\dfrac{x}{3} = t$, 则 $x \to \infty$ 时, 有 $t \to \infty$, 因此

$$\lim_{x\to\infty}\left(1+\frac{3}{x}\right)^{2x}=\lim_{t\to\infty}\left(1+\frac{1}{t}\right)^{6t}=\left[\lim_{t\to\infty}\left(1+\frac{1}{t}\right)^{t}\right]^{6}=\mathrm{e}^{6}.$$

例 1.31 求极限 $\lim\limits_{x\to\infty}\left(\dfrac{x+2}{x+1}\right)^{3x+1}$.

解 因

$$\left(\frac{x+2}{x+1}\right)^{3x+1}=\left(1+\frac{1}{x+1}\right)^{3x+1},$$

令 $x+1=t$, 则当 $x\to\infty$ 时, 有 $t\to\infty$. 于是

$$\begin{aligned}\lim_{x\to\infty}\left(\frac{x+2}{x+1}\right)^{3x+1}&=\lim_{t\to\infty}\left(1+\frac{1}{t}\right)^{3t-2}\\&=\left[\lim_{t\to\infty}\left(1+\frac{1}{t}\right)^{t}\right]^{3}\cdot\left[\lim_{t\to\infty}\left(1+\frac{1}{t}\right)\right]^{-2}\\&=\mathrm{e}^{3}\cdot 1^{-2}=\mathrm{e}^{3}.\end{aligned}$$

§1.3 无穷小与无穷大

古希腊哲学家赫拉克利特 (Heraclitus) 认为万物都处于不断地变化之中, 巴门尼德 (Parmenides of Elea) 则认为世界是静止的、不变的、永恒的, 变化与运动只是幻觉. 牛顿 (Newton) 利用今天我们称之为无穷小的两个量的比来研究瞬时速度, 并被极限理论进行刻画, 建立了严密的逻辑基础. 可见无穷小在微积分思想中所占的重要地位. 简言之, 无穷小就是在某一极限过程中以零为极限的变量, 我们只针对函数情况加以论述, 数列的情况有类似的结果.

数学家简介
牛顿

定义 1.9

若在自变量 x 的某个变化过程中 $\lim f(x)=0$, 则称函数 $f(x)$ 为 x 在该变化过程中的**无穷小量**, 简称为**无穷小**.

这里所说的自变量 x 的某个变化过程包括 $x\to x_0, x\to x_0^+, x\to x_0^-, x\to\infty, x\to+\infty, x\to-\infty$ 等.

例 1.32 因为 $\lim\limits_{x\to 0}x^2=0$, 所以函数 x^2 当 $x\to 0$ 时为无穷小.

因为 $\lim\limits_{n\to\infty}\dfrac{1}{2n+1}=0$, 所以数列 $\left\{\dfrac{1}{2n+1}\right\}$ 当 $n\to\infty$ 时为无穷小.

根据极限的性质和四则运算法则, 容易得到无穷小的下列性质.

定理 1.12

(1) 有限个无穷小的代数和为无穷小;

(2) 有界变量与无穷小的乘积为无穷小.

这里说的有界, 对函数而言可以是局部有界. 因为常量有界, 有极限的变量有界或者局部有界, 所以有如下推论:

推论 1.6

常量与无穷小的乘积为无穷小.

推论 1.7

有极限的量与无穷小的乘积为无穷小.

推论 1.8

有限个无穷小的积为无穷小.

这里需要注意的是, 两个无穷小的商未必是无穷小. 例如, 当 $x\to 0$ 时, $2x, 3x$ 都是无穷小, 而 $\lim\limits_{x\to 0}\dfrac{2x}{3x}=\dfrac{2}{3}$, 所以 $\dfrac{2x}{3x}$ 当 $x\to 0$ 时不是无穷小.

例 1.33　求极限 $\lim\limits_{x\to 0}x^2\arctan\dfrac{1}{x}$.

解　由于 $\left|\arctan\dfrac{1}{x}\right|<\dfrac{\pi}{2}$, 故 $\arctan\dfrac{1}{x}$ 是有界变量. 而 x^2 是当 $x\to 0$ 时的无穷小, 由定理 1.12 可知 $x^2\arctan\dfrac{1}{x}$ 当 $x\to 0$ 时是无穷小, 即

$$\lim_{x\to 0}x^2\arctan\frac{1}{x}=0.$$

注意, 这个极限不能由极限的四则运算法则求得, 即写成

$$\lim_{x\to 0}x^2\arctan\frac{1}{x}=\lim_{x\to 0}x^2\cdot\lim_{x\to 0}\arctan\frac{1}{x}=0,$$

这是因为 $\lim\limits_{x\to 0^-}\arctan\dfrac{1}{x}=-\dfrac{\pi}{2}$, $\lim\limits_{x\to 0^+}\arctan\dfrac{1}{x}=\dfrac{\pi}{2}$, 所以 $\lim\limits_{x\to 0}\arctan\dfrac{1}{x}$ 不存在.

有极限的变量与无穷小之间有着密切的关系.

定理 1.13

在某个自变量变化的过程中 $\lim f(x)=A$ 的充分必要条件是

$$f(x)=A+\alpha(x),$$

其中 $\alpha(x)$ 是在该自变量变化过程中的无穷小.

与无穷小量相对的一个概念是无穷大.

定义 1.10

设函数 $f(x)$ 在 x_0 的某个去心邻域内有定义. 若对于任意给定的无论多么大的正数 M, 都存在正数 δ, 当 $0<|x-x_0|<\delta$ 时, 恒有

$$|f(x)|>M,$$

则称函数 $f(x)$ 当 $x\to x_0$ 时为**无穷大量**, 简称为**无穷大**, 并且记为

$$\lim_{x\to x_0} f(x)=\infty \text{ 或 } f(x)\to\infty\,(x\to x_0).$$

例 1.34 证明 $\lim\limits_{x\to 1}\dfrac{1}{x-1}=\infty$.

证 对于任意给定的正数 M, 取 $\delta=\dfrac{1}{M}$, 则当 $0<|x-1|<\delta$ 时, 便有

$$\left|\frac{1}{x-1}\right|>\frac{1}{\delta}=M,$$

从而得

$$\lim_{x\to 1}\frac{1}{x-1}=\infty.$$

关于无穷小与无穷大, 下面的结论指出了无穷小与无穷大的关系.

定理 1.14

当 $x\to x_0$ 时, 若 $f(x)$ 为无穷大, 则 $\dfrac{1}{f(x)}$ 为无穷小; 若 $f(x)$ 为无穷小, 且在 x_0 的某去心邻域内 $f(x)\neq 0$, 则 $\dfrac{1}{f(x)}$ 为无穷大.

例 1.35 求极限 $\lim\limits_{x\to\infty}\dfrac{x^2+2x-1}{x-1}$.

解 由于

$$\lim_{x\to\infty}\frac{x-1}{x^2+2x-1}=0,$$

根据定理 1.14 可知

$$\lim_{x\to\infty}\frac{x^2+2x-1}{x-1}=\infty.$$

§1.4　函数的连续性

我们所研究的函数中, 连续函数是最常见的一类函数, 它反映了自然界普遍存在的连续变化现象. 本节介绍函数连续性的概念、函数的间断点及其分类、连续函数的运算、初等函数的连续性和闭区间上连续函数的性质.

定义 1.11

设函数 $y=f(x)$ 在点 x_0 的某邻域内有定义, 若当自变量的增量 $\Delta x=x-x_0$ 趋向于零时, 相应的函数增量 $\Delta y=f\left(x_0+\Delta x\right)-f\left(x_0\right)$ 也趋向于零, 即

$$\lim_{\Delta x\to 0}\Delta y=0,$$

则称函数 $y=f(x)$ 在点 x_0 处**连续**.

在上述定义中 $\Delta x=x-x_0, \Delta x\to 0$ 相当于 $x\to x_0$, 且 $\Delta y=f\left(x_0+\Delta x\right)-f\left(x_0\right)=f(x)-f\left(x_0\right)$, 所以 $\lim\limits_{\Delta x\to 0}\Delta y=0$ 可以写成

$$\lim_{x\to x_0}\left[f(x)-f\left(x_0\right)\right]=0,$$

即

$$\lim_{x\to x_0}f(x)=f\left(x_0\right),$$

也就是函数 $f(x)$ 当 $x\to x_0$ 时的极限值等于该点的函数值. 因此, 函数 $f(x)$ 在点 x_0 连续, 也可以定义如下:

定义 1.12

设函数 $y=f(x)$ 在点 x_0 的某邻域内有定义, 若当 $x\to x_0$ 时, $f(x)$ 的极限存在, 且等于 $f(x)$ 在点 x_0 处的函数值 $f\left(x_0\right)$, 即

$$\lim_{x\to x_0}f(x)=f\left(x_0\right),$$

则称函数 $f(x)$ 在点 x_0 处**连续**, 且称 x_0 为 $f(x)$ 的**连续点**.

从定义 1.12 可以看出, 函数 $f(x)$ 在点 x_0 处连续和当 $x\to x_0$ 时有极限是有区别的. 函数 $f(x)$ 在点 x_0 处连续能保证 $f(x)$ 当 $x\to x_0$ 时有极限, 并且 $f(x)$ 在 x_0 点有定义, 极

限值等于函数值 $f(x_0)$. 反之, $f(x)$ 当 $x \to x_0$ 时有极限, $f(x)$ 在点 x_0 处不一定连续, 这是因为 $f(x)$ 可能在 x_0 处无定义. 或者, 即使有定义, 函数值也可能不是极限值. 所以函数 $f(x)$ 在 $x \to x_0$ 时有极限, 是 $f(x)$ 在点 x_0 处连续的必要条件.

下面介绍左连续和右连续的概念.

若

$$\lim_{x \to x_0^-} f(x) = f(x_0) \quad \left(\text{或} \lim_{x \to x_0^+} f(x) = f(x_0)\right),$$

则称函数 $f(x)$ 在点 x_0 处**左 (或右) 连续**.

由于 $\lim\limits_{x \to x_0}$ 存在的充分必要条件是 $\lim\limits_{x \to x_0^-} f(x) = \lim\limits_{x \to x_0^+} f(x)$, 根据定义 1.12 可得下面定理.

定理 1.15

函数在点 x_0 处连续的充分必要条件是 $f(x)$ 在 x_0 处既左连续又右连续.

例 1.36 设 $f(x) = x^2 - 2x - 3$, 由极限运算法则, 有

$$\lim_{x \to 2} f(x) = 2^2 - 2 \times 2 - 3 = -3,$$

而 $f(2) = -3$, 即

$$\lim_{x \to 2} f(x) = f(2),$$

因此 $f(x) = x^2 - 2x - 3$ 在点 $x = 2$ 处是连续的.

例 1.37 设

$$f(x) = |x| = \begin{cases} -x, & x \leqslant 0, \\ x, & x > 0. \end{cases}$$

由于

$$\lim_{x \to 0^-} f(x) = \lim_{x \to 0^-} (-x) = 0 = f(0),$$

所以, $f(x)$ 在点 $x = 0$ 处左连续.

又由于

$$\lim_{x \to 0^+} f(x) = \lim_{x \to 0^+} x = 0 = f(0),$$

所以, $f(x)$ 在点 $x = 0$ 处右连续.

由定理 1.15 可知 $f(x) = |x|$ 在点 $x = 0$ 处连续.

若函数 $f(x)$ 在开区间 (a, b) 内的每一点都连续, 则称函数 $f(x)$ 在开区间 (a, b) 内连续; 若函数 $f(x)$ 在 (a, b) 内连续, 并且在左端点 a 处右连续, 在右端点 b 处左连续, 则称函数 $f(x)$ 在闭区间 $[a, b]$ 上连续.

函数在区间 I 上连续, 称该函数是 I 上的**连续函数**.

多项式函数、有理分式函数及基本初等函数在其定义域内都是连续函数.

接下来, 我们介绍不连续的情况.

设 $f(x)$ 在点 x_0 的某个去心邻域内有定义, 若 x_0 不是函数 $f(x)$ 的连续点, 则称 x_0 是 $f(x)$ 的**间断点**.

根据函数连续性的定义 1.12 可知, x_0 是 $f(x)$ 的间断点必为下列情形之一:

(1) $f(x)$ 在 x_0 点无定义;

(2) 虽然 $f(x)$ 在 x_0 点有定义, 但 $\lim\limits_{x\to x_0} f(x)$ 不存在;

(3) 虽然 $f(x)$ 在 x_0 点有定义, 且 $\lim\limits_{x\to x_0} f(x)$ 存在, 但是 $\lim\limits_{x\to x_0} f(x) \neq f(x_0)$.

例 1.38　正切函数 $y=\tan x$ 在点 $x=\dfrac{\pi}{2}$ 处无定义, 所以点 $x=\dfrac{\pi}{2}$ 是函数 $y=\tan x$ 的间断点. 因为

$$\lim_{x\to\frac{\pi}{2}} \tan x=\infty,$$

称此类间断点为**无穷间断点**. 见图 1.15.

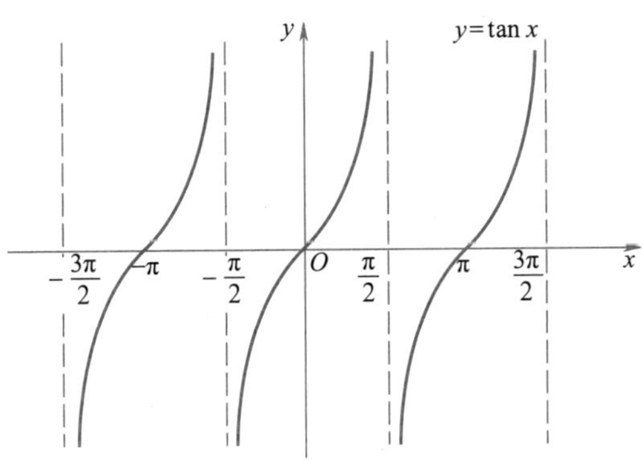

图 1.15

例 1.39　函数

$$y=\begin{cases}\sin\dfrac{1}{x}, & x\neq 0,\\ 0, & x=0\end{cases}$$

在 $x=0$ 处有定义, 但当 $x\to 0$ 时, 极限 $\lim\limits_{x\to 0}\sin\dfrac{1}{x}$ 不存在, 故 $x=0$ 是函数的间断点, 注意到当 $x\to 0$ 时, 函数值在 -1 与 1 之间变动无限多次, 这样的间断点称为**振荡间断点**, 见图 1.16.

例 1.40　函数 $y=\dfrac{x^2+x-2}{x-1}$ 在点 $x=1$ 处无定义, 因此 $x=1$ 是该函数的间断点.

注意到

$$\lim_{x\to 1}\frac{x^2+x-2}{x-1}=3,$$

由于函数在 $x=1$ 处极限存在, 此时只要补充定义函数在点 $x=1$ 处的函数值为 $y|_{x=1}=3$, 则函数在点 $x=1$ 处连续. 称这类间断点为**可去间断点**. 见图 1.17.

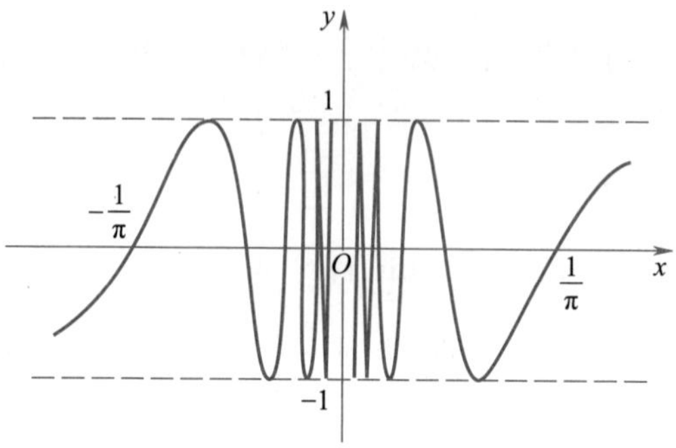

图 1.16

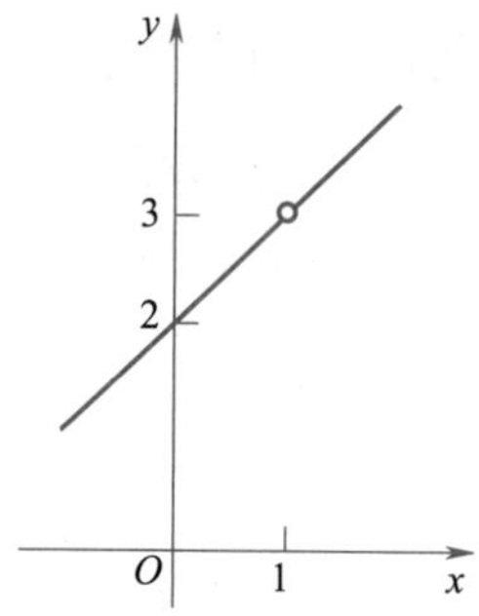

图 1.17

例 1.41　考察函数

$$f(x)=\begin{cases}x-1, & x<0,\\ 0, & x=0,\\ x+1, & x>0\end{cases}$$

在 $x=0$ 处的连续性.

解　由于

$$\lim_{x\to 0^-}f(x)=\lim_{x\to 0^-}(x-1)=-1,$$

$$\lim_{x\to 0^+}f(x)=\lim_{x\to 0^+}(x+1)=1,$$

因此函数 $f(x)$ 在点 $x=0$ 处左极限及右极限都存在, 但不相等, 从而极限不存在, 故 $x=0$ 是函数 $f(x)$ 的间断点. 因为 $y=f(x)$ 的图形在 $x=0$ 处产生跳跃现象, 称这类间断点为跳跃间断点, 见图 1.18.

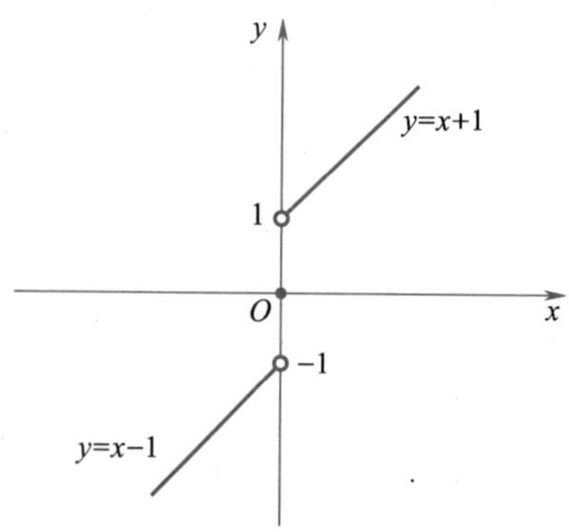

图 1.18

通常把函数的间断点分为两类:

(1) 若 x_0 是 $f(x)$ 的间断点, 并且 $f(x)$ 在点 x_0 处的左极限及右极限都存在, 则称 x_0 是 $f(x)$ 的**第一类间断点**;

(2) 若 x_0 是 $f(x)$ 的间断点, 但不是第一类间断点, 则称 x_0 是 $f(x)$ 的**第二类间断点**.

根据函数连续的定义及函数极限的四则运算法则, 可以得到如下连续函数的四则运算法则:

定理 1.16

若函数 $f(x)$ 及 $g(x)$ 都在点 x 连续, 则函数

$$f(x) \pm g(x), \quad f(x)g(x), \quad \frac{f(x)}{g(x)} \quad (g(x) \neq 0)$$

也在点 x 处连续.

定理 1.16 说明, 连续函数经过四则运算所得到的函数仍然是连续函数.

例如, $y=\sin x, y=\cos x$ 都是连续函数, 则

$$y=\frac{\sin x \cdot \cos x}{1+\cos^2 x}$$

也是连续函数.

定理 1.17

若函数 $y=f(x)$ 在其定义区间 D_f 上连续且单调增加 (或减少), 其值域为区间 R_f, 则它的反函数 $y=f^{-1}(x)$ 在 R_f 上连续且单调增加 (或减少).

根据复合函数的极限运算法则及函数连续的定义还可以得到如下连续函数的复合运算法则:

定理 1.18

设函数 $y=f(u)$ 和 $u=g(x)$ 可构成复合函数 $y=f[g(x)], g\left(x_0\right)=u_0$. 若 $u=g(x)$ 在点 x_0 连续, $y=f(u)$ 在点 u_0 连续, 则 $y=f[g(x)]$ 在点 x_0 连续.

这个定理告诉我们, 连续函数经过复合运算得到的函数仍然是连续函数.

我们知道, 所有基本初等函数在其定义域内都是连续的. 那么根据初等函数的定义, 再由连续函数的四则运算法则和复合运算法则, 可得如下重要结论:

一切初等函数在其定义区间内都是连续的. 所谓定义区间, 就是包含在定义域内的区间.

初等函数的连续性的结论提供了求初等函数极限的一种方法: 若 $f(x)$ 是初等函数, x_0 是其定义区间内的点, 则

$$\lim_{x \rightarrow x_0} f(x)=f\left(x_0\right).$$

上式说明在函数连续的情况下, 极限计算可以转化为函数值的计算. 反之, 函数值也可以表示为极限方式.

例 1.42 求极限

$$\lim_{x \to 1} \frac{\mathrm{e}^{2x} + \ln(3-2x)}{\arcsin \dfrac{x}{2}}.$$

解 因为欲求极限的函数是初等函数, $x=1$ 是其定义区间内的点, 所以

$$\lim_{x \to 1} \frac{\mathrm{e}^{2x} + \ln(3-2x)}{\arcsin \dfrac{x}{2}} = \frac{\mathrm{e}^{2 \cdot 1 + \ln(3-2\cdot 1)}}{\arcsin \dfrac{1}{2}} = \frac{6\mathrm{e}^2}{\pi}.$$

闭区间上的连续函数有很多重要性质. 这里只介绍最值定理和介值定理. 从几何直观来看这两条性质是很明显的, 但证明却不容易, 已经超出了本书的范围, 在此从略.

先介绍最值的概念.

设函数 $f(x)$ 在区间 I 上有定义, 若存在 $x_0 \in I$, 使得对于任意 $x \in I$, 都有

$$f(x) \leqslant f(x_0) \quad \left(\text{或} f(x) \geqslant f(x_0)\right),$$

则称 $f(x_0)$ 为函数 $f(x)$ 在区间 I 上的**最大值** (或**最小值**); 称 x_0 为函数 $f(x)$ 的**最大值点** (或**最小值点**). 最大值与最小值统称为**最值**.

定理 1.19

(最值定理) 若函数 $f(x)$ 在闭区间 $[a,b]$ 上连续, 则它在 $[a,b]$ 上必有最大值和最小值, 也就是说, 一定存在 $x_1, x_2 \in [a,b]$, 使得对一切 $x \in [a,b]$ 都有

$$f(x_1) \leqslant f(x) \leqslant f(x_2).$$

最值定理的几何意义是: 在闭区间 $[a,b]$ 上连续函数 $y=f(x)$ 的曲线上, 必有一点达到最高, 也必有一点到达最低 (图 1.19).

定理 1.20

(介值定理) 若函数 $f(x)$ 在闭区间 $[a,b]$ 上连续, 且 $f(a) \neq f(b)$, 则对于 $f(a)$ 与 $f(b)$ 之间的任何数 μ, 在开区间 (a,b) 内至少存在一点 ξ, 使得

$$f(\xi) = \mu.$$

介值定理的几何意义是: 在闭区间 $[a,b]$ 上的连续函数 $y=f(x)$ 的曲线与直线 $y=\mu$ (μ 介于 $f(a)$ 与 $f(b)$) 至少有一个交点 (图 1.20).

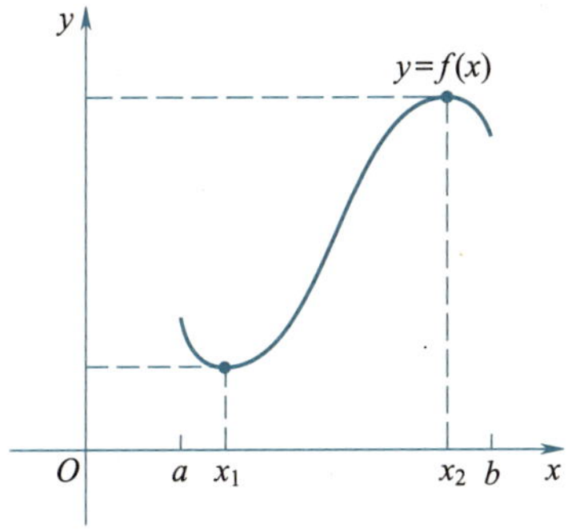

图 1.19

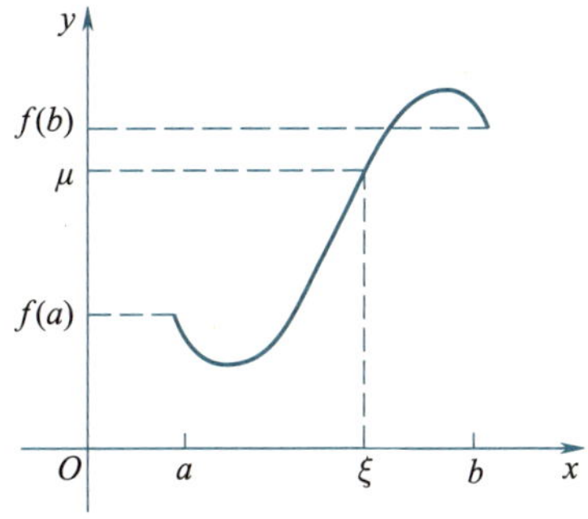

图 1.20

推论 1.9

(零点定理) 若函数 $f(x)$ 在闭区间 $[a,b]$ 上连续, 且 $f(a)$ 与 $f(b)$ 异号, 则在开区间 (a,b) 内至少有一点 ξ, 使得

$$f(\xi)=0.$$

由于 $x=\xi$ 是方程 $f(x)=0$ 的一个根, 因此零点定理也叫做**根的存在定理**, 经常用它来证明方程的根的存在性及确定根的范围.

推论 1.10

闭区间上的连续函数, 必能取得它的最大值与最小值之间的一切值.

例 1.43　证明三次方程 $x^3-3x^2+1=0$ 在开区间 (0,1) 内至少有一个根.

证　构造辅助函数, 设

$$f(x)=x^3-3x^2+1,$$

函数 $f(x)$ 在闭区间 [0,1] 上连续. 又

$$f(0)=1>0, f(1)=-1<0,$$

由零点定理, 存在一点 $\xi\in(0,1)$, 使 $f(\xi)=0$, 即三次方程 $x^3-3x^2+1=0$ 在 (0,1) 内至少有一个根.

习题 1

1. 指出下列函数中哪些是初等函数, 哪些不是初等函数.

(1) $y=\dfrac{e^{\sqrt{1-x^2}}+x^2}{1+x+\sin\sqrt{x}}$;　　(2) $y=\begin{cases}x-x^2, & x<0,\\ x+x^3, & x\geqslant 0;\end{cases}$

(3) $y=\begin{cases} x^2, & x<1, \\ 0, & x\geqslant 1; \end{cases}$　　(4) $y=\begin{cases} 1, & x\text{ 是有理数}, \\ 0, & x\text{ 是无理数}; \end{cases}$

(5) $y=\sqrt{x}+\ln\left(2-\dfrac{1}{2}\cos x\right)$;　　(6) $y=\begin{cases} x+1, & -1\leqslant x\leqslant 0, \\ -2x+1, & 0\leqslant x<1. \end{cases}$

2. 求下列函数的定义域:

(1) $y=\dfrac{1}{x}-\sqrt{2-x^2}$;　　(2) $y=\sqrt{16-x^2}+\dfrac{1}{\ln(2x-3)}$;

(3) $y=\arcsin(x+2)$;　　(4) $y=\ln(2^x-4)+\arcsin\dfrac{2x-1}{7}$.

3. 设 $f(x)=\dfrac{1}{2}\arccos\dfrac{x}{2}$, 求下列函数值:

$$f(0), f(1), f(\sqrt{2}), f(-\sqrt{3}), f(-2).$$

4. 求下列函数的反函数:

(1) $y=2\sin 3x$;　　(2) $y=1+\ln(x+2)$;　　(3) $y=\dfrac{2^x}{2^x+1}$.

5. 设 $f\left(x+\dfrac{1}{x}\right)=x^2+\dfrac{1}{x^2}$, 求 $f[f(x)]$.

6. 设 $f(x)=\mathrm{e}^x, g(x)=\begin{cases} -1, & |x|>1, \\ 0, & |x|=1, \\ 1, & |x|<1, \end{cases}$ 求 $g[f(x)]$ 与 $f[g(x)]$.

7. 设 $f(x)=\dfrac{x}{\sqrt{1+x^2}}$, 求 $f[f(\cdots f(x))]=f_n(x)(n>2)$.

8. 已知 $f(x)$ 是周期为 π 的奇函数, 且当 $x\in\left(0,\dfrac{\pi}{2}\right)$ 时, $f(x)=\sin x-\cos x+2$, 则当 $x\in\left(\dfrac{\pi}{2},\pi\right)$ 时, 求 $f(x)$ 的表达式.

9. 观察下列数列 $\{x_n\}$ 的变化趋势, 当 $n\to\infty$ 时, 如果有极限, 请写出极限值.

(1) $x_n=\dfrac{1}{2^n}+1$;　　(2) $x_n=\dfrac{1}{n}\sin\dfrac{x}{n}$;

(3) $x_n=\cos\dfrac{1}{n}$;　　(4) $x_n=(-1)^n$;

10. 计算 $\lim\limits_{n\to\infty}\dfrac{3^{n+1}-2^n}{2^{n+1}+3^n}$.

11. 计算 $\lim\limits_{n\to\infty}\dfrac{q^n}{1+q^n}\quad(q>0)$.

12. 设数列 $\{x_n\}$ 满足 $0<x_1<\pi, x_{n+1}=\sin x_n(n=1,2,3,\cdots)$, 证明 $\lim\limits_{n\to\infty}x_n$ 存在, 并求极限.

13. 已知 $\lim\limits_{n\to\infty} f(n)=\infty, \lim\limits_{n\to\infty} g(n)=\infty$, 且 $\lim\limits_{n\to\infty}\dfrac{f(n)}{g(n)}=2$, 求

$$\lim_{n\to\infty}\left(1+\frac{1}{f(n)}\right)^{g(n)}, \lim_{n\to\infty}\left(1-\frac{1}{f(n)}\right)^{g(n)}, \lim_{n\to\infty}\left(1-\frac{1}{g(n)}\right)^{f(n)}.$$

14. 求下列函数的极限:

(1) $\lim\limits_{x\to+\infty}\arcsin\left(\sqrt{x^2+x}-x\right)$;　　(2) $\lim\limits_{x\to0}\dfrac{x^2-\sin x}{x+\sin x}$;

(3) $\lim\limits_{x\to+\infty} x[\ln(x-2)-\ln(x+1)]$;　　(4) $\lim\limits_{x\to1}(x-1)\tan\dfrac{\pi x}{2}$;

(5) $\lim\limits_{x\to0}(\cos 2x)^{\frac{1}{\sin^2 x}}$;　　(6) $\lim\limits_{x\to+\infty}\dfrac{x^2\sin\dfrac{1}{x}}{\sqrt{2x^2-1}}$.

15. 设 $\lim\limits_{x\to\infty}\left(\dfrac{x+k}{x}\right)^x=2$, 求常数 k.

16. 设 $f(x)=\begin{cases}\dfrac{\sin ax}{x}, & x>0,\\ ax+2, & x<0\end{cases}$ 在 $x=0$ 处极限存在, 求 $f(-2)$.

17. 设 $f(x)=\dfrac{|x|}{x}$, 求 $\lim\limits_{x\to0^-} f(x), \lim\limits_{x\to0^+} f(x), \lim\limits_{x\to0} f(x)$.

18. 求下列函数的极限:

(1) $\lim\limits_{x\to0}\dfrac{\sin 2x}{x^3+3x}$;　　(2) $\lim\limits_{x\to\infty} x\sin\dfrac{2x}{x^2+1}$;　　(3) $\lim\limits_{x\to\infty}\dfrac{3x^2+5}{5x+3}\cdot\sin\dfrac{2}{x}$.

19. 已知当 $x\to0$ 时, $(1-ax^2)^{\frac{1}{3}}-1$ 与 $\cos x-1$ 是等价无穷小, 求常数 a.

20. 当 $x\to0^+$ 时, 下列无穷小量 $1-\cos\sqrt{x}, \sqrt{x}+x^8, x\sin\sqrt[3]{x}, x\sqrt{x+\sqrt{x}}$ 中阶数最高的是哪个?

21. 求下列函数的间断点, 并指出类型:

(1) $y=(1-x)\arctan\dfrac{1}{1-x}$;　　(2) $y=\dfrac{1}{1+\mathrm{e}^{\frac{1}{1-x}}}$;

(3) $y=\dfrac{x^2-x}{|x|\left(x^2-1\right)}$.

22. 设 $f(x)=\begin{cases}\dfrac{\sin x}{x}, & x<0,\\ k, & x=0,\\ 2x+1 & x>0\end{cases}$ 在 $x=0$ 处连续, 求常数 k 的值.

23. 下列命题是否正确?

(1) $f(x)$ 与 $g(x)$ 均在点 x_0 不连续, 但 $f(x)+g(x)$ 在点 x_0 可能连续.

(2) 设 $\Delta y=f\left(x_0+\Delta x\right)-f\left(x_0\right)$, 则当 $\Delta x\to0$ 时, 必有 $\Delta y\to0$.

(3) 在定义区间上不连续的函数一定不是初等函数.

24. 证明方程 $x\cdot 2^x=1$ 至少有一个小于 1 的正根.

25. 设 $f(x)$ 在 $[a,b]$ 上连续, 且 $f(a)<a, f(b)>b$, 证明至少存在一点 $\xi\in(a,b)$, 使 $f(\xi)=\xi$.

习题 1 参考答案与讲解

1.(1) 是; (2) 不是; (3) 不是; (4) 不是; (5) 是; (6) 不是.

2. (1) $\{x\,|-\sqrt{2}\leqslant x<0$ 或 $0<x\leqslant\sqrt{2}\}$; (2)$\left\{x\,\middle|\,\dfrac{3}{2}<x\leqslant 4 \text{ 且 } x\neq 2\right\}$;

(3)$\{x\,|-3\leqslant x\leqslant -1\}$; (4)$\{x\,|2<x\leqslant 4\}$.

3. $f(0)=\dfrac{\pi}{4}, f(1)=\dfrac{\pi}{6}, f(\sqrt{2})=\dfrac{\pi}{8}, f(-\sqrt{3})=\dfrac{5\pi}{12}, f(-2)=\dfrac{\pi}{2}$.

4. (1)$y=\dfrac{1}{3}\arcsin\dfrac{x}{2}$; (2)$y=\dfrac{e^x}{e}-2$; (3)$y=\log_2\dfrac{x}{1-x}$.

5. $f[f(x)]=f(x^2-2)=(x^2-2)^2-2=x^4-4x^2+2$.

6. $g[f(x)]=\begin{cases}-1, & x>0,\\ 0, & x=0,\\ 1, & x<0,\end{cases}\quad f[g(x)]=\begin{cases}e^{-1}, & |x|>1,\\ 1, & |x|=1,\\ e, & |x|<1.\end{cases}$

7. 由数学归纳法，知 $f_n(x)=\dfrac{x}{\sqrt{1+nx^2}}$.

8. $f(x)=-\sin x-\cos x-2$.

9. (1)0; (2)0; (3)1; (4) 不存在.

10. $\lim\limits_{n\to\infty}\dfrac{3^{n+1}-2^n}{2^{n+1}+3^n}=\lim\limits_{n\to\infty}\dfrac{3-\left(\dfrac{2}{3}\right)^n}{2\cdot\left(\dfrac{2}{3}\right)^n+1}=3$.

11. $\lim\limits_{n\to\infty}\dfrac{q^n}{1+q^n}=\begin{cases}0, & 0<q<1,\\ \dfrac{1}{2}, & q=1,\\ 1, & q>1.\end{cases}$

12. 用单调有界准则及数学归纳法证明 $\lim\limits_{n\to\infty}x_n=0$.

13. $e^{\frac{1}{2}}, e^{-\frac{1}{2}}, e^{-2}$.

14. (1)$\dfrac{\pi}{6}$; (2)$-\dfrac{1}{2}$; (3)-3; (4)$-\dfrac{2}{\pi}$; (5)e^{-2}; (6)$\dfrac{\sqrt{2}}{2}$.

15. $k=\ln 2$.

16. -2.

17. $\lim\limits_{x\to 0^-}f(x)=-1, \lim\limits_{x\to 0^+}f(x)=1, \lim\limits_{x\to 0}f(x)$ 不存在.

18. (1)$\frac{2}{3}$;　(2)2;　(3)$\frac{6}{5}$.

19. $a=-\frac{3}{2}$.

20. $x\sin\sqrt[3]{x}$.

21. (1)$x=1$ 为 $f(x)$ 的第一类可去间断点; (2)$x=1$ 为 $f(x)$ 的第一类跳跃间断点;

(3)$f(x)$ 的间断点是 $x=0$, $x=\pm1$. $x=0$ 是 $f(x)$ 的第一类跳跃间断点，$x=-1$ 是 $f(x)$ 的第二类无穷间断点，$x=1$ 是 $f(x)$ 的第一类可去间断点.

22. 1.

23. (1) 正确; (2) 错误; (3) 正确.

24. 设 $f(x)=x\cdot 2^x-1$, 由零点定理可证.

25. 设 $F(x)=f(x)-x, F(a)<0, F(b)>0$, 由零点定理可证.

重点习题讲解

数学与哲学问题：如何描述连续性?

第 2 章　导数与微分

一元函数的导数、微分及其应用统称为一元函数微分学. 本章主要介绍导数的概念、函数的求导法则、导数的应用和函数的微分.

§2.1　导数

在本节中, 我们将以极限的概念为基础引入导数的概念.

2.1.1　导数的概念

1. 导数概念的引出

与其他学科一样, 数学上的概念也来源于解决实际问题的需要, 而人们除了需要了解变量之间的函数关系以外, 还需要研究变量变化快慢的程度, 也就是变化率问题. 例如物体运动的速度、人口增长的速度等. 我们先来讨论两个具体问题: 变速直线运动的瞬时速度问题与曲线的切线问题.

(1) 变速直线运动的瞬时速度

假设有一个质点 M 做直线运动. M 运动的路程 s 是关于运动时间 t 的函数, 记为 $s = s(t)$. 现在, 我们考虑从时刻 t_0 到时刻 $t_0 + \Delta t$ 这段时间间隔内路程的变化量, 记为 Δs. 显然, $\Delta s = s(t_0 + \Delta t) - s(t_0)$. 于是, 我们可以得出这段时间内的平均速度为

$$\bar{v} = \frac{\Delta s}{\Delta t} = \frac{s(t_0 + \Delta t) - s(t_0)}{\Delta t}.$$

尽管在这段时间内的每个时刻质点的运动速度会有所不同, 但当 Δt 很小时, 我们可以用这段时间内的平均速度 $\bar{v}$ 去近似 t_0 时刻的速度. 而且 Δt 越小, 近似程度就越好. 于是, 当 $\Delta t \to 0$ 时, $\dfrac{\Delta s}{\Delta t}$ 的极限称为 t_0 时刻的瞬时速度, 记作 $v(t_0)$, 即

$$v(t_0) = \lim_{\Delta t \to 0} \frac{\Delta s}{\Delta t} = \lim_{\Delta t \to 0} \frac{s(t_0 + \Delta t) - s(t_0)}{\Delta t}. \tag{2.1}$$

(2) 曲线的切线问题

在初等数学中, 将圆的切线定义为“与圆只有一个交点的直线”. 但对于一般曲线而言, 使用这种定义显然不能表示曲线切线的真正含义.

那么, 怎样来定义并求出曲线的切线呢? 法国数学家费马 (Fermat) 在 17 世纪给出了切线的定义和求法, 从而解决了这个问题. 设曲线 L 及 L 上一点 M_0, 在 L 上另取一点 M, 作割线 M_0M. 当 M 点沿曲线 L 趋于 M_0 时, 割线 M_0M 绕 M_0 点旋转. 若割线 M_0M 存在极限位置 M_0T, 则称直线 M_0T 为曲线 L 在点 M_0 处的切线. 这里, 极限位置的含义是当点 M 沿曲线 L 趋于 M_0 时, $\angle MM_0T$ 趋于零 (图 2.1).

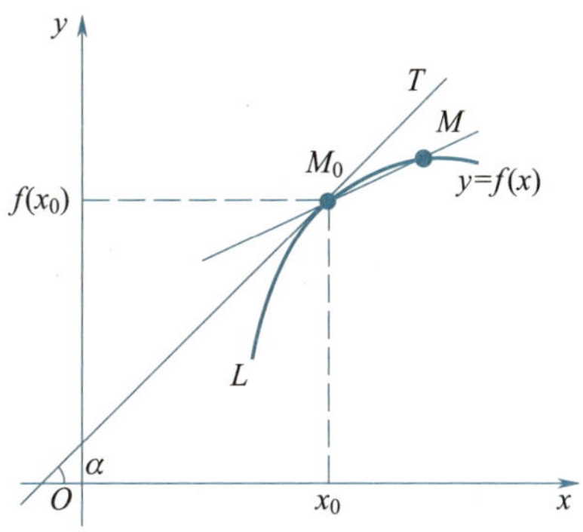

图 2.1

设曲线 L 的方程为 $y=f(x)$, $M_0(x_0,y_0)$ 是 L 上的点, 即 $y_0=f(x_0)$. 求曲线 L 在点 M_0 处的切线方程, 只需求出切线的斜率即可.

根据上述定义, 如果曲线 L 在 M_0 处的切线存在, 切线的斜率就应该是割线 M_0M 的斜率的极限. 因此, 设点 M 的坐标为 (x,y) , 则割线 M_0M 的斜率

$$k_{M_0M}=\frac{y-y_0}{x-x_0}=\frac{f(x)-f(x_0)}{x-x_0}.$$

若设 $x=x_0+\Delta x$, 则割线 M_0M 的斜率也可表示为

$$k_{M_0M}=\frac{f(x_0+\Delta x)-f(x_0)}{\Delta x}=\frac{\Delta y}{\Delta x}.$$

故, 当点 M 沿 L 趋于 M_0 时, 即 $\Delta x\to 0$ 时, 割线 M_0M 的斜率 k_{M_0M} 的极限即切线 M_0T 的斜率

$$k=\lim_{M\to M_0}k_{M_0M}=\lim_{\Delta x\to 0}\frac{f(x_0+\Delta x)-f(x_0)}{\Delta x}=\lim_{\Delta x\to 0}\frac{\Delta y}{\Delta x}. \tag{2.2}$$

显然, 式 (2.1) 与式 (2.2) 在本质上是相同的, 上述的两个问题都可以归结为计算函数的增量与自变量的增量比值的极限, 也就是求函数对自变量的变化率. 实际上, 不止上述这两个问题, 现实生活中的许多问题都可以归结为求函数对自变量的变化率. 而数学中我们称函数对自变量的变化率这一概念为导数.

2. 导数的定义

定义 2.1

设函数 $y=f(x)$ 在点 x_0 的某邻域 $U(x_0)$ 内有定义, 当自变量 x 在点 x_0 处取得增量 Δx (点 $x_0+\Delta x$ 仍在该邻域内) 时, 相应地, 函数取得增量

$$\Delta y=f(x_0+\Delta x)-f(x_0).$$

若极限

$$\lim_{\Delta x\to 0}\frac{\Delta y}{\Delta x}=\lim_{\Delta x\to 0}\frac{f(x_0+\Delta x)-f(x_0)}{\Delta x}$$

存在, 则称函数 $y=f(x)$ 在点 x_0 处**可导**, 并称上述极限值为函数 $y=f(x)$ 在点 x_0 处的**导数**, 记为 $f'(x_0)$, 即

$$f'(x_0)=\lim_{\Delta x\to 0}\frac{\Delta y}{\Delta x}=\lim_{\Delta x\to 0}\frac{f(x_0+\Delta x)-f(x_0)}{\Delta x},$$

也可以记为 $y'|_{x=x_0}$, $\dfrac{\mathrm{d}y}{\mathrm{d}x}$ 或 $\dfrac{\mathrm{d}f(x)}{\mathrm{d}x}$.

若定义 2.1 中的极限不存在, 则称函数 $y=f(x)$ 在点 x_0 处不可导或导数不存在. 如果上述极限趋于无穷大, 为描述方便, 也称函数 $y=f(x)$ 在点 x_0 处的导数为无穷大, 记为 $f'(x_0)=\infty$

显然, 导数的定义也可以写成下面的形式:

$$f'(x_0)=\lim_{h\to 0}\frac{f(x_0+h)-f(x_0)}{h},$$

h 即为增量 Δx.

若令 $\Delta x=x-x_0$, 则有

$$f'(x_0)=\lim_{x\to x_0}\frac{f(x)-f(x_0)}{x-x_0}.$$

导数的定义是通过极限定义的, 而极限有左极限和右极限的概念, 导数自然就有左导数与右导数的概念.

定义 2.2

设函数 $y=f(x)$ 在点 x_0 的左侧 $(x_0-\delta,x_0]$ 上有定义, 若极限

$$\lim_{\Delta x\to 0^-}\frac{f(x_0+\Delta x)-f(x_0)}{\Delta x}$$

存在, 则称此极限为函数 $y=f(x)$ 在 x_0 处的**左导数**, 记为 $f'_-(x_0)$, 即

$$f'_-(x_0)=\lim_{\Delta x\to 0^-}\frac{f(x_0+\Delta x)-f(x_0)}{\Delta x},$$

也可以写成

$$f'_-(x_0)=\lim_{x\to x_0^-}\frac{f(x)-f(x_0)}{x-x_0}.$$

类似地, 可以定义函数 $y=f(x)$ 在点 x_0 处的**右导数**, 即

$$f'_+(x_0)=\lim_{\Delta x\to 0^+}\frac{f(x_0+\Delta x)-f(x_0)}{\Delta x},$$

也可以写成

$$f'_+(x_0)=\lim_{x\to x_0^+}\frac{f(x)-f(x_0)}{x-x_0}.$$

左导数和右导数统称为**单侧导数**.

根据函数极限存在的充分必要条件是函数的左极限、右极限存在并且相等的结论可得下面的结论.

$f(x)$ 在点 x_0 处可导的充分必要条件是 $f(x)$ 在点 x_0 处的左导数 $f'_-(x_0)$ 和右导数 $f'_+(x_0)$ 都存在并且相等.

若函数 $y=f(x)$ 在开区间 (a,b) 内的每一点处都可导, 则称 $f(x)$ 在区间 (a,b) 内可导. 若 $f(x)$ 在 (a,b) 内可导, 且 $f'_+(a)$ 及 $f'_-(b)$ 都存在, 则称 $f(x)$ 在闭区间 $[a,b]$ 上可导.

若函数 $y=f(x)$ 在区间 I 上可导, 这时对区间 I 上的每一个确定的 x 值, 都对应着 $f(x)$ 的一个确定的导数值 $f'(x)$, 这样就构成了一个新的函数, 称这个函数为函数 $y=f(x)$ 的导函数, 记作 y', $f'(x)$, $\dfrac{\mathrm{d}y}{\mathrm{d}x}$ 或 $\dfrac{\mathrm{d}f(x)}{\mathrm{d}x}$.

2.1.2　求导举例

利用导数的定义求函数的导数, 应该按照下面三个步骤完成:

(1) 求函数的增量 $\Delta y=f(x+\Delta x)-f(x)$;

(2) 作增量的比值 $\dfrac{\Delta y}{\Delta x}$;

(3) 求当 $\Delta x\to 0$ 时, $\dfrac{\Delta y}{\Delta x}$ 的极限, 即

$$f'(x)=\lim_{\Delta x\to 0}\frac{f(x+\Delta x)-f(x)}{\Delta x}.$$

例 2.1　求函数 $y=C$ (C 为常数) 的导数.

解 求增量

$$\Delta y = C - C = 0.$$

作比值

$$\frac{\Delta y}{\Delta x} = \frac{0}{\Delta x} = 0.$$

求极限

$$\lim_{\Delta x \to 0} \frac{\Delta y}{\Delta x} = 0.$$

所以, 常数的导数为 0, 即

$$(C)' = 0.$$

例 2.2 求函数 $y = x^n$ (n 为正整数) 的导数.

解 求增量, 由牛顿二项式定理, 得

$$\begin{aligned}\Delta y &= (x+\Delta x)^n - x^n \\ &= [x^n + \mathrm{C}_n^1 x^{n-1}\Delta x + \mathrm{C}_n^2 x^{n-2}(\Delta x)^2 + \cdots + (\Delta x)^n] - x^n \\ &= nx^{n-1}\Delta x + o(\Delta x), \qquad \Delta x \to 0.\end{aligned}$$

作比值

$$\frac{\Delta y}{\Delta x} = nx^{n-1} + \frac{o(\Delta x)}{\Delta x}, \qquad \Delta x \to 0.$$

求极限

$$\lim_{\Delta x \to 0} \frac{\Delta y}{\Delta x} = nx^{n-1}.$$

即

$$(x^n)' = nx^{n-1}.$$

例 2.3 求函数 $y = \sin x$ 的导数.

解 求增量

$$\begin{aligned}\Delta y &= \sin(x+\Delta x) - \sin x \\ &= 2\cos\left(x + \frac{\Delta x}{2}\right)\sin\frac{\Delta x}{2}.\end{aligned}$$

作比值

$$\frac{\Delta y}{\Delta x} = \cos\left(x + \frac{\Delta x}{2}\right)\frac{\sin\dfrac{\Delta x}{2}}{\dfrac{\Delta x}{2}}.$$

求极限, 由 $\cos x$ 的连续性以及当 $\Delta x \to 0$ 时, $\dfrac{\Delta x}{2} \to 0$, $\sin\dfrac{\Delta x}{2} \sim \dfrac{\Delta x}{2}$, 有

$$\lim_{\Delta x \to 0} \frac{\Delta y}{\Delta x} = \cos x.$$

即

$$(\sin x)' = \cos x.$$

类似地, 可得到

$$(\cos x)' = \sin x.$$

例 2.4 求函数 $y = \ln x$ 的导数.

解 求增量

$$\begin{aligned}\Delta y &= \ln(x + \Delta x) - \ln x \\ &= \ln\frac{x + \Delta x}{x} \\ &= \ln\left(1 + \frac{\Delta x}{x}\right).\end{aligned}$$

作比值

$$\frac{\Delta y}{\Delta x} = \frac{1}{\Delta x} \ln\left(1 + \frac{\Delta x}{x}\right).$$

求极限, 当 $\Delta x \to 0$ 时, $\ln\left(1 + \dfrac{\Delta x}{x}\right) \sim \dfrac{\Delta x}{x}$, 因此

$$\lim_{\Delta x \to 0} \frac{\Delta y}{\Delta x} = \frac{1}{x}.$$

即

$$(\ln x)' = \frac{1}{x}.$$

例 2.5 求函数 $y = a^x$ $(a > 0,\ a \neq 1)$ 的导数.

解 求增量

$$\Delta y = a^{x+\Delta x} - a^x = a^x(a^{\Delta x} - 1).$$

作比值

$$\frac{\Delta y}{\Delta x} = a^x \frac{a^{\Delta x} - 1}{\Delta x}.$$

求极限, 当 $\Delta x \to 0$ 时, $a^{\Delta x} - 1 \sim \Delta x \ln a$, 因此

$$\lim_{\Delta x \to 0} \frac{\Delta y}{\Delta x} = a^x \ln a.$$

即

$$(a^x)' = a^x \ln a.$$

特别, 当 $a = \mathrm{e}$ 时, 有

$$(\mathrm{e}^x)' = \mathrm{e}^x.$$

即指数函数 e^x 的导数就是其本身, 这是函数 e^x 的一个重要特征.

2.1.3 导数的几何意义

通过先前对曲线的切线问题的讨论, 我们已经知道函数 $y = f(x)$ 在点 $x = x_0$ 处的导数 $f'(x_0)$ 在几何上表示曲线 $y = f(x)$ 在点 $M_0(x_0, f(x_0))$ 处的切线的斜率, 即

$$f'(x_0) = \tan \alpha,$$

其中 α 是切线的倾角 (图 2.2). 应用直线的点斜式方程, 可知曲线 $y = f(x)$ 在点 $M_0(x_0, f(x_0))$ 处的切线方程为

$$y - f(x_0) = f'(x_0)(x - x_0).$$

特别地, 若 $f'(x_0) = \infty$, 则说明曲线 $y = f(x)$ 在点 $M_0(x_0, f(x_0))$ 处具有垂直于 x 轴的切线 $x = x_0$.

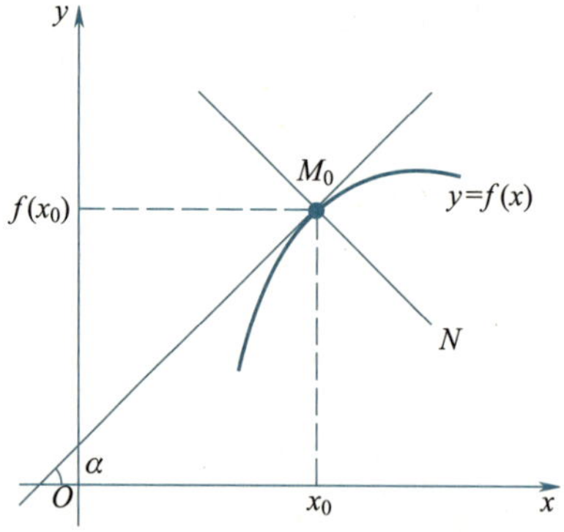

图 2.2

此外, 我们将过切点 $M_0(x_0, f(x_0))$ 且与切线垂直的直线叫做曲线 $y = f(x)$ 在点 $M_0(x_0, f(x_0))$ 处的法线 (如图 2.2 中的 M_0N). 如果 $f'(x_0) \neq 0$, 法线的斜率为 $-\dfrac{1}{f'(x_0)}$. 曲线 $y = f(x)$ 在点 $M_0(x_0, f(x_0))$ 处的法线方程为

$$y - f(x_0) = -\frac{1}{f'(x_0)}(x - x_0).$$

例 2.6　求曲线 $y=\dfrac{1}{x}$ 在点 $\left(2,\dfrac{1}{2}\right)$ 处的切线方程和法线方程.

解　因为

$$y'=-\frac{1}{x^2},$$

$$y'|_{x=2}=-\frac{1}{2^2}=-\frac{1}{4},$$

所求切线方程为

$$y-\frac{1}{2}=-\frac{1}{4}(x-2).$$

即

$$x+4y-4=0.$$

所求法线方程为

$$y-\frac{1}{2}=4(x-2).$$

即

$$8x-2y-15=0.$$

2.1.4　可导与连续

函数的连续性和可导性都是逐点定义的, 那么, 同一个函数 $f(x)$ 在同一个点 x_0 处的可导性与连续性有什么关系呢? 也就是需要回答下面两个问题:

(1) 如果函数 $f(x)$ 在点 x_0 处连续, 那么 $f(x)$ 在点 x_0 处是否一定可导?

(2) 如果函数 $f(x)$ 在点 x_0 处可导, 那么 $f(x)$ 在点 x_0 处是否一定连续?

定理 2.1

若函数 $y=f(x)$ 在点 x_0 处可导, 则 $f(x)$ 在点 x_0 处连续.

证　由于 $y=f(x)$ 在点 x_0 处可导, 即

$$\lim_{\Delta x\to 0}\frac{\Delta y}{\Delta x}=\lim_{\Delta x\to 0}\frac{f(x_0+\Delta x)-f(x_0)}{\Delta x}$$

存在, 所以

$$\lim_{\Delta x\to 0}\Delta y=\lim_{\Delta x\to 0}\left(\frac{\Delta y}{\Delta x}\Delta x\right)=\lim_{\Delta x\to 0}\frac{\Delta y}{\Delta x}\cdot\lim_{\Delta x\to 0}\Delta x=0.$$

根据连续的定义, 可知 $y=f(x)$ 在点 x_0 处连续.

定理 2.1 回答了前面第二个问题. 简单点说, **可导一定连续**. 但是其逆命题并不成立, 即函数 $y=f(x)$ 在点 x_0 处连续, 却不一定在点 x_0 处可导.

例 2.7　函数 $f(x)=|x|$ 在 $(-\infty,+\infty)$ 内连续, 但在点 $x=0$ 处, 有

$$f'_-(0)=\lim_{\Delta x\to 0^-}\frac{|\Delta x|-0}{\Delta x}=\lim_{\Delta x\to 0^-}\frac{-\Delta x}{\Delta x}=-1,$$

$$f'_+(0)=\lim_{\Delta x\to 0+}\frac{|\Delta x|-0}{\Delta x}=\lim_{\Delta x\to 0+}\frac{\Delta x}{\Delta x}=1,$$

$$f'_-(0)\neq f'_+(0).$$

因此 $f'(0)$ 不存在, $f(x)$ 在点 $x=0$ 处不可导.

§2.2　导数的运算

前面我们利用导数的定义求出了几个函数的导数, 但是对于比较复杂的函数要用定义去讨论可导性并求出导数, 是十分困难的. 因此, 有必要研究导数的运算规律, 以便能够比较容易地判断一个函数的可导性, 并求出它的导数.

2.2.1　导数的四则运算法则

定理 2.2

若函数 $u(x)$, $v(x)$ 都在点 x 处可导, 则函数 $u(x)\pm v(x)$, $u(x)\cdot v(x)$, $\dfrac{u(x)}{v(x)}$ $(v(x)\neq 0)$ 分别在点 x 处也可导, 并有

(1) $[u(x)\pm v(x)]'=u'(x)\pm v'(x)$;

(2) $[u(x)v(x)]'=u'(x)v(x)+u(x)v'(x)$;

(3) $[Cu(x)]'=Cu'(x)$(C 为常数);

(4) $\left[\dfrac{u(x)}{v(x)}\right]'=\dfrac{u'(x)v(x)-u(x)v'(x)}{[v(x)]^2}$.

证　在这里我们仅证明 (1). 令 $y=u(x)+v(x)$, 求增量

$$\begin{aligned}\Delta y&=[u(x+\Delta x)+v(x+\Delta x)]-[u(x)+v(x)]\\&=[u(x+\Delta x)-u(x)]+[v(x+\Delta x)-v(x)]\\&=\Delta u+\Delta v.\end{aligned}$$

作比值

$$\frac{\Delta y}{\Delta x}=\frac{\Delta u}{\Delta x}+\frac{\Delta v}{\Delta x}.$$

求极限. 因为函数 $u(x), v(x)$ 都在点 x 处可导, 所以

$$\lim_{\Delta x\to 0}\frac{\Delta u}{\Delta x}=u'(x),\qquad \lim_{\Delta x\to 0}\frac{\Delta v}{\Delta x}=v'(x),$$

故

$$\lim_{\Delta x\to 0}\frac{\Delta y}{\Delta x}=\lim_{\Delta x\to 0}\frac{\Delta u}{\Delta x}+\lim_{\Delta x\to 0}\frac{\Delta v}{\Delta x}=u'(x)+v'(x).$$

即

$$[u(x)+v(x)]'=u'(x)+v'(x).$$

同理可证

$$[u(x)-v(x)]'=u'(x)-v'(x).$$

例 2.8　求函数 $y=x^4+\sin x+\dfrac{4}{x}$ 的导数.

解　由定理 2.2 可知

$$\begin{aligned} y'&=\left(x^4+\sin x+\frac{4}{x}\right)'\\ &=(x^4)'+(\sin x)'+\left(\frac{4}{x}\right)'\\ &=4x^3+\cos x-\frac{4}{x^2}. \end{aligned}$$

例 2.9　求函数 $y=\tan x$ 的导数.

解　由 $\tan x=\dfrac{\sin x}{\cos x}$ 以及定理 2.2 可知

$$\begin{aligned} (\tan x)'&=\left(\frac{\sin x}{\cos x}\right)'\\ &=\frac{\cos x\cdot\cos x-\sin x(-\sin x)}{\cos^2 x}\\ &=\frac{1}{\cos^2 x}=\sec^2 x. \end{aligned}$$

2.2.2 反函数的导数

定理 2.3

设函数 $y=g(x)$ 在区间 I_y 上单调且可导, 其值域为 I_x, 同时满足 $g'(x)\neq 0$, 则其反函数 $y=g^{-1}(x)=f(x)$ 在区间 I_x 上可导且

$$f'(x)=\frac{1}{g'(x)}.$$

可见, 反函数的导数等于其直接函数的导数的倒数.

例 2.10 求函数 $y=\arcsin x(-1<x<1)$ 的导数.

解 由于函数 $y=\arcsin x\,(-1<x<1)$ 是 $x=\sin y\left(-\frac{\pi}{2}<y<\frac{\pi}{2}\right)$ 的反函数. 同时, 函数 $x=\sin y$ 在区间 $\left(-\frac{\pi}{2},\frac{\pi}{2}\right)$ 上单调可导, 且

$$(\sin y)'=\cos y\neq 0.$$

根据定理 2.3, 可知在对应的区间 $I_x=(-1,\,1)$ 上 $y=\arcsin x$ 可导, 且

$$y'=\frac{1}{(\sin y)'}=\frac{1}{\cos y}.$$

由于在区间 $\left(-\frac{\pi}{2},\frac{\pi}{2}\right)$ 上 $\cos y>0$. 故

$$y'=\frac{1}{\sqrt{1-\sin^2 y}}=\frac{1}{\sqrt{1-x^2}}.$$

2.2.3 复合函数的求导法则

定理 2.4

若函数 $u=\varphi(x)$ 在点 x_0 处可导, 函数 $y=f(u)$ 在点 $u_0=\varphi(x_0)$ 处可导, 则复合函数 $y=f(\varphi(x))$ 在点 x_0 处可导, 且其导数

$$\left.\frac{\mathrm{d}y}{\mathrm{d}x}\right|_{x=x_0}=f'(u_0)\varphi'(x_0).$$

若函数 $u=\varphi(x)$ 在开区间 I_x 内可导, 函数 $y=f(u)$ 在开区间 I_u 内可导, 且当 $x\in I_x$ 时, 对应的 $u\in I_u$, 则由定理 2.4 可知复合函数 $y=f(\varphi(x))$ 在区间 I_x 内可导, 且有

$$\frac{\mathrm{d}y}{\mathrm{d}x}=\frac{\mathrm{d}y}{\mathrm{d}u}\cdot\frac{\mathrm{d}u}{\mathrm{d}x}. \tag{2.3}$$

这个结论也可以表示成

$$\{f[\varphi(x)]\}'=f'[\varphi(x)]\varphi'(x),$$

或

$$\{f[\varphi(x)]\}'=[f(u)|_{u=\varphi(x)}]'=f'(u)|_{u=\varphi(x)}\varphi'(x).$$

注意: $f'[\varphi(x)]$ 与 $\{f[\varphi(x)]\}'$ 有不同的含义. 前者表示先将 $f(u)$ 对 u 求导, 后与 $u=\varphi(x)$ 复合. 后者表示先将 $f(u)$ 与 $u=\varphi(x)$ 复合, 后对 x 求导数.

例 2.11 求函数 $y=\tan 2x$ 的导数.

解 函数 $y=\tan 2x$ 可以看作是由函数 $y=\tan u$ 和 $u=2x$ 复合而成, 由式 (2.3) 可得

$$y'=\frac{\mathrm{d}y}{\mathrm{d}u}\cdot\frac{\mathrm{d}u}{\mathrm{d}x}=\sec^2 u\cdot 2=2\sec^2 2x.$$

应当注意, 在将复合函数对自变量 x 求导时, 最终表达式的中间变量一定要用自变量 x 的函数代入.

对于由有限多个函数复合而成的多层复合函数, 可以重复利用式 (2.3). 例如, 设

$$y=f(u),\qquad u=\varphi(v),\qquad v=\psi(x),$$

则

$$\frac{\mathrm{d}y}{\mathrm{d}x}=\frac{\mathrm{d}y}{\mathrm{d}u}\cdot\frac{\mathrm{d}u}{\mathrm{d}x},$$

而

$$\frac{\mathrm{d}u}{\mathrm{d}x}=\frac{\mathrm{d}u}{\mathrm{d}v}\cdot\frac{\mathrm{d}v}{\mathrm{d}x},$$

故复合函数 $f\{\varphi[\psi(x)]\}$ 对 x 的导数

$$\frac{\mathrm{d}y}{\mathrm{d}x}=\frac{\mathrm{d}y}{\mathrm{d}u}\cdot\frac{\mathrm{d}u}{\mathrm{d}v}\cdot\frac{\mathrm{d}v}{\mathrm{d}x}=f'(u)\varphi'(v)\psi'(x).$$

由此可见, 复合函数 $f\{\varphi[\psi(x)]\}$ 的导数等于在构成复合关系的变量

$$y\to u\to v\to x$$

中, 每一个在前面的变量对在后面的相邻变量的导数的乘积. 因此, 复合函数的求导法则也称为**链锁规则**.

例 2.12 求函数 $y=\cos(\sin^3 x^2)$ 的导数.

解 根据链锁规则, 有

$$\begin{aligned}y'&=-\sin(\sin^3 x^2)\cdot(\sin^3 x^2)'\\&=-\sin(\sin^3 x^2)\cdot 3\sin^2 x^2\cdot(\sin x^2)'\\&=-\sin(\sin^3 x^2)\cdot 3\sin^2 x^2\cdot\cos x^2\cdot(x^2)'\\&=-6x\sin(\sin^3 x^2)\sin^2 x^2\cos x^2.\end{aligned}$$

2.2.4 初等函数的导数

为了使用方便, 将基本初等函数的导数公式及导数的四则运算法则、链锁规则汇集起来, 这些公式和法则要在牢记的基础上通过大量的练习熟练掌握.

基本初等函数的求导公式	
(1) $(C)'=0$ (C 为常数);	(2) $(x^{\mu})'=\mu x^{\mu-1}$;
(3) $(\sin x)'=\cos x$;	(4) $(\cos x)'=-\sin x$;
(5) $(\tan x)'=\sec^2 x$;	(6) $(\cot x)'=-\csc^2 x$;
(7) $(\sec x)'=\sec x\tan x$;	(8) $(\csc x)'=-\csc x\cot x$;
(9) $(a^x)'=a^x\ln a\,(a>0,a\neq 1)$;	(10) $(\mathrm{e}^x)'=\mathrm{e}^x$;
(11) $(\log_a x)'=\dfrac{1}{x\ln a}\,(a>0,a\neq 1)$;	(12) $(\ln x)'=\dfrac{1}{x}$;
(13) $(\arcsin x)'=\dfrac{1}{\sqrt{1-x^2}}\,(\lvert x\rvert<1)$;	(14) $(\arccos x)'=\dfrac{-1}{\sqrt{1-x^2}}\,(\lvert x\rvert<1)$;
(15) $(\arctan x)'=\dfrac{1}{1+x^2}$;	(16) $(\operatorname{arccot} x)'=\dfrac{-1}{1+x^2}$.

导数的四则运算法则: 设 $u=u(x)$, $v=v(x)$ 可导, 则

(1) $[u(x)\pm v(x)]'=u'(x)\pm v'(x)$;

(2) $[u(x)v(x)]'=u'(x)v(x)+u(x)v'(x)$;

(3) $[Cu(x)]'=Cu'(x)$ (C 为常数);

(4) $\left[\dfrac{u(x)}{v(x)}\right]'=\dfrac{u'(x)v(x)-u(x)v'(x)}{[v(x)]^2}$;

链锁规则: 设 $y=f(u)$, $u=\varphi(x)$ 都在相应的区间内可导, 则复合函数 $y=f[\varphi(x)]$ 的导数为

$$\frac{\mathrm{d}y}{\mathrm{d}x}=\frac{\mathrm{d}y}{\mathrm{d}u}\cdot\frac{\mathrm{d}u}{\mathrm{d}x} \qquad \text{或} \qquad y'(x)=f'(u)\cdot\varphi'(x).$$

2.2.5 隐函数求导

我们在前面所研究的函数都可以表示为 $y=f(x)$ 的形式, 其中 $f(x)$ 是 x 的解析式. 例如: $y=\sqrt{a^2-x^2}$, $y=\arctan x$ 等, 上述用解析表达式表示函数关系的函数也叫做**显函数**.

在某些条件下, 一个二元方程 $F(x,y)=0$ 能够表达两个变量之间的关系; 若函数 $F(x,y)$ 具备一定条件时能确定出一个变量 y 关于另一个变量 x 的函数关系. 例如, 对于方程

$$x+2y=1,$$

若给定 x 的一个值, 则通过此方程可求得 y 的一个确定的值与之对应. 也就是说, 由这个方程确定了 y 是关于 x 的函数. 这样的函数称为**隐函数**.

值得一提, 并非所有的二元方程都可以确定一个隐函数, 至于什么样的二元方程能确定隐函数, 其确定的隐函数是不是可导的, 在本节不做讨论. 接下来的内容将在隐函数存在并且可导的前提条件下进行讨论.

有些方程确定的隐函数是可以直接化成显函数的, 这个过程称为隐函数的**显化**. 此时, 我们可以将其显化后, 再进行求导.

然而有些隐函数显化是非常困难的, 甚至是不可能的. 在这种情况下, 我们可以通过如下方法进行求导:

设 $y=f(x)$ 是由 $F(x,y)=0$ 确定的隐函数, 将其代入方程, 有

$$F[x,f(x)]\equiv 0.$$

将这个恒等式两端对 x 求导数, 所得结果也必然相等. 而左端 $F[x,f(x)]$ 是将 $y=f(x)$ 代入 $F(x,y)$ 的结果, 求导数时, y 是关于 x 的函数, 通过用复合函数求导, 所得结果是一个含有 y' 的表达式. 在等式中将 y' 解出, 便可得到要求的导数.

例 2.13　设方程 $-x^5+y^5+2xy^2+x-y=0$ 确定 y 是 x 的隐函数, 求 $\dfrac{\mathrm{d}y}{\mathrm{d}x}$.

解　将 y 视为关于 x 的函数, 在方程两边对 x 求导数, 得

$$-5x^4+5y^4\frac{\mathrm{d}y}{\mathrm{d}x}+2y^2+4xy\frac{\mathrm{d}y}{\mathrm{d}x}+1-\frac{\mathrm{d}y}{\mathrm{d}x}=0,$$

由此解出

$$\frac{\mathrm{d}y}{\mathrm{d}x}=\frac{5x^4-2y^2-1}{5y^4+4xy-1}.$$

§2.3　导数的应用

2.3.1　罗尔定理

我们先来分析一个几何现象.

若在 xOy 平面上作一条连续曲线 $y=f(x)$, 这条曲线除端点外处处具有不垂直于 x 轴的切线, 并且两端点的纵坐标相等, 如图 2.3所示, 则我们不难发现, 在该曲线上至少有一个点 C, 曲线在该点的切线平行于 x 轴. 设点 C 的横坐标为 ξ, 由导数的几何意义, 有

$$f'(\xi)=0\quad(a<\xi<b).$$

定理 2.5

(罗尔 (Rolle) 定理) 设函数 $f(x)$ 满足条件:

(1) $f(x)$ 在闭区间 $[a,b]$ 上连续;

(2) $f(x)$ 在开区间 (a,b) 内可导;

(3) $f(a)=f(b)$.

则在开区间 (a,b) 内至少存在一点 ξ , 使得

$$f'(\xi)=0 \quad (a<\xi<b).$$

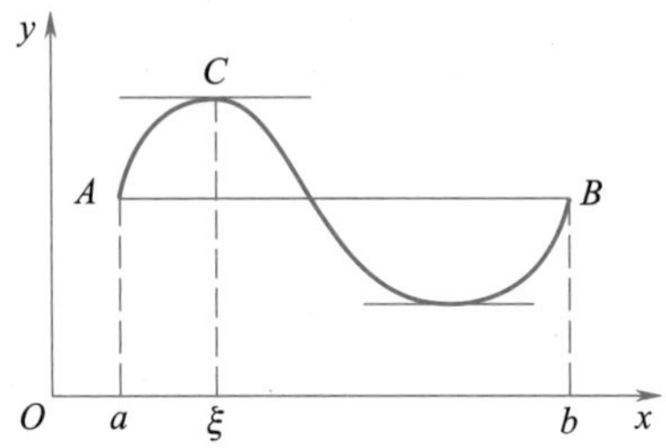

图 2.3

证　由于函数 $f(x)$ 在闭区间 $[a,b]$ 上连续, 根据闭区间上连续函数的最大值和最小值定理, 可知 $f(x)$ 在闭区间 $[a,b]$ 上存在最大值 M 和最小值 m.

若 $M=m$, 则 $f(x)$ 在闭区间 $[a,b]$ 上恒为常数, 即 $f(x)=M\,(a\leqslant x\leqslant b)$, 所以对于开区间 (a,b) 内的任何一点 $\xi\,(a<d<b)$, 都有

$$f'(\xi)=0.$$

若 $M>m$, 则 M 和 m 中至少有一个不等于 $f(a)=f(b)$. 不妨设 $M\neq f(a)$, 即函数 $f(x)$ 在闭区间 $[a,b]$ 上的最大值 M 不是区间端点的函数值, 因此在开区间 (a,b) 内至少有一点 ξ, 使得 $f(\xi)=M$. 下面来证明 $f'(\xi)=0$.

因为 M 是最大值, 所以 $f(\xi)$ 大于或等于开区间 (a,b) 内其他各点 $x=\xi+\Delta x$ 的函数值, 即

$$f(\xi)\geqslant f(\xi+\Delta x)$$

或者说

$$\Delta y=f(\xi+\Delta x)-f(\xi)\leqslant 0.$$

由条件 (2) 可知 $f(x)$ 在点 ξ 处可导, 即 $f'_+(\xi)$, $f'_-(\xi)$, $f'(\xi)$ 存在, 且 $f'(\xi)=f'_-(\xi)=f'_+(\xi)$. 于是有

$$f'_+(\xi)=\lim_{\Delta x\to 0^+}\frac{\Delta y}{\Delta x}\leqslant 0,$$

$$f'_-(\xi)=\lim_{\Delta x\to 0^-}\frac{\Delta y}{\Delta x}\geqslant 0,$$

因此,

$$f'(\xi)=f'_-(\xi)=f'_+(\xi)=0.$$

同理, 若 $m\neq f(a)$ 亦可得出相同结论. 证毕.

例 2.14　设函数 $f(x)=x^3+4x^2-7x-10$, 则 $f(-1)=f(2)=0$. 由于 $f(x)$ 是多项式函数, 它在 $[-1,2]$ 上连续, 在 $(-1,2)$ 内可导, 因此它满足罗尔定理的三个条件. 又

$$f'(x)=3x^2+8x-7,$$

令 $f'(x)=0$, 解得

$$x_1=\frac{-4+\sqrt{37}}{3},\qquad x_2=\frac{-4-\sqrt{37}}{3},$$

其中, $x_1\in(-1,2)$. 显然有 $f'(x_1)=0$, 这是罗尔定理的结论. 这就验证了罗尔定理对于函数 $f(x)=x^3+4x^2-7x-10$ 在区间 $[-1,2]$ 上的正确性.

特别注意, 罗尔定理的三个条件**缺一不可**, 否则定理的结论可能就不会成立. 所以, 在使用罗尔定理时, 一定要验证定理的三个条件是否成立. 此外, 罗尔定理是充分的, 却但不是必要的. 即使不完全满足罗尔定理的三个条件, 甚至于三个条件一个也不满足, 但定理的结论仍可能成立.

罗尔定理肯定了点 ξ 的存在性及其取值范围, 却不能肯定点 ξ 的确切个数及准确位置. 尽管如此, 罗尔定理仍有着广泛的应用.

2.3.2　拉格朗日中值定理

在罗尔定理中, 条件 (1) 和 (2) 对于多数函数来说是容易满足的, 而条件 (3) 却不易满足, 它直接影响了罗尔定理的应用范围, 如果在罗尔定理中去掉条件 (3), 只保留条件 (1) 和 (2), 结果会是怎样呢?

定理 2.6

(拉格朗日 (Lagrange) 中值定理) 设函数 $f(x)$ 满足条件:

(1) $f(x)$ 在闭区间 $[a,b]$ 上连续;

(2) $f(x)$ 在开区间 (a,b) 内可导;

则在开区间 (a,b) 上至少存在一点 ξ , 使得

$$f'(\xi)=\frac{f(b)-f(a)}{b-a}\quad(a<\xi<b).$$

证　引入辅助函数

$$F(x)=f(x)-f(a)-\frac{f(b)-f(a)}{b-a}(x-a).$$

由假设可知, $F(x)$ 在闭区间 $[a,b]$ 上连续, 在开区间 (a,b) 内可导, 且 $F(a)=F(b)=0$, 满足罗尔定理的三个条件. 因此可得

$$F'(\xi)=0 \qquad (a<\xi<b).$$

即

$$f'(\xi)-\frac{f(b)-f(a)}{b-a}=0 \qquad (a<\xi<b),$$

$$f'(\xi)=\frac{f(b)-f(a)}{b-a} \qquad (a<\xi<b).$$

直接应用拉格朗日中值定理, 我们还可以得到下面两个推论.

推论 2.1

若在区间 (a,b) 内 $f'(x)=0$, 则在 (a,b) 内 $f(x)=C$ (C 为常数) .

证 对任何两点 $x_1, x_2 \in (a,b)$, 由已知条件, $f(x)$ 在 (a,b) 内可导, 可知 $f(x)$ 在闭区间 $[a,b]$ 上连续, 在开区间 (a,b) 上可导. 由拉格朗日中值定理, 存在 $\xi \in (a,b)$, 使得

$$f(x_2)-f(x_1)=f'(\xi)(x_2-x_1).$$

由于 $\xi \in (a,b)$, 所以 $f'(\xi)=0$, 故而

$$f(x_1)=f(x_2).$$

由点 x_1, x_2 的任意性, 可知 $f(x)$ 在 (a,b) 内为常函数.

推论 2.2

若在区间 (a,b) 内 $f'(x)=g'(x)$, 则在 (a,b) 内 $f(x)-g(x)=C$ (C 为常数).

证 只要引入辅助函数 $F(x)=f(x)-g(x)$, 对 $F(x)$ 应用推论 2.1, 即可证得.

2.3.3 柯西中值定理

定理 2.7

(柯西 (Cauchy) 中值定理) 设函数 $f(x)$ 与 $g(x)$ 满足:

(1) 函数 $f(x)$ 与 $g(x)$ 在 $[a,b]$ 上连续;

(2) $f(x)$ 与 $g(x)$ 在 (a,b) 内可导, 且 $g'(x)\neq 0$.

则在 (a,b) 内至少有一点 ξ , 使

$$\frac{f(b)-f(a)}{g(b)-g(a)}=\frac{f'(\xi)}{g'(\xi)}.$$

数学家简介
柯西

证　因 $g'(x) \neq 0$. 由拉格朗日中值定理可知 $g(b)-g(a)=g'(\xi)(b-a)\neq 0\,(a<\xi<b)$. 引入辅助函数

$$F(x)=f(x)-\frac{f(b)-f(a)}{g(b)-g(a)}g(x),$$

易证 $F(x)$ 在 $[a,b]$ 上满足罗尔定理的三个条件, 所以在 (a,b) 内至少有一点 ξ, 使

$$F'(x)=f'(x)-\frac{f(b)-f(a)}{g(b)-g(a)}g'(x)=0,$$

即

$$\frac{f(b)-f(a)}{g(b)-g(a)}=\frac{f'(\xi)}{g'(\xi)}\qquad (a<\xi<b).$$

定理 2.5、定理 2.6 以及定理 2.7 都是将函数值与开区间 (a,b) 内某个点 ξ 的导数值联系起来, 因此统称为微分中值定理.

2.3.4　洛必达法则

在研究无穷小的运算时, 我们知道两个无穷小的商可能是无穷小, 可能是非零常数, 也可能不存在$\left(\text{如 }\lim\limits_{x\to 0}\dfrac{x^2}{\sin x}=0,\ \lim\limits_{x\to 0}\dfrac{\sin x}{x}=1,\ \lim\limits_{x\to 0}\dfrac{\sin x}{x^2}=\infty\right)$, 将这类极限称为 $\dfrac{0}{0}$ 型未定式. 类似地, 两个无穷大的商的极限可能存在, 也可能不存在, 将它称为 $\dfrac{\infty}{\infty}$ 型未定式. 这两种未定式的极限都不能直接用商的极限运算法则求得, 本节介绍利用微分中值定理推导出求这类极限的一种简单而有效的方法.

定理 2.8

$\left(\dfrac{0}{0}\text{ 型洛必达 (L'Hospital) 法则}\right)$ 设函数 $f(x)$ 和 $g(x)$ 在点 x_0 的某一邻域 (点 x_0 可以除外) 内有定义, 且满足条件:

(1) $\lim\limits_{x\to x_0} f(x)=\lim\limits_{x\to x_0} g(x)=0$;

(2) 在该邻域 (点 x_0 可以除外) 内, $f(x)$ 和 $g(x)$ 都可导, 且 $g'(x)\neq 0$;

(3) $\lim\limits_{x\to x_0}\dfrac{f'(x)}{g'(x)}=A\,(\text{或}\infty)$,

则有

$$\lim_{x\to x_0}\frac{f(x)}{g(x)}=\lim_{x\to x_0}\frac{f'(x)}{g'(x)}.$$

证　由条件 (1) 可知, 点 x_0 是函数 $f(x)$ 和 $g(x)$ 的连续点或可去间断点, 若是可去间断点, 则可修改或补充定义 $f(x_0)=g(x_0)=0$, 使 $f(x)$ 和 $g(x)$ 在点 x_0 连续, 这并不影响极限 $\lim\limits_{x\to x_0}\dfrac{f(x)}{g(x)}$. 对于条件 (2) 中点 x_0 的邻域内的每一点 x, 函数 $f(x)$, $g(x)$ 在以 x_0 和 x

为端点的区间上满足柯西中值定理的条件, 因此有

$$\frac{f(x)}{g(x)}=\frac{f(x)-f(x_0)}{g(x)-g(x_0)}=\frac{f'(\xi)}{g'(\xi)},\quad \xi\in(x_0,x).$$

特别地, 不只是自变量 $x\to x_0$, 对于其他的自变量变化过程, 包括 $x\to x_0^-$, $x\to x_0^+$, $x\to\infty$, $x\to+\infty$, $x\to-\infty$, 洛必达法则均成立

如果 $\dfrac{f'(\xi)}{g'(\xi)}$ 仍然是 $\dfrac{0}{0}$ 型未定式, 且满足定理 2.8 的条件, 那么, 洛必达法则就可以继续使用, 即

$$\lim_{x\to x_0}\frac{f(x)}{g(x)}=\lim_{x\to x_0}\frac{f'(x)}{g'(x)}=\lim_{x\to x_0}\frac{f''(x)}{g''(x)}.$$

例 2.15　求极限 $\lim\limits_{x\to0}\dfrac{e^{3x}-1}{2x}$.

解　显然函数 $e^{3x}-1$ 和 $2x$ 满足定理 2.8的条件, 由洛必达法则, 有

$$\lim_{x\to0}\frac{e^{3x}-1}{2x}\overset{\frac{0}{0}}{=}\lim_{x\to0}\frac{(e^{3x}-1)'}{(2x)'}=\lim_{x\to0}\frac{3e^{3x}}{2}=\frac{3}{2}.$$

对于 $\dfrac{\infty}{\infty}$ 型未定式, 也有着与 $\dfrac{0}{0}$ 型未定式类似的求极限的方法 (也称为洛必达法则), 我们略去证明过程, 叙述如下:

定理 2.9

$\left(\dfrac{\infty}{\infty}\text{ 型洛必达法则}\right)$ 设函数 $f(x)$ 和 $g(x)$ 在点 x_0 的某一邻域 (点 x_0 可以除外) 内有定义, 且满足条件:

(1) $\lim\limits_{x\to x_0}f(x)=\lim\limits_{x\to x_0}g(x)=\infty$;

(2) 在该邻域 (点 x_0 可以除外) 内, $f(x)$ 和 $g(x)$ 都可导, 且 $g'(x)\neq0$;

(3) $\lim\limits_{x\to x_0}\dfrac{f'(x)}{g'(x)}=A\,(\text{或}\infty)$,

则有

$$\lim_{x\to x_0}\frac{f(x)}{g(x)}=\lim_{x\to x_0}\frac{f'(x)}{g'(x)}.$$

例 2.16　求极限 $\lim\limits_{x\to+\infty}\dfrac{\ln x}{x^\mu}\,(\mu>0)$.

解　显然该式满足定理 2.9 , 由洛必达法则, 有

$$\lim_{x\to+\infty}\frac{\ln x}{x^\mu}\overset{\frac{\infty}{\infty}}{=}\lim_{x\to+\infty}\frac{\frac{1}{x}}{\mu x^{\mu-1}}=\lim_{x\to+\infty}\frac{1}{\mu x^\mu}=0.$$

若 $\dfrac{f'(\xi)}{g'(\xi)}$ 仍是 $\dfrac{\infty}{\infty}$ 型未定式, 且满足定理 2.9 的条件, 那么, 洛必达法则也可以继续使用. 在使用洛必达法则时, 不同类型的未定式可以交替出现.

事实上, 除了先前提到的两种未定式以外还有 5 种未定式:

$$0\cdot\infty,\ \infty-\infty,\ 1^{\infty},\ 0^{0},\ \infty^{0}.$$

设函数 $f(x)$, $g(x)$ 在自变量的某一变化过程中,

若有 $f(x)\to 0,\ g(x)\to\infty$, 则称 $\lim f(x)g(x)$ 为 $0\cdot\infty$ 型未定式;

若有 $f(x)\to\infty,\ g(x)\to\infty$, 则称 $\lim[f(x)-g(x)]$ 为 $\infty-\infty$ 型未定式;

若有 $f(x)\to 1,\ g(x)\to\infty$, 则称 $\lim f(x)^{g(x)}$ 为 1^{∞} 型未定式;

若有 $f(x)\to 0,\ g(x)\to 0$, 则称 $\lim f(x)^{g(x)}$ 为 0^{0} 型未定式;

若有 $f(x)\to\infty,\ g(x)\to 0$, 则称 $\lim f(x)^{g(x)}$ 为 ∞^{0} 型未定式;

这些未定式也可以用洛必达法则来求极限.

对于 $0\cdot\infty$ 型和 $\infty-\infty$ 型未定式, 通常是用代数方法将其化成 $\dfrac{0}{0}$ 型或 $\dfrac{\infty}{\infty}$ 型进行求解. 对于 1^{∞} 型、0^{0} 型和 ∞^{0} 型未定式, 可将其先化为 $\mathrm{e}^{g(x)\ln f(x)}$, 即 $0\cdot\infty$ 型未定式, 再化为 $\dfrac{0}{0}$ 型或 $\dfrac{\infty}{\infty}$ 型未定式进行求解.

通过使用洛必达法则, 我们可以很方便地对未定式求极限. 然而洛必达法则并不是万能的, 部分未定式无法使用洛必达法则进行求极限. 同时, 即便无法使用洛必达法则进行求极限, 也无法说明该极限不存在.

例 2.17　求极限 $\lim\limits_{x\to 0}\dfrac{x^2\sin\dfrac{1}{x}}{\sin x}$.

解　这是一个 $\dfrac{0}{0}$ 型未定式, 然而极限

$$\lim_{x\to 0}\frac{\left(x^2\sin\dfrac{1}{x}\right)'}{(\sin x)'}=\lim_{x\to 0}\frac{2x\sin\dfrac{1}{x}-\cos\dfrac{1}{x}}{\cos x}$$

不存在, 无法使用洛必达法则. 但通过适当变形整理后, 我们可以用其他方法求出其极限:

$$\begin{aligned}\lim_{x\to 0}\frac{x^2\sin\dfrac{1}{x}}{\sin x}&=\lim_{x\to 0}\left(\frac{x}{\sin x}\right)\left(x\sin\frac{1}{x}\right)\\&=\lim_{x\to 0}\left(\frac{x}{\sin x}\right)\cdot\lim_{x\to 0}\left(x\sin\frac{1}{x}\right)=1\times 0=0.\end{aligned}$$

2.3.5　函数单调性的判别

函数的单调性是函数的一个重要特性. 对于简单的函数, 我们可以直接用定义来判断它的单调性; 对于稍复杂的函数, 用定义来判别单调性就比较困难了. 这里, 我们根据微分

中值定理建立一种利用函数的导数的符号来判断函数单调性的方法, 从而解决了确定函数单调性的问题.

定理 2.10

设函数 $y=f(x)$ 在闭区间 $[a,b]$ 上连续, 在开区间 (a,b) 内可导.

(1) 若在 (a,b) 内 $f'(x)>0$, 则函数 $y=f(x)$ 在 $[a,b]$ 上单调增加;

(2) 若在 (a,b) 内 $f'(x)<0$, 则函数 $y=f(x)$ 在 $[a,b]$ 上单调减少.

证 在 $[a,b]$ 上任取两点 x_1,x_2(不妨设 $x_1<x_2$), 在区间 $[x_1,x_2]$ 上应用拉格朗日中值定理, 存在 $\xi\in(x_1,x_2)$, 使得

$$f(x_2)-f(x_1)=f'(\xi)(x_2-x_1)\quad(x_1<\xi<x_2).$$

(1) 若在 (a,b) 内 $f'(x)>0$, 则 $f'(\xi)>0$, 于是有

$$f(x_2)-f(x_1)=f'(\xi)(x_2-x_1)>0.$$

从而 $f(x_1)<f(x_2)$, 即函数 $y=f(x)$ 在 $[a,b]$ 上单调增加.

(2) 在 (a,b) 内 $f'(x)<0$, 则 $f'(\xi)<0$. 于是有

$$f(x_2)-f(x_1)=f'(\xi)(x_2-x_1)<0.$$

从而 $f(x_1)>f(x_2)$, 即函数 $y=f(x)$ 在 $[a,b]$ 上单调减少. □

如果把定理 2.10 中的闭区间换成其他区间 (包括无穷区间), 定理的结论也成立.

例 2.18 讨论函数 $y=\ln(1-x^2)$ 的单调性.

解 函数 $y=\ln(1-x^2)$ 的定义域为 $(-1,1)$ 由

$$y'=-\frac{2x}{1-x^2}$$

知, 当 $x\in(-1,0)$ 时, $y'>0$. 故 $y=\ln(1-x^2)$ 在 $(-1,0)$ 内单调增加; 当 $x\in(0,1)$ 时, $y'<0$, 故 $y=\ln(1-x^2)$ 在 (0,1) 内单调减少.

例 2.19 讨论函数 $y=\arctan x-x$ 的单调性.

解 函数 $y=\arctan x-x$ 的定义域是 $(-\infty,+\infty)$. 由于

$$y'=\frac{1}{1+x^2}-1=-\frac{x^2}{1+x^2},$$

故在 $(-\infty,+\infty)$ 内, 除点 $x=0$ 外总有 $y'<0$. 因此 $y=\arctan x-x$ 在 $(-\infty,+\infty)$ 内是单调减少的.

2.3.6　函数的极值与最值

设函数 $f(x)$ 在区间 $[a,b]$ 上连续, 其图形如图 2.4 所示. 我们注意到直观上, 在 $x=x_1$ 处的函数值 $f(x_1)$ 与附近的点 (x_1 的某邻域内) 的函数值比起来, $f(x_1)$ 是最大的, 将它称为函数的极大值. 而在点 $x=x_2$ 处, 与点 $x=x_1$ 处的情形恰好相反, $f(x_2)$ 与附近的点的函数值比起来是最小的, 就将它称为函数的极小值.

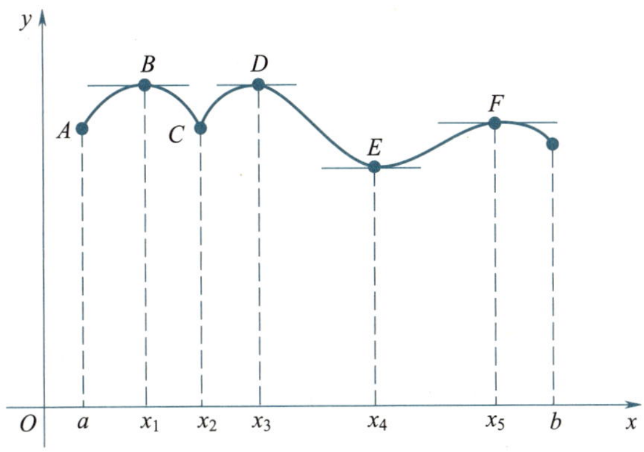

图 2.4

一般地, 有如下的定义:

定义 2.3

设函数 $f(x)$ 在点 x_0 的某邻域内有定义, 若对该邻域内一切异于 x_0 的 x, 恒有

$$f(x)<f(x_0),$$

则称 $f(x_0)$ 是函数 $f(x)$ 的一个**极大值**, 点 x_0 称为函数 $f(x)$ 的一个**极大值点**; 若对该邻域内一切异于 x_0 的 x, 恒有

$$f(x)>f(x_0),$$

则称 $f(x_0)$ 是函数 $f(x)$ 的一个**极小值**, 点 x_0 称为函数 $f(x)$ 的一个**极小值点**. 极大值和极小值统称为**极值**. 极大值点和极小值点统称为**极值点**.

由定义可知, 函数的极值是一个局部性概念, 它只是在极值点附近的所有点的函数值相比较而言的. 因此, 函数的一个极大 (小) 值未必是函数在某一区间的最大 (小) 值, 函数的一个极大 (小) 值也有可能小 (大) 于这一函数的某一个极小 (大) 值. 另外, 由极值点的定义可知, 区间端点不能是极值点.

从图 2.4 还可以看出, 点 x_1,x_2,x_3,x_4,x_5 都是函数 $f(x)$ 的极值点, 曲线 $y=f(x)$ 在

点 B, D, E, F 处都有不垂直于 x 轴的切线, 这些切线都平行于 x 轴. 这就意味着, 若 $f(x)$ 可导, 在其极值点处的导数一定为零. 这是函数取得极值的必要条件.

定理 2.11 (必要条件)

设函数 $f(x)$ 在点 x_0 处具有导数, 且 x_0 是极值点, 则必有 $f'(x_0)=0$.

通常, 将使 $f(x)$ 的导数为零的点, 即方程 (也叫驻点方程)

$$f'(x)=0$$

的实根称为函数 $f(x)$ 的**驻点**.

另外, 连续函数的极值点也可能是导数不存在的点. 比如, 图 2.4 中的点 C. 函数 $f(x)=|x|$ 在点 $x=0$ 处不可导, $x=0$ 是 $f(x)$ 的极小值点 (图 2.5). 当然, 导数不存在的点, 也可能不是极值点. 例如, $f(x)=\sqrt[3]{x}$ 在点 $x=0$ 处不可导, 而 $x=0$ 不是 $f(x)=\sqrt[3]{x}$ 的极值点 (图 2.6). 因此, 对于连续函数而言, 我们将驻点和导数不存在的点统称为可能极值点.

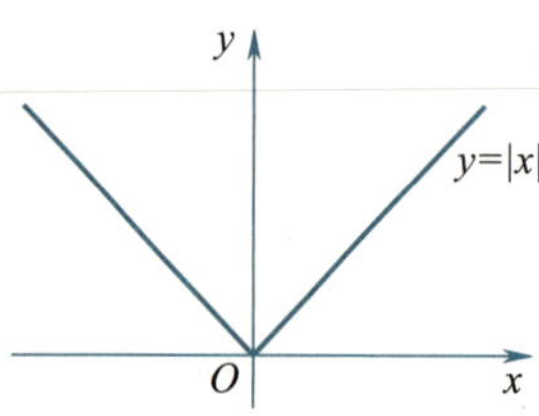

图 2.5

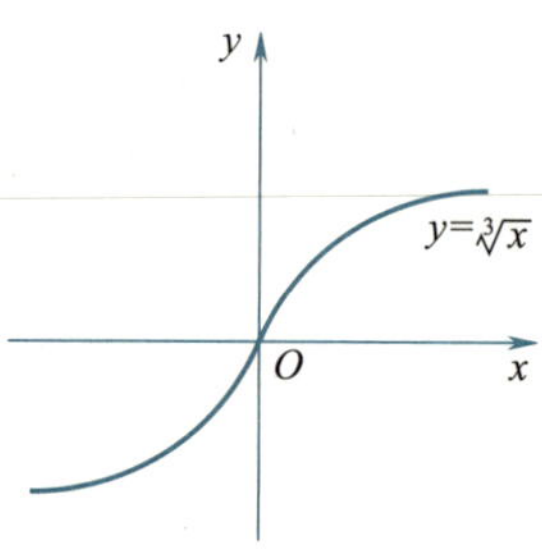

图 2.6

那么, 对于函数 $f(x)$, 如何断定那些可能极值点是否为极值点呢? 从直观上, 我们不难看出下面的结论:

定理 2.12

设函数 $f(x)$ 在 $x=x_0$ 处连续, 在点 x_0 的去心邻域内可导, 且 $f(x)$ 在点 x_0 处的导数为零或不存在, 那么

(1) 若当 $x<x_0$ 时 $f'(x)>0$, 而当 $x>x_0$ 时 $f'(x)<0$, 则 $f(x_0)$ 是函数 $f(x)$ 的极大值;

(2) 若当 $x<x_0$ 时 $f'(x)<0$, 而当 $x>x_0$ 时 $f'(x)>0$, 则 $f(x_0)$ 是函数 $f(x)$ 的极小值;

(3) 若不论 $x<x_0$ 还是 $x>x_0$, 总有 $f'(x)>0$(或 $f'(x)<0$), 则 $f(x_0)$ 不是函数

$f(x)$ 的极值.

求函数 $f(x)$ 的极值点或极值可按下面步骤进行：

(1) 求出函数 $f(x)$ 在其定义区间内的所有驻点或导数不存在的点;

(2) 确定 $f'(x)$ 在上述各点两侧邻近的符号;

(3) 应用定理 2.12 判定上述各点是不是函数 $f(x)$ 的极值点, 是极大值点还是极小值点, 计算出极值点的函数值, 就得到函数 $f(x)$ 的极值.

例 2.20　求函数 $f(x)=2x^3+3x^2-12x+10$ 的极值.

解　函数 $f(x)=2x^3+3x^2-12x+10$ 的定义域为 $(-\infty,+\infty)$. 由于

$$\begin{aligned}f'(x)&=6x^2+6x-12\\&=6(x^2+x-2)\\&=6(x+2)(x-1).\end{aligned}$$

令 $f'(x)=6(x+2)(x-1)=0$, 解得驻点为 $x_1=-2, x_2=1$.

当 $x<-2$ 时, $f'(x)>0$; 当 $-2<x<1$ 时, $f'(x)<0$. 根据定理 2.12, $f(-2)=30$ 为函数 $f(x)$ 的极大值.

当 $-2<x<1$ 时, $f'(x)<0$; 当 $x>1$ 时, $f'(x)>0$. 根据定理 2.12, $f(1)=3$ 为函数 $f(x)$ 的极小值.

根据闭区间上连续函数的最值定理, 若函数 $f(x)$ 在闭区间 $[a,b]$ 上连续, 则 $f(x)$ 在 $[a,b]$ 上必有最大值和最小值. 为了能够运用微分学的方法求得函数 $f(x)$ 的最值, 我们总假设所讨论的函数 $f(x)$ 在 $[a,b]$ 上连续, 在 (a,b) 内可导或者除去个别点外可导.

假如使 $f(x)$ 取得最值的点在开区间 (a,b) 的内部, 则这些点一定是 $f(x)$ 的极值点. 然而, $f(x)$ 的最值也可能在区间的端点 a 或 b 上取得, 于是由求极值的方法, 便得到求函数 $f(x)$ 在闭区间 $[a,b]$ 上的最值的方法:

(1) 求出 $f'(x)$ 在 (a,b) 内的零点和不存在的点, 设其个数为有限个, 得到可能极值点 $x_1,x_2,\cdots,x_n$.

(2) 计算出函数值 $f(x_1),f(x_2),\cdots,f(x_n)$ 以及 $f(a),f(b)$.

(3) 比较 (2) 中所有函数值的大小, 其中最大者即为最大值, 最小者即为最小值.

这里不必讨论 $x_1,x_2,\cdots,x_n$ 是不是极值点.

例 2.21　求函数 $f(x)=x^4-2x^2+5$ 在区间 $[-2,3]$ 上的最大值和最小值.

解 由于

$$f'(x) = 4x^3 - 4x,$$

令 $f'(x) = 0$, 得驻点 $x_1 = -1, x_2 = 0, x_3 = 1$. 在驻点处函数值为

$$f(-1) = f(1) = 4, \quad f(0) = 5,$$

在端点处函数值为

$$f(-2) = 13, \quad f(3) = 68.$$

比较上述几个数值的大小, 可得 $f(x)$ 在 $[-2, 3]$ 上的最大值为 $f(3) = 68$, 最小值为 $f(-1) = f(1) = 4$.

在下面 3 种特殊情况下, 能比较简便地确定出函数的最大值和最小值:

(1) 若函数 $f(x)$ 在 $[a, b]$ 上单调增加, 则 $f(a)$ 和 $f(b)$ 分别是 $f(x)$ 的最小值和最大值; 若 $f(x)$ 在 $[a, b]$ 上单调减少, 则 $f(a)$ 和 $f(b)$ 分别是 $f(x)$ 的最大值和最小值.

(2) 若函数 $f(x)$ 在某区间 (可以是开区间, 也可以是闭区间) 内可导且有唯一驻点 x_0, 则当 $f(x_0)$ 是 $f(x)$ 的极大 (小) 值时, $f(x_0)$ 是函数 $f(x)$ 在该区间内 (可以是有限区间, 也可以是无限区间) 的最大 (小) 值.

(3) 在某些实际问题中, 往往可以根据问题的实际意义确定可导函数 $f(x)$ 的最值一定在定义区间内部取得. 这时, 若 $f(x)$ 在定义区间内只有唯一的驻点 x_0, 则不必讨论该驻点是不是极值点, 可直接断定 $f(x_0)$ 是 $f(x)$ 的最值.

§2.4 函数的微分

前面我们研究了函数 $y = f(x)$ 在一点 x_0 处的连续性, 将其定义为

$$\lim_{\Delta x \to 0} \Delta y = \lim_{\Delta x \to 0} [f(x_0 + \Delta x) - f(x_0)] = 0,$$

又研究了函数的导数, 将其定义为

$$\lim_{\Delta x \to 0} \frac{\Delta y}{\Delta x} = \lim_{\Delta x \to 0} \frac{f(x_0 + \Delta x) - f(x_0)}{\Delta x} = f'(x_0).$$

这两个重要概念都涉及自变量的增量 Δx 与函数的增量 Δy, 可见它们是我们了解函数性态的重要研究对象. 这里, 我们将从近似代替的角度出发, 研究函数的增量 Δy 与自变量的增量 Δx 之间的内在关系, 从而得到微分的概念.

2.4.1　微分的概念

对于线性函数 $y = ax + b$ 而言, Δy 与 Δx 也有线性关系, 即 $\Delta y = a\Delta x$. 对于非线性函数来说, Δy 与 Δx 的关系要复杂得多, 不能用 Δx 的线性函数来表示 Δy. 那么, 能否用 Δx 的线性函数近似地表示 Δy? 近似代替后所产生的误差怎样? 先来看一个具体例子.

例 2.22　一块正方形金属薄片受温度变化的影响, 当边长 x 由 x_0 变到 $x_0 + \Delta x$ (见图 2.7) 时, 问此薄片的面积改变了多少?

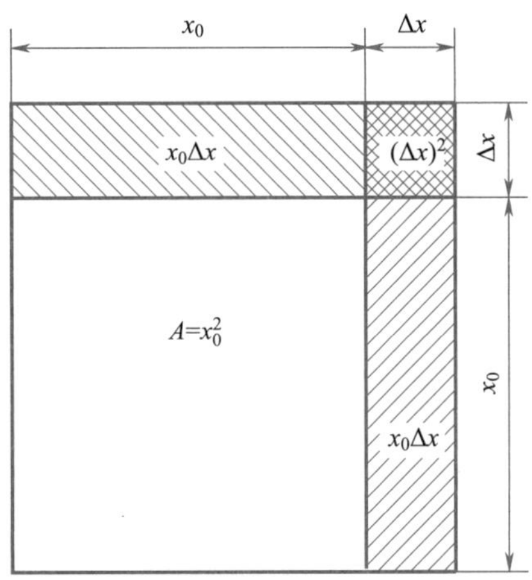

图 2.7

解　此薄片的面积 S 是边长 x 的函数, 即 $S(x) = x^2$. 上述问题相当于求当自变量在点 x_0 取得增量 Δx 时, 函数 S 取得的增量 ΔS. 我们有

$$\Delta S = (x_0 + \Delta x)^2 - x_0^2 = 2x_0\Delta x + (\Delta x)^2.$$

由此式可以看出, ΔS 由两部分构成, 第一部分 $2x_0\Delta x$ 是 Δx 的线性函数, 即图 2.7 中带有斜线的两个矩形面积之和, 第二部分 $(\Delta x)^2$ 是图中带有双斜线小正方形的面积. 当 $\Delta x \to 0$ 时, 第二部分面积 $(\Delta x)^2$ 是比 Δx 高阶的无穷小, 即

$$(\Delta x)^2 = o(\Delta x) \quad (\Delta x \to 0).$$

由此可见, 当 $|\Delta x|$ 很小时, 面积的改变量 ΔS 可近似地用第一部分来代替.

一般地, 若函数 $y = f(x)$ 的增量 Δy 可写成

$$\Delta y = A\Delta x + o(\Delta x),$$

其中 A 是不依赖于 Δx 的常数, $o(\Delta x)$ 是 $\Delta x \to 0$ 时比 Δx 高阶的无穷小, 则当 $A \neq 0$ 且 $|\Delta x|$ 很小时, Δy 就可以近似地用 $A\Delta x$ 来表示. 于是便引出微分的概念.

定义 2.4

设函数 $y=f(x)$ 在某区间 I 内有定义, $x_0, x_0+\Delta x \in I$. 若函数的增量 $\Delta y = f(x_0+\Delta x)-f(x_0)$ 可表示为

$$\Delta y = A\Delta x + o(\Delta x),$$

其中 A 是与 Δx 无关的常数, $o(\Delta x)$ 是当 $\Delta x \to 0$ 时比 Δx 高阶的无穷小, 则称函数 $y=f(x)$ 在点 x_0 处**可微**, 称 $A\Delta x$ 为函数 $y=f(x)$ 在点 x_0 处相应于自变量增量 Δx 的**微分**, 简称为函数 $y=f(x)$ 在点 x_0 处的**微分**, 记作 $\mathrm{d}y|_{x=x_0}$, 即

$$\mathrm{d}y|_{x=x_0} = A\cdot\Delta x.$$

由定义 2.4可知, 函数 $y=f(x)$ 在点 x_0 处的微分就是当自变量 x 有增量 Δx 时, 函数 y 的增量 Δy 的主要部分. 由于 $\mathrm{d}y = A\Delta x$ 是 Δx 的线性函数, 故称微分 $\mathrm{d}y$ 是 Δy 的**线性主部**.

现在要问, $y=f(x)$ 在点 x_0 处可微的条件是什么? 与 Δx 无关的常数 A 等于什么? 下面的定理回答了这个问题

定理 2.13

函数 $y=f(x)$ 在点 x_0 处可微的充分必要条件是它在 x_0 点可导.

由定理 2.13可知, 函数 $y=f(x)$ 在一点 x_0 处可微与可导是等价的, 并且有

$$\mathrm{d}y|_{x=x_0} = f'(x_0)\Delta x. \tag{2.4}$$

因此, 我们可以将函数在一点可导说成可微, 也可以将可微说成可导而不加以区分. 求函数的导数与求函数微分的方法都可以称为**微分法**. 研究函数导数或微分的问题都称为微分学. 但是导数和微分是两个不同的概念, 不能混为一谈. 导数 $f'(x_0)$ 是函数 $f(x)$ 在 x_0 处的变化率, 而微分 $\mathrm{d}y|_{x=x_0}$ 是 $f(x)$ 在 x_0 处增量 Δy 的线性主部, 导数的值只与 x 有关, 微分的值既与 x 有关, 又与 Δx 有关.

若 $y=f(x)$ 在区间 I 内的每一点都可微, 称函数 $y=f(x)$ 在区间 I 内可微, 对于 $x\in I$, 有

$$\mathrm{d}y = f'(x)\Delta x.$$

对于特殊的函数 $y=x$ 来说, $y'=1$, 从而

$$\mathrm{d}y = \Delta x,$$

即

$$\mathrm{d}x = \Delta x.$$

所以自变量 x 的增量 Δx 就是自变量 x 的微分 $\mathrm{d}x$. 因此, 函数 $y=f(x)$ 的微分可以写成

$$\mathrm{d}y = f'(x)\mathrm{d}x. \tag{2.5}$$

因此, 函数 $y=f(x)$ 在点 x 处的导数 $f'(x)$ 就是函数的微分 $\mathrm{d}y$ 与自变量微分 $\mathrm{d}x$ 的商, 所以导数又叫做**微商**.

利用微分的商来计算某些函数导数是很方便的. 例如, 若函数是由参数方程

$$\begin{cases} x=\varphi(t), \\ y=\psi(t) \end{cases}$$

所确定, 当 $\varphi(t),\psi(t)$ 都可导, 且 $\varphi'(t)\neq 0$ 时, 有

$$\frac{\mathrm{d}y}{\mathrm{d}x}=\frac{\mathrm{d}\psi(t)}{\mathrm{d}\varphi(t)}=\frac{\psi'(t)\mathrm{d}t}{\varphi'(t)\mathrm{d}t}=\frac{\psi'(t)}{\varphi'(t)}.$$

这就是由参数方程所确定的函数的求导公式.

例 2.23 求函数 $y=x^2$ 在 $x=2,\Delta x=0.01$ 时的增量与微分.

解

$$\Delta y=(x+\Delta x)^2-x^2=2.01^2-2^2=0.0401.$$

而

$$\mathrm{d}y=(x^2)'\Delta x=2x\Delta x.$$

所以

$$\mathrm{d}y|_{x=2,\Delta x=0.01}=2\times 2\times 0.01=0.04.$$

例 2.24 求函数 $y=\sqrt{3-2x}$ 的微分.

解 由

$$y'=\frac{(3-2x)'}{2\sqrt{3-2x}}=\frac{-1}{\sqrt{3-2x}}$$

及公式 (2.5), 有

$$\mathrm{d}y=y'\mathrm{d}x=-\frac{1}{\sqrt{3-2x}}\mathrm{d}x.$$

为了加深对微分概念的理解, 我们来讨论微分的几何意义. 在直角坐标系中, 函数 $y=f(x)$ ($f(x)$ 可微) 的图形是一条曲线, 对于某一个固定的点 x_0, 在曲线上确定一个定点 $M_0(x_0,y_0)$, 其中 $y_0=f(x_0)$. 当自变量 x 在 x_0 处有微小增量 Δx 时, 函数 y 的增量

为 Δy, 相应地得到曲线上的另一点 $M(x_0+\Delta x, y_0+\Delta y)$(图 2.8). 过点 M_0 作曲线的切线 M_0T, 它的倾角为 α, 则

$$M_0N = \Delta x,$$

$$NM = \Delta y,$$

$$NQ = M_0N \tan\alpha = f'(x_0) \cdot \Delta x.$$

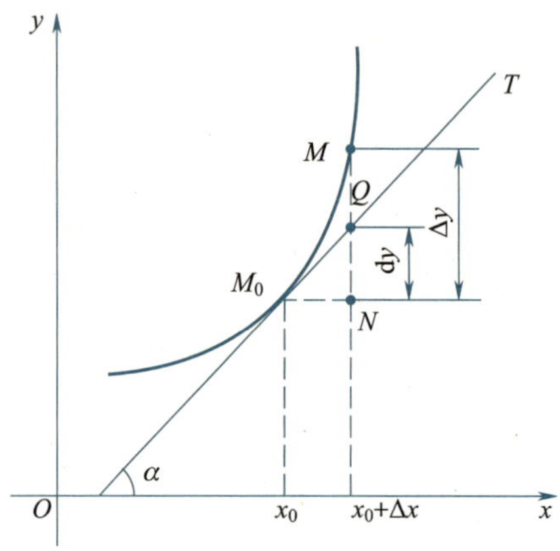

图 2.8

因此, 线段 NQ 就是函数 $f(x)$ 在 x_0 处的微分, 就是曲线 $y=f(x)$ 在点 $M_0(x_0, f(x_0))$ 处的切线上点的纵坐标相应于自变量有增量 Δx 时而取得的增量. 从几何直观上我们就可以注意到, 当 $|\Delta x|$ 很小时, $|\Delta y - \mathrm{d}y| = |QM|$ 要比 $|\Delta x|$ 小得多. 因此, 用微分 $\mathrm{d}y$ 代替 Δy, 实际上就是在点 M_0 附近用切线 (直线) M_0T 来代替曲线 $y=f(x)$.

2.4.2 微分的运算

对于可微函数 $y=f(x)$ 而言, 要计算它的微分, 只需计算出它的导数 $f'(x)$, 然后利用公式

$$\mathrm{d}y = f'(x)\mathrm{d}x$$

求出即可.

利用导数与微分的关系, 我们还可以得到下面的微分公式与微分法则, 利用这些公式和法则也可以直接求出函数的微分.

1. 基本初等函数的微分公式

由基本初等函数的导数公式, 可以直接得到基本初等函数的微分公式, 列表如下:

基本初等函数的求导公式	基本初等函数的微分公式
(1) $(C)'=0$ (C 为常数)	(1) $\mathrm{d}C=0$ (C 为常数)
(2) $(x^\mu)'=\mu x^{\mu-1}$	(2) $\mathrm{d}x^\mu=\mu x^{\mu-1}\mathrm{d}x$
(3) $(\sin x)'=\cos x$	(3) $\mathrm{d}\sin x=\cos x\mathrm{d}x$
(4) $(\cos x)'=-\sin x$	(4) $\mathrm{d}\cos x=-\sin x\mathrm{d}x$
(5) $(\tan x)'=\sec^2 x$	(5) $\mathrm{d}\tan x=\sec^2 x\mathrm{d}x$
(6) $(\cot x)'=-\csc^2 x$	(6) $\mathrm{d}\cot x=-\csc^2 x\mathrm{d}x$
(7) $(\sec x)'=\sec x\tan x$	(7) $\mathrm{d}\sec x=\sec x\tan x\mathrm{d}x$
(8) $(\csc x)'=-\csc x\cot x$	(8) $\mathrm{d}\csc x=-\csc x\cot x\mathrm{d}x$
(9) $(a^x)'=a^x\ln a(a>0,a\neq 1)$	(9) $\mathrm{d}a^x=a^x\ln a\mathrm{d}x(a>0,a\neq 1)$
(10) $(\mathrm{e}^x)'=\mathrm{e}^x$	(10) $\mathrm{d}\mathrm{e}^x=\mathrm{e}^x\mathrm{d}x$
(11) $(\log_a x)'=\dfrac{1}{x\ln a}(a>0,a\neq 1)$	(11) $\mathrm{d}\log_a x=\dfrac{1}{x\ln a}\mathrm{d}x(a>0,a\neq 1)$
(12) $(\ln x)'=\dfrac{1}{x}$	(12) $\mathrm{d}\ln x=\dfrac{1}{x}\mathrm{d}x$
(13) $(\arcsin x)'=\dfrac{1}{\sqrt{1-x^2}}$	(13) $\mathrm{d}\arcsin x=\dfrac{1}{\sqrt{1-x^2}}\mathrm{d}x$
(14) $(\arccos x)'=\dfrac{-1}{\sqrt{1-x^2}}$	(14) $\mathrm{d}\arccos x=\dfrac{-1}{\sqrt{1-x^2}}\mathrm{d}x$
(15) $(\arctan x)'=\dfrac{1}{1+x^2}$	(15) $\mathrm{d}\arctan x=\dfrac{1}{1+x^2}\mathrm{d}x$
(16) $(\mathrm{arccot}\ x)'=\dfrac{-1}{1+x^2}$	(16) $\mathrm{d}\ \mathrm{arccot}\ x=\dfrac{-1}{1+x^2}\mathrm{d}x$

2. 函数微分的四则运算法则

由函数导数的四则运算法则, 可得相应的微分的四则运算法则, 对照列表如下 (设 $u=u(x),v=v(x)$ 都可导):

导数的四则运算法则	微分的四则运算法则
(1) $(u\pm v)'=u'\pm v'$	(1) $\mathrm{d}(u\pm v)=\mathrm{d}u\pm\mathrm{d}v$
(2) $(Cu)'=Cu'$ (C 为常数)	(2) $\mathrm{d}(Cu)=C\mathrm{d}u$ (C 为常数)
(3) $(uv)'=u'v+uv'$	(3) $\mathrm{d}(uv)=v\mathrm{d}u+u\mathrm{d}v$
(4) $\left(\dfrac{u}{v}\right)'=\dfrac{u'v-uv'}{v^2}$ $(v\neq 0)$	(4) $\mathrm{d}\left(\dfrac{u}{v}\right)=\dfrac{v\mathrm{d}u-u\mathrm{d}v}{v^2}$ $(v\neq 0)$

3. 复合函数的微分法则

与链锁规则相对应, 复合函数有如下微分法则:

设函数 $y=f(u)$ 及 $u=\varphi(x)$ 都可微, 则复合函数 $y=f[\varphi(x)]$ 的微分为

$$\mathrm{d}y=y'\mathrm{d}x=f'[\varphi(x)]\varphi'(x)\mathrm{d}x.$$

由于 $\varphi'(x)\mathrm{d}x=\mathrm{d}\varphi(x)=\mathrm{d}u$, 所以复合函数 $y=f[\varphi(x)]$ 的微分也可以写成

$$\mathrm{d}y=f'(u)\mathrm{d}u.$$

注意到上式中 u 是一个中间变量 $(u=\varphi(x))$, 如果 u 是自变量, 函数 $y=f(u)$ 的微分也是上述形式. 由此可见, 不管 u 是自变量还是关于另一个变量的可微函数, $y=f(u)$ 的微分形式

$$\mathrm{d}y=f'(u)\mathrm{d}u$$

总是不变的. 这一性质称为**一阶微分形式不变性**. 计算复合函数的导数时要经常用到这一结论.

综上所述, 我们有了基本初等函数的微分公式, 利用微分的四则运算法则及复合函数的微分法则, 原则上就可以求出所有初等函数的微分了.

例 2.25 设 $y=\mathrm{e}^{x^2+3x}$, 求 $\mathrm{d}y$.

解 利用微分形式不变性, 将 x^2+3x 看作中间变量 u, 则

$$\mathrm{d}y=\mathrm{d}(\mathrm{e}^u|_{u=x^2+3x})=\mathrm{e}^u\mathrm{d}u|_{u=x^2+3x}=\mathrm{e}^{x^2+3x}\mathrm{d}(x^2+3x)=(2x+3)\mathrm{e}^{x^2+3x}\mathrm{d}x.$$

例 2.26 设 $y=\sin\sqrt{1-x^2}$, 求 $\mathrm{d}y$ 及 y'.

解 $\mathrm{d}y=\mathrm{d}(\sin\sqrt{1-x^2})=\cos\sqrt{1-x^2}\mathrm{d}\sqrt{1-x^2}$

$$\begin{aligned}&=\cos\sqrt{1-x^2}\frac{1}{2\sqrt{1-x^2}}\mathrm{d}(1-x^2)\\&=\cos\sqrt{1-x^2}\frac{-x}{\sqrt{1-x^2}}\mathrm{d}x,\end{aligned}$$

故

$$y'=\frac{-x}{\sqrt{1-x^2}}\cos\sqrt{1-x^2}.$$

例 2.27 设 $y=\mathrm{e}^{-x}\cos 3x$, 求 $\mathrm{d}y$.

解
$$\begin{aligned}\mathrm{d}y =&\mathrm{d}(\mathrm{e}^{-x}\cos 3x) = \cos 3x\mathrm{d}(\mathrm{e}^{-x}) + \mathrm{e}^{-x}\mathrm{d}\cos 3x\\ =&\cos 3x\cdot \mathrm{e}^{-x}\mathrm{d}(-x) + \mathrm{e}^{-x}(-\sin 3x)\mathrm{d}(3x)\\ =&(-\cos 3x\cdot \mathrm{e}^{-x} - 3\mathrm{e}^{-x}\sin 3x)\mathrm{d}x.\end{aligned}$$

例 2.28 求由方程 $y + x\mathrm{e}^y = 1$ 所确定的隐函数 $y = y(x)$ 的微分 $\mathrm{d}y$.

解 方程两端分别求微分, 有

$$\mathrm{d}y + \mathrm{d}(x\mathrm{e}^y) = 0,$$

$$\mathrm{d}y + \mathrm{e}^y\mathrm{d}x + x\mathrm{d}\mathrm{e}^y = 0,$$

即

$$\mathrm{d}y + \mathrm{e}^y\mathrm{d}x + x\mathrm{e}^y\mathrm{d}y = 0.$$

解出 $\mathrm{d}y$, 得

$$\mathrm{d}y = \frac{-\mathrm{e}^y}{1 + x\mathrm{e}^y}\mathrm{d}x.$$

习题 2

1. 求下列函数的导数:

(1) $y = \dfrac{1}{2}x^2 + x + 1$;　　(2) $y = x^3 + 3^x - \ln 3$;

(3) $y = \dfrac{\sqrt{x} - 1}{x^2}$;　　(4) $y = \sqrt{x\sqrt{x\sqrt{x}}}$;

(5) $y = \dfrac{x - 1}{x + 1}$;　　(6) $y = x\cos x - \sin x$;

(7) $y = \dfrac{1 - \ln x}{1 + \ln x}$;　　(8) $y = (x + 1)(x + 2)(x + 3)$;

(9) $y = 2^x\cos x\ln x$;　　(10) $\rho = \theta\mathrm{e}^\theta\cot\theta$.

2. 求下列函数在给定点处的导数:

(1) $f(x) = \dfrac{5}{3 - x} + \dfrac{x^3}{2}$, $\quad x = 2$;

(2) $s = t\sin t + \dfrac{1}{2}\cot t$, $\quad t = \dfrac{\pi}{4}$;

(3) $f(x) = \dfrac{1}{1 - x} + \dfrac{x^3}{3}$, $\quad x = 0$ 和 $x = 2$

3. 求下列函数的导数:

(1) $y=(1-2x)^{10}$;　　(2) $y=\ln\tan\dfrac{x}{2}$;

(3) $y=\dfrac{1}{\sqrt{1-x^2}}$;　　(4) $y=\mathrm{e}^{\sin\frac{1}{x}}$;

(5) $y=\ln[\ln(\ln x)]$;　　(6) $y=\left(\arcsin\dfrac{x}{2}\right)^2$;

(7) $y=\sec^2\dfrac{x}{2}+\csc^2\dfrac{x}{2}$;　　(8) $y=\ln\sqrt{x}+\sqrt{\ln x}$;

(9) $y=\mathrm{e}^x\sqrt{1-\mathrm{e}^{2x}}+\arcsin\mathrm{e}^x$;　　(10) $y=\ln\tan\dfrac{x}{2}-\cos x\ln\tan x$.

4. 设 $f'(x_0)$ 存在, 求下列极限:

(1) $\lim\limits_{h\to 0}\dfrac{f(x_0)-f(x_0-h)}{h}$;

(2) $\lim\limits_{h\to 0}\dfrac{f(x_0+h)-f(x_0-h)}{h}$;

(3) $\lim\limits_{\Delta x\to 0}\dfrac{f(x_0+2\Delta x)-f(x_0)}{\Delta x}$.

5. 设 $f(x)=x(x-1)(x-2)\cdots(x-100)$, 求 $f'(50)$.

6. 设函数 $f(x)=2^{|a-x|}$, 求 $f'(x)$.

7. 设函数 $y=y(x)$ 由方程 $x\mathrm{e}^{f(y)}-\mathrm{e}^y=0$ 确定, 其中 f 可导且 $f'\neq 1$, 求 $\dfrac{\mathrm{d}y}{\mathrm{d}x}$.

8. 设函数 $y=y(x)$ 由方程 $\ln(x^2+y)=x^3y+\sin x$ 确定, 求 $\left.\dfrac{\mathrm{d}y}{\mathrm{d}x}\right|_{x=0}$.

9. 设 $f(x)$ 在 $[0,1]$ 上连续, 在 $(0,1)$ 内可导, 且 $f(1)=0$, 试证存在一点 $\xi\in(0,1)$, 使

$$f'(\xi)=-\frac{2f(\xi)}{\xi}.$$

10. 设 $f(x)$ 在 $[a,b]$ 上可导, 证明存在 $\xi\in(a,b)$, 使 $\dfrac{bf(b)-af(a)}{b-a}=f(\xi)+\xi f'(\xi)$.

11. 如果 $0<a<b$, $f(x)$ 在 $[a,b]$ 上连续, 在 (a,b) 内可导, 试证在 (a,b) 内存在 ξ, η, 使得

$$f'(\xi)=\frac{a+b}{2\eta}f'(\eta).$$

12. 利用洛必达法则求下列极限:

(1) $\lim\limits_{x\to+\infty}\dfrac{\mathrm{e}^{2x}+\mathrm{e}^{-x}}{3\mathrm{e}^x+2\mathrm{e}^{2x}}$;　　(2) $\lim\limits_{x\to 0}\dfrac{x-\arctan x}{x^3}$;　　(3) $\lim\limits_{x\to 0}\left(\dfrac{1+x}{1-\mathrm{e}^{-x}}-\dfrac{1}{x}\right)$;

(4) $\lim\limits_{x\to 0^+}x\ln x$;　　(5) $\lim\limits_{x\to 0^+}x^{\sin x}$.

13. 确定函数 $f(x)=x^2-\ln x^2$ 的单调区间.

14. 求 $f(x)=|x|(x-1)$ 的单调增加区间.

15. 求 $y=(x^2-1)^{\frac{2}{3}}$ 的极值.

16. 求 $f(x)=x^3-3x^2-9x+5$ 的单调区间和极值.

17. 求 $f(x)=2x^3+3x^2-12x+14$ 在区间 $[-3,4]$ 上的最大值和最小值.

18. 设 $y=\sin[f(x^2)]$, 其中 f 可导, 求 $\mathrm{d}y$.

19. 设 $y=\ln(1+3^{-x})$, 求 $\mathrm{d}y$.

20. 设函数 $y=y(x)$ 由 $2^{xy}=x+y$ 所确定, 求 $\mathrm{d}y|_{x=0}$.

习题 2 参考答案与讲解

1. (1) $y'=x+1$; (2) $y'=3x^2+3^x\ln 3$;

(3) $y'=\dfrac{4-3\sqrt{x}}{2x^3}$; (4) $y'=\dfrac{7}{8}x^{-\frac{1}{8}}$;

(5) $y'=\dfrac{2}{(x+1)^2}$; (6) $y'=-x\sin x$;

(7) $y'=\dfrac{-2}{x(1+\ln x)^2}$; (8) $y'=3x^2+12x+11$;

(9) $y'=2^x\left(\ln 2\cos x\ln x-\sin x\ln x+\dfrac{\cos x}{x}\right)$; (10) $\dfrac{\mathrm{d}\rho}{\mathrm{d}\theta}=\mathrm{e}^\theta(\cot\theta+\theta\cot\theta-\theta\csc^2\theta)$.

2. (1) $f'(2)=11$; (2) $S'\left(\dfrac{\pi}{4}\right)=\dfrac{\sqrt{2}(\pi+2)}{8}$; (3) $f'(0)=1,\quad f'(2)=5$.

3. (1) $y'=20(2x-1)^9$; (2) $y'=\csc x$;

(3) $y'=\dfrac{x}{(1-x^2)^{\frac{3}{2}}}$; (4) $y'=\mathrm{e}^{\sin\frac{1}{x}}\cos\dfrac{1}{x}\left(-\dfrac{1}{x^2}\right)$;

(5) $y'=\dfrac{1}{\ln(\ln x)}\dfrac{1}{\ln x}\dfrac{1}{x}$; (6) $y'=\dfrac{2\arcsin\dfrac{x}{2}}{\sqrt{4-x^2}}$;

(7) $y'=-8\cot x\csc^2 x$; (8) $y'=\dfrac{1}{2x}\left(1+\dfrac{1}{\sqrt{\ln x}}\right)$;

(9) $y'=2\mathrm{e}^x\sqrt{1-\mathrm{e}^{2x}}$; (10) $y'=\sin x\ln\tan x$.

4. (1) 原式 $=\lim\limits_{h\to 0}\dfrac{f(x_0-h)-f(x_0)}{-h}=f'(x_0)$;

(2) 原式
$$=\lim_{h\to 0}\frac{[f(x_0+h)-f(x_0)]-[f(x_0-h)-f(x_0)]}{h}$$
$$=\lim_{h\to 0}\frac{f(x_0+h)-f(x_0)}{h}+\lim_{h\to 0}\frac{f(x_0-h)-f(x_0)}{-h}=2f'(x_0);$$

(3) 原式 $=2\lim\limits_{\Delta x\to 0}\dfrac{f(x_0+2\Delta x)-f(x_0)}{2\Delta x}=2f'(x_0)$.

5. $(50!)^2$.

6. $f'(x)=\begin{cases} 2^{x-a}\ln 2, & x>a, \\ -2^{a-x}\ln 2, & x<a. \end{cases}$

7. $y'=\dfrac{1}{x[1-f'(y)]}$.

8. $y'|_{x=0}=1$.

9. 设 $F(x)=x^2f(x)$, 由罗尔定理可证.

10. 设 $F(x)=xf(x)$, 由拉格朗日中值定理可证.

11. 由拉格朗日中值定理和柯西中值定理可证.

12. (1) $\dfrac{1}{2}$; (2) $\dfrac{1}{3}$; (3) $\dfrac{3}{2}$; (4)0; (5)1.

13. 单调增加区间为 $(-1,\ 0)$ 与$(1,\ +\infty)$, 单调减少区间为 $(-\infty,\ -1)$ 与 $(0,\ 1)$.

14. 单调增加区间为 $(-\infty,\ 0)\cup\left(\dfrac{1}{2},\ +\infty\right)$.

15. 极小值 $y(\pm 1)=0$, 极大值 $y(0)=1$.

16. 在 $(-\infty,\ -1)$, $(3,\ +\infty)$ 内 $f(x)$ 单调增加, 在 $(-1,\ 1)$, $(1,\ 3)$ 内 $f(x)$ 单调减少, $f(-1)=10$ 为极大值, $f(3)=-22$ 为极小值.

17. 最大值 $f(4)=142$, 最小值 $f(1)=7$.

18. $\mathrm{d}y=\cos[f(x^2)]\cdot f'(x^2)\cdot 2x\mathrm{d}x$.

19. $\mathrm{d}y=\dfrac{1}{1+3^{-x}}(-3^{-x}\ln 3)\,\mathrm{d}x$.

20. $\mathrm{d}y|_{x=0}=(\ln 2-1)\mathrm{d}x$.

重点习题讲解

牛顿与莱布尼茨在创立微积分学时思想上有什么不同?

第 3 章　不定积分

积分学是微积分学的重要组成部分, 包含一元函数积分学和多元函数积分学, 本书主要介绍前者. 一元函数积分学主要包括不定积分和定积分两部分内容. 不定积分作为微分运算的逆运算, 也是计算定积分的预备知识. 第 3 章和第 4 章将分别介绍不定积分和定积分的概念、性质、计算方法等. 此外, 作为对定积分知识的推广, 我们还将介绍反常积分.

§3.1　不定积分的概念与性质

3.1.1　原函数和不定积分的概念

定义 3.1

设函数 $f(x)$ 在区间 I 上有定义, 若存在可导函数 $F(x)$, 使得对于任一 $x\in I$, 都存在

$$F'(x)=f(x)\quad 或\quad \mathrm{d}F(x)=f(x)\mathrm{d}x,$$

则称 $F(x)$ 是 $f(x)$ 在区间 I 上的一个**原函数**.

例如, 由于

$$(\sin x)'=\cos x,\quad (x^3)'=3x^2,\quad (\ln x)'=\frac{1}{x}\quad (x>0),$$

所以, $\sin x$ 是 $\cos x$ 在 $(-\infty,+\infty)$ 内的一个原函数, x^3 是 $3x^2$ 在 $(-\infty,+\infty)$ 内的一个原函数, $\ln x$ 是 $\dfrac{1}{x}$ 在 $(0,+\infty)$ 内的一个原函数. 又例如,

$$(\ln x)'=(\ln x+1)'=(\ln x+3)'=\frac{1}{x}\quad (x>0),$$

于是, 根据原函数定义可知, $\ln x+1$ 和 $\ln x+3$ 也都是 $\dfrac{1}{x}$ 在 $(0,+\infty)$ 内的原函数. 可见, $\dfrac{1}{x}$ 在 $(0,+\infty)$ 内有多个原函数.

原函数的概念是为了引进求微分的逆运算——不定积分而提出来的, 我们不加证明地给出一个函数一定存在原函数的条件, 即连续函数一定有原函数.

定理 3.1

如果函数 $f(x)$ 在区间 I 上连续, 那么在区间 I 上一定存在可导函数 $F(x)$, 使对任一 $x \in I$, 都有 $F'(x) = f(x)$.

由上述例子, 我们可以断定, 一个函数的原函数不止一个. 因为常数的导数是零, 易知, 如果 $f(x)$ 在区间 I 上有一个原函数 $F(x)$, 那么对任意常数 C, $F(x)+C$ 也都是 $f(x)$ 的原函数.

若 $F(x)$ 和 $\Phi(x)$ 都是 $f(x)$ 在区间 I 上的原函数, 则必有

$$\Phi(x) = F(x) + C, \quad C\text{为任意常数}.$$

也就是说, $f(x)$ 的任何原函数都可以表示成 $F(x)+C$ (C为任意常数) 的形式. 这是因为

$$[\Phi(x) - F(x)]' = \Phi'(x) - F'(x) = f(x) - f(x) = 0,$$

所以在区间 I 上有 $\Phi(x) - F(x) \equiv C_0$, 其中 C_0 为某个常数.

定义 3.2

设函数 $f(x)$ 在区间 I 上有原函数, 则 $f(x)$ 在 I 上的原函数全体称为 $f(x)$ 在 I 上的不定积分, 记作

$$\int f(x)\mathrm{d}x,$$

其中, $\int$ 称为**积分号**, $f(x)$ 称为**被积函数**, $f(x)\mathrm{d}x$ 称为**被积表达式**, x 称为**积分变量**.

由上述定义可知, 如果 $F(x)$ 是 $f(x)$ 在区间 I 上的一个原函数, 那么

$$\int f(x)\mathrm{d}x = F(x) + C \quad (C\text{为任意常数})$$

就是 $f(x)$ 的全体原函数. 同时, 也可知求导、求微分和求不定积分三者的关系如下:

$$\left[\int f(x)\mathrm{d}x\right]' = f(x) \quad \text{或} \quad \mathrm{d}\left[\int f(x)\mathrm{d}x\right] = f(x)\mathrm{d}x,$$

$$\int F'(x)\mathrm{d}x = F(x) + C \quad \text{或} \quad \int \mathrm{d}F(x) = F(x) + C.$$

例 3.1 求不定积分 $\int \sqrt{x}\mathrm{d}x$.

解　由于 $\left(\dfrac{2}{3}x^{\frac{3}{2}}\right)'=\sqrt{x}$, 所以 $\dfrac{2}{3}x^{\frac{3}{2}}$ 是 $\sqrt{x}$ 的一个原函数, 因此

$$\int\sqrt{x}\mathrm{d}x=\frac{2}{3}x^{\frac{3}{2}}+C.$$

例 3.2　求不定积分 $\displaystyle\int x^{\alpha}\mathrm{d}x$.

解　根据幂函数中 α 的取值, 本题分两种情况讨论.

当 $\alpha\neq-1$ 时, 因为 $\left(\dfrac{x^{\alpha+1}}{\alpha+1}\right)'=x^{\alpha}$, 所以 $\dfrac{x^{\alpha+1}}{\alpha+1}$ 是 x^{α} 的一个原函数, 于是有

$$\int x^{\alpha}\mathrm{d}x=\frac{x^{\alpha+1}}{\alpha+1}+C,\quad \alpha\neq-1.$$

当 $\alpha=-1$ 时, $\displaystyle\int x^{\alpha}\mathrm{d}x=\int\frac{1}{x}\mathrm{d}x$. 因为当 $x>0$ 时, 有 $(\ln x)'=\dfrac{1}{x}$, 所以

$$\int\frac{1}{x}\mathrm{d}x=\ln x+C.$$

同时当 $x<0$ 时, 由复合函数求导法则有

$$[\ln(-x)]'=\frac{1}{-x}(-x)'=\frac{1}{x},$$

于是

$$\int\frac{1}{x}\mathrm{d}x=\ln(-x)+C.$$

所以, 当 $x\neq0$ 时, 有

$$\int x^{\alpha}\mathrm{d}x=\int\frac{1}{x}\mathrm{d}x=\ln|x|+C,\quad \alpha=-1.$$

综上可得

$$\int x^{\alpha}\mathrm{d}x=\begin{cases}\dfrac{x^{\alpha+1}}{\alpha+1}+C, & \alpha\neq-1,\\ \ln|x|+C, & \alpha=-1.\end{cases}$$

由于求不定积分是求微分的逆运算, 为今后计算方便, 基于求导与求微分运算的基本公式, 我们总结基本积分表如下:

(1) $\displaystyle\int 0\mathrm{d}x=C$;

(2) $\displaystyle\int x^{\alpha}\mathrm{d}x=\frac{x^{\alpha+1}}{\alpha+1}+C\quad(\alpha\neq-1)$;

(3) $\int \frac{1}{x}\mathrm{d}x = \ln|x| + C$;

(4) $\int a^x\mathrm{d}x = \frac{a^x}{\ln a} + C \quad (a > 0, a \neq 1)$;

(5) $\int \mathrm{e}^x\mathrm{d}x = \mathrm{e}^x + C$;

(6) $\int \sin x\mathrm{d}x = -\cos x + C$;

(7) $\int \cos x\mathrm{d}x = \sin x + C$;

(8) $\int \sec^2 x\mathrm{d}x = \int \frac{1}{\cos^2 x}\mathrm{d}x = \tan x + C$;

(9) $\int \csc^2 x\mathrm{d}x = \int \frac{1}{\sin^2 x}\mathrm{d}x = -\cot x + C$;

(10) $\int \frac{1}{\sqrt{1-x^2}}\mathrm{d}x = \arcsin x + C = -\arccos x + C$;

(11) $\int \frac{1}{1+x^2}\mathrm{d}x = \arctan x + C = -\mathrm{arccot}\ x + C$.

例 3.3　求分别通过点 $(1,2)$ 和 $(3,15)$ 且斜率均为 $2x$ 的两条曲线方程.

解　设所求曲线方程分别为 $y_1 = F(x)$, $y_2 = G(x)$, 且斜率分别为 k_1, k_2. 由题设可知,

$$k_1 = k_2 = F'(x) = G'(x) = 2x,$$

则 $F(x)$ 和 $G(x)$ 都是 $2x$ 的原函数. 又因为 $(x^2)' = 2x$, 于是有

$$\int 2x\mathrm{d}x = x^2 + C,$$

即曲线方程为

$$y_1 = x^2 + C_1, \quad y_2 = x^2 + C_2, \quad C_1, C_2\text{为待定常数}.$$

将点 $(1,2)$ 和 $(3,15)$ 分别代入 y_1 和 y_2 中, 解得 $C_1 = 1$, $C_2 = 6$. 因此, 所求曲线方程为

$$y_1 = x^2 + 1, \quad y_2 = x^2 + 6.$$

在例 3.3 中, 不难看出, 对于不定积分 $\int 2x\mathrm{d}x = x^2 + C$, 每给 C 一个确定的常数值, 就得到 $2x$ 的一个原函数, 我们将其图形称为 $2x$ 的一条积分曲线. 显然, y_1 的积分曲线可以由 y_2 的积分曲线沿 y 轴方向平移而得到 (图 3.1). 所以, 不定积分 $\int f(x)\mathrm{d}x$在几何上表示由积分曲线 $F(x) + C$ 构成的积分曲线族. 这族曲线的特点是, 它们在横坐标相同的点处, 切线的斜率都是相等的, 即斜率都是 $f(x)$.

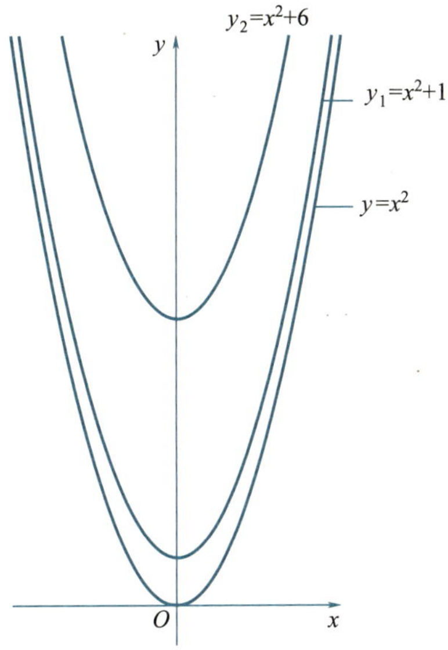

图 3.1

3.1.2　不定积分的性质

性质

设函数 $f(x)$ 与 $g(x)$ 的原函数都存在, 则

$$\int[\alpha f(x)+\beta g(x)]\mathrm{d}x=\alpha\int f(x)\mathrm{d}x+\beta\int g(x)\mathrm{d}x,$$

其中 α 和 β 为不全为零的常数.

特别地, 有

$$\int[f(x)+g(x)]\mathrm{d}x=\int f(x)\mathrm{d}x+\int g(x)\mathrm{d}x,$$

$$\int\alpha f(x)\mathrm{d}x=\alpha\int f(x)\mathrm{d}x.$$

证　根据导数的四则运算法则, 有

$$\begin{aligned}\left[\alpha\int f(x)\mathrm{d}x+\beta\int g(x)\mathrm{d}x\right]'&=\alpha\left[\int f(x)\mathrm{d}x\right]'+\beta\left[\int g(x)\mathrm{d}x\right]'\\&=\alpha f(x)+\beta g(x).\end{aligned}$$

再由不定积分定义, 得证.

这个性质对于有限多个函数的线性组合都是成立的. 不定积分的这种性质又称为不定积分的线性性质. 利用基本积分表和不定积分的线性性质以及适当的恒等变换, 便可以计

算一些形式简单的函数的不定积分. 同时, 也可以通过对积分结果求导, 看它的导数是否等于被积函数这一运算过程, 检验积分计算是否正确.

例 3.4 求不定积分 $\int \frac{3x^2}{x^2+1}\mathrm{d}x$.

解 由于

$$\frac{x^2}{x^2+1} = 1 - \frac{1}{x^2+1},$$

再由不定积分的性质, 有

$$\begin{aligned}\int \frac{3x^2}{x^2+1}\mathrm{d}x &= 3\int 1\mathrm{d}x - 3\int \frac{1}{x^2+1}\mathrm{d}x \\ &= 3x - 3\arctan x + C.\end{aligned}$$

例 3.5 求不定积分 $\int \frac{2\cdot 3^x + 5\cdot 2^x}{3^x}\mathrm{d}x$.

解 由不定积分的性质, 有

$$\begin{aligned}\int \frac{2\cdot 3^x + 5\cdot 2^x}{3^x}\mathrm{d}x &= \int \left[2 + 5\left(\frac{2}{3}\right)^x\right]\mathrm{d}x \\ &= 2\int 1\mathrm{d}x + 5\int \left(\frac{2}{3}\right)^x \mathrm{d}x \\ &= 2x + \frac{5\left(\frac{2}{3}\right)^x}{\ln\frac{2}{3}} + C \\ &= 2x + \frac{5\left(\frac{2}{3}\right)^x}{\ln 2 - \ln 3} + C.\end{aligned}$$

例 3.6 求不定积分 $\int \cot^2 x\mathrm{d}x$.

解 由于被积函数

$$\cot^2 x = \csc^2 x - 1,$$

所以由不定积分的性质, 有

$$\int \cot^2 x\mathrm{d}x = \int (\csc^2 x - 1)\mathrm{d}x$$

$$= \int \csc^2 x \mathrm{d}x - \int 1 \mathrm{d}x$$

$$= -\cot x - x + C.$$

例 3.7　求不定积分 $\int \frac{1}{\sin^2 x \cos^2 x} \mathrm{d}x$.

解　由不定积分的性质, 可得

$$\begin{aligned} \int \frac{1}{\sin^2 x \cos^2 x} \mathrm{d}x &= \int \frac{\sin^2 x + \cos^2 x}{\sin^2 x \cos^2 x} \mathrm{d}x \\ &= \int \frac{1}{\cos^2 x} \mathrm{d}x + \int \frac{1}{\sin^2 x} \mathrm{d}x \\ &= \tan x - \cot x + C. \end{aligned}$$

例 3.8　求不定积分 $\int \frac{1}{\sin^2 \frac{x}{2} \cos^2 \frac{x}{2}} \mathrm{d}x$.

解　由三角函数的倍角公式

$$\sin x = 2 \sin \frac{x}{2} \cos \frac{x}{2},$$

再由不定积分的性质, 可得

$$\begin{aligned} \int \frac{1}{\sin^2 \frac{x}{2} \cos^2 \frac{x}{2}} \mathrm{d}x &= \int \frac{1}{\left(\sin \frac{x}{2} \cos \frac{x}{2}\right)^2} \mathrm{d}x \\ &= \int \frac{1}{\left(\frac{\sin x}{2}\right)^2} \mathrm{d}x \\ &= 4 \int \csc^2 x \mathrm{d}x \\ &= -4 \cot x + C. \end{aligned}$$

例 3.9　求不定积分 $\int \cos^2 \frac{x}{2} \mathrm{d}x$.

解　由三角函数的半角公式及不定积分的性质, 可得

$$\begin{aligned} \int \cos^2 \frac{x}{2} \mathrm{d}x &= \int \frac{1}{2}(1 + \cos x) \mathrm{d}x \\ &= \frac{1}{2} \int 1 \mathrm{d}x + \frac{1}{2} \int \cos x \mathrm{d}x \\ &= \frac{1}{2}(x + \sin x) + C. \end{aligned}$$

§3.2 换元积分法

基于基本积分表和不定积分的性质, 本小节我们将进一步研究不定积分的算法. 换元积分法是从复合函数的求导法则变化而来的, 即利用中间变量代换使不定积分化为可利用基本积分表求出积分的一种方法. 它通常分为两类, 下面首先介绍第一换元积分法.

3.2.1 第一换元积分法

定理 3.2

设函数 $f(u)$ 具有原函数 $F(u)$, $u=\varphi(x)$ 可导, 则

$$\int f[\varphi(x)]\varphi'(x)\mathrm{d}x=\int f(u)\mathrm{d}u\Big|_{u=\varphi(x)}=F[\varphi(x)]+C$$

称为不定积分的第一换元积分公式.

从定理 3.2 可知, 如果所求不定积分的被积函数 $g(x)$ 可以配成复合函数 $f[\varphi(x)]\varphi'(x)$ 的形式, 同时, 对于中间变量 $u=\varphi(x)$, 由基本积分公式表, $\int f(u)\mathrm{d}u$ 也较易求出, 那么就有

$$\begin{aligned}\int g(x)\mathrm{d}x&=\int f[\varphi(x)]\varphi'(x)\mathrm{d}x\\&=\int f[\varphi(x)]\mathrm{d}[\varphi(x)]\\&=\int f(u)\mathrm{d}u\Big|_{u=\varphi(x)}\\&=F[\varphi(x)]+C.\end{aligned}$$

例 3.10 求不定积分 $\int x\mathrm{e}^{x^2}\mathrm{d}x$.

解 如果令 $u=x^2$, 则 $\mathrm{d}x^2=2x\mathrm{d}x$, 于是有

$$\int \mathrm{e}^{x^2}\cdot 2x\mathrm{d}x=\int \mathrm{e}^{x^2}\mathrm{d}(x^2)=\int \mathrm{e}^u\mathrm{d}u=\mathrm{e}^u+C_1=\mathrm{e}^{x^2}+C_1.$$

比较被积函数 $\mathrm{e}^{x^2}\cdot 2x$ 与 $x\mathrm{e}^{x^2}$ 的形式, 我们会发现它们仅仅相差一个数字 2. 因此,

$$\begin{aligned}\int x\mathrm{e}^{x^2}\mathrm{d}x&=\frac{1}{2}\int \mathrm{e}^{x^2}\cdot 2x\mathrm{d}x\\&=\frac{1}{2}(\mathrm{e}^{x^2}+C_1)\end{aligned}$$

$$
\begin{aligned}
&= \frac{1}{2}\mathrm{e}^{x^2} + \frac{1}{2}C_1 \\
&= \frac{1}{2}\mathrm{e}^{x^2} + C.
\end{aligned}
$$

可见, 第一换元积分法的核心就是确定中间变量 $u=\varphi(x)$, 将被积表达式 $g(x)\mathrm{d}x$ 凑成被积表达式为 $f(u)\mathrm{d}u$ 的过程. 所以, 有时第一换元积分法也被称为凑微分法. 当这一方法熟练后, 中间变量的代换符号也可以不体现在计算中.

例 3.11 求不定积分 $\displaystyle\int \frac{\sqrt{\ln x}}{x}\mathrm{d}x$.

解 由于 $\mathrm{d}\ln x = \dfrac{1}{x}\mathrm{d}x$, 所以

$$
\begin{aligned}
\int \frac{\sqrt{\ln x}}{x}\mathrm{d}x &= \int \sqrt{\ln x}\,\mathrm{d}\ln x \\
&= \frac{2}{3}\sqrt{(\ln x)^3} + C.
\end{aligned}
$$

例 3.12 求不定积分 $\displaystyle\int \tan x\mathrm{d}x$.

解 因为 $\mathrm{d}\cos x = -\sin x\mathrm{d}x$, 于是

$$
\begin{aligned}
\int \tan x\mathrm{d}x &= \int \frac{\sin x}{\cos x}\mathrm{d}x \\
&= -\int \frac{1}{\cos x}\mathrm{d}\cos x \\
&= -\ln|\cos x| + C.
\end{aligned}
$$

类似可得

$$
\int \cot x\mathrm{d}x = \ln|\sin x| + C.
$$

例 3.13 求不定积分 $\displaystyle\int \frac{1}{x^2-a^2}\mathrm{d}x \quad (a\neq 0)$.

解 由于

$$
\frac{1}{x^2-a^2} = \frac{1}{2a}\left(\frac{1}{x-a} - \frac{1}{x+a}\right),
$$

而且

$$
\begin{aligned}
\int \frac{1}{x-a}\mathrm{d}x &= \int \frac{1}{x-a}\mathrm{d}(x-a) = \ln|x-a| + C_1, \\
\int \frac{1}{x+a}\mathrm{d}x &= \int \frac{1}{x+a}\mathrm{d}(x+a) = \ln|x+a| + C_2,
\end{aligned}
$$

所以

$$\begin{aligned}\int \frac{1}{x^2-a^2}\mathrm{d}x &= \frac{1}{2a}\int\left(\frac{1}{x-a}-\frac{1}{x+a}\right)\mathrm{d}x\\ &= \frac{1}{2a}\left(\int\frac{1}{x-a}\mathrm{d}x-\int\frac{1}{x+a}\mathrm{d}x\right)\\ &= \frac{1}{2a}(\ln|x-a|-\ln|x+a|+C_1+C_2)\\ &= \frac{1}{2a}\ln\left|\frac{x-a}{x+a}\right|+\frac{1}{2a}(C_1+C_2)\\ &= \frac{1}{2a}\ln\left|\frac{x-a}{x+a}\right|+C.\end{aligned}$$

类似可得

$$\int\frac{1}{a^2-x^2}\mathrm{d}x=\frac{1}{2a}\ln\left|\frac{a+x}{a-x}\right|+C \quad (a\neq 0).$$

例 3.14 求不定积分 $\int \sec x\mathrm{d}x$.

解 利用例题 3.13 的结果, 可得

$$\begin{aligned}\int\sec x\mathrm{d}x &= \int\frac{1}{\cos x}\mathrm{d}x\\ &= \int\frac{\cos x}{\cos^2 x}\mathrm{d}x\\ &= \int\frac{1}{1-\sin^2 x}\mathrm{d}\sin x\\ &= \frac{1}{2}\ln\left|\frac{1+\sin x}{1-\sin x}\right|+C\\ &= \frac{1}{2}\ln\left|\frac{(1+\sin x)^2}{\cos^2 x}\right|+C\\ &= \ln\left|\frac{1+\sin x}{\cos x}\right|+C\\ &= \ln|\sec x+\tan x|+C.\end{aligned}$$

类似也可得

$$\int\csc x\mathrm{d}x=\ln|\csc x-\cot x|+C.$$

例 3.15 求不定积分 $\int\frac{1}{x^2+a^2}\mathrm{d}x \quad (a\neq 0)$.

解 $$\int\frac{1}{x^2+a^2}\mathrm{d}x=\int\frac{1}{a^2}\cdot\frac{1}{1+\left(\frac{x}{a}\right)^2}\mathrm{d}x$$

$$=\frac{1}{a}\int\frac{1}{1+\left(\frac{x}{a}\right)^2}\mathrm{d}\frac{x}{a}$$

$$=\frac{1}{a}\arctan\frac{x}{a}+C.$$

例 3.16 求不定积分 $\int\frac{1}{\sqrt{a^2-x^2}}\mathrm{d}x\quad(a>0)$.

解 $$\int\frac{1}{\sqrt{a^2-x^2}}\mathrm{d}x=\int\frac{1}{a}\cdot\frac{1}{\sqrt{1-\left(\frac{x}{a}\right)^2}}\mathrm{d}x$$

$$=\int\frac{1}{\sqrt{1-\left(\frac{x}{a}\right)^2}}\mathrm{d}\frac{x}{a}$$

$$=\arcsin\frac{x}{a}+C.$$

例 3.17 求不定积分 $\int\cos^2x\mathrm{d}x$.

解 $$\int\cos^2x\mathrm{d}x=\int\frac{1+\cos 2x}{2}\mathrm{d}x$$

$$=\frac{1}{2}\left(\int 1\mathrm{d}x+\int\cos 2x\mathrm{d}x\right)$$

$$=\frac{1}{2}\int 1\mathrm{d}x+\frac{1}{4}\int\cos 2x\mathrm{d}(2x)$$

$$=\frac{1}{2}x+\frac{1}{4}\sin 2x+C.$$

例 3.18 求不定积分 $\int\cos^3x\mathrm{d}x$.

解法一 $$\int\cos^3x\mathrm{d}x=\int\cos^2x\cos x\mathrm{d}x$$

$$=\int(1-\sin^2x)\mathrm{d}\sin x$$

$$=\int 1\mathrm{d}\sin x-\int\sin^2x\mathrm{d}\sin x$$

$$=\sin x-\frac{1}{3}\sin^3x+C.$$

解法二 利用倍角公式, 原不定积分也可变为

$$\begin{aligned}\int \cos^3 x\mathrm{d}x &= \int \cos x\cos^2 x\mathrm{d}x\\ &= \frac{1}{2}\int \cos x(1+\cos 2x)\mathrm{d}x\\ &= \frac{1}{2}\int \cos x\mathrm{d}x + \frac{1}{2}\int \cos x\cos 2x\mathrm{d}x\\ &= \frac{1}{2}\int \cos x\mathrm{d}x + \frac{1}{4}\int (\cos x+\cos 3x)\mathrm{d}x\\ &= \frac{1}{2}\int \cos x\mathrm{d}x + \frac{1}{4}\int \cos x\mathrm{d}x + \frac{1}{4}\int \cos 3x\mathrm{d}x\\ &= \frac{1}{2}\sin x + \frac{1}{4}\sin x + \frac{1}{12}\sin 3x + C\\ &= \frac{3}{4}\sin x + \frac{1}{12}\sin 3x + C.\end{aligned}$$

对于例题 3.18 的两个结果, 分别求导并利用三倍角余弦公式

$$\cos 3x = -3\cos x + 4\cos^3 x,$$

有

$$\begin{aligned}\left(\sin x - \frac{1}{3}\sin^3 x + C\right)' &= \cos x - \frac{1}{3}\cdot 3\sin^2 x\cdot(\sin x)'\cdot(3x)'\\ &= \cos x - \sin^2 x\cos x\\ &= \cos x(1-\sin^2 x)\\ &= \cos^3 x,\end{aligned}$$

$$\begin{aligned}\left(\frac{3}{4}\sin x + \frac{1}{12}\sin 3x + C\right)' &= \frac{3}{4}\cos x + \frac{1}{12}\cos 3x\cdot(3x)'\\ &= \frac{3}{4}\cos x + \frac{1}{4}\cos 3x\\ &= \frac{3}{4}\cos x + \frac{1}{4}(-3\cos x + 4\cos^3 x)\\ &= \cos^3 x.\end{aligned}$$

即二者求导之后都是原被积函数, 所以两个结果都是对的. 这是由于三倍角正弦公式

$$\sin 3x = 3\sin x - 4\sin^3 x,$$

解法二的结果也可表述为解法一的结果

$$\begin{aligned}\int \cos^3 x\mathrm{d}x &= \frac{3}{4}\sin x + \frac{1}{12}(3\sin x - 4\sin^3 x) + C \\ &= \sin x - \frac{1}{3}\sin^3 x + C.\end{aligned}$$

由此可见, 对于同一个被积函数, 如果采用不同的变换或许会得到不同形式的结果, 而我们也无需将结果的表示形式进行统一, 在最后往往是通过求导来验证它们的正确性.

3.2.2 第二换元积分法

第一换元积分法是通过引入中间变量 $u=\varphi(x)$, 将不定积分积分 $\int f[\varphi(x)]\varphi'(x)\mathrm{d}x$ 化为求不定积分 $\int f(u)\mathrm{d}u$, 进而由基本积分表得到结果的过程. 同时, 在计算过程中, 我们也会发现, 并不是所有的被积函数都可以被拆分凑成所需的微分形式. 对于这种函数, 我们就需要适当选择变量代换 $x=\psi(t)$, 将不定积分 $\int f(x)\mathrm{d}x$ 化为不定积分 $\int f[\psi(t)]\psi'(t)\mathrm{d}t$, 最后再将 $x=\psi(t)$ 的反函数代入到 $\int f[\psi(t)]\psi'(t)\mathrm{d}t$ 的计算结果中, 这就是第二换元积分法. 由于涉及反函数, 为使第二换元公式

$$\int f(x)\mathrm{d}x = \int f[\psi(t)]\psi'(t)\mathrm{d}t$$

成立, 是需要一定条件的. 于是给出以下定理.

定理 3.3

设 $x=\psi(t)$ 是单调的可导函数, 并且 $\psi'(t)\neq 0$, 又设 $f[\psi(t)]\psi'(t)$ 具有原函数 $\Phi(t)$, 则有换元公式

$$\int f(x)\mathrm{d}x = \int f[\psi(t)]\psi'(t)\mathrm{d}t\bigg|_{t=\psi^{-1}(x)} = \Phi[\psi^{-1}(x)] + C,$$

其中 $t=\psi^{-1}(x)$ 是 $x=\psi(t)$ 的反函数.

例 3.19 求不定积分 $\int \sqrt{a^2-x^2}\mathrm{d}x \quad (a>0)$.

解 因被积函数为无理函数, 我们采用三角代换去掉根号. 由题可知 $x\in[-a,a]$, 故设 $x=a\sin t$, $t\in\left[-\frac{\pi}{2},\frac{\pi}{2}\right]$. 此时

$$\sqrt{a^2-x^2}=a\cos t, \quad \mathrm{d}x = a\cos t\mathrm{d}t, \quad t=\arcsin\frac{x}{a}.$$

于是有

$$\begin{aligned}\int \sqrt{a^2-x^2}\mathrm{d}x &= \int a\cos t\cdot a\cos t\mathrm{d}t\\ &= a^2\int \cos^2 t\mathrm{d}t\\ &= \frac{a^2}{2}\int (1+\cos 2t)\mathrm{d}t\\ &= \frac{a^2}{2}t+\frac{a^2}{2}\sin t\cos t + C.\end{aligned}$$

为将由变量 t 表示的结果还原成 x 的函数, 可以根据 $\sin t=\dfrac{x}{a}$ 作辅助三角形 (图 3.2). 在此直角三角形中可看出

$$\cos t=\frac{\sqrt{a^2-x^2}}{a}.$$

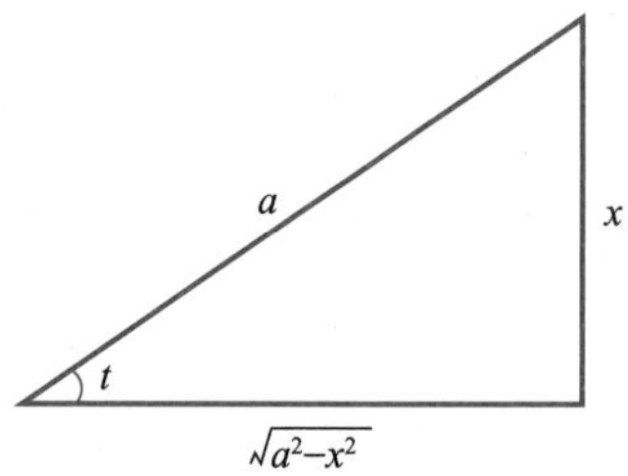

图 3.2

因此

$$\int \sqrt{a^2-x^2}\mathrm{d}x=\frac{a^2}{2}\arcsin\frac{x}{a}+\frac{1}{2}x\sqrt{a^2-x^2}+C.$$

例 3.20 求不定积分 $\displaystyle\int \frac{\mathrm{d}x}{\sqrt{x^2+a^2}}\quad (a>0)$.

解 设 $x=a\tan t,\ t\in\left[-\dfrac{\pi}{2},\dfrac{\pi}{2}\right]$, 于是有

$$\begin{aligned}\int \frac{\mathrm{d}x}{\sqrt{x^2+a^2}} &= \int \frac{\mathrm{d}(a\tan t)}{\sqrt{a^2\tan^2 t+a^2}}\\ &= \int \frac{a\sec^2 t}{a\sec t}\mathrm{d}t\\ &= \int \sec t\mathrm{d}t.\end{aligned}$$

由于

$$\begin{aligned}\int \sec t\mathrm{d}t = \int \frac{\cos t}{\cos^2 t}\mathrm{d}t &= \int \frac{1}{1-\sin^2 t}\mathrm{d}\sin t\\ &= \frac{1}{2}\int \frac{1-\sin t+1+\sin t}{(1-\sin t)(1+\sin t)}\mathrm{d}\sin t\\ &= \frac{1}{2}\int \left(\frac{1}{1+\sin t}+\frac{1}{1-\sin t}\right)\mathrm{d}\sin t\\ &= \frac{1}{2}\left(\ln|1+\sin t|-\ln|1-\sin t|\right)+C\end{aligned}$$

$$= \frac{1}{2}\ln\left|\frac{1+\sin t}{1-\sin t}\right| + C = \frac{1}{2}\ln\left|\frac{1+\sin t}{\cos t}\right|^2 + C_1$$

$$= \ln|\sec t + \tan t| + C_1,$$

所以

$$\int \frac{\mathrm{d}x}{\sqrt{x^2+a^2}} = \ln|\sec t + \tan t| + C_1.$$

为将结果还原成 x 的函数, 根据 $\tan t = \dfrac{x}{a}$ 作辅助三角形 (图 3.3). 在此直角三角形中有

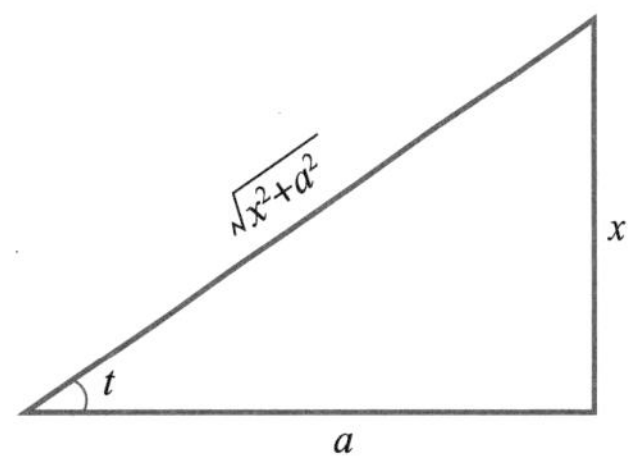

图 3.3

$$\sec t = \frac{\sqrt{x^2+a^2}}{a}, \quad \sec t + \tan t > 0.$$

因此

$$\int \frac{\mathrm{d}x}{\sqrt{x^2+a^2}} = \ln\left|\frac{\sqrt{x^2+a^2}}{a} + \frac{x}{a}\right| + C_1$$

$$= \ln(\sqrt{x^2+a^2} + x) + C_1 - \ln a$$

$$= \ln(\sqrt{x^2+a^2} + x) + C.$$

例 3.21　求不定积分 $\displaystyle\int \frac{\mathrm{d}x}{\sqrt{x^2-a^2}}\ (a>0)$.

解　被积函数的定义域为 $|x| > a$, 在两个区间内分别求不定积分.

当 $x > a$ 时, 设 $x = a\sec t$, $t \in \left(0, \dfrac{\pi}{2}\right)$. 于是有

$$\int \frac{\mathrm{d}x}{\sqrt{x^2-a^2}} = \int \frac{\mathrm{d}(a\sec t)}{\sqrt{a^2\sec^2 t - a^2}}$$

$$= \int \frac{a\sec t\tan t}{a\tan t}\mathrm{d}t$$

$$= \int \sec t\mathrm{d}t$$

$$= \ln|\sec t + \tan t| + C_1.$$

为将结果还原成 x 的函数, 根据 $\sec t = \dfrac{x}{a}$ 作辅助三角形 (图 3.4). 在此直角三角形中有

$$\tan t = \frac{\sqrt{x^2-a^2}}{a}, \quad \sec t + \tan t > 0.$$

因此

$$\int \frac{\mathrm{d}x}{\sqrt{x^2+a^2}} = \ln\left|\frac{x}{a} + \frac{\sqrt{x^2-a^2}}{a}\right| + C_1$$

$$= \ln(x+\sqrt{x^2-a^2}) + C_1 - \ln a$$

$$= \ln(x+\sqrt{x^2-a^2}) + C.$$

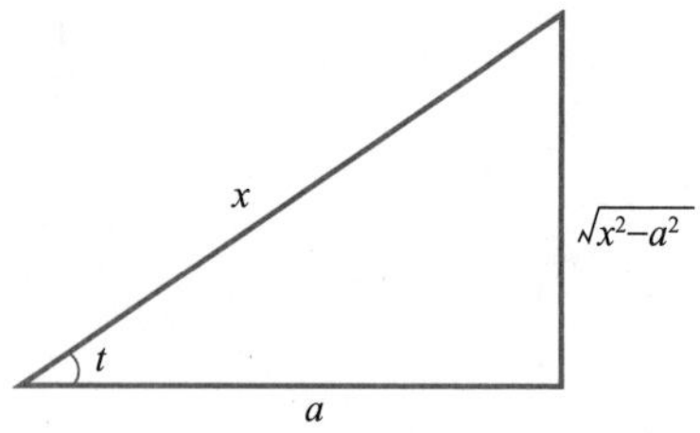

图 3.4

当 $x<-a$ 时, 令 $x=-t$, 则 $t>a$. 于是有

$$\int \frac{\mathrm{d}x}{\sqrt{x^2-a^2}} = -\int \frac{\mathrm{d}t}{\sqrt{t^2-a^2}}$$

$$= -\ln(t+\sqrt{t^2-a^2}) + C_1$$

$$= -\ln(-x+\sqrt{x^2-a^2}) + C_1$$

$$= \ln\left(\frac{-x-\sqrt{x^2-a^2}}{a^2}\right) + C_1$$

$$= \ln(-x-\sqrt{x^2-a^2}) + C_1 - 2\ln a$$

$$= \ln(-x-\sqrt{x^2-a^2}) + C.$$

所以, 在 $|x|>a$ 上总有

$$\int \frac{\mathrm{d}x}{\sqrt{x^2+a^2}} = \ln|x+\sqrt{x^2-a^2}| + C.$$

我们可以看到, 以上例题中, 为化去根式, 所采用的方法均为三角代换. 而在不定积分计算中, 也并不是只有采用三角代换的方法, 才能化去根式, 这需要根据被积函数的具体情况, 而选取适合的代换.

例 3.22　求不定积分 $\displaystyle\int \frac{x^5}{\sqrt{1+x^2}}\mathrm{d}x$.

解　设 $\sqrt{1+x^2}=t$, 此时

$$x^2 = t^2-1, \quad \mathrm{d}x = \frac{1}{2}(t^2-1)^{-\frac{1}{2}}\cdot 2t\mathrm{d}t.$$

于是有

$$\int \frac{x^5}{\sqrt{1+x^2}}\mathrm{d}x = \int \frac{(t^2-1)^{\frac{5}{2}}}{t}\cdot\frac{1}{2}(t^2-1)^{-\frac{1}{2}}\cdot 2t\mathrm{d}t$$

$$= \int (t^2-1)^2\mathrm{d}t$$

$$= \int (t^4-2t^2+1)\mathrm{d}t$$

$$
\begin{aligned}
&= \frac{1}{5}t^5 - \frac{2}{3}t^3 + t + C \\
&= \frac{1}{15}(8 - 4x^2 + 3x^4)\sqrt{1+x^2} + C.
\end{aligned}
$$

例 3.23　求不定积分 $\displaystyle\int \frac{\mathrm{d}x}{\sqrt{1+\mathrm{e}^x}}$.

解　设 $\sqrt{1+\mathrm{e}^x} = t$, 则

$$
x = \ln(t^2-1), \quad \mathrm{d}x = \frac{2t}{t^2-1}\mathrm{d}t.
$$

于是有

$$
\begin{aligned}
\int \frac{\mathrm{d}x}{\sqrt{1+\mathrm{e}^x}}\mathrm{d}x &= 2\int \frac{1}{(t^2-1)}\mathrm{d}t \\
&= 2\cdot\frac{1}{2}\int\left(\frac{1}{t-1} - \frac{1}{t+1}\right)\mathrm{d}t \\
&= \ln\left(\frac{t-1}{t+1}\right) + C \\
&= \ln\left(\frac{\sqrt{1+\mathrm{e}^x}-1}{\sqrt{1+\mathrm{e}^x}+1}\right) + C \\
&= 2\ln(\sqrt{1+\mathrm{e}^x}-1) - x + C.
\end{aligned}
$$

例 3.24　求不定积分 $\displaystyle\int \frac{1}{\sqrt{x}(1+\sqrt[3]{x})}\mathrm{d}x$.

解　设 $x = t^6$, 则 $\mathrm{d}x = 6t^5\mathrm{d}t$, 于是有

$$
\begin{aligned}
\int \frac{1}{\sqrt{x}(1+\sqrt[3]{x})}\mathrm{d}x &= \int \frac{1}{t^3(1+t^2)}\cdot 6t^5\mathrm{d}t \\
&= 6\int \frac{t^2}{t^2+1}\mathrm{d}t \\
&= 6\int \frac{t^2+1-1}{t^2+1}\mathrm{d}t \\
&= 6\int 1\mathrm{d}t - 6\int \frac{1}{t^2+1}\mathrm{d}t \\
&= 6(t - \arctan t) + C \\
&= 6x^{\frac{1}{6}} - \arctan x^{\frac{1}{6}} + C.
\end{aligned}
$$

例 3.25　求不定积分 $\displaystyle\int \frac{1}{x(x^7+2)}\mathrm{d}x$.

解 设 $x=\frac{1}{t}$, 则 $\mathrm{d}x=-\frac{1}{t^2}\mathrm{d}t$, 于是有

$$\begin{aligned}\int\frac{1}{x(x^7+2)}\mathrm{d}x&=\int\frac{t}{\left(\frac{1}{t}\right)^7+2}\cdot\left(-\frac{1}{t^2}\right)\mathrm{d}t\\&=-\int\frac{t^6}{1+2t^7}\mathrm{d}t\\&=-\frac{1}{14}\int\frac{1}{1+2t^7}\mathrm{d}(1+2t^7)\\&=-\frac{1}{14}\ln|1+2t^7|+C\\&=-\frac{1}{14}\ln|2+x^7|+\frac{1}{2}\ln|x|+C.\end{aligned}$$

§3.3 分部积分法

分部积分法也是一种重要的求不定积分的基本方法, 它是将两个函数乘积的求导公式转化为求不定积分的公式. 设 $u=u(x)$ 和 $v=v(x)$ 是连续可导函数, 则

$$[u(x)v(x)]'=u'(x)v(x)+u(x)v'(x),$$

对上式求不定积分, 有

$$\int[u(x)v(x)]'\mathrm{d}x=\int u'(x)v(x)\mathrm{d}x+\int u(x)v'(x)\mathrm{d}x.$$

这里我们注意到

$$\int[u(x)v(x)]'\mathrm{d}x=u(x)v(x),$$

于是便得到分部积分公式:

$$\int u(x)v'(x)\mathrm{d}x=u(x)v(x)-\int v(x)u'(x)\mathrm{d}x.$$

也可简记为如下形式:

$$\int u\mathrm{d}v=uv-\int v\mathrm{d}u.$$

如果在计算不定积分时遇到困难, 而它恰巧可以改写成 $\int u\mathrm{d}v$ 的形式, 且 $\int v\mathrm{d}u$ 又是较容易求得, 那么我们便可以利用分部积分公式将其转化为求 $uv-\int v\mathrm{d}u$ 的积分. 由

此可见, 应用分部积分法解题的关键在于 u 和 $\mathrm{d}v$ 的选取. 一旦选取不当, 便会导致求不出结果.

例 3.26　求不定积分 $\int \arccos x \mathrm{d}x$.

解　设 $u=\arccos x$, $\mathrm{d}v=\mathrm{d}x$, 于是由分部积分公式有

$$\begin{aligned}\int \arccos x \mathrm{d}x &= x\arccos x - \int x \mathrm{d}(\arccos x)\\ &= x\arccos x + \int \frac{x}{\sqrt{1-x^2}}\mathrm{d}x\\ &= x\arccos x - \frac{1}{2}\int \frac{1}{\sqrt{1-x^2}}\mathrm{d}(1-x^2)\\ &= x\arccos x - \sqrt{1-x^2}+C.\end{aligned}$$

例 3.27　求不定积分 $\int \ln(x+\sqrt{1+x^2})\mathrm{d}x$.

解　设 $u=\ln(x+\sqrt{1+x^2})$, $\mathrm{d}v=\mathrm{d}x$, 于是由分部积分公式有

$$\begin{aligned}\int \ln(x+\sqrt{1+x^2})\mathrm{d}x &= x\ln(x+\sqrt{1+x^2}) - \int x\mathrm{d}[\ln(x+\sqrt{1+x^2})]\\ &= x\ln(x+\sqrt{1+x^2}) - \int x\frac{1}{x+\sqrt{1+x^2}}\cdot\left(1+\frac{2x}{2\sqrt{1+x^2}}\right)\mathrm{d}x\\ &= x\ln(x+\sqrt{1+x^2}) - \int \frac{x}{\sqrt{1+x^2}}\mathrm{d}x\\ &= x\ln(x+\sqrt{1+x^2}) - \sqrt{1+x^2}+C.\end{aligned}$$

例 3.28　求不定积分 $\int \sin\ln x \mathrm{d}x$.

解　设 $u=\sin\ln x$, $\mathrm{d}v=\mathrm{d}x$, 于是由分部积分公式有

$$\begin{aligned}\int \sin\ln x\mathrm{d}x &= x\sin\ln x - \int x\mathrm{d}(\sin\ln x)\\ &= x\sin\ln x - \int x(\cos\ln x)\cdot\frac{1}{x}\,\mathrm{d}x\\ &= x\sin\ln x - \int \cos\ln x\mathrm{d}x,\end{aligned}$$

对上式中 $\int \cos\ln x\mathrm{d}x$ 再次利用分部积分可得

$$\begin{aligned}\int \sin\ln x\mathrm{d}x &= x\sin\ln x - \left[x\cos\ln x - \int x(-\sin\ln x)\cdot\frac{1}{x}\mathrm{d}x\right]\\ &= x\sin\ln x - x\cos\ln x - \int \sin\ln x\mathrm{d}x.\end{aligned}$$

这时我们发现, 等式右端的第三项就是所求积分, 将其移项到等式的左端, 便有

$$2\int \sin\ln x\mathrm{d}x = x\sin\ln x - x\cos\ln x + C_1,$$

即

$$\int \sin\ln x\mathrm{d}x = \frac{1}{2}x(\sin\ln x - \cos\ln x) + C.$$

例 3.29 求不定积分 $\int x\ln x\mathrm{d}x$.

解 在分部积分公式中, 设 $u=\ln x$, $\mathrm{d}v = x\mathrm{d}x$, 可得

$$\begin{aligned}\int x\ln x\mathrm{d}x &= \int \ln x\mathrm{d}\left(\frac{x^2}{2}\right)\\ &= \frac{x^2}{2}\ln x - \int \frac{x^2}{2}\mathrm{d}(\ln x)\\ &= \frac{x^2}{2}\ln x - \int \frac{x^2}{2}\cdot\frac{1}{x}\mathrm{d}x\\ &= \frac{x^2}{2}\ln x - \int \frac{x}{2}\mathrm{d}x\\ &= \frac{x^2}{2}\ln x - \frac{x^2}{4}\\ &= \frac{x^2}{4}(2\ln x - 1) + C.\end{aligned}$$

例 3.30 求不定积分 $\int x^2\sin x\mathrm{d}x$.

解 设 $u=x^2$, $\mathrm{d}v=\sin x\mathrm{d}x$, 分部积分两次可得

$$\begin{aligned}\int x^2\sin x\mathrm{d}x &= -\int x^2\mathrm{d}\cos x\\ &= -x^2\cos x + \int \cos x\mathrm{d}x^2\\ &= -x^2\cos x + 2\int x\cos x\mathrm{d}x\\ &= -x^2\cos x + 2\int x\mathrm{d}\sin x\\ &= -x^2\cos x + 2x\sin x - 2\int \sin x\mathrm{d}x\\ &= -x^2\cos x + 2x\sin x - 2\cos x + C.\end{aligned}$$

例 3.31 求不定积分 $\int \mathrm{e}^x\cos x\mathrm{d}x$.

解　分部积分两次, 得

$$\begin{aligned}\int \mathrm{e}^x\cos x\mathrm{d}x &= \int \cos x\mathrm{d}\mathrm{e}^x\\ &= \mathrm{e}^x\cos x - \int \mathrm{e}^x\mathrm{d}\cos x\\ &= \mathrm{e}^x\cos x + \int \mathrm{e}^x\sin x\mathrm{d}x\\ &= \mathrm{e}^x\cos x + \int \sin x\mathrm{d}\mathrm{e}^x\\ &= \mathrm{e}^x\cos x + \mathrm{e}^x\sin x - \int \mathrm{e}^x\cos x\mathrm{d}x.\end{aligned}$$

注意到等式右端又出现了所求积分, 移项并整理, 有

$$\int \mathrm{e}^x\cos x\mathrm{d}x = \frac{1}{2}\mathrm{e}^x(\cos x + \sin x) + C.$$

例 3.32　求不定积分 $\int \mathrm{e}^{\sqrt{x}}\mathrm{d}x$.

解　因被积函数的指数中含有根式, 不利于计算, 可先将其进行换元处理. 设 $\sqrt{x} = t$, 此时

$$x = t^2, \quad \mathrm{d}x = 2t\mathrm{d}t,$$

于是

$$\begin{aligned}\int \mathrm{e}^{\sqrt{x}}\mathrm{d}x &= \int \mathrm{e}^t\cdot 2t\mathrm{d}t\\ &= 2\int t\mathrm{d}\mathrm{e}^t\\ &= 2\left(t\mathrm{e}^t - \int \mathrm{e}^t\mathrm{d}t\right)\\ &= 2(t\mathrm{e}^t - \mathrm{e}^t) + C\\ &= 2\mathrm{e}^t(t-1) + C\\ &= 2\mathrm{e}^{\sqrt{x}}(\sqrt{x}-1) + C.\end{aligned}$$

例 3.33　求不定积分 $\int \dfrac{x\arctan x}{\sqrt{1+x^2}}\mathrm{d}x$.

解　在分部积分公式中, 设

$$u = \arctan x, \quad \mathrm{d}v = \mathrm{d}\sqrt{1+x^2} = \frac{x}{\sqrt{1+x^2}}\mathrm{d}x,$$

于是可得

$$\begin{aligned}\int \frac{x\arctan x}{\sqrt{1+x^2}}\mathrm{d}x &= \int \arctan x \mathrm{d}\sqrt{1+x^2}\\ &= \sqrt{1+x^2}\arctan x - \int \sqrt{1+x^2}\mathrm{d}\arctan x\\ &= \sqrt{1+x^2}\arctan x - \int \sqrt{1+x^2}\cdot\frac{1}{1+x^2}\mathrm{d}x\\ &= \sqrt{1+x^2}\arctan x - \int \frac{1}{\sqrt{1+x^2}}\mathrm{d}x,\end{aligned}$$

其中, 由例 3.20 结果有

$$\int \frac{1}{\sqrt{1+x^2}}\mathrm{d}x = \ln(x+\sqrt{1+x^2}) + C_1,$$

所以

$$\int \frac{x\arctan x}{\sqrt{1+x^2}}\mathrm{d}x = \sqrt{1+x^2}\arctan x - \ln(x+\sqrt{1+x^2}) + C.$$

习题 3

1. 求下列不定积分:

(1) $\int x^3\sqrt[3]{x}\mathrm{d}x$;　　(2) $\int 6x^2\mathrm{d}x$;

(3) $\int (x^3+1)^2\mathrm{d}x$;　　(4) $\int \frac{3x^4+3x^2+1}{x^2+1}\mathrm{d}x$;

(5) $\int \left(2\mathrm{e}^x+\frac{3}{x}\right)\mathrm{d}x$;　　(6) $\int \frac{(x-\sqrt{x})(1+\sqrt{x})}{\sqrt[3]{x}}\mathrm{d}x$;

(7) $\int (2^x+3^x)^2\mathrm{d}x$;　　(8) $\int \sin^2\frac{x}{2}\mathrm{d}x$;

(9) $\int \cot^2 x\mathrm{d}x$;　　(10) $\int \frac{\cos 2x}{\cos x-\sin x}\mathrm{d}x$;

(11) $\int \frac{1}{\sin^2\frac{x}{2}\cos^2\frac{x}{2}}\mathrm{d}x$;　　(12) $\int \sqrt{1-\sin 2x}\mathrm{d}x$.

2. 利用换元积分法求下列不定积分:

(1) $\int \frac{1}{\sqrt[3]{2-3x}}\mathrm{d}x$;　　(2) $\int \frac{1}{x^2}\sin\frac{1}{x}\mathrm{d}x$;

(3) $\int \frac{1}{\sqrt{a^2-x^2}}\mathrm{d}x \quad (a>0)$;　　(4) $\int \frac{1}{x\ln x\ln(\ln x)}\mathrm{d}x$;

(5) $\int \frac{\ln x}{x\sqrt{1+\ln x}}\mathrm{d}x$;　　(6) $\int (\mathrm{e}^{-x}+\mathrm{e}^{-3x})\mathrm{d}x$;

(7) $\int \frac{e^x}{\sqrt{3+e^x}}dx$;

(8) $\int \frac{\arctan x}{1+x^2}dx$;

(9) $\int \sin^3 x dx$;

(10) $\int \csc x dx$;

(11) $\int \sec^4 x dx$;

(12) $\int \tan^4 x dx$;

(13) $\int \sin^2 x \cos^5 x dx$;

(14) $\int \cos 3x \cos 2x dx$;

(15) $\int \frac{1}{\sqrt{4-9x^2}}dx$;

(16) $\int \frac{1}{x\sqrt{x^2-1}}dx$;

(17) $\int \frac{1}{x+\sqrt{1-x^2}}dx$;

(18) $\int \sqrt{\frac{x-a}{x+a}}dx \quad (x>a>0)$.

3. 利用分部积分法求下列不定积分:

(1) $\int \ln^2 x dx$;

(2) $\int \cos\ln\ x dx$;

(3) $\int x^2 \ln^2 x dx$;

(4) $\int x \ln\frac{1+x}{1-x}dx$;

(5) $\int \frac{\ln(\sin x)}{\sin^2 x}dx$;

(6) $\int \ln(x+\sqrt{x^2+1})dx$;

(7) $\int \arcsin^2 x dx$;

(8) $\int x\arctan 2x dx$;

(9) $\int \sin x \ln(\tan x)dx$;

(10) $\int x^2 \cos x dx$;

(11) $\int (x^2-1)\sin 2x dx$;

(12) $\int x\tan^2 x dx$;

(13) $\int x^2 e^{-x}dx$;

(14) $\int e^{\sqrt{3x+9}}dx$;

(15) $\int e^{2x}\cos 3x dx$;

(16) $\int \sqrt{1+9x^2}dx$.

习题 3 参考答案与讲解

1. (1) $\frac{3}{13}x^{\frac{13}{3}}+C$;

(2) $2x^3+C$;

(3) $\frac{1}{7}x^7+\frac{1}{2}x^4+x+C$;

(4) $x^3+\arctan x+C$;

(5) $2e^x+3\ln|x|+C$;

(6) $\frac{6}{13}x^{\frac{13}{6}}-\frac{6}{7}x^{\frac{7}{6}}+C$;

(7) $\frac{4^x}{\ln 4}+\frac{9^x}{\ln 9}+2\frac{6^x}{\ln 6}+C$;

(8) $\frac{1}{2}x-\frac{1}{2}\sin x+C$;

(9) $-\cot x-x+C$;

(10) $\sin x-\cos x+C$;

(11) $-4\cot x+C$;　(12) $|\sin x+\cos x|+C$.

2. (1) $-\frac{1}{2}(2-3x)^{\frac{2}{3}}+C$;　(2) $\cos\frac{1}{x}+C$;

(3) $\arcsin\frac{x}{a}+C$;　(4) $\ln[\ln(\ln x)]+C$;

(5) $\frac{2}{3}\sqrt{(1+\ln x)^3}-2\sqrt{1+\ln x}+C$;　(6) $-\mathrm{e}^{-x}-\frac{1}{3}\mathrm{e}^{-3x}+C$;

(7) $2\sqrt{3+\mathrm{e}^x}+C$;　(8) $\frac{1}{2}\arctan^2 x+C$;

(9) $-\cos x+\frac{1}{3}\cos^3 x+C$;　(10) $\ln|\csc x-\cot x|+C$;

(11) $\frac{1}{3}\tan^3 x+\tan x+C$;　(12) $\frac{1}{3}\tan^3 x-\tan x+x+C$;

(13) $\frac{1}{3}\sin^3 x-\frac{2}{5}\sin^5 x+\frac{1}{7}\sin^7 x+C$;　(14) $\frac{1}{10}\sin 5x+\frac{1}{2}\sin 2x+C$;

(15) $\frac{1}{3}\arcsin\frac{3}{2}x+C$;　(16) $\arccos\frac{1}{|x|}+C$;

(17) $\frac{1}{2}\arcsin x+\frac{1}{2}\ln|x+\sqrt{1-x^2}|+C$;

(18) $\sqrt{x^2-a^2}-a\ln|x+\sqrt{x^2-a^2}|+C$.

3. (1) $x\ln^2 x-2x\ln x+2x+C$;　(2) $\frac{1}{2}x\sin(\ln x)-\frac{1}{2}\cos(\ln x)+C$;

(3) $\frac{1}{3}x^3\ln^2 x-\frac{2}{9}x^3\ln x+\frac{2}{27}x^3+C$;　(4) $\frac{1}{2}x^2\ln\frac{1+x}{1-x}+x-\ln\left|\frac{1+x}{1-x}\right|+C$;

(5) $-\cot x\ln\sin x-\cot x-x+C$;　(6) $x\ln(x+\sqrt{x^2+1})-\sqrt{x^2+1}+C$;

(7) $x\arcsin^2 x+2\sqrt{1-x^2}\arcsin x-2x+C$;

(8) $\frac{1}{2}x^2\arctan 2x-\frac{1}{4}x+\frac{1}{8}\arctan 2x+C$;

(9) $-\cos x\ln\tan x-\ln|\csc x+\cot x|+C$;

(10) $x^2\sin x+2x\cos x-2\sin x+C$;

(11) $-\frac{1}{2}x^2\cos 2x+\frac{1}{2}x\sin 2x-\frac{1}{4}\cos 2x+C$;

(12) $x\tan x+\ln|\cos x|-\frac{1}{2}x^2+C$;

(13) $-x^2\mathrm{e}^{-x}-2x\mathrm{e}^{-x}-2\mathrm{e}^{-x}+C$;

(14) $\frac{2}{3}\sqrt{3x+9}\mathrm{e}^{\sqrt{3x+9}}-\frac{2}{3}\mathrm{e}^{\sqrt{3x+9}}+C$;

(15) $\frac{2}{13}\mathrm{e}^{2x}\cos 3x+\frac{3}{13}\mathrm{e}^{2x}\sin 3x+C$;

(16) $\frac{1}{2}\sqrt{1+9x^2}+\frac{1}{2}\ln|3x+\sqrt{1+9x^2}|+C.$

重点习题讲解

数学的严格性：为什么数学命题要进行严格的推理?

第 4 章 定积分

定积分是研究函数在区间上积分和的极限问题. 实际生活中的许多问题都可以转化为定积分问题来求解. 例如, 计算曲线所围成的平面图形的面积以及曲面围成的几何体的体积, 求变速直线运动的路程, 计算变力所做的功等. 由此可见, 定积分的计算尤为重要.

§4.1 定积分的概念与性质

4.1.1 定积分的概念

定积分是从各类积累问题中抽象出来的数学概念. 在介绍定积分的概念之前, 我们先以曲边梯形的面积问题和变速直线运动的路程问题为例进行讨论.

例 4.1 曲边梯形的面积

设曲边梯形是由非负连续曲线 $y = f(x)$, 直线 $x = a$, $x = b$, $y = 0$ 所围成 (图 4.1), 求它的面积 S.

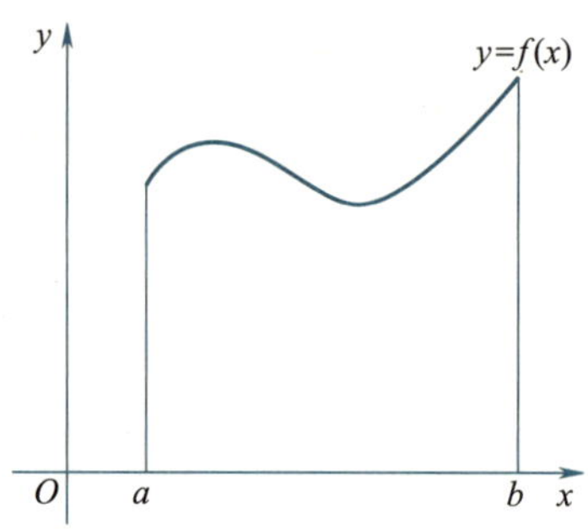

图 4.1

解 由于曲边梯形底边 $[a,b]$ 上点 x 处的高 $f(x)$ 在区间 $[a,b]$ 上是变动的, 故所求面积不能按照常规下的梯形或矩形面积公式直接计算. 下面我们介绍一种求不规则图形面积的方法.

用 $n-1$ 个分点

$$a = x_0 < x_1 < x_2 < \cdots < x_{n-1} < x_n = b$$

将区间 $[a,b]$ 分成 n 个小区间 $[x_{k-1}, x_k](k = 1, 2, \cdots, n)$, 每个小区间的长度为 $\Delta x_k =$

$x_k - x_{k-1}$. 过每个分点作 y 轴的平行线与曲线 $y = f(x)$ 相交, 于是便得到了 n 个小的曲边梯形 (图 4.2).

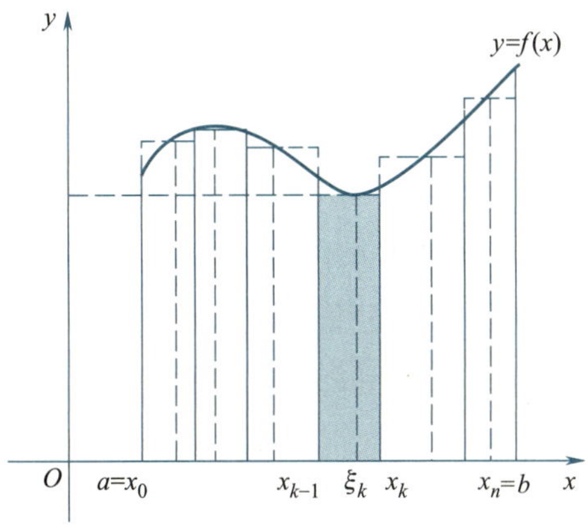

图 4.2

与整个曲边梯形相比, 每个小曲边梯形的曲边高度变化较小, 所以可以近似地将它们看作是小的矩形. 在每个小区间 $[x_{k-1}, x_k]$ 上任取一点 ξ_k, 并把 $f(\xi_k)$ 当作第 k 个小矩形的高. 于是就得到了第 k 个小曲边梯形面积的近似值

$$S_k \approx f(\xi_k)\Delta x_k, \quad k = 1, 2, \cdots, n.$$

对 n 个小矩形的面积求和, 便得到了整个曲边梯形面积 S 的一个近似值, 即

$$S = \sum_{k=1}^{n} S_k \approx \sum_{k=1}^{n} f(\xi_k)\Delta x_k.$$

从图 4.2 中可看出, 为求得 S 的精确值, 应将区间 $[a, b]$ 无限细分下去, 也就是保证每一个小区间长度 Δx_k 都趋于零. 于是, 我们取所有区间长度中最大者为 $\lambda = \max\limits_{1\leqslant k\leqslant n} \{\Delta x_k\}$, 当 $\lambda \to 0$ 时, 便有

$$S = \lim_{\lambda\to 0} \sum_{k=1}^{n} f(\xi_k)\Delta x_k.$$

例 4.2　变速直线运动的路程

设物体做直线运动, 已知速度 $v = v(t)$ 是关于时间 t 的连续函数, 求该物体在时间间隔 $[a, b]$ 内所经过的路程 s.

解　在变速直线运动中, 由于速度 $v(t)$ 是随着时间 t 不断变化的, 所以我们不能按照匀速直线运动公式计算路程 s. 同时我们也发现, 虽然物体的速度一直在变, 可是在很短

一段时间内, 速度变化却很小, 运动可近似看作是匀速的. 于是类似于例 4.1 的方法, 现在用 $n-1$ 个分点

$$a=t_0<t_1<t_2<\cdots<t_{n-1}<t_n=b$$

将时间区间 $[a,b]$ 分成 n 个小区间 $[t_{k-1},t_k](k=1,2,\cdots,n)$, 每个小区间的长度为 $\Delta t_k=t_k-t_{k-1}$. 那么, 在相应的时间段内, 物体所经过的路程为 Δs_k.

与整个时间区间 $[a,b]$ 相比, 每个小的时间区间 $[t_{k-1},t_k](k=1,2,\cdots,n)$ 内速度变化较小, 所以可以近似地将每段小区间的速度看作是匀速的. 在每个小区间 $[t_{k-1},t_k]$ 上任取一点 ξ_k, 并把 $v(\xi_k)$ 当作第 k 个时间段里每一时刻的速度. 于是就得到了物体在这段时间内所走过路程 Δs_k 的一个近似值

$$\Delta s_k\approx v(\xi_k)\Delta t_k,\quad k=1,2,\cdots,n,$$

进而便得到了整个时间区间 $[a,b]$ 内, 物体所走路程 s 的一个近似值, 即

$$s=\sum_{k=1}^{n}\Delta s_k\approx\sum_{k=1}^{n}v(\xi_k)\Delta t_k.$$

将区间 $[a,b]$ 无限细分下去, 也就是保证每一个小区间长度 Δt_k 都趋于零, 即取所有区间长度中最大者为 $\lambda=\max\limits_{1\leqslant k\leqslant n}\{\Delta t_k\}$, 当 $\lambda\to 0$ 时, 便得到路程 s 的精确值

$$s=\lim_{\lambda\to 0}\sum_{k=1}^{n}v(\xi_k)\Delta t_k.$$

上述两个例子中这种 "无限细分, 以直代取, 以不变代变" 的极限思想, 也可以用于解决其他类似问题. 例如物理学中的变力做功问题. 对于这些例子, 如果我们抽去这些实际问题的具体意义, 对它们内在的共同数学特征加以概括, 就可以得到如下定义:

定义 4.1

设函数 $f(x)$ 在区间 $[a,b]$ 上有定义, 将区间 $[a,b]$ 任意分成 n 个小区间, 分点依次为

$$a=x_0<x_1<x_2<\cdots<x_{n-1}<x_n=b.$$

在每个小区间 $[x_{k-1},x_k]$ 上任取一点 $\xi_k(x_{k-1}\leqslant\xi_k\leqslant x_k)$, 作乘积 $f(\xi_k)\Delta x_k$, 并作和数

$$\sigma=\sum_{k=1}^{n}f(\xi_k)\Delta x_k,\quad \Delta x_k=x_k-x_{k-1},\quad k=1,2,\cdots,n,$$

其中 Δx_k 为第 k 个小区间的长度. 记 $\lambda = \max\limits_{1\leqslant k\leqslant n}\{\Delta x_k\}$, 如果当 $\lambda\to 0$ 时, 和数 σ 的极限总存在, 且与区间 $[a,b]$ 的分法及点 ξ_k 的取法无关, 那么称这个极限 I 为函数 $f(x)$ 在区间 $[a,b]$ 上的**定积分**, 记作 $\int_a^b f(x)\mathrm{d}x$, 即

$$\int_a^b f(x)\mathrm{d}x = I = \lim_{\lambda\to 0}\sum_{k=1}^{n} f(\xi_k)\Delta x_k,$$

其中 $f(x)$ 称为**被积函数**, $f(x)\mathrm{d}x$ 称为**被积表达式**, x 称为**积分变量**, a 和 b 分别称为定积分的**下限**和**上限**, $[a,b]$ 称为**积分区间**.

有了定积分的概念, 例 4.1 和例 4.2 中所讨论的曲边梯形的面积和变速直线运动的路程就可以分别表示为

$$S = \int_a^b f(x)\mathrm{d}x, \quad f(x)\geqslant 0,$$

$$s = \int_a^b v(t)\mathrm{d}t.$$

为了更好地理解定积分的定义, 我们需要注意以下几点:

第一, 定积分与不定积分除了定义不同之外, 二者最主要的区别在于, 不定积分的结果是一族函数, 而定积分的结果是一个确定的值. 从定积分的定义可以看出, 定积分的值只与被积函数的形式和积分区间有关, 而与积分变量采用什么符号是无关的, 即有

$$\int_a^b f(x)\mathrm{d}x = \int_a^b f(t)\mathrm{d}t.$$

第二, 在定义中, 积分下限 a 总是小于积分上限 b. 为今后使用方便, 我们有如下规定.

(1) 当 $a > b$ 时, $\int_a^b f(x)\mathrm{d}x = -\int_b^a f(x)\mathrm{d}x$;

(2) 当 $a = b$ 时, $\int_a^a f(x)\mathrm{d}x = 0$.

第三, 特别地, 当被积函数 $f(x)\equiv 1$ 时, 易知

$$\int_a^b 1\mathrm{d}x = \int_a^b \mathrm{d}x = b - a.$$

第四, 在区间 $[a,b]$ 上, 当 $f(x)$ 既取得正值又取得负值时, 定积分在几何上表示由曲线 $f(x)$, 直线 $x=a$, $x=b$, $y=0$ 所围成的几个图形的面积的代数和. 如图 4.3 所示,

$$\int_a^b f(x)\mathrm{d}x = -S_1 + S_2 - S_3 + S_4.$$

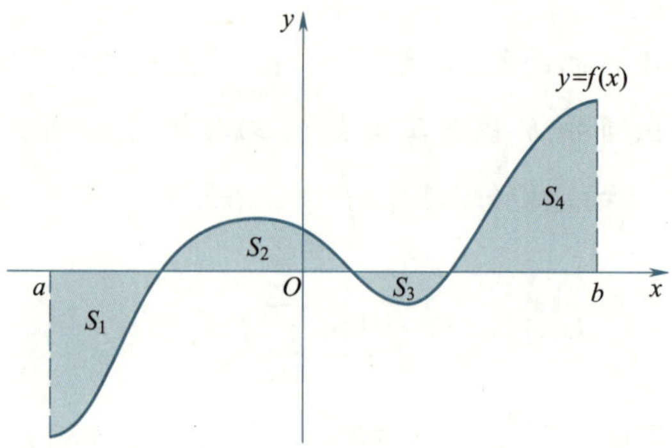

图 4.3

4.1.2 定积分的性质

下面我们给出定积分的各种性质, 它们对于计算定积分是非常有帮助的. 这里我们略去证明过程.

性质 4.1

设函数 $f(x)$ 和 $g(x)$ 都在 $[a,b]$ 上可积, 则对任意常数 α 和 β, $\alpha f(x)+\beta g(x)$ 也在 $[a,b]$ 上可积, 且有

$$\int_a^b[\alpha f(x)+\beta g(x)]\mathrm{d}x=\alpha\int_a^b f(x)\mathrm{d}x+\beta\int_a^b g(x)\mathrm{d}x.$$

性质 4.1 对任意有限多个函数的线性组合也是成立的, 这种性质称为定积分的线性性质.

性质 4.2

设 $a<c<b$, 若函数 $f(x)$ 在 $[a,b]$ 上可积, 则 $f(x)$ 在 $[a,c]$ 和 $[c,b]$ 上都可积, 且有

$$\int_a^b f(x)\mathrm{d}x=\int_a^c f(x)\mathrm{d}x+\int_c^b f(x)\mathrm{d}x.$$

若 $f(x)$ 在 $[a,c]$ 和 $[c,b]$ 上都可积, 则 $f(x)$ 在 $[a,b]$ 上也可积, 且上式成立.

这个性质称为定积分对于积分区间的可加性. 特别指出, 当 c 在 $[a,b]$ 的外侧时, 上述性质也是成立的. 以 c 在 b 的右侧为例说明, 不妨设 $a<b<c$, 且 $f(x)$ 在 $[a,b]$ 和 $[b,c]$ 上可积, 由性质 4.2 有

$$\int_a^c f(x)\mathrm{d}x=\int_a^b f(x)\mathrm{d}x+\int_b^c f(x)\mathrm{d}x,$$

于是得

$$\int_a^b f(x)\mathrm{d}x = \int_a^c f(x)\mathrm{d}x - \int_b^c f(x)\mathrm{d}x$$
$$= \int_a^c f(x)\mathrm{d}x + \int_c^b f(x)\mathrm{d}x.$$

性质 4.3

若非负函数 $f(x)$ 在 $[a,b]$ 上可积, 则

$$\int_a^b f(x)\mathrm{d}x \geqslant 0.$$

推论 4.1

设函数 $f(x)$ 和 $g(x)$ 都在 $[a,b]$ 上可积, 且 $f(x) \geqslant g(x)$, 则

$$\int_a^b f(x)\mathrm{d}x \geqslant \int_a^b g(x)\mathrm{d}x.$$

推论 4.2

设函数 $f(x)$ 在 $[a,b]$ 上可积, 则

$$\left|\int_a^b f(x)\mathrm{d}x\right| \leqslant \int_a^b |f(x)|\mathrm{d}x.$$

性质 4.4

设函数 $f(x)$ 在 $[a,b]$ 上可积, M 和 m 分别是 $f(x)$ 在区间 $[a,b]$ 上的最大值和最小值, 则

$$m(b-a) \leqslant \int_a^b f(x)\mathrm{d}x \leqslant M(b-a).$$

性质 4.5 (积分中值定理)

设函数 $f(x)$ 在 $[a,b]$ 上连续, 则至少存在一点 $\xi \in [a,b]$, 使得

$$\int_a^b f(x)\mathrm{d}x = f(\xi)(b-a).$$

这个公式称为积分中值公式. 它的几何意义是, 在区间 $[a,b]$ 上至少存在一点 ξ, 使得积分 $\int_a^b f(x)\mathrm{d}x$ 所表示的曲边梯形的面积等于以 $[a,b]$ 为底, 以 $f(\xi)$ 为高的矩形面积 (图 4.4).

进一步地, 积分中值公式又可写为

$$f(\xi)=\frac{1}{b-a}\int_a^b f(x)\mathrm{d}x,$$

称为函数 $f(x)$ 在区间 $[a,b]$ 上的平均值.

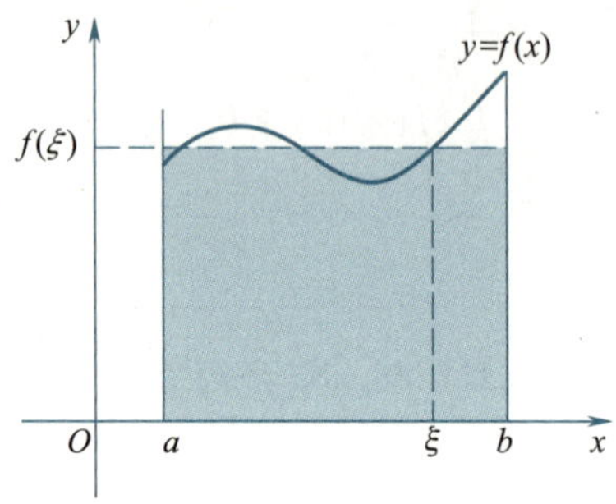

图 4.4

§4.2 微积分基本定理

按照定义求定积分, 关键在于整理积分和, 而这一过程往往是非常烦琐的. 并且对于一些复杂的函数, 又很难求出其极限. 所以从定义出发来求函数的定积分是不现实的, 微积分基本定理便为我们提供了一个特别有效的计算定积分的方法.

在给出微积分基本定理之前, 我们先来介绍一类特殊的定积分——变上限的定积分.

定义 4.2

设函数 $f(x)$ 在区间 $[a,b]$ 上可积, 且对任意 $x\in[a,b]$, $f(x)$ 在 $[a,x]$ 上也可积, 称 $\int_a^x f(t)\mathrm{d}t$ 为 $f(x)$ 的**变上限的定积分**, 记作 $\varPhi(x)$, 即

$$\varPhi(x)=\int_a^x f(t)\mathrm{d}t.$$

由定义可以看出, 这个积分上限的函数 $\varPhi(x)$ 是一类特殊的定积分. 它的值不再是由被积函数的表达式以及积分区间所确定, 它仅仅是关于积分上限 x 的函数. 也就是说, 如果积分上限 x 在区间 $[a,b]$ 上任意变动, 那么对于每一个取定的 x 值, 定积分都会有一个值与它相对应 (图 4.5). 同时, 函数 $\varPhi(x)$ 也具有以下两个重要性质.

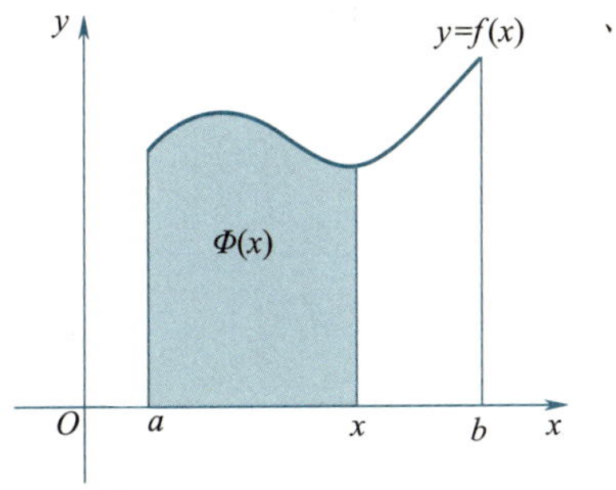

图 4.5

定理 4.1

设函数 $f(x)$ 在区间 $[a,b]$ 上连续，则函数

$$\Phi(x)=\int_a^x f(t)\mathrm{d}t \quad (a\leqslant x\leqslant b)$$

在 $[a,b]$ 上可导，并且

$$\Phi'(x)=f(x),\quad a\leqslant x\leqslant b.$$

证　对于任意 $x\in[a,b]$，给 x 一个改变量 Δx，使得 $x+\Delta x\in[a,b]$. 由定积分的性质，得函数的增量为

$$\begin{aligned}\Delta\Phi(x)&=\Delta\Phi(x+\Delta x)-\Phi(x)\\&=\int_a^{x+\Delta x} f(t)\mathrm{d}t-\int_a^x f(t)\mathrm{d}t\\&=\int_a^{x+\Delta x} f(t)\mathrm{d}t+\int_x^a f(t)\mathrm{d}t\\&=\int_x^{x+\Delta x} f(t)\mathrm{d}t.\end{aligned}$$

再应用积分中值定理，有

$$\Delta\Phi(x)=\int_x^{x+\Delta x} f(t)\mathrm{d}t=f(\xi)\cdot\Delta x,\quad x\leqslant\xi\leqslant x+\Delta x.$$

在函数改变量与自变量改变量的比值

$$\frac{\Delta\Phi(x)}{\Delta x}=f(\xi)$$

中，当 $\Delta x\to 0$ 时，$\xi\to x$. 由函数 $f(x)$ 的连续性有

$$\lim_{\Delta x\to 0}\frac{\Delta\Phi(x)}{\Delta x}=\lim_{\Delta x\to 0}f(\xi)=\lim_{\xi\to x}f(\xi)=f(x),$$

即函数 $\Phi(x)$ 的导数存在, 并且

$$\Phi'(x) = f(x).$$

定理 4.2 (原函数存在定理)

设函数 $f(x)$ 在区间 $[a,b]$ 上连续, 那么函数

$$\Phi(x) = \int_a^x f(t)\mathrm{d}t \quad (a \leqslant x \leqslant b),$$

就是 $f(x)$ 在 $[a,b]$ 上的一个原函数.

这个定理一方面说明, 任何连续函数一定存在原函数. 另一方面, 我们也知道了变上限定积分 $\int_a^x f(t)\mathrm{d}t$ 就是 $f(x)$ 的一个原函数, 这初步说明了定积分和原函数之间的联系. 下面我们用以上两个性质来证明微积分基本定理, 它给出了用原函数计算定积分的基本公式.

定理 4.3 (微积分基本定理)

设函数 $f(x)$ 在区间 $[a,b]$ 上连续, $F(x)$ 是 $f(x)$ 在 $[a,b]$ 上的一个原函数, 则有

$$\int_a^b f(x)\mathrm{d}x = F(b) - F(a).$$

这个公式是定积分的基本公式, 也称为牛顿–莱布尼茨 (Newton-Leibniz) 公式, 简记为

$$\int_a^b f(x)\mathrm{d}x = F(x)\Big|_a^b.$$

数学家简介
莱布尼茨

证　已知 $F(x)$ 是 $f(x)$ 在 $[a,b]$ 上的一个原函数, 而 $\Phi(x) = \int_a^x f(t)\mathrm{d}t$ 也是 $f(x)$ 的一个原函数, 故有

$$\Phi(x) = \int_a^x f(t)\mathrm{d}t = F(x) + C.$$

在上式中令 $x = a$, 得

$$\Phi(a) = \int_a^a f(t)\mathrm{d}t = F(a) + C = 0,$$

即 $C = -F(a)$. 于是

$$\int_a^x f(t)\mathrm{d}t = F(x) - F(a).$$

在上式中令 $x = b$, 就可得到要证明的公式.

由定理 4.3 的证明可知, 对于积分下限与上限, 当 $a > b$ 时, 公式仍然成立.

牛顿–莱布尼茨公式揭示了定积分与不定积分之间的内在联系, 并提供了计算定积分的基本方法, 即求定积分的值, 只要求出被积函数 $f(x)$ 的一个原函数 $F(x)$, 然后计算原函数在区间 $[a,b]$ 上的增量 $F(a)-F(b)$ 即可. 该公式将计算定积分的问题直接归结为求原函数的问题.

例 4.3 求 $\dfrac{\mathrm{d}}{\mathrm{d}x}\left[\displaystyle\int_{-1}^{x}\ln(1+t^2)\right]$.

解 这是一个变上限的定积分, 由定理 4.1, 有

$$\frac{\mathrm{d}}{\mathrm{d}x}\left[\int_{-1}^{x}\ln(1+t^2)\right]=\ln(1+x^2).$$

例 4.4 求 $\displaystyle\lim_{x\to 0}\frac{\displaystyle\int_0^x \arctan t\mathrm{d}t}{x^2}$.

解 当 $x\to 0$ 时, 此极限为 $\dfrac{0}{0}$ 型未定式, 两次运用洛必达法则有

$$\begin{aligned}\lim_{x\to 0}\frac{\displaystyle\int_0^x \arctan t\mathrm{d}t}{x^2}&=\lim_{x\to 0}\frac{\left(\displaystyle\int_0^x \arctan t\mathrm{d}t\right)'}{(x^2)'}\\&=\lim_{x\to 0}\frac{\arctan x}{2x}\\&=\frac{1}{2}\lim_{x\to 0}\frac{(\arctan x)'}{x'}\\&=\frac{1}{2}\lim_{x\to 0}\frac{\dfrac{1}{1+x^2}}{1}\\&=\frac{1}{2}.\end{aligned}$$

例 4.5 求 $\dfrac{\mathrm{d}}{\mathrm{d}x}\left(\displaystyle\int_x^2 t\mathrm{e}^{-t}\right)$.

解 首先通过变换上下限位置, 使其成为变上限的定积分, 再由定理 4.1, 有

$$\begin{aligned}\frac{\mathrm{d}}{\mathrm{d}x}\left(\int_x^2 t\mathrm{e}^{-t}\right)&=\frac{\mathrm{d}}{\mathrm{d}x}\left(-\int_2^x t\mathrm{e}^{-t}\right)\\&=-\frac{\mathrm{d}}{\mathrm{d}x}\left(\int_2^x t\mathrm{e}^{-t}\right)\\&=-x\mathrm{e}^{-x},\end{aligned}$$

例 4.6 求 $\dfrac{\mathrm{d}}{\mathrm{d}x}\left(\displaystyle\int_0^{x^2}\sqrt{1+t^2}\right)$.

解 注意到函数中定积分的上限为 x^2, 此函数为 x 的复合函数, 于是根据复合函数的求导法则和定理 4.1 有

$$\begin{aligned}\frac{\mathrm{d}}{\mathrm{d}x}\left(\int_0^{x^2}\sqrt{1+t^2}\right) &= \frac{\mathrm{d}\left(\int_0^{x^2}\sqrt{1+t^2}\right)}{\mathrm{d}(x^2)}\cdot\frac{\mathrm{d}(x^2)}{\mathrm{d}x}\\ &= \sqrt{1+(x^2)^2}\cdot 2x\\ &= 2x\sqrt{1+x^4}.\end{aligned}$$

例 4.7 求定积分 $\int_1^4\sqrt{x}\mathrm{d}x$.

解 因为 $\frac{2}{3}x^{\frac{3}{2}}$ 是 $\sqrt{x}$ 的一个原函数, 所以

$$\int_1^4\sqrt{x}\mathrm{d}x = \frac{2}{3}x^{\frac{3}{2}}\bigg|_1^4 = 4\frac{2}{3}.$$

例 4.8 求定积分 $\int_{-2}^{-1}\frac{1}{x}\mathrm{d}x$.

解 当 $x<0$ 时, $\frac{1}{x}$ 的一个原函数是 $\ln|x|$, 所以

$$\begin{aligned}\int_{-2}^{-1}\frac{1}{x}\mathrm{d}x &= \ln|x|\bigg|_{-2}^{-1}\\ &= \ln 1-\ln 2\\ &= -\ln 2.\end{aligned}$$

例 4.9 求定积分 $\int_0^{\pi}\sin x\mathrm{d}x$.

解 因为 $-\cos x$ 是 $\sin x$ 的一个原函数, 所以

$$\int_0^{\pi}\sin x\mathrm{d}x = -\cos x\bigg|_0^{\pi} = 2.$$

例 4.10 求定积分 $\int_0^2|1-x|\mathrm{d}x$.

解 由于

$$|1-x| = \begin{cases} 1-x, & 0\leqslant x\leqslant 1,\\ x-1, & 1<x\leqslant 2,\end{cases}$$

则根据定积分的区间可加性有

$$\begin{aligned}\int_0^2|1-x|\mathrm{d}x&=\int_0^1(1-x)\mathrm{d}x+\int_1^2(x-1)\mathrm{d}x\\&=-\int_0^1(1-x)\mathrm{d}(1-x)+\int_1^2(x-1)\mathrm{d}(x-1)\\&=-\frac{1}{2}(1-x)^2\Big|_0^1+\frac{1}{2}(x-1)^2\Big|_1^2\\&=\frac{1}{2}+\frac{1}{2}\\&=1.\end{aligned}$$

§4.3　定积分的计算

4.3.1　定积分的换元积分法

由牛顿–莱布尼茨公式可以知道, 无论是不定积分还是定积分, 计算的关键都是求被积函数的原函数. 为使运算简便, 类似于不定积分的计算方法, 我们介绍定积分的换元积分法和分部积分法.

定理 4.4

设函数 $f(x)$ 在区间 $[a,b]$ 上连续, 变换 $x=\varphi(t)$ 在 $[\alpha,\beta]$ 上连续可导且 $a\leqslant\varphi(t)\leqslant b$, $\varphi(\alpha)=a$, $\varphi(\beta)=b$, 则

$$\int_a^b f(x)\mathrm{d}x=\int_\alpha^\beta f[\varphi(t)]\varphi'(t)\mathrm{d}t.$$

证　因为函数 $f(x)$ 和 $f[\varphi(t)]\varphi'(t)$ 都是连续的, 故它们均可积且存在原函数. 设 $F(x)$ 是 $f(x)$ 在 $[a,b]$ 上的一个原函数, 则由复合函数的求导法则易知 $F[\varphi(x)]$ 是 $f[\varphi(t)]\varphi'(t)$ 在 $[\alpha,\beta]$ 上的一个原函数. 于是由微积分基本定理, 可得

$$\int_a^b f(x)\mathrm{d}x=F(b)-F(a),$$

$$\begin{aligned}\int_\alpha^\beta f[\varphi(t)]\varphi'(t)\mathrm{d}t&=F[\varphi(\beta)]-F[\varphi(\alpha)]\\&=F(b)-F(a).\end{aligned}$$

因此, 定积分换元公式成立.

从定理可以看出, 定积分的换元法与不定积分的不同之处在于, 在定积分换元公式中, 当积分变量被新的变量所代换后, 积分上下限也要作相应的改变, 这样在求出原函数时便可直接代入上下限得到积分值, 而无须再代回原积分变量.

例 4.11 求定积分 $\int_2^4 \frac{1}{x\sqrt{x-1}}\mathrm{d}x$.

解 设 $t=\sqrt{x-1}$, $t \geqslant 0$, 则 $x=1+t^2$, $\mathrm{d}x=2t\mathrm{d}t$. 当 $x=2$ 时, $t=1$; 当 $x=4$ 时, $t=\sqrt{3}$. 于是有

$$\begin{aligned}\int_2^4 \frac{1}{x\sqrt{x-1}}\mathrm{d}x &= 4\int_1^{\sqrt{3}} \frac{2t}{(1+t^2)t}\mathrm{d}t \\ &= 2\int_1^{\sqrt{3}} \frac{1}{1+t^2}\mathrm{d}t \\ &= 2\arctan t\Big|_1^{\sqrt{3}} \\ &= 2\left(\frac{\pi}{3}-\frac{\pi}{4}\right) \\ &= \frac{\pi}{6}.\end{aligned}$$

例 4.12 求定积分 $\int_4^9 \frac{\sqrt{x}}{\sqrt{x}-1}\mathrm{d}x$.

解 设 $t=\sqrt{x}$, $t \geqslant 0$, 则 $x=t^2$, $\mathrm{d}x=2t\mathrm{d}t$. 当 $x=4$ 时, $t=2$; 当 $x=9$ 时, $t=3$. 于是有

$$\begin{aligned}\int_4^9 \frac{\sqrt{x}}{\sqrt{x}-1}\mathrm{d}x &= \int_2^3 \frac{t}{t-1}\cdot 2t\mathrm{d}t \\ &= 2\int_2^3 \frac{t^2-1+1}{t-1}\mathrm{d}t \\ &= 2\int_2^3 \left(t+1+\frac{1}{t-1}\right)\mathrm{d}t \\ &= 2\left(\frac{t^2}{2}+t+\ln|t+1|\right)\Bigg|_2^3 \\ &= 7+\ln 4.\end{aligned}$$

例 4.13 求定积分 $\int_0^a \sqrt{a^2-x^2}\mathrm{d}x \quad (a>0)$.

解 设 $x=a\sin t$, $t\in\left[0,\frac{\pi}{2}\right]$, 则 $\mathrm{d}x=a\cos t\mathrm{d}t$. 当 $x=0$ 时, $t=0$; 当 $x=a$ 时,

$t=\dfrac{\pi}{2}$. 于是有

$$\begin{aligned}\int_0^a \sqrt{a^2-x^2}\mathrm{d}x &= \int_0^{\frac{\pi}{2}} a\cos t\cdot a\cos t\mathrm{d}t\\ &= \frac{a^2}{2}\int_0^{\frac{\pi}{2}}(1+\cos 2t)\mathrm{d}t\\ &= \frac{a^2}{2}\left(t+\frac{1}{2}\sin 2t\right)\Big|_0^{\frac{\pi}{2}}\\ &= \frac{\pi a^2}{4}.\end{aligned}$$

例 4.14　求定积分 $\displaystyle\int_0^{\frac{\pi}{2}}\cos^3 x\sin x\mathrm{d}x$.

解法一　设 $t=\cos x$, $t\in[0,1]$, 则 $\mathrm{d}t=-\sin x\mathrm{d}x$. 当 $x=0$ 时, $t=1$; 当 $x=\dfrac{\pi}{2}$ 时, $t=0$. 于是有

$$\begin{aligned}\int_0^{\frac{\pi}{2}}\cos^3 x\sin x\mathrm{d}x &= -\int_1^0 t^3\mathrm{d}t\\ &= \frac{t^4}{4}\Big|_0^1\\ &= \frac{1}{4}.\end{aligned}$$

解法二

$$\begin{aligned}\int_0^{\frac{\pi}{2}}\cos^3 x\sin x\mathrm{d}x &= -\int_0^{\frac{\pi}{2}}\cos^3 x\mathrm{d}(\cos x)\\ &= -\frac{1}{4}\cos^4 x\Big|_0^{\frac{\pi}{2}}\\ &= \frac{1}{4}.\end{aligned}$$

我们注意到, 上面的解法二在计算过程中并没有引入新的积分变量, 所以原积分上下限不需要作改变. 对于可以用第一换元积分法求原函数的定积分题目, 应尽量采用解法二的方法, 这样会简化做题步骤.

例 4.15　求定积分 $\displaystyle\int_1^{\mathrm{e}}\frac{(\ln x)^4}{x}\mathrm{d}x$.

解

$$\begin{aligned}\int_1^{\mathrm{e}}\frac{(\ln x)^4}{x}\mathrm{d}x &= \int_1^{\mathrm{e}}(\ln x)^4\mathrm{d}\ln x\\ &= \frac{1}{5}(\ln x)^5\Big|_1^{\mathrm{e}}\\ &= \frac{1}{5}.\end{aligned}$$

4.3.2 定积分的分部积分法

类似于不定积分的分部积分法的分析, 当 $u(x)$ 和 $v(x)$ 在区间 $[a,b]$ 上有定义时, 对乘积求导公式求定积分, 再根据微积分基本定理, 便可得到定积分的分部积分公式

$$\int_a^b u(x)v'(x)\mathrm{d}x = u(x)v(x)\Big|_a^b - \int_a^b v(x)u'(x)\mathrm{d}x,$$

也可简记为

$$\int_a^b u\mathrm{d}v = uv\Big|_a^b - \int_a^b v\mathrm{d}u.$$

定积分的分部积分公式与不定积分的分部积分公式区别是, 这个公式每一项都带有积分上下限, 即所得结果是一个确定的值.

例 4.16 求定积分 $\int_0^{\frac{\pi}{2}} x^2\sin x\mathrm{d}x$.

解 由不定积分的分部积分法可知

$$\begin{aligned}\int x^2\sin x\mathrm{d}x &= -\int x^2\mathrm{d}\cos x\\ &= -x^2\cos x + \int \cos x\mathrm{d}x^2\\ &= -x^2\cos x + 2\int x\cos x\mathrm{d}x\\ &= -x^2\cos x + 2\int x\mathrm{d}\sin x\\ &= -x^2\cos x + 2x\sin x - 2\int \sin x\mathrm{d}x\\ &= -x^2\cos x + 2x\sin x - 2\cos x + C,\end{aligned}$$

即 $-x^2\cos x + 2x\sin x - 2\cos x$ 为 $x^2\sin x$ 的一个原函数. 于是可得

$$\begin{aligned}\int_0^{\frac{\pi}{2}} x^2\sin x\mathrm{d}x &= -x^2\cos x\Big|_0^{\frac{\pi}{2}} + 2x\sin x\Big|_0^{\frac{\pi}{2}} - 2\cos x\Big|_0^{\frac{\pi}{2}}\\ &= \pi - 2.\end{aligned}$$

例 4.17 求定积分 $\int_1^2 x\mathrm{e}^x\mathrm{d}x$.

解

$$\begin{aligned}\int_1^2 x\mathrm{e}^x\mathrm{d}x &= \int_1^2 x\mathrm{d}\mathrm{e}^x \\ &= x\mathrm{e}^x\Big|_1^2 - \int_1^2 \mathrm{e}^x\mathrm{d}x \\ &= (2\mathrm{e}^2 - \mathrm{e}) - \mathrm{e}^x\Big|_1^2 \\ &= (2\mathrm{e}^2 - \mathrm{e}) - (\mathrm{e}^2 - \mathrm{e}) \\ &= \mathrm{e}^2.\end{aligned}$$

例 4.18　求定积分 $\int_0^8 \mathrm{e}^{\sqrt[3]{x}}\mathrm{d}x$.

解　设 $\sqrt[3]{x} = t$, 则 $\mathrm{d}x = 3t^2\mathrm{d}t$. 当 $x = 0$ 时, $t = 0$; 当 $x = 8$ 时, $t = 2$. 于是有

$$\begin{aligned}\int_0^8 \mathrm{e}^{\sqrt[3]{x}}\mathrm{d}x &= \int_0^2 \mathrm{e}^t \cdot 3t^2\mathrm{d}t \\ &= 3\int_0^2 t^2\mathrm{e}^t\mathrm{d}t \\ &= 3\int_0^2 t^2\mathrm{d}\mathrm{e}^t.\end{aligned}$$

由于

$$\begin{aligned}\int t^2\mathrm{d}\mathrm{e}^t &= t^2\mathrm{e}^t - 2\int t\mathrm{e}^t\mathrm{d}t \\ &= t^2\mathrm{e}^t - 2\int t\mathrm{d}\mathrm{e}^t \\ &= t^2\mathrm{e}^t - 2t\mathrm{e}^t + 2\int \mathrm{e}^t\mathrm{d}t \\ &= t^2\mathrm{e}^t - 2t\mathrm{e}^t + 2\mathrm{e}^t + C \\ &= \mathrm{e}^t(t^2 - 2t + 2) + C,\end{aligned}$$

于是可得

$$\begin{aligned}\int_0^8 \mathrm{e}^{\sqrt[3]{x}}\mathrm{d}x &= 3\int_0^2 t^2\mathrm{d}\mathrm{e}^t \\ &= 3\mathrm{e}^t(t^2 - 2t + 2)\Big|_0^2 \\ &= 6(\mathrm{e}^2 - 1).\end{aligned}$$

例 4.19 求定积分 $\int_0^{\frac{\pi}{4}} \frac{x}{1+\cos 2x}\mathrm{d}x$.

解
$$\begin{aligned}\int_0^{\frac{\pi}{4}} \frac{x}{1+\cos 2x}\mathrm{d}x &= \int_0^{\frac{\pi}{4}} \frac{x}{2\cos^2 x}\mathrm{d}x \\ &= \int_0^{\frac{\pi}{4}} \frac{x}{2}\mathrm{d}(\tan x) \\ &= \frac{1}{2}x\tan x\Big|_0^{\frac{\pi}{4}} - \frac{1}{2}\int_0^{\frac{\pi}{4}} \tan x\mathrm{d}x \\ &= \frac{\pi}{8} + \frac{1}{2}|\ln\cos x|\Big|_0^{\frac{\pi}{4}} \\ &= \frac{\pi}{8} - \frac{\ln 2}{4}.\end{aligned}$$

例 4.20 求定积分 $\int_1^4 \frac{\ln x}{\sqrt{x}}\mathrm{d}x$.

解
$$\begin{aligned}\int_1^4 \frac{\ln x}{\sqrt{x}}\mathrm{d}x &= 2\int_1^4 \ln x\mathrm{d}\sqrt{x} \\ &= 2\sqrt{x}\ln x\Big|_1^4 - 2\int_1^4 \sqrt{x}\mathrm{d}\ln x \\ &= 4\ln 4 - 2\int_1^4 \frac{1}{\sqrt{x}}\mathrm{d}x \\ &= 4\ln 4 - 4\sqrt{x}\Big|_1^4 \\ &= 4(2\ln 2 - 1).\end{aligned}$$

§4.4 反常积分

前面所讨论的定积分, 都是假定在有限区间上的有界函数的积分, 这类积分属于通常意义下的积分. 但在实际应用和理论研究中, 常常会遇到一些在无穷区间上定义的函数或有限区间上的无界函数, 也需要考虑类似于定积分的问题, 这就需要将定积分的概念推广, 我们称这两种特殊的定积分为反常积分. 反常积分包括无穷积分和无界函数的积分. 本节我们仅介绍无穷积分.

4.4.1　无穷积分的概念

例 4.21　求由曲线 $y=\mathrm{e}^{-x}$, x 轴及 y 轴所围成的“开口曲边梯形”的面积 S (图 4.6).

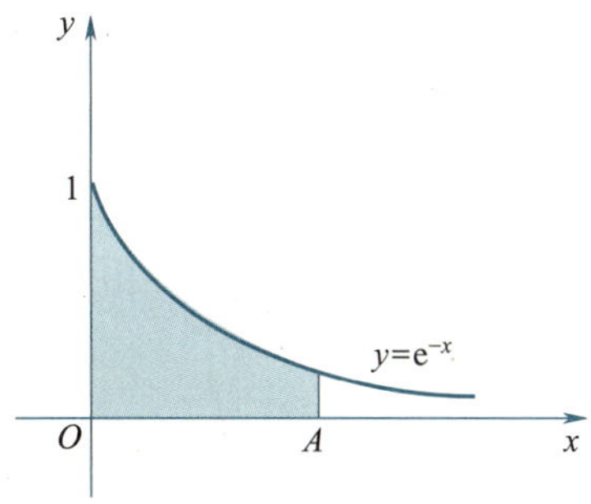

图 4.6

解　这是求一个右端开口的曲边梯形的面积, 由图 4.6 中阴影部分可看出, 我们不能用定积分公式直接计算出来. 但是, 如果任取 $A\in[0,+\infty)$, 在有限区间 $[0,A]$ 上, 由 $x=0$, $x=A$, $y=0$ 以及 $y=\mathrm{e}^{-x}$ 所围成的曲边梯形的面积是可以通过定积分公式得到的, 于是有

$$\int_0^A \mathrm{e}^{-x}\mathrm{d}x=-\mathrm{e}^{-x}\Big|_0^A=1-\frac{1}{\mathrm{e}^A}.$$

由上式可以看出, 这个曲边梯形的面积是随着 A 的变化而变化的. 特别地, 当 $A\to+\infty$ 时, 曲边梯形面积的极限就是“开口曲边梯形”的面积, 即

$$S=\lim_{A\to+\infty}\int_0^A \mathrm{e}^{-x}\mathrm{d}x=\lim_{A\to+\infty}\left(1-\frac{1}{\mathrm{e}^A}\right)=1.$$

一般情况下, 我们将 $\lim\limits_{A\to+\infty}\int_0^A \mathrm{e}^{-x}\mathrm{d}x$ 记作 $\int_0^{+\infty}\mathrm{e}^{-x}\mathrm{d}x$, 称之为函数在无穷区间 $[0,+\infty)$ 上的反常积分.

定义 4.3

设函数 $f(x)$ 在区间 $[a,+\infty)$ 上有定义, 且对任意实数 $A>a$, $f(x)$ 在 $[a,A]$ 上都可积, 若极限

$$I=\lim_{A\to+\infty}\int_a^A f(x)\mathrm{d}x$$

存在, 则称 $f(x)$ 在 $[a,+\infty)$ 上的无穷积分 $\int_a^{+\infty} f(x)\mathrm{d}x$ 收敛, 并称 I 为无穷积分

$\int_a^{+\infty} f(x)\mathrm{d}x$ 的值, 记为

$$\int_a^{+\infty} f(x)\mathrm{d}x = \lim_{A\to+\infty}\int_a^A f(x)\mathrm{d}x.$$

否则就称 $f(x)$ 在 $[a,+\infty)$ 上的无穷积分 $\int_a^{+\infty} f(x)\mathrm{d}x$ 发散.

类似地, 我们也可以定义函数 $f(x)$ 在 $(-\infty,a]$ 上的无穷积分

$$\int_{-\infty}^a f(x)\mathrm{d}x = \lim_{A\to-\infty}\int_A^a f(x)\mathrm{d}x.$$

对于函数在区间 $(-\infty,+\infty)$ 内的无穷积分, 可以定义为

$$\begin{aligned}\int_{-\infty}^{+\infty} f(x)\mathrm{d}x &= \int_{-\infty}^a f(x)\mathrm{d}x + \int_a^{+\infty} f(x)\mathrm{d}x \\ &= \lim_{A_1\to-\infty}\int_{A_1}^a f(x)\mathrm{d}x + \lim_{A_2\to+\infty}\int_a^{A_2} f(x)\mathrm{d}x,\end{aligned}$$

其中 a 为任意实数, $A_1\to-\infty$ 与 $A_2\to+\infty$ 的过程是相互独立的. 若无穷积分 $\int_{-\infty}^a f(x)\mathrm{d}x$ 和 $\int_a^{+\infty} f(x)\mathrm{d}x$ 至少有一个发散, 则称无穷积分 $\int_{-\infty}^{+\infty} f(x)\mathrm{d}x$ 发散.

4.4.2 反常积分的计算

例 4.22 求无穷积分 $\int_{-\infty}^{+\infty}\frac{1}{1+x^2}\mathrm{d}x$.

解

$$\begin{aligned}\int_{-\infty}^{+\infty}\frac{1}{1+x^2}\mathrm{d}x &= \int_{-\infty}^{0}\frac{1}{1+x^2}\mathrm{d}x + \int_0^{+\infty}\frac{1}{1+x^2}\mathrm{d}x \\ &= \lim_{A_1\to-\infty}\int_{A_1}^{0}\frac{1}{1+x^2}\mathrm{d}x + \lim_{A_2\to+\infty}\int_0^{A_2}\frac{1}{1+x^2}\mathrm{d}x \\ &= \lim_{A_1\to-\infty}(\arctan x)\Big|_{A_1}^{0} + \lim_{A_2\to+\infty}(\arctan x)\Big|_0^{A_2} \\ &= -\lim_{A_1\to-\infty}\arctan A_1 + \lim_{A_2\to+\infty}\arctan A_2 \\ &= -\left(-\frac{\pi}{2}\right)+\frac{\pi}{2} \\ &= \pi.\end{aligned}$$

例 4.23　判断无穷积分 $\int_{-\infty}^{0} \sin x \mathrm{d}x$ 的敛散性.

解

$$\begin{aligned}\int_{-\infty}^{0} \sin x \mathrm{d}x &= \lim_{A\to-\infty}\int_{A}^{0} \sin x \mathrm{d}x\\ &= \lim_{A\to-\infty} -\cos x\Big|_{A}^{0}\\ &= \lim_{A\to-\infty}(\cos A-1).\end{aligned}$$

因为当 $A\to-\infty$ 时, $\cos A$ 没有极限, 所以反常积分 $\int_{-\infty}^{0} \sin x \mathrm{d}x$ 发散.

例 4.24　求无穷积分 $\int_{0}^{+\infty} \frac{1}{x^2+2x+2}\mathrm{d}x$.

解

$$\begin{aligned}\int_{0}^{+\infty} \frac{1}{x^2+2x+2}\mathrm{d}x &= \int_{0}^{+\infty} \frac{1}{(x+1)^2+1}\mathrm{d}x\\ &= \lim_{A\to+\infty}\int_{0}^{A} \frac{1}{(x+1)^2+1}\mathrm{d}(x+1)\\ &= \lim_{A\to+\infty} \arctan(x+1)\Big|_{0}^{A}\\ &= \lim_{A\to+\infty}(\arctan(A+1)-\arctan 1)\\ &= \frac{\pi}{2}-\frac{\pi}{4}\\ &= \frac{\pi}{4}.\end{aligned}$$

例 4.25　求无穷积分 $\int_{-\infty}^{0} x\mathrm{e}^x \mathrm{d}x$.

解

$$\begin{aligned}\int_{-\infty}^{0} x\mathrm{e}^x \mathrm{d}x &= \int_{-\infty}^{0} x\mathrm{d}\mathrm{e}^x\\ &= \lim_{A\to-\infty}\int_{A}^{0} x\mathrm{d}\mathrm{e}^x\\ &= \lim_{A\to-\infty}\left(x\mathrm{e}^x\Big|_{A}^{0}-\int_{A}^{0}\mathrm{e}^x\mathrm{d}x\right)\\ &= \lim_{A\to-\infty}(-A\mathrm{e}^A)-\lim_{A\to-\infty}\mathrm{e}^x\Big|_{A}^{0}\end{aligned}$$

$$
\begin{aligned}
&= -\lim_{A\to-\infty}\left(\frac{A}{\mathrm{e}^{-A}}\right) - \lim_{A\to-\infty}(1-\mathrm{e}^{A}) \\
&= -\lim_{A\to-\infty}\left(\frac{1}{-\mathrm{e}^{-A}}\right) - 1 \\
&= -1.
\end{aligned}
$$

例 4.26　求无穷积分 $\displaystyle\int_{\frac{2}{\pi}}^{+\infty}\frac{1}{x^2}\sin\frac{1}{x}\mathrm{d}x$.

解

$$
\begin{aligned}
\int_{\frac{2}{\pi}}^{+\infty}\frac{1}{x^2}\sin\frac{1}{x}\mathrm{d}x &= -\int_{\frac{2}{\pi}}^{+\infty}\sin\frac{1}{x}\mathrm{d}\left(\frac{1}{x}\right) \\
&= -\lim_{A\to+\infty}\int_{\frac{2}{\pi}}^{A}\sin\frac{1}{x}\mathrm{d}\left(\frac{1}{x}\right) \\
&= \lim_{A\to+\infty}\left(\cos\frac{1}{x}\right)\Bigg|_{\frac{2}{\pi}}^{A} \\
&= \lim_{A\to+\infty}\left(\cos\frac{1}{A} - \cos\frac{\pi}{2}\right) \\
&= 1.
\end{aligned}
$$

例 4.27　设常数 $\lambda > 0$,

$$
f(x) = \begin{cases} \lambda\mathrm{e}^{-\lambda x}, & x \geqslant 0, \\ 0, & x < 0, \end{cases}
$$

求 $F(x) = \displaystyle\int_{-\infty}^{x} f(t)\mathrm{d}t$ 的表达式.

解　当 $x < 0$ 时, $F(x) = \displaystyle\int_{-\infty}^{x} 0\mathrm{d}t = 0$;

当 $x \geqslant 0$ 时, $F(x) = \displaystyle\int_{-\infty}^{0} 0\mathrm{d}t + \int_{0}^{x}\lambda\mathrm{e}^{-\lambda t}\mathrm{d}t$

$$
\begin{aligned}
&= -\mathrm{e}^{-\lambda t}\Big|_0^x \\
&= 1 - \mathrm{e}^{-\lambda x},
\end{aligned}
$$

即

$$
F(x) = \begin{cases} 1 - \mathrm{e}^{-\lambda x}, & x \geqslant 0, \\ 0, & x < 0. \end{cases}
$$

习题 4

1. 求下列定积分:

(1) $\displaystyle\int_{-\frac{1}{2}}^{\frac{1}{2}} \frac{1}{\sqrt{1-x^2}}\mathrm{d}x$;　　(2) $\displaystyle\int_0^1 x(1+x^2)^3\mathrm{d}x$;

(3) $\displaystyle\int_{-1}^{0} \frac{3x^4+3x^2+1}{x^2+1}\mathrm{d}x$;　　(4) $\displaystyle\int_1^2 \frac{(x+1)(x^2-2)}{3x}\mathrm{d}x$;

(5) $\displaystyle\int_{\frac{\pi}{6}}^{\frac{\pi}{4}} \cos^2 x\mathrm{d}x$;　　(6) $\displaystyle\int_0^{\pi} \sqrt{1-\sin^2 x}\mathrm{d}x$;

(7) $\displaystyle\int_0^5 |2x-4|\mathrm{d}x$;　　(8) $\displaystyle\int_a^b |x|\mathrm{d}x \quad (a<b)$;

(9) $\displaystyle\int_{-2}^{2} \frac{\mathrm{e}^x}{\mathrm{e}^x+1}\mathrm{d}x$;　　(10) $\displaystyle\int_{-4}^{3} \max\{1,x^2,x^3\}\mathrm{d}x$.

2. 设

$$f(x)=\begin{cases} 2x, & 0\leqslant x\leqslant 1, \\ 5, & 1<x\leqslant 2, \end{cases}$$

求 $\displaystyle\int_0^2 f(x)\mathrm{d}x$.

3. 设

$$f(x)=\begin{cases} \sqrt[3]{x}, & 0\leqslant x<1, \\ \mathrm{e}^{-x}, & 1\leqslant x\leqslant 3, \end{cases}$$

求 $\displaystyle\int_0^3 f(x)\mathrm{d}x$.

4. 利用换元法求下列定积分:

(1) $\displaystyle\int_0^2 \sqrt{1-2x+x^2}\mathrm{d}x$;　　(2) $\displaystyle\int_0^2 \frac{1}{\sqrt{8+2x-x^2}}\mathrm{d}x$;

(3) $\displaystyle\int_1^2 \frac{\mathrm{e}^{\frac{1}{x}}}{x^2}\mathrm{d}x$;　　(4) $\displaystyle\int_0^1 x\mathrm{e}^{-\frac{x^2}{2}}\mathrm{d}x$;

(5) $\displaystyle\int_0^{\frac{\pi}{2}} \cos^5 x\sin x\mathrm{d}x$;　　(6) $\displaystyle\int_0^{\frac{\pi}{2}} \sin^3 x\mathrm{d}$;

(7) $\displaystyle\int_{-\frac{\pi}{2}}^{\frac{\pi}{2}} \sqrt{\cos x-\cos^3 x}\mathrm{d}x$;　　(8) $\displaystyle\int_0^{\pi} (1-\sin^3 x)\mathrm{d}x$;

(9) $\displaystyle\int_0^{\pi} \sqrt{1-\sin x}\mathrm{d}x$;　　(10) $\displaystyle\int_0^{\pi} \frac{\sin x}{\sqrt{3+\sin^2 x}}\mathrm{d}x$;

(11) $\displaystyle\int_0^1 \sqrt{2x-x^2}\mathrm{d}x$;　　(12) $\displaystyle\int_0^a x^2\sqrt{a^2-x^2}\mathrm{d}x \quad (a>0)$;

(13) $\int_0^a \frac{1}{(x^2+a^2)^{\frac{3}{2}}}\mathrm{d}x \quad (a>0)$;

(14) $\int_0^{\frac{a}{2}} \frac{1}{(a^2-x^2)^{\frac{3}{2}}}\mathrm{d}x \quad (a>0)$;

(15) $\int_1^{\sqrt{3}} \frac{1}{x^2\sqrt{1+x^2}}\mathrm{d}x$;

(16) $\int_0^1 \frac{\sqrt{x}}{1+\sqrt{x}}\mathrm{d}x$.

5. (1) 证明: 若 $f(x)$ 在 $[-a,a]$ 上连续且为奇函数, 则

$$\int_{-a}^{a} f(x)\mathrm{d}x = 0;$$

若 $f(x)$ 在 $[-a,a]$ 上连续且为偶函数, 则

$$\int_{-a}^{a} f(x)\mathrm{d}x = 2\int_0^a f(x)\mathrm{d}x;$$

(2) 计算定积分:

$$\int_{-\pi}^{\pi} x^6\sin x\mathrm{d}x \quad 和 \quad \int_{-1}^{1}\left(x+\sqrt{4-x^2}\right)^2\mathrm{d}x.$$

6. 证明: 若 $f(x)$ 是连续的周期函数, 周期为 T, 则对任意常数 a, 有

$$\int_a^{a+T} f(x)\mathrm{d}x = \int_0^T f(x)\mathrm{d}x.$$

7. 利用分部积分法求下列定积分:

(1) $\int_1^{\mathrm{e}} x\ln x\mathrm{d}x$;

(2) $\int_0^{\pi} x\cos 3x\mathrm{d}x$;

(3) $\int_0^a \arctan\sqrt{\frac{a-x}{a+x}}\mathrm{d}x \quad (a>0)$;

(4) $\int_1^2 \sqrt{5-x^2}\mathrm{d}x$;

(5) $\int_0^2 \ln x^3\mathrm{e}^x\mathrm{d}x$;

(6) $\int_0^{\sqrt{\ln 2}} x^3\mathrm{e}^{x^2}\mathrm{d}x$;

(7) $\int_{-2}^{0} (x^2+1)\mathrm{e}^{\frac{x}{2}}\mathrm{d}x$;

(8) $\int_{\frac{\pi}{4}}^{\frac{\pi}{3}} \frac{x}{\sin^2 x}\mathrm{d}x$;

(9) $\int_1^{\mathrm{e}} \frac{\ln^2 x}{\sqrt{x}}\mathrm{d}x$;

(10) $\int_{\frac{1}{\mathrm{e}}}^{\mathrm{e}} |\ln x|\mathrm{d}x$.

8. 求下列无穷积分:

(1) $\int_0^{+\infty} \mathrm{e}^{-x}\cos x\mathrm{d}x$;

(2) $\int_{-\infty}^{+\infty} \frac{1}{x^2+4x+5}\mathrm{d}x$;

(3) $\int_2^{+\infty} \frac{1}{x^2+x-2}\mathrm{d}x$;

(4) $\int_{-\infty}^{+\infty} \frac{1}{x^2+2}\mathrm{d}x$.

9. 设

$$f(x) = \begin{cases} \dfrac{1}{1+x^2}, & x \leqslant 0, \\ 2, & 0 < x \leqslant 1, \\ 0, & x > 1, \end{cases}$$

求 $\int_{-\infty}^{+\infty} f(x)\mathrm{d}x$.

10. 判断下列无穷积分的敛散性:

(1) $\int_0^{+\infty} \cos x\mathrm{d}x$;　　(2) $\int_{\mathrm{e}}^{+\infty} \frac{1}{x\ln x}\mathrm{d}x$.

习题 4 参考答案与讲解

1. (1) $\frac{\pi}{3}$;　(2) $\frac{15}{8}$;　(3) $1+\frac{\pi}{4}$;　(4) $\frac{11}{18}-2\ln 2$;　(5)$\frac{\pi}{24}+\frac{1}{4}-\frac{\sqrt{3}}{8}$;　(6) 2;　(7)13;

(8) 当 $a>0$ 时, $\frac{b^2-a^2}{2}$; 当 $a<0, b\geqslant 0$ 时, $\frac{b^2+a^2}{2}$; 当 $b<0$ 时, $\frac{a^2-b^2}{2}$;

(9) $\ln(\mathrm{e}^2+1)-\ln(\mathrm{e}^{-2}+1)$;　(10)43.

2. $$\begin{aligned}\int_0^2 f(x)\mathrm{d}x &= \int_0^1 f(x)\mathrm{d}x+\int_1^2 f(x)\mathrm{d}x\\ &= \int_0^1 2x\mathrm{d}x+\int_1^2 5\mathrm{d}x\\ &= x^2\Big|_0^1+5x\Big|_1^2\\ &= 16.\end{aligned}$$

3. $$\begin{aligned}\int_0^3 f(x)\mathrm{d}x &= \int_0^1 f(x)\mathrm{d}x+\int_1^3 f(x)\mathrm{d}x\\ &= \int_0^1 \sqrt[3]{x}\mathrm{d}x+\int_1^3 \mathrm{e}^{-x}\mathrm{d}x\\ &= \frac{3}{4}x^{\frac{4}{3}}\Big|_0^1-\mathrm{e}^{-x}\Big|_1^3\\ &= \frac{3}{4}-\mathrm{e}^{-3}+\mathrm{e}^{-1}.\end{aligned}$$

4. (1)1;　(2)$2\arcsin\frac{1}{3}$;　(3)$e-\mathrm{e}^{\frac{1}{2}}$;　(4)$1-\mathrm{e}^{-\frac{1}{2}}$;　(5)$\frac{1}{6}$;　(6)$\frac{2}{3}$;　(7)$\frac{3}{4}$;

(8)$\pi-\frac{4}{3}$;　(9)$4\sqrt{2}-4$;　(10)$\frac{\pi}{3}$;　(11)$\frac{\pi}{4}$;　(12)$\frac{\pi}{16}a^4$;　(13)$\frac{\sqrt{2}}{2}$;　(14)$\frac{\sqrt{3}}{3}\frac{1}{a^2}$;

(15) $\frac{2}{3}\sqrt{3}-\sqrt{2}$;　(16)$2\ln 2-1$.

5. (1) 证明: 根据定积分对于积分区间的可加性, 有

$$\int_{-a}^{a} f(x)\mathrm{d}x=\int_{-a}^{0} f(x)\mathrm{d}x+\int_0^{a} f(x)\mathrm{d}x.$$

令 $x=-t$, 于是有

$$\begin{aligned}\int_{-a}^{0} f(x)\mathrm{d}x &= \int_{a}^{0} f(-t)\mathrm{d}(-t)\\ &= -\int_{a}^{0} f(x)\mathrm{d}t\\ &= \int_{0}^{a} f(x)\mathrm{d}t.\end{aligned}$$

再由函数的奇偶性, 便可分别证得.

(2) 因为 $x^6\sin x$ 为奇函数, 所以由 (1) 证得的结论有

$$\int_{-\pi}^{\pi} x^6 \sin x\mathrm{d}x = 0.$$

而

$$\int_{-1}^{1}\left(x+\sqrt{4-x^2}\right)^2\mathrm{d}x = \int_{-1}^{1}\left(x^2+2x\sqrt{4-x^2}+4-x^2\right)\mathrm{d}x,$$

其中 $2x\sqrt{4-x^2}$ 为奇函数, 所以由 (1) 的结论有

$$\int_{-1}^{1}\left(x+\sqrt{4-x^2}\right)^2\mathrm{d}x = \int_{-1}^{1} 4\mathrm{d}x = 8.$$

6. 由积分区间可加性, 有

$$\int_{a}^{a+T} f(x)\mathrm{d}x = \int_{a}^{0} f(x)\mathrm{d}x + \int_{0}^{T} f(x)\mathrm{d}x + \int_{T}^{a+T} f(x)\mathrm{d}x.$$

令 $x-T=u$, 会得到

$$\int_{T}^{a+T} f(x)\mathrm{d}x = -\int_{a}^{0} f(x)\mathrm{d}x,$$

于是得证.

7. (1)$\dfrac{1}{4}\mathrm{e}^2+\dfrac{1}{4}$; (2)$-\dfrac{2}{9}$; (3)$\dfrac{a}{2}$; (4)$\dfrac{5}{2}\arcsin\dfrac{2}{\sqrt{5}}-\arcsin\dfrac{1}{\sqrt{5}}$; (5)$10-\dfrac{42}{\mathrm{e}}$; (6)$\ln 2-\dfrac{1}{2}$; (7)$18-\dfrac{42}{\mathrm{e}}$; (8)$-\dfrac{\sqrt{3}}{9}\pi+\dfrac{1}{4}\pi+\ln\sqrt{3}-\ln\sqrt{2}$; (9)$10\sqrt{\mathrm{e}}-16$; (10)$2-2\dfrac{1}{\mathrm{e}}$.

8. (1)1; (2)π; (3)$\dfrac{2}{3}\ln 2$; (4)$\dfrac{\pi}{\sqrt{2}}$.

9. 设

$$\begin{aligned}\int_{-\infty}^{+\infty} f(x)\mathrm{d}x &= \int_{-\infty}^{0} f(x)\mathrm{d}x + \int_{0}^{1} f(x)\mathrm{d}x + \int_{1}^{+\infty} f(x)\mathrm{d}x \\ &= \int_{-\infty}^{0} \frac{1}{1+x^2}\mathrm{d}x + \int_{0}^{1} 2\mathrm{d}x + \int_{1}^{+\infty} 0\mathrm{d}x \\ &= \lim_{A\to-\infty}\int_{A}^{0} \frac{1}{1+x^2}\mathrm{d}x + 2x\Big|_{0}^{1} \\ &= \lim_{A\to-\infty}(-\arctan A) + 2 \\ &= -\left(-\frac{\pi}{2}\right) + 2 \\ &= 2 + \frac{\pi}{2}.\end{aligned}$$

10. (1) $\int_{0}^{+\infty} \cos x\mathrm{d}x$是发散的;　　(2) $\int_{e}^{+\infty} \frac{1}{x\ln x}\mathrm{d}x$是发散的.

重点习题讲解

社会文明与数学

第 2 篇

线性代数

线性代数是代数学的一个分支，主要研究线性关系问题. 线性关系指的是数学对象之间的关系可以通过一次方程来表达. 虽然线性代数作为一个独立的分支在20世纪才形成，但其历史源远流长. “鸡兔同笼”问题实际上就是一个简单的线性方程组求解的问题. 最古老的线性问题是线性方程组的解法，在中国古代的数学著作《九章算术》方程章中，已经作了比较完整的叙述，其中所述的方法实质上相当于现代对方程组的增广矩阵进行初等行变换，以消去未知量的方法.

由于费马和笛卡儿的贡献，现代意义的线性代数基本上出现于17世纪. 直到18世纪末，线性代数的领域还主要限于平面与空间. 19世纪上半叶才完成了向 n 维线性空间的过渡. 随着对线性方程组和变量的线性变换问题研究的深入，行列式和矩阵在18至19世纪先后被引入，为处理线性问题提供了有力的工具，进而推动了线性代数的发展. 向量概念的引入，进一步形成了向量空间的概念，使得所有线性问题都可以用向量空间的观点进行讨论. 因此，向量空间及其线性变换以及与此密切相关的矩阵理论，共同构成了线性代数的核心内容.

第 1 章 行列式

我们知道, 一次方程被称为线性方程, 研究线性方程组的代数分支就是线性代数. 在线性代数中, 矩阵和行列式是两个重要的内容. 按照一定的计算规则, 可以把线性方程组的解表示成行列式, 也就是说行列式本身是一个数值. 行列式的概念最初源于解线性方程组的需求, 作为方程组解的一种简洁表达形式. 行列式最初是从二元和三元线性方程组的解的公式引申出来的, 而如今它已经成为了一个非常有用的数学工具.

§1.1 行列式的定义

1.1.1 二阶行列式与三阶行列式

考察二元一次方程组

$$\begin{cases} a_{11}x_1 + a_{12}x_2 = b_1, \\ a_{21}x_1 + a_{22}x_2 = b_2, \end{cases} \tag{1.1}$$

当 $a_{11}a_{22} - a_{12}a_{21} \neq 0$ 时, 由消元法知此方程组有唯一解, 即

$$x_1 = \frac{b_1a_{22} - a_{12}b_2}{a_{11}a_{22} - a_{12}a_{21}}, \quad x_2 = \frac{a_{11}b_2 - a_{21}b_1}{a_{11}a_{22} - a_{12}a_{21}}. \tag{1.2}$$

由此可见, 二元线性方程组的解可完全由方程组中的未知数系数 $a_{11}, a_{12}, a_{21}, a_{22}$ 以及常数项 b_1, b_2 来表示, 这就是一般二元线性方程组的解公式. 然而, 这个公式难以记忆, 并且在应用时相当不便. 可以想象, 对于多元线性方程组, 其解公式将更加复杂. 因此, 我们引入了新的符号来表示这些解公式, 这也是行列式概念的起源.

1. 二阶行列式

由 4 个数 $a_{11}, a_{12}, a_{21}, a_{22}$ 及双竖线 $|\ \ |$ 构成的 $\begin{vmatrix} a_{11} & a_{12} \\ a_{21} & a_{22} \end{vmatrix}$ 称为二阶行列式.

二阶行列式由两项代数和构成, 其中一项是从左上角到右下角的对角线 (也称为行列式的主对角线) 上两个元素的乘积, 前面取正号; 另一项是从右上角到左下角的对角线 (又称为次对角线) 上两个元素的乘积, 前面取负号,

$$\begin{vmatrix} a_{11} & a_{12} \\ a_{21} & a_{22} \end{vmatrix} = a_{11}a_{22} - a_{12}a_{21},$$

这就是对角线法则.

例 1.1　当 λ 为何值时, 行列式 $D = \begin{vmatrix} \lambda^2 & \lambda \\ 3 & 1 \end{vmatrix}$ 的值为 0?

解　因为

$$D = \begin{vmatrix} \lambda^2 & \lambda \\ 3 & 1 \end{vmatrix} = \lambda^2 - 3\lambda = \lambda(\lambda - 3),$$

要使 $\lambda(\lambda-3) = 0$, 须使 $\lambda = 0$ 或 $\lambda = 3$, 即知, 当 $\lambda = 0$ 或 $\lambda = 3$ 时, 行列式 $D = \begin{vmatrix} \lambda^2 & \lambda \\ 3 & 1 \end{vmatrix}$ 的值为 0.

若令

$$D = \begin{vmatrix} a_{11} & a_{12} \\ a_{21} & a_{22} \end{vmatrix} = a_{11}a_{22} - a_{12}a_{21},$$

$$D_1 = \begin{vmatrix} b_1 & a_{12} \\ b_2 & a_{22} \end{vmatrix} = b_1a_{22} - a_{12}b_2, \quad D_2 = \begin{vmatrix} a_{11} & b_1 \\ a_{21} & b_2 \end{vmatrix} = a_{11}b_2 - b_1a_{21},$$

则当 $D \neq 0$ 时, 二元一次方程组 (1.1) 的唯一解 (1.2) 可表示为

$$x_1 = \frac{D_1}{D}, \quad x_2 = \frac{D_2}{D}.$$

注　x_1 的分子行列式 D_1 是将系数行列式 D 中的第 1 列换成方程组的常数项而得到; x_2 的分子行列式 D_2 则是把系数行列式 D 中的第 2 列换成方程组的常数项而得到. 这样用行列式来表示方程组的解, 形成了一种简便、整齐且便于记忆与运算的形式.

例 1.2　求解二元线性方程组 $\begin{cases} 5x + 4y = 8, \\ 4x + 5y = 6. \end{cases}$

解　由于系数行列式 $D = \begin{vmatrix} 5 & 4 \\ 4 & 5 \end{vmatrix} = 25 - 16 = 9 \neq 0$, 知该方程组有解. 再由于

$$D_1 = \begin{vmatrix} 8 & 4 \\ 6 & 5 \end{vmatrix} = 40 - 24 = 16, D_2 = \begin{vmatrix} 5 & 8 \\ 4 & 6 \end{vmatrix} = 30 - 32 = -2,$$

即得方程组的解为

$$x_1 = \frac{D_1}{D} = \frac{16}{9}, \quad x_2 = \frac{D_2}{D} = \frac{-2}{9}.$$

与二阶行列式相仿, 对于三元一次线性方程组作类似的讨论, 我们得到三阶行列式.

2. 三阶行列式

$$\begin{vmatrix} a_{11} & a_{12} & a_{13} \\ a_{21} & a_{22} & a_{23} \\ a_{31} & a_{32} & a_{33} \end{vmatrix}$$

称为三阶行列式.

注 (1) 三阶行列式含有三行、三列. 横排的数构成行, 纵排的数构成列. 行列式中的数称为行列式的元素, 相等的行数和列数 3 称为行列式的阶.

(2) 三阶行列式按规定的方法表示 9 个元素的运算结果, 为 6 个项的代数和, 每项均为来自不同行不同列的三个元素之积, 即

$$\begin{vmatrix} a_{11} & a_{12} & a_{13} \\ a_{21} & a_{22} & a_{23} \\ a_{31} & a_{32} & a_{33} \end{vmatrix} = (a_{11}a_{22}a_{33} + a_{12}a_{23}a_{31} + a_{13}a_{21}a_{32}) - (a_{11}a_{23}a_{32} + a_{12}a_{21}a_{33} + a_{13}a_{22}a_{31}).$$

其符号的确定如图 1.1 所示.

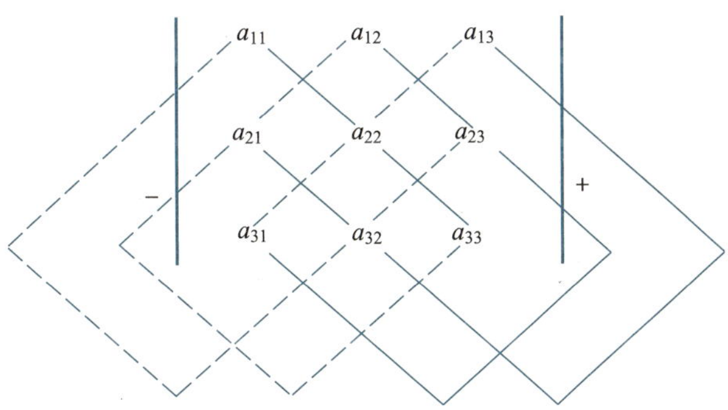

图 1.1

例 1.3 求行列式 $\begin{vmatrix} 1 & 2 & 3 \\ 4 & 0 & 5 \\ -1 & 0 & 6 \end{vmatrix}$.

解 $\begin{vmatrix} 1 & 2 & 3 \\ 4 & 0 & 5 \\ -1 & 0 & 6 \end{vmatrix} = [1\times 0\times 6+2\times 5\times(-1)+3\times 4\times 0]- [1\times 5\times 0+2\times 4\times 6+3\times 0\times(-1)]$

$= -10-48=-58.$

1.1.2 排列及其逆序数

由上节我们知道, 对角线法则只适用于二阶与三阶行列式, 对四阶及以上的行列式就不适用了. 怎样计算四阶及以上的行列式呢? 我们先从二阶与三阶行列式的计算中找一下规律, 先看二阶行列式

$$D=\begin{vmatrix} a_{11} & a_{12} \\ a_{21} & a_{22} \end{vmatrix} = a_{11}a_{22}-a_{12}a_{21}.$$

二阶行列式一共有两项, 每一项均由不同行不同列的元素组成. 其组成的规律是若行标都取自然数 1, 2; 则列标只能取 1, 2 或 2, 1, 所以二阶行列式中有两项 $a_{11}a_{22}$, $a_{12}a_{21}$.

再看三阶行列式

$$\begin{vmatrix} a_{11} & a_{12} & a_{13} \\ a_{21} & a_{22} & a_{23} \\ a_{31} & a_{32} & a_{33} \end{vmatrix} = (a_{11}a_{22}a_{33}+a_{12}a_{23}a_{31}+a_{13}a_{21}a_{32})- (a_{11}a_{23}a_{32}+a_{12}a_{21}a_{33}+a_{13}a_{22}a_{31}),$$

三阶行列式一共有 6 项, 每一项均由不同行不同列的元素组成. 其组成的规律是:

如果行标都取自然数 1, 2, 3; 列标只能取

$$1,2,3;2,3,1;3,1,2;1,3,2;2,1,3;3,2,1.$$

所以三阶行列式中有 6 项. 另外, 还发现无论二阶行列式还是三阶行列式, 均有一些项的前面取 “+”, 一些项的前面取 “−”. 怎样确定哪些项的前面取 “+”, 哪些项的前面取 “−” 呢? 我们发现和排列的顺序有关.

n 个正整数 $1,2,\cdots,n$ 组成的一个有序数组 $i_1,i_2,\cdots,i_n$ 称为一个 **n 级排列**, 其中自然数 i_k 为 $1,2,\cdots,n$ 中的某个数, 称作第 k 个元素, k 表示这个数在 n 级排列中的位置. n 个不同元素共有 $n!$ 个不同的 n 级排列.

例如, 1234 是一个 4 级排列, 3412 也是一个 4 级排列, 52341 是一个 5 级排列, 而 1235, 3231 不是排列. 由 1, 2, 3 组成的所有 3 级排列为: 123, 132, 213, 231, 312, 321, 共有 $3!=6$ 个.

数字由小到大的 n 级排列 $1234\cdots n$ 称为**标准次序排列**. 在一个排列 $i_1,i_2,\cdots,i_n$ 中, 较大的数在较小的数前面就产生一个逆序, 所有逆序数的总和称为这个排列的**逆序数**, 记做 $\tau(i_1,i_2,\cdots,i_n)$.

容易看出, 标准次序排列的逆序数为 0.

例 1.4　求排列 32514 的逆序数.

解　在排列 32514 中 3 排在首位, 逆序数为 0; 2 的前面比 2 大的数只有一个 3, 故逆序数为 1; 5 的前面没有比 5 大的数, 其逆序数为 0; 1 的前面比 1 大的数有 3 个, 故逆序数为 3; 4 的前面比 4 大的数有 1 个, 故逆序数为 1. 于是排列的逆序数为 $\tau(32514)=5$.

逆序数为奇数的排列称为**奇排列**, 逆序数是偶数的排列则称为**偶排列**.

可以看出 32514 是奇排列. 自然排列 $123\cdots n$ 是偶排列.

而 3 级排列共有 $3!=6$ 个, 其中奇排列有 132, 213, 321; 偶排列有 123, 231, 312; 奇、偶排列各占一半.

将一个排列中的某两个数的位置互换而其余的数不动, 这样得到一个新的排列. 这种变换称为对排列作一次**对换**, 将相邻的两个数对换称为**相邻对换**.

例如 $3241\xrightarrow{(2,4)}3421$, 对换前 $\tau(3241)=4$, 3241 是偶排列; 对换后 $\tau(3421)=5$, 3421 是奇排列.

定理 1.1

对排列进行一次对换改变其奇偶性.

推论 1.1

在全体 $n\ (n>1)$ 级排列中, 奇排列和偶排列各占一半, 各有 $\dfrac{n!}{2}$ 个.

1.1.3　n 阶行列式

定义 1.1

由排成 n 行 n 列的 n^2 个元素 $a_{ij}(i,\ j=1,2,\cdots,n)$ 组成的

$$D=\begin{vmatrix} a_{11} & a_{12} & \cdots & a_{1n} \\ a_{21} & a_{22} & \cdots & a_{2n} \\ \vdots & \vdots & & \vdots \\ a_{n1} & a_{n2} & \cdots & a_{nn} \end{vmatrix}$$

称为 n **阶行列式**, 它是取自不同行和不同列的 n 个元素的乘积

$$a_{1j_1}a_{2j_2}\cdots a_{nj_n} \tag{1.3}$$

的代数和, 其中 $j_1j_2\cdots j_n$ 是 $1,2,\cdots,n$ 的一个排列. 当 $j_1j_2\cdots j_n$ 是偶排列时, (1.3) 式带有正号; 当 $j_1j_2\cdots j_n$ 是奇排列时, (1.3) 式带有负号, 也就是可写成

$$\begin{vmatrix} a_{11} & a_{12} & \cdots & a_{1n} \\ a_{21} & a_{22} & \cdots & a_{2n} \\ \vdots & \vdots & & \vdots \\ a_{n1} & a_{n2} & \cdots & a_{nn} \end{vmatrix} = \sum_{j_1j_2\cdots j_n}(-1)^{\tau(j_1j_2\cdots j_n)}a_{1j_1}a_{2j_2}\cdots a_{nj_n}, \tag{1.4}$$

这里 $\sum\limits_{j_1j_2\cdots j_n}$ 表示对所有 n 级排列求和. 行列式 D 通常可简记为 $\det(a_{ij})$ 或 $|a_{ij}|_n$.

(1) 行列式是一种特定的算式, 最终的结果是一个数;

(2) n 阶行列式是 $n!$ 项的代数和;

(3) n 阶行列式的每个乘积项都是位于不同行、不同列的 n 个元素的乘积;

(4) 每一项 $a_{1j_1}a_{2j_2}\cdots a_{nj_n}$ 前面的符号为 $(-1)^{\tau(j_1j_2\cdots j_n)}$;

(5) 一阶行列式 $|a_{11}|=a_{11}$, 不要与绝对值的概念相混淆;

(6) 对角线法则对 4 阶及 4 阶以上的高阶行列式不适用.

为了熟悉 n 阶行列式的定义, 我们来看下面几个问题.

例 1.5 写出 4 阶行列式中, 前面带负号且包含因子 $a_{11}a_{23}$ 的项.

解 包含因子 $a_{11}a_{23}$ 的项的一般形式为

$$(-1)^{\tau(13j_3j_4)}a_{11}a_{23}a_{3j_3}a_{4j_4}.$$

按照定义, j_3 可取 2 或 4, j_4 可取 4 或 2, 因此包含因子 $a_{11}a_{23}$ 的项可能是

$$a_{11}a_{23}a_{32}a_{44} \text{ 或 } a_{11}a_{23}a_{34}a_{42},$$

但因需要前面带负号所以此项只能是 $-a_{11}a_{23}a_{32}a_{44}$.

例 1.6 利用行列式的定义证明

$$D=\begin{vmatrix} a_{11} & 0 & 0 & 0 \\ a_{21} & a_{22} & 0 & 0 \\ a_{31} & a_{32} & a_{33} & 0 \\ a_{41} & a_{42} & a_{43} & a_{44} \end{vmatrix}=a_{11}a_{22}a_{33}a_{44}.$$

证　由行列式的定义知

$$D=\sum_{j_1j_2j_3j_4}(-1)^{\tau(j_1j_2j_3j_4)}a_{1j_1}a_{2j_2}a_{3j_3}a_{4j_4},$$

所以只需找出一切可能的非零项即可. 第 1 行除 a_{11} 外其余元素全为 0, 所以 $j_1=1$, 第 2 行除 a_{21},a_{22} 外其余元素全为 0, 又 $j_1=1$, 所以 $j_2=2$. 以此类推, $j_3=3,j_4=4$, 所以 $D=a_{11}a_{22}a_{33}a_{44}$.

一般 n 阶**下三角形行列式**

$$\begin{vmatrix} a_{11} & 0 & \cdots & 0 \\ a_{21} & a_{22} & \cdots & 0 \\ \vdots & \vdots & & \vdots \\ a_{n1} & a_{n2} & \cdots & a_{nn} \end{vmatrix}=a_{11}a_{22}\cdots a_{nn}.$$

类似地, 对于**上三角形行列式**, 有同样的结论:

(1) $\begin{vmatrix} a_{11} & a_{12} & \cdots & a_{1n} \\ 0 & a_{22} & \cdots & a_{2n} \\ \vdots & \vdots & & \vdots \\ 0 & 0 & \cdots & a_{nn} \end{vmatrix}=a_{11}a_{22}\cdots a_{nn}.$

(2) $D=\begin{vmatrix} a_{11} & \cdots & a_{1,n-1} & a_{1n} \\ a_{21} & \cdots & a_{2,n-1} & 0 \\ \vdots & & \vdots & \vdots \\ a_{n1} & \cdots & 0 & 0 \end{vmatrix}=(-1)^{\frac{n(n-1)}{2}}a_{1n}a_{2,n-1}\cdots a_{n1}.$

(3) 对角行列式

$$D=\begin{vmatrix} \lambda_1 & 0 & \cdots & 0 \\ 0 & \lambda_2 & \cdots & 0 \\ \vdots & \vdots & & \vdots \\ 0 & 0 & \cdots & \lambda_n \end{vmatrix}=\lambda_1\lambda_2\cdots\lambda_n.$$

(4) $D=\begin{vmatrix} 0 & \cdots & 0 & \lambda_1 \\ 0 & \cdots & \lambda_2 & 0 \\ \vdots & & \vdots & \vdots \\ \lambda_n & \cdots & 0 & 0 \end{vmatrix}=(-1)^{\frac{n(n-1)}{2}}\lambda_1\lambda_2\cdots\lambda_n.$

在行列式的定义中, 为了确定每一项的正负号, 我们把每个乘积项元素按行指标排列. 事实上, 数的乘法是可交换的, 因而这个元素的次序是可以任意的. 一般地, n 阶行列式中的乘积项可以写成

$$a_{p_1q_1}a_{p_2q_2}\cdots a_{p_nq_n},$$

其中 $p_1p_2\cdots p_n, q_1q_2\cdots q_n$ 是两个 n 级排列. 由于每交换两个元素对应的行标列标, 就都做了一次对换, 因此由定理 1.1 知: 它们的逆序数之和的奇偶性不变. 因此有

$$(-1)^{\tau(p_1p_2\cdots p_n)+\tau(q_1q_2\cdots q_n)}=(-1)^{\tau(j_1j_2\cdots j_n)}a_{1j_1}a_{2j_2}\cdots a_{nj_n},$$

由此可见, 行指标与列指标的地位是对称的. 因此为了确定每一项的符号, 同样可以把每一项按列指标排列, 于是行列式定义又可以写成

$$\begin{vmatrix} a_{11} & a_{12} & \cdots & a_{1n} \\ a_{21} & a_{22} & \cdots & a_{2n} \\ \vdots & \vdots & & \vdots \\ a_{n1} & a_{n2} & \cdots & a_{nn} \end{vmatrix}=\sum_{i_1i_2\cdots i_n}(-1)^{\tau(i_1i_2\cdots i_n)}a_{i_11}a_{i_22}\cdots a_{i_nn}.$$

在平面解析几何中, 已知两向量 $\boldsymbol{\alpha}=(a_1,a_2)$, $\boldsymbol{\beta}=(b_1,b_2)$, 如图 1.2, 以 $\boldsymbol{\alpha},\boldsymbol{\beta}$ 为邻边的平行四边形的面积为 $S_{平行四边形}=|\boldsymbol{\alpha}|\,|\boldsymbol{\beta}|\sin\langle\boldsymbol{\alpha},\boldsymbol{\beta}\rangle$, 而 $\cos<\boldsymbol{\alpha},\boldsymbol{\beta}>=\dfrac{\boldsymbol{\alpha}\cdot\boldsymbol{\beta}}{|\boldsymbol{\alpha}||\boldsymbol{\beta}|}$, 故

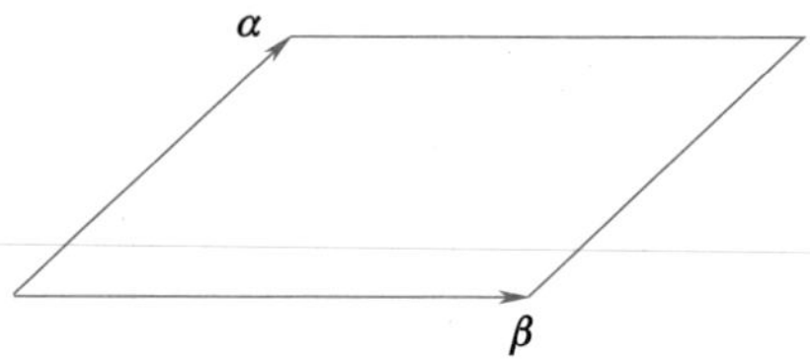

图 1.2

$$S_{平行四边形}=|\boldsymbol{\alpha}||\boldsymbol{\beta}|\sqrt{1-\sin^2\langle\boldsymbol{\alpha},\boldsymbol{\beta}\rangle}=|a_1b_2-a_2b_1|=\left\|\begin{matrix} a_1 & a_2 \\ b_1 & b_2 \end{matrix}\right\|.$$

这就是说, 二阶行列式 $\begin{vmatrix} a_1 & a_2 \\ b_1 & b_2 \end{vmatrix}$ 表示平面上以 $\boldsymbol{\alpha}=(a_1,a_2),\boldsymbol{\beta}=(b_1,b_2)$ 为邻边的平行四边形的有向面积, 这里符号规定是当这个平行四边形由向量 $\boldsymbol{\alpha}$ 沿逆时针方向转到向量 $\boldsymbol{\beta}$ 而得到时面积取正值; 当这个平行四边形由向量 $\boldsymbol{\alpha}$ 沿顺时针方向转到向量 $\boldsymbol{\beta}$ 而得到时面积取负值.

空间三向量 $\boldsymbol{\alpha}=(a_1,a_2,a_3),\boldsymbol{\beta}=(b_1,b_2,b_3),\boldsymbol{\gamma}=(c_1,c_2,c_3)$ 的混合积 $\boldsymbol{\alpha}\cdot(\boldsymbol{\beta}\times\boldsymbol{\gamma})$ 的绝对值等于这三个向量张成的平行六面体的体积, 即

$$V_{平行六面体}=|\boldsymbol{\alpha}\cdot(\boldsymbol{\beta}\times\boldsymbol{\gamma})|=\left\|\begin{matrix} a_1 & a_2 & a_3 \\ b_1 & b_2 & b_3 \\ c_1 & c_2 & c_3 \end{matrix}\right\|.$$

三阶行列式 $\begin{vmatrix} a_1 & a_2 & a_3 \\ b_1 & b_2 & b_3 \\ c_1 & c_2 & c_3 \end{vmatrix}$ 表示以 $\boldsymbol{\alpha}, \boldsymbol{\beta}, \boldsymbol{\gamma}$ 为相邻棱的平行六面体的有向体积, 当 $\boldsymbol{\alpha}, \boldsymbol{\beta}, \boldsymbol{\gamma}$ 构成右手系时, 体积取正值; 当 $\boldsymbol{\alpha}, \boldsymbol{\beta}, \boldsymbol{\gamma}$ 构成左手系时, 体积取负值. 实际上改变任意两向量次序, 取值符号改变.

类比二、三阶行列式, n 阶行列式 $D_n = |\boldsymbol{\alpha}_1, \boldsymbol{\alpha}_2, \cdots, \boldsymbol{\alpha}_n|$ 是由 n 维向量 $\boldsymbol{\alpha}_1, \boldsymbol{\alpha}_2, \cdots, \boldsymbol{\alpha}_n$ 张成的 n 维平行多面体的有向体积. 尽管我们看不见 n 维平行多面体, 但是有 2, 3 维空间做蓝本, 我们能够通过现象抓住行列式概念的本质进行想象. 行列式的性质均可以通过几何直观解释, 这就是了解几何背景的优势.

§1.2　行列式的性质

为了计算行列式的值, 我们有必要先研究一下行列式如何变形成 "易计算" 的行列式, 如前所述, 三角形行列式就 "易计算". 那么如何对行列式作变形? 变形后行列式的值有什么变化呢? 这就需要利用行列式的性质, 行列式有如下基本性质:

性质 1.1

互换行列式的两行 $(r_i \leftrightarrow r_j)$ 或两列 $(c_i \leftrightarrow c_j)$, 行列式符号改变.

例如, $\begin{vmatrix} 1 & 2 & 3 \\ 0 & 8 & 6 \\ 3 & 5 & 1 \end{vmatrix} = -\begin{vmatrix} 1 & 2 & 3 \\ 3 & 5 & 1 \\ 0 & 8 & 6 \end{vmatrix}$.

推论 1.2

若行列式 D 有两行 (列) 完全相同, 则 $D = 0$.

性质 1.2

行列式某一行 (列) 的所有元素都乘数 k, 等于数 k 乘此行列式, 即

$$\begin{vmatrix} a_{11} & a_{12} & \cdots & a_{1n} \\ \vdots & \vdots & & \vdots \\ ka_{i1} & ka_{i2} & \cdots & ka_{in} \\ \vdots & \vdots & & \vdots \\ a_{n1} & a_{n2} & \cdots & a_{nn} \end{vmatrix} = k \begin{vmatrix} a_{11} & a_{12} & \cdots & a_{1n} \\ \vdots & \vdots & & \vdots \\ a_{i1} & a_{i2} & \cdots & a_{in} \\ \vdots & \vdots & & \vdots \\ a_{n1} & a_{n2} & \cdots & a_{nn} \end{vmatrix}.$$

推论 1.3

(1) D 中某一行 (列) 所有元素的公因子可提到行列式记号的外面;

(2) 若 D 中某一行 (列) 所有元素为零, 则 $D=0$.

性质 1.3

若行列式中有两行 (列) 元素对应成比例, 则此行列式等于零.

性质 1.4

若行列式某一行 (列) 的所有元素都是两个数的和, 则此行列式等于两个行列式的和. 这两个行列式的这一行 (列) 的元素分别为对应的两个加数之一, 其余各行 (列) 的元素与原行列式相同. 即

$$\begin{vmatrix} a_{11} & a_{12} & \cdots & a_{1n} \\ \vdots & \vdots & & \vdots \\ a_{i1}+b_{i1} & a_{i2}+b_{i2} & \cdots & a_{in}+b_{in} \\ \vdots & \vdots & & \vdots \\ a_{n1} & a_{n2} & \cdots & a_{nn} \end{vmatrix} = \begin{vmatrix} a_{11} & a_{12} & \cdots & a_{1n} \\ \vdots & \vdots & & \vdots \\ a_{i1} & a_{i2} & \cdots & a_{in} \\ \vdots & \vdots & & \vdots \\ a_{n1} & a_{n2} & \cdots & a_{nn} \end{vmatrix} + \begin{vmatrix} a_{11} & a_{12} & \cdots & a_{1n} \\ \vdots & \vdots & & \vdots \\ b_{i1} & b_{i2} & \cdots & b_{in} \\ \vdots & \vdots & & \vdots \\ a_{n1} & a_{n2} & \cdots & a_{nn} \end{vmatrix}.$$

证 由行列式定义

$$\begin{aligned} D &= \sum (-1)^{\tau(p_1p_2\cdots p_n)} a_{1p_1}a_{2p_2}\cdots(a_{ip_i}+b_{ip_i})\cdots a_{np_n} \\ &= \sum (-1)^{\tau(p_1p_2\cdots p_n)} a_{1p_1}a_{2p_2}\cdots a_{ip_i}\cdots a_{np_n} + \sum (-1)^{\tau(p_1p_2\cdots p_n)} a_{1p_1}a_{2p_2}\cdots b_{ip_i}\cdots a_{np_n}. \end{aligned}$$

性质 1.5

行列式 D 的某一行 (列) 的各元素都乘同一数 k 加到另一行 (列) 的相应元素上, 行列式的值不变 ($D \xlongequal{r_i+kr_j} D$), 即

$$\begin{vmatrix} a_{11} & a_{12} & \cdots & a_{1n} \\ \vdots & \vdots & & \vdots \\ a_{i1} & a_{i2} & \cdots & a_{in} \\ \vdots & \vdots & & \vdots \\ a_{j1} & a_{j2} & & a_{jn} \\ \vdots & \vdots & & \vdots \\ a_{n1} & a_{n2} & \cdots & a_{nn} \end{vmatrix} \xlongequal{r_i+kr_j} \begin{vmatrix} a_{11} & a_{12} & \cdots & a_{1n} \\ \vdots & \vdots & & \vdots \\ a_{i1}+ka_{j1} & a_{i2}+ka_{j2} & \cdots & a_{in}+ka_{jn} \\ \vdots & \vdots & & \vdots \\ a_{j1} & a_{j2} & & a_{jn} \\ \vdots & \vdots & & \vdots \\ a_{n1} & a_{n2} & \cdots & a_{nn} \end{vmatrix}.$$

考虑将 $D=\begin{vmatrix} a_{11} & a_{12} & \cdots & a_{1n} \\ a_{21} & a_{22} & \cdots & a_{2n} \\ \vdots & \vdots & & \vdots \\ a_{n1} & a_{n2} & \cdots & a_{nn} \end{vmatrix}$ 的行依次变为相应的列, 得

$$D^{\mathrm{T}}=\begin{vmatrix} a_{11} & a_{21} & \cdots & a_{n1} \\ a_{12} & a_{22} & \cdots & a_{n2} \\ \vdots & \vdots & & \vdots \\ a_{1n} & a_{2n} & \cdots & a_{nn} \end{vmatrix},$$

称 D^{T} 为 D 的**转置行列式**.

性质 1.6

行列式与它的转置行列式相等即 $D^{\mathrm{T}}=D$.

事实上, 若记 $D^{\mathrm{T}}=\begin{vmatrix} b_{11} & b_{12} & \cdots & b_{1n} \\ b_{21} & b_{22} & \cdots & b_{2n} \\ \vdots & \vdots & & \vdots \\ b_{n1} & b_{n2} & \cdots & b_{nn} \end{vmatrix}$, 则 $b_{ij}=a_{ji}(i,j=1,2,\cdots,n)$, 利用行列式的定义, 易知 $D^T=D$.

行列式中行与列具有同等的地位, 因此行列式的性质凡是对行成立, 对列也同样成立.

计算行列式常用方法: 利用行列式性质把行列式化为上 (下) 三角形行列式, 从而, 较容易地计算行列式的值.

例 1.7　计算行列式

$$\begin{vmatrix} 2 & 1 & 1 & 4 \\ 4 & 3 & 4 & 2 \\ 2 & 1 & 3 & 5 \\ 0 & 3 & 8 & 7 \end{vmatrix}.$$

解　利用初等变换把行列式化成三角形行列式:

$$\text{原式}\xlongequal[r_3+(-1)\times r_1]{r_2+(-2)\times r_1}\begin{vmatrix} 2 & 1 & 1 & 4 \\ 0 & 1 & 2 & -6 \\ 0 & 0 & 2 & 1 \\ 0 & 3 & 8 & 7 \end{vmatrix}$$

$$\xlongequal{r_4+(-3)\times r_2}\begin{vmatrix}2&1&1&4\\0&1&2&-6\\0&0&2&1\\0&0&2&25\end{vmatrix}$$

$$\xlongequal{r_4+(-1)\times r_3}\begin{vmatrix}2&1&1&4\\0&1&2&-6\\0&0&2&1\\0&0&0&24\end{vmatrix}$$

$$=2\times1\times2\times24=96.$$

例 1.8　计算行列式

$$D=\begin{vmatrix}0&1&2&3\\3&4&1&2\\2&3&4&1\\1&2&3&4\end{vmatrix}.$$

解　$D\xlongequal{r_1\leftrightarrow r_4}-\begin{vmatrix}1&2&3&4\\3&4&1&2\\2&3&4&1\\0&1&2&3\end{vmatrix}$(化 a_{11} 为非零)

$$\xlongequal[r_3+(-2)r_1]{r_2+(-3)r_1}-\begin{vmatrix}1&2&3&4\\0&-2&-8&-10\\0&-1&-2&-7\\0&1&2&3\end{vmatrix}\text{(化 }a_{11}\text{ 下方为零)}$$

$$\xlongequal[\substack{r_3+r_2\\r_4+(-1)r_2}]{r_2+3r_4}-\begin{vmatrix}1&2&3&4\\0&1&-2&-1\\0&0&-4&-8\\0&0&4&4\end{vmatrix}\text{(化 }a_{22}\text{ 下方为零)}$$

$$\xlongequal{r_4+r_3}-\begin{vmatrix}1&2&3&4\\0&1&-2&-1\\0&0&-4&-8\\0&0&0&-4\end{vmatrix}\text{(化 }a_{33}\text{ 下方为零)}$$

$$= -1 \times 1 \times (-4) \times (-4) = -16.$$

例 1.9 计算 n 阶行列式

$$D = \begin{vmatrix} x & a & \cdots & a & a \\ a & x & & a & a \\ \vdots & \vdots & & \vdots & \vdots \\ a & a & \cdots & x & a \\ a & a & \cdots & a & x \end{vmatrix}.$$

解 这个行列式的各行 (列) 元素之和相等, 将它们加到一起, 再相减就可以化出 0.

$$D \xlongequal[j=2,3,\cdots,n]{c_1+c_j} \begin{vmatrix} x+(n-1)a & a & & \cdots & a & a \\ x+(n-1)a & x & & \cdots & a & a \\ \vdots & \vdots & & & \vdots & \vdots \\ x+(n-1)a & a & \iddots & & x & a \\ x+(n-1)a & a & \cdots & & a & x \end{vmatrix}$$

$$\xlongequal[i=2,3,\cdots,n]{r_i-r_1} \begin{vmatrix} x+(n-1)a & a & \cdots & a & a \\ 0 & x-a & \iddots & 0 & 0 \\ \vdots & \vdots & & \vdots & \vdots \\ 0 & 0 & \cdots & x-a & a \\ 0 & 0 & \cdots & 0 & x-a \end{vmatrix}$$

$$= [x+(n-1)a]\,(x-a)^{n-1}.$$

例 1.10 设

$$D = \begin{vmatrix} a_{11} & \cdots & a_{1k} & & & \\ \vdots & & \vdots & & 0 & \\ a_{k1} & \cdots & a_{kk} & & & \\ c_{11} & \cdots & c_{1k} & b_{11} & \cdots & b_{1n} \\ \vdots & & \vdots & \vdots & & \vdots \\ c_{n1} & \cdots & c_{nk} & b_{n1} & \cdots & b_{nn} \end{vmatrix}, D_1 = \begin{vmatrix} a_{11} & \cdots & a_{1k} \\ \vdots & & \vdots \\ a_{k1} & \cdots & a_{kk} \end{vmatrix}, D_2 = \begin{vmatrix} b_{11} & \cdots & b_{1n} \\ \vdots & & \vdots \\ b_{n1} & \cdots & b_{nn} \end{vmatrix}.$$

证 $D = D_1 D_2$.

证 对 D_1 作行运算 $r_i + kr_j$, 把 D_1 化为下三角形行列式:

$$D_1=\begin{vmatrix} p_{11} & & 0 \\ \vdots & \ddots & \\ p_{k1} & \cdots & p_{kk} \end{vmatrix}=p_{11}\cdots p_{kk},$$

对 D_2 作列运算 c_i+kc_j, 把 D_2 化为下三角形行列式:

$$D_2=\begin{vmatrix} q_{11} & & 0 \\ \vdots & \ddots & \\ q_{n1} & \cdots & q_{nn} \end{vmatrix}=q_{11}\cdots q_{nn}.$$

先对 D 的前 k 行作行运算 r_i+kr_j, 然后对 D 的后 n 列作列运算 c_i+kc_j, 把 D 化为下三角形行列式:

$$D=\begin{vmatrix} p_{11} & & & & & \\ \vdots & \ddots & & & 0 & \\ p_{k1} & \cdots & p_{kk} & & & \\ c_{11} & \cdots & c_{1k} & q_{11} & & \\ \vdots & & \vdots & \vdots & \ddots & \\ c_{n1} & \cdots & c_{nk} & q_{n1} & \cdots & q_{nn} \end{vmatrix},$$

故 $D=p_{11}\cdots p_{kk}q_{11}\cdots q_{nn}=D_1D_2$.

§1.3　行列式的展开性质

我们发现三阶行列式

$$\begin{aligned} D&=a_{11}(a_{22}a_{33}-a_{23}a_{32})-a_{12}(a_{21}a_{33}-a_{23}a_{31})+a_{13}(a_{21}a_{32}-a_{31}a_{22})\\ &=a_{11}\begin{vmatrix} a_{22} & a_{23} \\ a_{32} & a_{33} \end{vmatrix}-a_{12}\begin{vmatrix} a_{21} & a_{23} \\ a_{31} & a_{33} \end{vmatrix}+a_{13}\begin{vmatrix} a_{21} & a_{22} \\ a_{31} & a_{32} \end{vmatrix}\\ &=(-1)^{1+1}a_{11}\begin{vmatrix} a_{22} & a_{23} \\ a_{32} & a_{33} \end{vmatrix}+(-1)^{1+2}a_{12}\begin{vmatrix} a_{21} & a_{23} \\ a_{31} & a_{33} \end{vmatrix}+(-1)^{1+3}a_{13}\begin{vmatrix} a_{21} & a_{22} \\ a_{31} & a_{32} \end{vmatrix}. \end{aligned}$$

记 $M_{11}=\begin{vmatrix} a_{22} & a_{23} \\ a_{32} & a_{33} \end{vmatrix}$, $M_{12}=\begin{vmatrix} a_{21} & a_{23} \\ a_{31} & a_{33} \end{vmatrix}$, $M_{13}=\begin{vmatrix} a_{21} & a_{22} \\ a_{31} & a_{32} \end{vmatrix}$, 分别称为 a_{11},a_{12},a_{13} 的**余子式**; 记 $A_{11}=(-1)^{1+1}M_{11}$, $A_{12}=(-1)^{1+2}M_{12}$, $A_{13}=(-1)^{1+3}M_{13}$, 分别称为 a_{11},a_{12},a_{13}

的**代数余子式**, 则 $D = a_{11}M_{11} - a_{12}M_{12} + a_{13}M_{13} = a_{11}A_{11} + a_{12}A_{12} + a_{13}A_{13}$, 即一个三阶行列式等于它的第一行元素与其代数余子式乘积之和. 我们首先引入 n 阶行列式中元素的余子式和代数余子式的概念.

定义 1.2

在 n 阶行列式 $|a_{ij}|$ 中, 划去元素 a_{ij} 所在的第 i 行和第 j 列后, 余下的元素按照原来的相对位置排成的 $n-1$ 阶行列式称为 a_{ij} 的**余子式**, 记作 M_{ij}, 称 A_{ij} 为 a_{ij} 的**代数余子式**, 其中 $A_{ij} = (-1)^{i+j}M_{ij}$.

例如, 4 阶行列式

$$\begin{vmatrix} 5 & 6 & 9 & 2 \\ -2 & 4 & a_{23} & 1 \\ 5 & 8 & 7 & 4 \\ 5 & 2 & 0 & 3 \end{vmatrix}$$

中, a_{23} 的余子式和代数余子式分别为

$$M_{23} = \begin{vmatrix} 5 & 6 & 2 \\ 5 & 8 & 4 \\ 5 & 2 & 3 \end{vmatrix} = \begin{vmatrix} 5 & 6 & 2 \\ 0 & 2 & 2 \\ 0 & -4 & 1 \end{vmatrix} = \begin{vmatrix} 5 & 6 & 2 \\ 0 & 2 & 2 \\ 0 & 0 & 5 \end{vmatrix} = 50,$$

$$A_{23} = (-1)^{2+3}M_{23} = -\begin{vmatrix} 5 & 6 & 2 \\ 5 & 8 & 4 \\ 5 & 2 & 3 \end{vmatrix} = -50.$$

n 阶行列式也可以展开, 即有如下重要结论:

定理 1.2

n 阶行列式 $D = |a_{ij}|$ 等于任一行的元素与其对应的代数余子式乘积之和, 即

$$D = a_{i1}A_{i1} + a_{i2}A_{i2} + \cdots + a_{in}A_{in}, i = 1, 2, \cdots, n.$$

证　分三步. 第 1 步, 当 $D = |a_{ij}|$ 中第 1 行除 a_{11} 外其余元素全为 0, 即

$$D = \begin{vmatrix} a_{11} & 0 & \cdots & 0 \\ a_{21} & a_{22} & \cdots & 0 \\ \vdots & \vdots & & \vdots \\ a_{n1} & a_{n2} & \cdots & a_{nn} \end{vmatrix},$$

按行列式定义 (1.3) 式, 每一项都含有第 1 行的 1 个元素, 当这个元素不是 a_{11} 时, 这一项为 0, 所以 $D=\sum\limits_{1j_2\cdots j_n}(-1)^{\tau(1j_2\cdots j_n)}a_{11}a_{2j_2}\cdots a_{nj_n}$, 其中, $j_2,\cdots,j_n$ 取自 $2,\cdots,n$. 由于 $1j_2\cdots j_n$ 与 $(j_2-1)\cdots(j_n-1)$ 一一对应, 且 $\tau(1j_2\cdots j_n)=\tau((j_2-1)\cdots(j_n-1))$, 故

$$D=a_{11}\sum_{(j_2-1)\cdots(j_n-1)}(-1)^{\tau((j_2-1)\cdots(j_n-1))}a_{2j_2}\cdots a_{nj_n}=a_{11}\begin{vmatrix}a_{22}&\cdots&a_{2n}\\ \vdots&&\vdots\\ a_{2n}&\cdots&a_{nn}\end{vmatrix}$$

$$=a_{11}M_{11}=a_{11}A_{11}.$$

第 2 步, 当 $D=|a_{ij}|$ 中第 i 行除 a_{ij} 外其余元素全为 0, 即

$$D=\begin{vmatrix}a_{11}&\cdots&a_{1,j-1}&a_{1j}&a_{1,j+1}&\cdots&a_{1n}\\ \vdots&&\vdots&\vdots&\vdots&&\vdots\\ a_{i-1,1}&\cdots&a_{i-1,j-1}&a_{i-1,j}&a_{i-1,j+1}&\cdots&a_{i-1,n}\\ 0&&0&a_{ij}&0&&0\\ a_{i+1,1}&\cdots&a_{i+1,j-1}&a_{i+1,j}&a_{i+1,j+1}&\cdots&a_{i+1,n}\\ \vdots&&\vdots&\vdots&\vdots&&\vdots\\ a_{n1}&\cdots&a_{n,j-1}&a_{nj}&a_{n,j+1}&\cdots&a_{nn}\end{vmatrix},$$

将 D 中第 i 行依次与第 $i-1,i-2,\cdots,1$ 行交换后, 再将第 j 列依次与第 $j-1,j-2,\cdots,1$ 列交换, 共经过 $(i-1)+(j-1)=i+j-2$ 次交换后, 得

$$D=(-1)^{i+j-2}\begin{vmatrix}a_{ij}&0&\cdots&0&0&\cdots&0\\ a_{1j}&a_{11}&\cdots&a_{1,j-1}&a_{1,j+1}&\cdots&a_{1n}\\ \vdots&\vdots&&\vdots&\vdots&&\vdots\\ a_{i-1,j}&a_{i-1,1}&\cdots&a_{i-1,j-1}&a_{i-1,j+1}&\cdots&a_{i-1,n}\\ a_{i+1,j}&a_{i+1,1}&\cdots&a_{i+1,j-1}&a_{i+1,j+1}&\cdots&a_{i+1,n}\\ \vdots&\vdots&&\vdots&\vdots&&\vdots\\ a_{nj}&a_{n1}&\cdots&a_{n,j-1}&a_{n,j+1}&\cdots&a_{nn}\end{vmatrix},$$

利用第 1 步的结果知

$$D=(-1)^{i+j-2}a_{ij}\begin{vmatrix} a_{11} & \cdots & a_{1,j-1} & a_{1,j+1} & \cdots & a_{1n} \\ \vdots & & \vdots & \vdots & & \vdots \\ a_{i-1,1} & \cdots & a_{i-1,j-1} & a_{i-1,j+1} & \cdots & a_{i-1,n} \\ a_{i+1,1} & \cdots & a_{i+1,j-1} & a_{i+1,j+1} & \cdots & a_{i+1,n} \\ \vdots & & \vdots & \vdots & & \vdots \\ a_{n1} & \cdots & a_{n,j-1} & a_{n,j+1} & \cdots & a_{nn} \end{vmatrix},$$

由于右端行列式正是 a_{ij} 在 D 中的余子式 M_{ij}, 并注意到 $(-1)^{i+j-2}=(-1)^{i+j}$, 就得

$$D=(-1)^{i+j-2}a_{ij}M_{ij}=a_{ij}A_{ij}.$$

第 3 步, 对一般的行列式 $D=|a_{ij}|$, 将 D 中第 i 行拆开

$$D=\begin{vmatrix} & \vdots & & \\ a_{i1} & 0 & \cdots & 0 \\ & \vdots & & \end{vmatrix}+\begin{vmatrix} & \vdots & & \\ 0 & a_{i2} & \cdots & 0 \\ & \vdots & & \end{vmatrix}+\begin{vmatrix} & \vdots & & \\ 0 & \cdots & 0 & a_{in} \\ & \vdots & & \end{vmatrix}.$$

(未写出来的元素, 在三个行列式对应的位置上是相等的.)

利用第 2 步的结果知 $D=a_{i1}A_{i1}+a_{i2}A_{i2}+\cdots+a_{in}A_{in}, i=1,2,\cdots,n.$

例 1.11　用行列式展开方法计算行列式

$$D=\begin{vmatrix} 3 & 2 & 6 & 0 \\ 0 & 0 & 1 & 0 \\ 5 & 1 & 4 & 3 \\ 4 & 0 & 2 & 0 \end{vmatrix}.$$

解　$D=1\times(-1)^{2+3}\times\begin{vmatrix} 3 & 2 & 0 \\ 5 & 1 & 3 \\ 4 & 0 & 0 \end{vmatrix}=-4\times(-1)^{3+1}\times\begin{vmatrix} 2 & 0 \\ 1 & 3 \end{vmatrix}=-4\times 6=-24.$

例 1.12　对于行列式

$$\begin{vmatrix} 3 & 2 & 4 & 5 \\ 1 & 4 & 3 & 3 \\ 1 & 2 & 1 & 1 \\ 2 & 0 & 3 & 3 \end{vmatrix},$$

计算余子式的线性组合 $-2M_{21}+4M_{22}-3M_{23}+3M_{24}$.

解 $-2M_{21}+4M_{22}-3M_{23}+3M_{24}=2A_{21}+4A_{22}+3A_{23}+3A_{24}=\begin{vmatrix}3&2&4&5\\2&4&3&3\\1&2&1&1\\2&0&3&3\end{vmatrix}$

$$\xlongequal{r_2-r_4}\begin{vmatrix}3&2&4&5\\0&4&0&0\\1&2&1&1\\2&0&3&3\end{vmatrix}=4\times(-1)^{2\times2}\times\begin{vmatrix}3&4&5\\1&1&1\\2&3&3\end{vmatrix}\xlongequal[j=2,3]{r_1-r_j}4\times\begin{vmatrix}0&0&1\\1&1&1\\2&3&3\end{vmatrix}$$

$$=4\times1\times(-1)^{1+3}\times\begin{vmatrix}1&1\\2&3\end{vmatrix}=4\times(3-2)=4.$$

例 1.13 计算范德蒙德 (Vandermonde) 行列式.

$$D_n=\begin{vmatrix}1&1&1&\cdots&1&1\\x_1&x_2&x_3&\cdots&x_{n-1}&x_n\\x_1^2&x_2^2&x_3^2&\cdots&x_{n-1}^2&x_n^2\\\vdots&\vdots&\vdots&&\vdots&\vdots\\x_1^{n-1}&x_2^{n-1}&x_3^{n-1}&\cdots&x_{n-1}^{n-1}&x_n^{n-1}\end{vmatrix}.$$

数学家简介
范德蒙德

解 在 D_n 中, 从第 n 行开始, 下一行减去上一行的 x_n 倍 (即上一行的 $(-x_n)$ 倍加到下一行), 得

$$D_n=\begin{vmatrix}1&1&1&\cdots&1&1\\x_1-x_n&x_2-x_n&x_3-x_n&\cdots&x_{n-1}-x_n&0\\x_1(x_1-x_n)&x_2(x_2-x_n)&x_3(x_3-x_n)&\cdots&x_{n-1}(x_{n-1}-x_n)&0\\\vdots&\vdots&\vdots&&\vdots&\vdots\\x_1^{n-2}(x_1-x_n)&x_2^{n-2}(x_2-x_n)&x_3^{n-2}(x_3-x_n)&\cdots&x_{n-1}^{n-2}(x_{n-1}-x_n)&0\end{vmatrix},$$

按第 n 列展开, 并把每列的公因子 (x_j-x_n) 提出, 得

$$D_n=1\times(-1)^{1+n}\times(x_1-x_n)(x_2-x_n)(x_3-x_n)\cdots(x_{n-1}-x_n)\cdot$$

$$
\begin{vmatrix}
1 & 1 & 1 & \cdots & 1 \\
x_1 & x_2 & x_3 & \cdots & x_{n-1} \\
x_1^2 & x_2^2 & x_3^2 & \cdots & x_{n-1}^2 \\
\vdots & \vdots & \vdots & & \vdots \\
x_1^{n-2} & x_2^{n-2} & x_3^{n-2} & \cdots & x_{n-1}^{n-2}
\end{vmatrix}
$$

$$
=(x_n-x_1)(x_n-x_2)(x_n-x_3)\cdots(x_n-x_{n-1})D_{n-1}.
$$

注意 D_{n-1} 比 D_n 中少了 x_n. 由 $D_2=\begin{vmatrix} 1 & 1 \\ x_1 & x_2 \end{vmatrix}=x_2-x_1$ 就可以递推得到

$$
\begin{aligned}
D_n&=(x_n-x_1)(x_n-x_2)(x_n-x_3)\cdots(x_n-x_{n-1})(x_{n-1}-x_1)(x_{n-1}-x_2)(x_{n-1}-x_3)\cdots\cdot \\
&\quad (x_{n-1}-x_{n-2})\cdots(x_2-x_1) \\
&=\prod_{1\leqslant j<i\leqslant n}(x_i-x_j).
\end{aligned}
$$

这里的记号 $\prod$ 表示全体同类因子的乘积.

例 1.14 用范德蒙德行列式计算 4 阶行列式

$$
D=\begin{vmatrix}
1 & 1 & 1 & 1 \\
4 & 3 & 7 & -5 \\
16 & 9 & 49 & 25 \\
64 & 27 & 343 & -125
\end{vmatrix}.
$$

解 对照范德蒙德行列式, 此处 $x_1=4, x_2=3, x_3=7, x_4=-5$, 所以有

$$
\begin{aligned}
D&=\prod_{1\leqslant j<i\leqslant 4}(x_i-x_j)=(x_2-x_1)(x_3-x_1)(x_4-x_1)(x_3-x_2)(x_4-x_2)(x_4-x_3) \\
&=(3-4)(7-4)(-5-4)(7-3)(-5-3)(-5-7)=10\ 368.
\end{aligned}
$$

推论 1.4

行列式 $D=|a_{ij}|$ 中, 任一行的元素与另一行中同列元素的代数余子式的乘积之和等于 0, 即 $a_{i1}A_{j1}+a_{i2}A_{j2}+\cdots+a_{in}A_{jn}=0\ (i\neq j)$.

证 在行列式 $D=|a_{ij}|$ 中, 将第 j 行元素 $a_{j1},a_{j2},\cdots,a_{jn}$ 换成第 i 行元素 $a_{i1},a_{i2},$

$\cdots, a_{in}$, 而其余元素不变, 即构造如下的行列式:

$$D_1 = \begin{vmatrix} a_{11} & a_{12} & \cdots & a_{1n} \\ \vdots & \vdots & & \vdots \\ a_{i1} & a_{i2} & \cdots & a_{in} \\ \vdots & \vdots & & \vdots \\ a_{i1} & a_{i2} & \cdots & a_{in} \\ \vdots & \vdots & & \vdots \\ a_{n1} & a_{n2} & \cdots & a_{nn} \end{vmatrix} \begin{matrix} \\ \\ \longleftarrow \text{第 } i \text{ 行} \\ \\ \longleftarrow \text{第 } j \text{ 行} \\ \\ \\ \end{matrix}.$$

当 $i \neq j$ 时, D_1 中第 i 行与第 j 行元素相等, 根据推论 1.2 知 $D_1 = 0$. 又将 D_1 按第 j 行展开, 注意 D 和 D_1 中第 j 行元素的代数余子式是一致的, 根据定理 1.2 知

$$D_1 = a_{i1}A_{j1} + a_{i2}A_{j2} + \cdots + a_{in}A_{jn},$$

这就证明了 $a_{i1}A_{j1} + a_{i2}A_{j2} + \cdots + a_{in}A_{jn} = 0$.

§1.4 克拉默法则

数学家简介
克拉默

n 元线性方程组是指形式为

$$\begin{cases} a_{11}x_1 + a_{12}x_2 + \cdots + a_{1n}x_n = b_1, \\ a_{21}x_1 + a_{22}x_2 + \cdots + a_{2n}x_n = b_2, \\ \cdots\cdots\cdots\cdots \\ a_{m1}x_1 + a_{m2}x_2 + \cdots + a_{mn}x_n = b_m \end{cases}$$

的方程组, 其中 $x_1, x_2, \cdots, x_n$ 代表 n 个未知量, m 是方程的个数, $a_{ij}(i = 1, 2, \cdots, m;$ $j = 1, 2, \cdots, n)$ 称为方程组的系数, $b_j(j = 1, 2, \cdots, m)$ 称为常数项.

定理 1.3

(克拉默 (Cramer) 法则) 如果线性方程组

$$\begin{cases} a_{11}x_1 + a_{12}x_2 + \cdots + a_{1n}x_n = b_1, \\ a_{21}x_1 + a_{22}x_2 + \cdots + a_{2n}x_n = b_2, \\ \cdots\cdots\cdots\cdots \\ a_{n1}x_1 + a_{n2}x_2 + \cdots + a_{nn}x_n = b_n \end{cases} \tag{1.5}$$

的系数行列式

$$D=\begin{vmatrix} a_{11} & a_{12} & \cdots & a_{1n} \\ a_{21} & a_{22} & \cdots & a_{2n} \\ \vdots & \vdots & & \vdots \\ a_{n1} & a_{n2} & \cdots & a_{nn} \end{vmatrix} \neq 0,$$

那么这个方程组有解, 并且解是唯一的, 这个解可表示成

$$x_1=\frac{D_1}{D}, x_2=\frac{D_2}{D}, \cdots, x_n=\frac{D_n}{D}, \tag{1.6}$$

其中 D_i 是把 D 中第 i 列换成常数项 $b_1, b_2, \cdots, b_n$ 所得的行列式, 即

$$D_i=\begin{vmatrix} a_{11} & \cdots & a_{1,i-1} & b_1 & a_{1,i+1} & \cdots & a_{1n} \\ a_{21} & \cdots & a_{2,i-1} & b_2 & a_{2,i+1} & \cdots & a_{2n} \\ \vdots & & \vdots & \vdots & \vdots & & \vdots \\ a_{n1} & \cdots & a_{n,i-1} & b_n & a_{n,i+1} & \cdots & a_{nn} \end{vmatrix} (i=1,2,\cdots,n).$$

习题 1

1. 确定下列排列的逆序数, 并指出它们是奇排列还是偶排列:

(1) 53214; (2) 654321.

2. 在 6 阶行列式中, 下列各元素乘积应取什么符号:

(1) $a_{15}a_{23}a_{32}a_{44}a_{51}a_{66}$; (2) $a_{51}a_{32}a_{13}a_{44}a_{65}a_{26}$.

3. 计算下列行列式:

(1) $\begin{vmatrix} 2 & 1 & 4 & 1 \\ 3 & -1 & 2 & 1 \\ 1 & 2 & 3 & 2 \\ 5 & 0 & 6 & 2 \end{vmatrix}$; (2) $\begin{vmatrix} 1 & -2 & 1 & 0 \\ 0 & 3 & -2 & -1 \\ 4 & -1 & 0 & 6 \\ 1 & 2 & -6 & 3 \end{vmatrix}$; (3) $\begin{vmatrix} 3 & 4 & 4 & 4 \\ 4 & 3 & 4 & 4 \\ 4 & 4 & 3 & 4 \\ 4 & 4 & 4 & 3 \end{vmatrix}$;

(4) $D=\begin{vmatrix} 2 & 0 & -1 & 3 \\ -1 & 3 & 3 & 0 \\ 1 & -1 & 2 & 1 \\ 3 & -1 & 0 & 1 \end{vmatrix}$; (5) $D=\begin{vmatrix} 2 & 1 & -5 & 1 \\ 1 & -3 & 0 & -6 \\ 0 & 2 & -1 & 2 \\ 1 & 4 & -7 & 6 \end{vmatrix}$.

4. 计算下列行列式:

(1) $\begin{vmatrix} x & y & x+y \\ y & x+y & x \\ x+y & x & y \end{vmatrix}$; (2) $\begin{vmatrix} 1+a & 1 & 1 \\ 1 & 1+b & 1 \\ 1 & 1 & 1+c \end{vmatrix}$;

(3) $\begin{vmatrix} a & ax & ax^2 & ax^3 \\ -1 & a & ax & ax^2 \\ 0 & -1 & a & ax \\ 0 & 0 & -1 & a \end{vmatrix}$ $(a \neq 0)$.

5. 设 4 阶行列式 $D_4 = \begin{vmatrix} a & b & c & d \\ d & a & c & d \\ b & d & c & a \\ a & d & c & b \end{vmatrix}$, 求 $A_{11} + A_{21} + A_{31} + A_{41}$.

6. 计算 n 阶行列式 $D_n = \begin{vmatrix} a & 0 & 0 & \cdots & 0 & 1 \\ 0 & a & 0 & \cdots & 0 & 0 \\ 0 & 0 & a & \cdots & 0 & 0 \\ \vdots & \vdots & \vdots & & \vdots & \vdots \\ 0 & 0 & 0 & \cdots & a & 0 \\ 1 & 0 & 0 & \cdots & 0 & a \end{vmatrix}$.

7. 求出以下方程的所有根:

(1) $\begin{vmatrix} x & 3 & 4 \\ -1 & x & 0 \\ 0 & x & 1 \end{vmatrix} = 0$;　　(2) $\begin{vmatrix} 1 & 1 & 1 & 1 \\ 1 & 1-x & 1 & 1 \\ 1 & 1 & 2-x & 1 \\ 1 & 1 & 1 & 3-x \end{vmatrix} = 0$.

8. 设 $D = \begin{vmatrix} 1 & 2 & 3 \\ 1 & 0 & -1 \\ -2 & 0 & 3 \end{vmatrix}$ 中 a_{ij} 的余子式和代数余子式分别为 M_{ij} 和 A_{ij}, 求:

(1) D;　(2) $a_{11}A_{11} + a_{12}A_{12} + a_{13}A_{13}$;　(3) $a_{21}A_{11} + a_{22}A_{12} + a_{23}A_{13}$;

(4) $A_{11} + A_{22} + A_{33}$;　(5) $A_{11} + A_{12} + A_{13}$;　(6) $M_{11} - M_{12} + M_{13}$.

9. 设 $|\boldsymbol{A}|=\begin{vmatrix}1&-5&1&3\\1&1&3&4\\1&1&2&3\\2&2&3&4\end{vmatrix}$, 计算 $A_{41}+A_{42}+A_{43}+A_{44}$, 其中 A_{4j} 是 $|\boldsymbol{A}|$ 中元素 $a_{4j}(j=1,2,3,4)$ 的代数余子式.

10. 计算 $D=\begin{vmatrix}1&1&1&1\\a&b&c&d\\a^2&b^2&c^2&d^2\\a^4&b^4&c^4&d^4\end{vmatrix}$.

11. 已知方程组 $\begin{cases}x_1+x_2+x_3=a,\\ax_1+x_2+(a-1)x_3=a-1,\\x_1+ax_2+x_3=1,\end{cases}$ 讨论 a 取何值时方程组有唯一解? 并求其唯一解.

12. 计算行列式 $D=\begin{vmatrix}a^2&ab&b^2\\2a&a+b&2b\\1&1&1\end{vmatrix}$.

13. 设 $D=\begin{vmatrix}a_{11}&a_{12}&a_{13}\\a_{21}&a_{22}&a_{23}\\a_{31}&a_{32}&a_{33}\end{vmatrix}=1$, 计算 $D_1=\begin{vmatrix}4a_{11}&2a_{11}-3a_{12}&a_{13}\\4a_{21}&2a_{21}-3a_{22}&a_{23}\\4a_{31}&2a_{31}-3a_{32}&a_{33}\end{vmatrix}$.

14. 计算 $2n$ 阶行列式 $D=\begin{vmatrix}a&&&&&b\\&\ddots&&&\iddots&\\&&a&b&&\\&&c&d&&\\&\iddots&&&\ddots&\\c&&&&&d\end{vmatrix}$.

15. 计算行列式 $D=\begin{vmatrix}a&b&c&d\\a&a+b&a+b+c&a+b+c+d\\a&2a+b&3a+2b+c&4a+3b+2c+d\\a&3a+b&6a+3b+c&10a+6b+3c+d\end{vmatrix}$.

16. 计算 n 阶行列式 $D=\begin{vmatrix} x & & & a \\ & x & & \\ & & \ddots & \\ a & & & x \end{vmatrix}$.

17. 求证 $\begin{vmatrix} ax+by & ay+bz & az+bx \\ ay+bz & az+bx & ax+by \\ az+bx & ax+by & ay+bz \end{vmatrix}=(a^3+b^3)\begin{vmatrix} x & y & z \\ y & z & x \\ z & x & y \end{vmatrix}$.

18. 对于行列式 $\begin{vmatrix} a_1 & a_2 & a_3 & p \\ b_1 & b_2 & b_3 & p \\ c_1 & c_2 & c_3 & p \\ d_1 & d_2 & d_3 & p \end{vmatrix}$, 计算代数余子式的线性组合 $A_{11}+A_{21}+A_{31}+A_{41}$.

习题 1 参考答案与讲解

1. (1) 7; (2) 15.

2. (1) +; (2) +.

3. (1) 0; (2) 117; (3) -15; (4) -60; (5) -105.

4. (1) $-2(x^3+y^3)$; (2) $ab+ac+bc+abc$; (3) $a(a+x)^3$.

5. 0.

6. a^n-a^{n-2}.

7. (1) 0, 1; (2) 0, 1, 2.

8. (1) -2; (2) -2; (3) 0; (4) 7; (5) -1; (6) -1.

9. -12.

10. $(a+b+c+d)(b-a)(c-a)(c-b)(d-a)(d-b)(d-c)$.

11. $a\neq 1$ 时, 方程组有唯一解, 唯一解为 $(a+1-a^2,-1,a^2)^{\mathrm{T}}$.

12. $(b-a)^3$.

13. -12.

14. $(ad-bc)^n$.

15. a^4.

16. $x^n-a^2x^{n-2}$.

17. 略.

18. 0.

重点习题讲解

行列式的几何意义

第 2 章　矩阵

矩阵是数学中的重要概念之一，是代数学研究的主要对象，它贯穿于线性代数的各个部分，并且在很多领域里的数量关系都可以用矩阵来表示. 本章主要介绍矩阵的概念、运算及其性质. 此外，还将向量视为特殊的矩阵，在此基础上引入向量的概念.

§2.1　矩阵

2.1.1　引例

矩阵的概念以及线性代数的引入和发展是随着行列式的发展而来的，早在《九章算术》成书时代，中国古人已对较为复杂的线性方程组问题展开了研究，在《九章算术 • 方程》章中，有这样一个问题：

引例 2.1　今有上禾三秉，中禾二秉，下禾一秉，实三十九斗；上禾二秉，中禾三秉，下禾一秉，实三十四斗；上禾一秉，中禾二秉，下禾三秉，实二十六斗. 问上、中、下禾一秉各几何？

设上中下禾一秉分别有谷子 x, y, z 斗，则有方程组

$$\begin{cases} 3x + 2y + z = 39, \\ 2x + 3y + z = 34, \\ x + 2y + 3z = 26, \end{cases}$$

用消元法解此三元一次方程组，我们把方程组的系数和常数项写成矩形数表. 在解方程组的过程中，方程组逐步会发生变化，相应的矩形数表也发生变化，如下所示：

步骤	方程组	矩形数表
1.	$\begin{cases} 3x + 2y + z = 39, \\ 2x + 3y + z = 34, \\ x + 2y + 3z = 26 \end{cases}$	$\begin{pmatrix} 3 & 2 & 1 & 39 \\ 2 & 3 & 1 & 34 \\ 1 & 2 & 3 & 26 \end{pmatrix}$
2. 交换第一个方程和第三个方程的位置	$\begin{cases} x + 2y + 3z = 26, \\ 2x + 3y + z = 34, \\ 3x + 2y + z = 39 \end{cases}$	$\begin{pmatrix} 1 & 2 & 3 & 26 \\ 2 & 3 & 1 & 34 \\ 3 & 2 & 1 & 39 \end{pmatrix}$

续表

步骤	方程组	矩形数表
3. 消去第二个方程和第三个方程的 x	$\begin{cases} x+2y+3z=26, \\ -y-5z=-18, \\ -4y-8z=-39 \end{cases}$	$\begin{pmatrix} 1 & 2 & 3 & 26 \\ 0 & -1 & -5 & -18 \\ 0 & -4 & -8 & -39 \end{pmatrix}$
4. 消去第三个方程的 y	$\begin{cases} x+2y+3z=26, \\ -y-5z=-18, \\ 12z=33 \end{cases}$	$\begin{pmatrix} 1 & 2 & 3 & 26 \\ 0 & -1 & -5 & -18 \\ 0 & 0 & 12 & 33 \end{pmatrix}$
5. 通过第三个方程解出 z	$\begin{cases} x+2y+3z=26, \\ -y-5z=-18, \\ z=\dfrac{11}{4} \end{cases}$	$\begin{pmatrix} 1 & 2 & 3 & 26 \\ 0 & -1 & -5 & -18 \\ 0 & 0 & 1 & \dfrac{11}{4} \end{pmatrix}$
6. 将 z 代入第二个方程解出 y	$\begin{cases} x+2y+3z=26, \\ y=\dfrac{17}{4}, \\ z=\dfrac{11}{4} \end{cases}$	$\begin{pmatrix} 1 & 2 & 3 & 26 \\ 0 & 1 & 0 & \dfrac{17}{4} \\ 0 & 0 & 1 & \dfrac{11}{4} \end{pmatrix}$
7. 将 y,z 代入第一个方程解出 x	$\begin{cases} x=\dfrac{37}{4}, \\ y=\dfrac{17}{4}, \\ z=\dfrac{11}{4} \end{cases}$	$\begin{pmatrix} 1 & 0 & 0 & \dfrac{37}{4} \\ 0 & 1 & 0 & \dfrac{17}{4} \\ 0 & 0 & 1 & \dfrac{11}{4} \end{pmatrix}$

从上面解方程组的过程中我们发现, 对于线性方程组, 未知数 x,y,z 并不重要, 只需要将未知数的系数及常数项列出来, 用一个矩形数表表示出来, 利用消元法解方程组的过程就是对矩形数表的行进行变换的过程.

引例 2.2 某种物资有 3 个产地、4 个销地, 调配量如下所示:

产地	销地			
	B_1	B_2	B_3	B_4
A_1	1	6	3	5
A_2	3	1	2	0
A_3	4	0	1	2

那么, 表中的数据可以构成一个矩形数表 $\begin{pmatrix} 1 & 6 & 3 & 5 \\ 3 & 1 & 2 & 0 \\ 4 & 0 & 1 & 2 \end{pmatrix}$.

2.1.2 矩阵的概念

定义 2.1

由 $m\times n$ 个数或代数式 $a_{ij}\,(i=1,2,\cdots,m;j=1,2,\cdots,n)$ 构成的一个 m 行 n 列的矩形列表

$$\begin{pmatrix} a_{11} & a_{12} & \cdots & a_{1n} \\ a_{21} & a_{22} & \cdots & a_{2n} \\ \vdots & \vdots & & \vdots \\ a_{m1} & a_{m2} & \cdots & a_{mn} \end{pmatrix}$$

称为一个 m 行 n 列的**矩阵**, 其中 a_{ij} 称为矩阵的第 i 行 j 列的元素 $(i=1,2,\cdots,m;j=1,2,\cdots,n)$.

一般用大写的字母 $\boldsymbol{A},\boldsymbol{B},\boldsymbol{C},\cdots$ 表示矩阵; 有时为了突出矩阵的行列规模, $m\times n$ 的矩阵 $\boldsymbol{A}$ 可以表示为 $\boldsymbol{A}_{m\times n}$; 还有, 要同时表明矩阵的规模和元素时也采用形式 $(a_{ij})_{m\times n}$ 标记. 若矩阵的所有元素都为零, 则称其为零矩阵, 记为 $\boldsymbol{O}_{m\times n}$, 不引起混淆时也可简记为 $\boldsymbol{O}$.

定义 2.2

如果两个矩阵 $\boldsymbol{A}=(a_{ij})_{m\times n}$, $\boldsymbol{B}=(b_{ij})_{s\times t}$ 具有相同的行数和列数, 即 $m=s,n=t$, 则称 $\boldsymbol{A}$ 与 $\boldsymbol{B}$ 为**同型矩阵**. 如果 $\boldsymbol{A}$ 与 $\boldsymbol{B}$ 为同型矩阵, 且对应位置上的元素相等 $a_{ij}=b_{ij}$, 那么称矩阵 $\boldsymbol{A}$ 与矩阵 $\boldsymbol{B}$ **相等**, 记为 $\boldsymbol{A}=\boldsymbol{B}$.

例 2.1 设矩阵 $\boldsymbol{A}=\begin{pmatrix} 1 & a \\ 2-b & 3 \end{pmatrix}$, $\boldsymbol{B}=\begin{pmatrix} c+1 & -4 \\ 0 & 3d \end{pmatrix}$, 且 $\boldsymbol{A}=\boldsymbol{B}$, 试求 a,b,c,d.

解 因为 $\boldsymbol{A}=\boldsymbol{B}$, 故 $1=c+1$, $a=-4$, $2-b=0$, $3=3d$, 求得 $a=-4$, $b=2$, $c=0$, $d=1$.

2.1.3 几种特殊矩阵

设 $m\times n$ 矩阵 $\boldsymbol{A}=(a_{ij})_{m\times n}$, 当 $m=n$ 时,

$$\boldsymbol{A}=\begin{pmatrix} a_{11} & a_{12} & \cdots & a_{1n} \\ a_{21} & a_{22} & \cdots & a_{2n} \\ \vdots & \vdots & & \vdots \\ a_{n1} & a_{n2} & \cdots & a_{nn} \end{pmatrix}$$

称为 n 阶方阵, 记为 $\boldsymbol{A}_n$. 特别地, 一阶方阵 $(a)=a$.

方阵中从左上角元素 a_{11} 到右下角元素 a_{nn} 的这条对角线称为方阵的主对角线, 从右上角元素 a_{1n} 到左下角元素 a_{n1} 的这条对角线称为方阵的副对角线.

形如

$$A=\begin{pmatrix} a_{11} & a_{12} & \cdots & a_{1n} \\ 0 & a_{22} & \cdots & a_{2n} \\ \vdots & \vdots & & \vdots \\ 0 & 0 & \cdots & a_{nn} \end{pmatrix}$$

的 n 阶方阵称为上三角形矩阵.

形如

$$A=\begin{pmatrix} a_{11} & 0 & \cdots & 0 \\ a_{21} & a_{22} & \cdots & 0 \\ \vdots & \vdots & & \vdots \\ a_{n1} & a_{n2} & \cdots & a_{nn} \end{pmatrix}$$

的 n 阶方阵称为下三角形矩阵.

形如

$$\Lambda=\begin{pmatrix} \lambda_1 & 0 & \cdots & 0 \\ 0 & \lambda_2 & \cdots & 0 \\ \vdots & \vdots & & \vdots \\ 0 & 0 & \cdots & \lambda_n \end{pmatrix}$$

的 n 阶方阵称为 n 阶对角矩阵, 记为 $\Lambda=\mathrm{diag}\,(\lambda_1,\lambda_2,\cdots,\lambda_n)$.

形如

$$A=\begin{pmatrix} \lambda & 0 & \cdots & 0 \\ 0 & \lambda & \cdots & 0 \\ \vdots & \vdots & & \vdots \\ 0 & 0 & \cdots & \lambda \end{pmatrix}$$

的 n 阶方阵称为 n 阶数量矩阵.

特别地, 当 $\lambda=1$ 时, 矩阵

$$\begin{pmatrix} 1 & 0 & \cdots & 0 \\ 0 & 1 & \cdots & 0 \\ \vdots & \vdots & & \vdots \\ 0 & 0 & \cdots & 1 \end{pmatrix}$$

称为 n 阶单位矩阵, 记为 E_n.

应该注意到, 单位矩阵是数量矩阵, 数量矩阵是对角矩阵, 而反之则未必成立. 当然零矩阵也是数量矩阵.

只有一行的矩阵

$$\boldsymbol{A}_{1\times n}=\begin{pmatrix} a_1 & a_2 & \cdots & a_n \end{pmatrix}$$

称为行矩阵, 又称行向量. 为避免元素间的混淆, 行矩阵也记作

$$\boldsymbol{A}=(a_1,a_2,\cdots,a_n).$$

只有一列的矩阵

$$\boldsymbol{B}_{n\times 1}=\begin{pmatrix} b_1 \\ b_2 \\ \vdots \\ b_n \end{pmatrix}$$

称为列矩阵, 又称列向量.

就向量而言, 称其元素为分量, 分量的个数称为向量的维数. 例如, $\boldsymbol{\alpha}=(2,-1,2,5)$ 是 4 维行向量, $\boldsymbol{\beta}=\begin{pmatrix} 1 \\ -2 \\ 4 \end{pmatrix}$ 是 3 维列向量.

矩阵

$$\boldsymbol{A}=\begin{pmatrix} a_{11} & a_{12} & \cdots & a_{1n} \\ a_{21} & a_{22} & \cdots & a_{2n} \\ \vdots & \vdots & & \vdots \\ a_{m1} & a_{m2} & \cdots & a_{mn} \end{pmatrix}$$

的每一行

$$\begin{pmatrix} a_{i1} & a_{i2} & \cdots & a_{in} \end{pmatrix} \quad (i=1,2,\cdots,m)$$

都是 n 维行向量; $\boldsymbol{A}$ 的每一列

$$\begin{pmatrix} a_{1j} \\ a_{2j} \\ \vdots \\ a_{mj} \end{pmatrix} \quad (j=1,2,\cdots,n)$$

都是 m 维列向量.

分量都是 0 的向量称为零向量, 记为

$$\mathbf{0}=(0,0,\cdots,0)^{\mathrm{T}}.$$

§2.2　矩阵的运算和转置

2.2.1　矩阵的运算

1. 矩阵的加法

定义 2.3

设有两个 $m \times n$ 矩阵 $\boldsymbol{A} = (a_{ij})$ 和 $\boldsymbol{B} = (b_{ij})$, 矩阵 $\boldsymbol{A}$ 与 $\boldsymbol{B}$ 的和记为 $\boldsymbol{A}+\boldsymbol{B}$, 规定

$$\boldsymbol{A}+\boldsymbol{B} = (a_{ij}+b_{ij}) = \begin{pmatrix} a_{11}+b_{11} & a_{12}+b_{12} & \cdots & a_{1n}+b_{1n} \\ a_{21}+b_{21} & a_{22}+b_{22} & \cdots & a_{2n}+b_{2n} \\ \vdots & \vdots & & \vdots \\ a_{m1}+b_{m1} & a_{m2}+b_{m2} & \cdots & a_{mn}+b_{mn} \end{pmatrix}.$$

两个同型矩阵的和即为两个矩阵对应位置元素相加得到的矩阵. 值得注意的是: 只有两个矩阵是同型矩阵时, 才能进行矩阵的加法运算.

矩阵加法满足下列运算规律 (设 $\boldsymbol{A},\boldsymbol{B},\boldsymbol{C}$ 都是 $m \times n$ 矩阵):

(1) $\boldsymbol{A}+\boldsymbol{B}=\boldsymbol{B}+\boldsymbol{A}$.

(2) $(\boldsymbol{A}+\boldsymbol{B})+\boldsymbol{C}=\boldsymbol{A}+(\boldsymbol{B}+\boldsymbol{C})$.

(3) $\boldsymbol{A}+\boldsymbol{O}=\boldsymbol{O}+\boldsymbol{A}=\boldsymbol{A}$.

2. 矩阵的数乘

定义 2.4

设有 $m \times n$ 矩阵 $\boldsymbol{A} = (a_{ij})$, k 为任意常数, 数 k 与矩阵 $\boldsymbol{A}$ 的乘积称为**矩阵的数乘**, 记作 $k\boldsymbol{A}$ 或 $\boldsymbol{A}k$, 规定为

$$k\boldsymbol{A} = \boldsymbol{A}k = \begin{pmatrix} ka_{11} & ka_{12} & \cdots & ka_{1n} \\ ka_{21} & ka_{22} & \cdots & ka_{2n} \\ \vdots & \vdots & & \vdots \\ ka_{m1} & ka_{m2} & \cdots & ka_{mn} \end{pmatrix},$$

即矩阵的数乘就是用这个数乘矩阵的所有元素.

设 $\boldsymbol{A} = (a_{ij})$, 记

$$-\boldsymbol{A} = (-a_{ij}),$$

$-\boldsymbol{A}$ 称为矩阵 $\boldsymbol{A}$ 的负矩阵. 显然有

$$\boldsymbol{A}+(-\boldsymbol{A})=\boldsymbol{O}.$$

由此规定矩阵的减法为

$$\boldsymbol{A}-\boldsymbol{B}=\boldsymbol{A}+(-\boldsymbol{B}),$$

即两个同型矩阵的减法为对应位置元素相减.

数与矩阵的乘法满足以下运算规律 (设 $\boldsymbol{A},\boldsymbol{B}$ 是 $m\times n$ 矩阵, k, l 为数):

(1) $(k+l)\boldsymbol{A}=k\boldsymbol{A}+l\boldsymbol{A}$.

(2) $k(\boldsymbol{A}+\boldsymbol{B})=k\boldsymbol{A}+k\boldsymbol{B}$.

(3) $(kl)\boldsymbol{A}=k(l\boldsymbol{A})=l(k\boldsymbol{A})$.

(4) $1\boldsymbol{A}=\boldsymbol{A}$, $(-1)\boldsymbol{A}=-\boldsymbol{A}$.

(5) 若 $k\boldsymbol{A}=\boldsymbol{O}$, 则 $k=0$ 或 $\boldsymbol{A}=\boldsymbol{O}$.

矩阵加法与矩阵数乘结合起来, 统称为矩阵的线性运算.

例 2.2 4 名学生的某 3 门课的平时成绩用矩阵表示为 $\boldsymbol{A}=\begin{pmatrix}90&78&92&66\\86&80&93&74\\95&70&96&75\end{pmatrix}$, 而课程结业考试成绩用矩阵表示为 $\boldsymbol{B}=\begin{pmatrix}94&83&98&60\\90&85&95&70\\97&76&97&72\end{pmatrix}$, 规定平时成绩和结业考试的成绩分别占考核成绩的 30%和 70%, 用矩阵表示 4 名学生的考核成绩.

解 考核成绩可用矩阵表示为

$$\begin{aligned}0.3\boldsymbol{A}+0.7\boldsymbol{B}&=0.3\begin{pmatrix}90&78&92&66\\86&80&93&74\\95&70&96&75\end{pmatrix}+0.7\begin{pmatrix}94&83&98&60\\90&85&95&70\\97&76&97&72\end{pmatrix}\\&=\begin{pmatrix}27&23.4&27.6&19.8\\25.8&24&27.9&22.2\\28.5&21&28.8&22.5\end{pmatrix}+\begin{pmatrix}65.8&58.1&68.6&42\\63&59.5&66.5&49\\67.9&53.2&67.9&50.4\end{pmatrix}\\&=\begin{pmatrix}92.8&81.5&96.2&61.8\\88.8&83.5&94.4&71.2\\96.4&74.3&96.7&72.9\end{pmatrix}.\end{aligned}$$

3. 矩阵的乘法

定义 2.5

设 $\boldsymbol{A}=(a_{ij})$ 是 $m\times s$ 矩阵, $\boldsymbol{B}=(b_{ij})$ 是 $s\times n$ 矩阵, 规定矩阵 $\boldsymbol{A}$ 与 $\boldsymbol{B}$ 的乘积是一个 $m\times n$ 矩阵 $\boldsymbol{C}=(c_{ij})$, 其中

$$c_{ij}=a_{i1}b_{1j}+a_{i2}b_{2j}+\cdots+a_{is}b_{sj}=\sum_{k=1}^{s}a_{ik}b_{kj}\quad(i=1,2,\cdots,m;j=1,2,\cdots,n),$$

即矩阵 $\boldsymbol{C}$ 的第 i 行第 j 列的元素 c_{ij} 是矩阵 $\boldsymbol{A}$ 的第 i 行与矩阵 $\boldsymbol{B}$ 的第 j 列对应元素相乘之和, 记作

$$\boldsymbol{C}=\boldsymbol{AB}.$$

注意 (1) 只有当左乘矩阵 $\boldsymbol{A}$ 的列数等于右乘矩阵 $\boldsymbol{B}$ 的行数时, $\boldsymbol{A}$, $\boldsymbol{B}$ 才能作乘法运算 $\boldsymbol{AB}$;

(2) 两个矩阵的乘积 $\boldsymbol{AB}$ 亦是矩阵, 它的行数等于左乘矩阵 $\boldsymbol{A}$ 的行数, 它的列数等于右乘矩阵 $\boldsymbol{B}$ 的列数;

(3) 乘积矩阵 $\boldsymbol{AB}$ 中的第 i 行第 j 列的元素等于 $\boldsymbol{A}$ 的第 i 行元素与 $\boldsymbol{B}$ 的第 j 列对应元素的乘积之和.

例 2.3　设矩阵

$$\boldsymbol{A}=\begin{pmatrix}1&0&3\\-2&1&2\end{pmatrix},\quad \boldsymbol{B}=\begin{pmatrix}4&1&0\\-1&1&3\\2&3&4\end{pmatrix},$$

求 $\boldsymbol{AB}$ 及 $\boldsymbol{BA}$.

解　因为 $\boldsymbol{A}$ 是 2×3 矩阵, $\boldsymbol{B}$ 是 3×3 矩阵, $\boldsymbol{A}$ 的列数等于 $\boldsymbol{B}$ 的行数, 所以矩阵 $\boldsymbol{A}$ 与 $\boldsymbol{B}$ 可以相乘. 其乘积 $\boldsymbol{AB}$ 是一个 2×3 矩阵:

$$\begin{aligned}\boldsymbol{AB}&=\begin{pmatrix}1&0&3\\-2&1&2\end{pmatrix}\begin{pmatrix}4&1&0\\-1&1&3\\2&3&4\end{pmatrix}\\&=\begin{pmatrix}1\times4+0\times(-1)+3\times2&1\times1+0\times1+3\times3&1\times0+0\times3+3\times4\\(-2)\times4+1\times(-1)+2\times2&(-2)\times1+1\times1+2\times3&(-2)\times0+1\times3+2\times4\end{pmatrix}\\&=\begin{pmatrix}10&10&12\\-5&5&11\end{pmatrix}.\end{aligned}$$

由于 $\boldsymbol{B}$ 的列数不等于 $\boldsymbol{A}$ 的行数, 因此 $\boldsymbol{B}$ 与 $\boldsymbol{A}$ 不能相乘.

例 2.4 求矩阵

$$\boldsymbol{A}=\begin{pmatrix}a_1 & a_2 & \cdots & a_n\end{pmatrix},\quad \boldsymbol{B}=\begin{pmatrix}b_1\\ b_2\\ \vdots\\ b_n\end{pmatrix}$$

的乘积 $\boldsymbol{AB}$ 及 $\boldsymbol{BA}$.

解

$$\boldsymbol{AB}=\begin{pmatrix}a_1 & a_2 & \cdots & a_n\end{pmatrix}\begin{pmatrix}b_1\\ b_2\\ \vdots\\ b_n\end{pmatrix}=(a_1b_1+a_2b_2+\cdots+a_nb_n)=\sum_{i=1}^{n}a_ib_i,$$

$$\boldsymbol{BA}=\begin{pmatrix}b_1\\ b_2\\ \vdots\\ b_n\end{pmatrix}\begin{pmatrix}a_1 & a_2 & \cdots & a_n\end{pmatrix}=\begin{pmatrix}b_1a_1 & b_1a_2 & \cdots & b_1a_n\\ b_2a_1 & b_2a_2 & \cdots & b_2a_n\\ \vdots & \vdots & & \vdots\\ b_na_1 & b_na_2 & \cdots & b_na_n\end{pmatrix}.$$

矩阵的乘法满足下列运算规律 (假设运算都是可行的):

(1) 乘法结合律 $(\boldsymbol{AB})\boldsymbol{C}=\boldsymbol{A}(\boldsymbol{BC})$.

(2) 数乘结合律 $k(\boldsymbol{AB})=(k\boldsymbol{A})\boldsymbol{B}=\boldsymbol{A}(k\boldsymbol{B})$ (其中 k 为数).

(3) 左乘分配律 $\boldsymbol{A}(\boldsymbol{B}+\boldsymbol{C})=\boldsymbol{AB}+\boldsymbol{AC}$,

右乘分配律 $(\boldsymbol{B}+\boldsymbol{C})\boldsymbol{A}=\boldsymbol{BA}+\boldsymbol{CA}$.

例 2.5 求矩阵

$$\boldsymbol{A}=\begin{pmatrix}6 & 3\\ 2 & 1\end{pmatrix},\quad \boldsymbol{B}=\begin{pmatrix}-2 & 6\\ 1 & -3\end{pmatrix},\quad \boldsymbol{C}=\begin{pmatrix}-1 & 5\\ -1 & -1\end{pmatrix}$$

的乘积 $\boldsymbol{AB}$, $\boldsymbol{BA}$ 及 $\boldsymbol{AC}$.

解 $\boldsymbol{AB}=\begin{pmatrix}6 & 3\\ 2 & 1\end{pmatrix}\begin{pmatrix}-2 & 6\\ 1 & -3\end{pmatrix}=\begin{pmatrix}-9 & 27\\ -3 & 9\end{pmatrix}.$

$$BA=\begin{pmatrix}-2 & 6\\ 1 & -3\end{pmatrix}\begin{pmatrix}6 & 3\\ 2 & 1\end{pmatrix}=\begin{pmatrix}0 & 0\\ 0 & 0\end{pmatrix}.$$

$$AC=\begin{pmatrix}6 & 3\\ 2 & 1\end{pmatrix}\begin{pmatrix}-1 & 5\\ -1 & -1\end{pmatrix}=\begin{pmatrix}-9 & 27\\ -3 & 9\end{pmatrix}.$$

由以上的例子可知:

(1) 矩阵的乘法不满足交换律, 即在一般情况下, $\boldsymbol{AB}\neq\boldsymbol{BA}$.

(2) 两个非零矩阵的乘积可能是零矩阵, 即由 $\boldsymbol{AB}=\boldsymbol{O}$, 一般不能得出 $\boldsymbol{A}=\boldsymbol{O}$ 或 $\boldsymbol{B}=\boldsymbol{O}$.

(3) 矩阵的乘法不满足消去律, 即由 $\boldsymbol{AB}=\boldsymbol{AC}$, 一般不能从等式两边消去 $\boldsymbol{A}$, 得出 $\boldsymbol{B}=\boldsymbol{C}$.

若矩阵 $\boldsymbol{A}$ 与 $\boldsymbol{B}$ 满足 $\boldsymbol{AB}=\boldsymbol{BA}$, 则称矩阵 $\boldsymbol{A}$ 与 $\boldsymbol{B}$ **可交换**.

单位矩阵在矩阵的乘法运算中占有特殊的地位. 任何矩阵与单位矩阵相乘 (假设运算可以进行) 都等于这个矩阵, 即对任意的矩阵 $\boldsymbol{A}$, 有

$$\boldsymbol{AE}=\boldsymbol{A},\quad \boldsymbol{EA}=\boldsymbol{A}.$$

单位矩阵的这条性质, 使得单位矩阵在矩阵乘法运算中的地位类似于实数乘法中的数 1. 不过应该注意, 如果矩阵 $\boldsymbol{A}$ 不是方阵, 上面两个式子中的单位矩阵的阶数是不同的.

2.2.2 矩阵的转置

定义 2.6

把矩阵 $\boldsymbol{A}$ 的行换成同序数的列得到的新矩阵, 称为 $\boldsymbol{A}$ 的**转置矩阵**, 记作 $\boldsymbol{A}^{\mathrm{T}}$.

例如, 矩阵

$$\boldsymbol{A}=\begin{pmatrix}1 & 2 & 0\\ 3 & -1 & 1\end{pmatrix}$$

的转置矩阵为

$$\boldsymbol{A}^{\mathrm{T}}=\begin{pmatrix}1 & 3\\ 2 & -1\\ 0 & 1\end{pmatrix}.$$

矩阵的转置也是一种运算, 满足下述运算规律 (假设运算都是可行的):

(1) $(\boldsymbol{A}^{\mathrm{T}})^{\mathrm{T}}=\boldsymbol{A}$.

(2) $(\boldsymbol{A}+\boldsymbol{B})^{\mathrm{T}}=\boldsymbol{A}^{\mathrm{T}}+\boldsymbol{B}^{\mathrm{T}}$.

(3) $(k\boldsymbol{A})^{\mathrm{T}} = k\boldsymbol{A}^{\mathrm{T}}$ (其中 k 为常数).

(4) $(\boldsymbol{AB})^{\mathrm{T}} = \boldsymbol{B}^{\mathrm{T}}\boldsymbol{A}^{\mathrm{T}}$.

例 2.6 已知

$$\boldsymbol{A} = \begin{pmatrix} 2 & 0 & -1 \\ 1 & 3 & 2 \end{pmatrix}, \quad \boldsymbol{B} = \begin{pmatrix} 1 & 7 & -1 \\ 4 & 2 & 3 \\ 2 & 0 & 1 \end{pmatrix},$$

求 $(\boldsymbol{AB})^{\mathrm{T}}$.

解法一 因为

$$\boldsymbol{AB} = \begin{pmatrix} 2 & 0 & -1 \\ 1 & 3 & 2 \end{pmatrix} \begin{pmatrix} 1 & 7 & -1 \\ 4 & 2 & 3 \\ 2 & 0 & 1 \end{pmatrix} = \begin{pmatrix} 0 & 14 & -3 \\ 17 & 13 & 10 \end{pmatrix},$$

所以

$$(\boldsymbol{AB})^{\mathrm{T}} = \begin{pmatrix} 0 & 17 \\ 14 & 13 \\ -3 & 10 \end{pmatrix}.$$

解法二 $(\boldsymbol{AB})^{\mathrm{T}} = \boldsymbol{B}^{\mathrm{T}}\boldsymbol{A}^{\mathrm{T}} = \begin{pmatrix} 1 & 4 & 2 \\ 7 & 2 & 0 \\ -1 & 3 & 1 \end{pmatrix} \begin{pmatrix} 2 & 1 \\ 0 & 3 \\ -1 & 2 \end{pmatrix} = \begin{pmatrix} 0 & 17 \\ 14 & 13 \\ -3 & 10 \end{pmatrix}.$

定义 2.7

若 n 阶方阵 $\boldsymbol{A}$ 满足 $\boldsymbol{A}^{\mathrm{T}} = \boldsymbol{A}$, 则称 $\boldsymbol{A}$ 为**对称矩阵**.

例如,

$$\boldsymbol{A} = \begin{pmatrix} \frac{1}{2} & \frac{\sqrt{3}}{2} \\ \frac{\sqrt{3}}{2} & \frac{1}{2} \end{pmatrix}, \quad \boldsymbol{B} = \begin{pmatrix} 1 & -3 & 6 \\ -3 & 1 & 2 \\ 6 & 2 & 1 \end{pmatrix}$$

都是对称矩阵. 对称矩阵的特点是它的元素以主对角线为对称轴对应相等. 由定义可以直接得到: 对称矩阵的和、数乘仍为对称矩阵.

§2.3 逆矩阵

有了矩阵的乘法后, 可否定义矩阵的除法? 为了弄清这个问题, 先看数的除法与乘法的关系. 设 a 与 b 都是数, 且 $a \neq 0$, 我们都知道

$$b \div a = b \cdot \frac{1}{a}.$$

由此看出, 有了数的乘法以后, 要做数的除法, 关键是除数 a 必须有倒数 $\frac{1}{a}$, a 的倒数称为它的**逆**. 显然只要 $a \neq 0$, a 就有逆, 且满足下式

$$a \cdot \frac{1}{a} = \frac{1}{a} \cdot a = 1.$$

相仿地, 能否进行矩阵的除法, 关键是起着像 "除数" 那样作用的矩阵 $\boldsymbol{A}$ 有没有 "逆"? 即有没有一个矩阵 $\boldsymbol{B}$ 能使得 $\boldsymbol{AB} = \boldsymbol{BA} = \boldsymbol{E}$, 为此引入以下定义.

定义 2.8

对于方阵 $\boldsymbol{A}$, 若有一个方阵 $\boldsymbol{B}$, 使得

$$\boldsymbol{AB} = \boldsymbol{BA} = \boldsymbol{E},$$

则称 $\boldsymbol{A}$ 为可逆矩阵, 并把 $\boldsymbol{B}$ 称为 $\boldsymbol{A}$ 的**逆矩阵**, 记作 $\boldsymbol{A}^{-1} = \boldsymbol{B}$, 并且满足: $\boldsymbol{AA}^{-1} = \boldsymbol{A}^{-1}\boldsymbol{A} = \boldsymbol{E}$, 也称 $\boldsymbol{A}, \boldsymbol{B}$ 互为逆矩阵.

逆矩阵唯一.

下面研究: 什么样的矩阵是可逆矩阵? 如果 $\boldsymbol{A}$ 可逆, 怎样求 $\boldsymbol{A}^{-1}$?

定理 2.1

若矩阵 $\boldsymbol{A}$ 可逆, 则 $|\boldsymbol{A}| \neq 0$.

证 因为 $\boldsymbol{A}$ 可逆, 所以有逆矩阵 $\boldsymbol{A}^{-1}$, 且满足

$$\boldsymbol{AA}^{-1} = \boldsymbol{E},$$

从而

$$\left|\boldsymbol{AA}^{-1}\right| = |\boldsymbol{E}|,$$

即

$$|\boldsymbol{A}|\left|\boldsymbol{A}^{-1}\right| = 1,$$

所以

$$|\boldsymbol{A}| \neq 0.$$

定理 2.2

若 $|\boldsymbol{A}| \neq 0$, 则矩阵 $\boldsymbol{A}$ 可逆, 且

$$\boldsymbol{A}^{-1} = \frac{1}{|\boldsymbol{A}|}\boldsymbol{A}^{*},$$

其中 $\boldsymbol{A}^* = \begin{pmatrix} A_{11} & A_{21} & \cdots & A_{n1} \\ A_{12} & A_{22} & \cdots & A_{n2} \\ \vdots & \vdots & & \vdots \\ A_{1n} & A_{2n} & \cdots & A_{nn} \end{pmatrix}$ 称为矩阵 $\boldsymbol{A}$ 的伴随矩阵.

证 由

$$\boldsymbol{A}\boldsymbol{A}^* = \begin{pmatrix} a_{11} & a_{12} & \cdots & a_{1n} \\ a_{21} & a_{22} & \cdots & a_{2n} \\ \vdots & \vdots & & \vdots \\ a_{n1} & a_{n2} & \cdots & a_{nn} \end{pmatrix} \begin{pmatrix} A_{11} & A_{21} & \cdots & A_{n1} \\ A_{12} & A_{22} & \cdots & A_{n2} \\ \vdots & \vdots & & \vdots \\ A_{1n} & A_{2n} & \cdots & A_{nn} \end{pmatrix}$$

$$= \begin{pmatrix} |\boldsymbol{A}| & 0 & \cdots & 0 \\ 0 & |\boldsymbol{A}| & \cdots & 0 \\ \vdots & \vdots & & \vdots \\ 0 & 0 & \cdots & |\boldsymbol{A}| \end{pmatrix} = |\boldsymbol{A}|\boldsymbol{E},$$

同理 $\boldsymbol{A}^*\boldsymbol{A} = |\boldsymbol{A}|\boldsymbol{E}$. 故 $\boldsymbol{A}\boldsymbol{A}^* = \boldsymbol{A}^*\boldsymbol{A} = |\boldsymbol{A}|\boldsymbol{E}$, 因 $|\boldsymbol{A}| \neq 0$, 故有

$$\boldsymbol{A}\frac{1}{|\boldsymbol{A}|}\boldsymbol{A}^* = \frac{1}{|\boldsymbol{A}|}\boldsymbol{A}^*\boldsymbol{A} = \boldsymbol{E},$$

所以, 按照逆矩阵的定义, 即知 $\boldsymbol{A}$ 可逆, 且有

$$\boldsymbol{A}^{-1} = \frac{1}{|\boldsymbol{A}|}\boldsymbol{A}^*.$$

当 $|\boldsymbol{A}| = 0$ 时, $\boldsymbol{A}$ 称为**奇异矩阵**或**退化矩阵**, 否则称**非奇异矩阵**或**非退化矩阵**. 由上面定理可知: $\boldsymbol{A}$ 是可逆矩阵的充分必要条件是 $|\boldsymbol{A}| \neq 0$, 即可逆矩阵就是非奇异矩阵.

推论 2.1

若 $\boldsymbol{AB} = \boldsymbol{E}$ 或 $\boldsymbol{BA} = \boldsymbol{E}$, 则 $\boldsymbol{B} = \boldsymbol{A}^{-1}$.

证 $|\boldsymbol{A}|\,|\boldsymbol{B}| = |\boldsymbol{E}| = 1$, 故 $|\boldsymbol{A}| \neq 0$, 因而 $\boldsymbol{A}^{-1}$ 存在, 于是

$$\boldsymbol{B} = \boldsymbol{EB} = (\boldsymbol{A}^{-1}\boldsymbol{A})\boldsymbol{B} = \boldsymbol{A}^{-1}(\boldsymbol{AB}) = \boldsymbol{A}^{-1}\boldsymbol{E} = \boldsymbol{A}^{-1}.$$

方阵的逆矩阵满足下述运算规律:

(1) 若 $\boldsymbol{A}$ 可逆, 则 $\boldsymbol{A}^{-1}$ 亦可逆, 且 $(\boldsymbol{A}^{-1})^{-1}=\boldsymbol{A}$;

(2) 若 $\boldsymbol{A}$ 可逆, 数 $k\neq 0$, 则 $k\boldsymbol{A}$ 可逆, 且 $(k\boldsymbol{A})^{-1}=\dfrac{1}{k}\boldsymbol{A}^{-1}$;

(3) 若 $\boldsymbol{A},\boldsymbol{B}$ 为同阶方阵且均可逆, 则 $\boldsymbol{AB}$ 亦可逆, 且

$$(\boldsymbol{AB})^{-1}=\boldsymbol{B}^{-1}\boldsymbol{A}^{-1};$$

(4) 若 $\boldsymbol{A}$ 可逆, 则 $\boldsymbol{A}^{\mathrm{T}}$ 亦可逆, 且 $(\boldsymbol{A}^{\mathrm{T}})^{-1}=(\boldsymbol{A}^{-1})^{\mathrm{T}}$.

例 2.7　设 $\boldsymbol{A}=\begin{pmatrix}1&-2&5\\-3&0&4\\2&1&6\end{pmatrix}$, 判断矩阵 $\boldsymbol{A}$ 是否可逆, 若可逆, 求 $\boldsymbol{A}^{-1}$.

解　因为

$$|\boldsymbol{A}|=\begin{vmatrix}1&-2&5\\-3&0&4\\2&1&6\end{vmatrix}=-71\neq 0.$$

所以 $\boldsymbol{A}$ 可逆, 且

$$\boldsymbol{A}^{-1}=\frac{1}{|\boldsymbol{A}|}\boldsymbol{A}^{*}=\frac{1}{-71}\begin{pmatrix}-4&17&-8\\26&-4&-19\\-3&-5&-6\end{pmatrix}.$$

§2.4　分块矩阵及其运算

2.4.1　分块矩阵的定义

将一个矩阵用若干条横线和竖线分成许多个小矩阵, 将每个小矩阵称为这个矩阵的子块, 以子块为元素的形式上的矩阵称为**分块矩阵**.

例如,

$$\boldsymbol{A}=\left(\begin{array}{ccc:c}1&0&0&0\\0&1&0&0\\0&0&1&0\\ \hdashline 2&-3&0&1\end{array}\right)=\begin{pmatrix}\boldsymbol{E}_3&\boldsymbol{O}\\\boldsymbol{B}&\boldsymbol{E}_1\end{pmatrix},$$

其中 $\boldsymbol{E}_1$, $\boldsymbol{E}_3$ 分别表示 1 阶、3 阶单位矩阵, $\boldsymbol{O}$ 表示 3×1 零矩阵, 而 $\boldsymbol{B}=\begin{pmatrix}2&-3&0\end{pmatrix}$.

同一个矩阵可以有多种不同的分块方法, 从而形成不同的分块矩阵. 例如上例的矩阵 $\boldsymbol{A}$ 也可分块成

$$\boldsymbol{A}=\left(\begin{array}{cc:cc}1&0&0&0\\0&1&0&0\\\hdashline 0&0&1&0\\2&-3&0&1\end{array}\right)=\begin{pmatrix}\boldsymbol{E}_2&\boldsymbol{O}\\\boldsymbol{C}&\boldsymbol{E}_2\end{pmatrix},$$

其中 $\boldsymbol{E}_2$ 表示 2 阶单位矩阵, $\boldsymbol{O}$ 表示 2 阶零矩阵, 而 $\boldsymbol{C}=\begin{pmatrix}0&0\\2&-3\end{pmatrix}$.

分块矩阵往往能突出其结构上的特点, 如上例.

当然矩阵 $\boldsymbol{A}$ 还有其他的分块方法, 在此不一一列举. 在运用分块矩阵时可以根据实际问题的需要对矩阵进行划分来简化问题的解决.

2.4.2 分块矩阵的运算

从以上分块矩阵的概念中可以知道, 分块矩阵是由矩阵通过某种分块方法而得来的, 所以分块矩阵的运算与矩阵的运算在形式上是很相似的.

设 $\boldsymbol{A}=(a_{ij})_{m\times n}$, $\boldsymbol{B}=(b_{ij})_{m\times n}$, 用同样的方法对 $\boldsymbol{A}$, $\boldsymbol{B}$ 进行分块, 即 $\boldsymbol{A}_{ij}$, $\boldsymbol{B}_{ij}$ 为同型矩阵, 则 $\boldsymbol{A}\pm\boldsymbol{B}=(\boldsymbol{A}_{ij}\pm\boldsymbol{B}_{ij})_{r\times s}$.

设 $\boldsymbol{A}=(a_{ij})_{m\times n}=(\boldsymbol{A}_{ij})_{r\times s}, k$ 是任意数, 定义分块矩阵 $\boldsymbol{A}=(\boldsymbol{A}_{ij})_{r\times s}$ 与 k 的数乘为 $k\boldsymbol{A}=(k\boldsymbol{A}_{ij})_{r\times s}$.

设 $\boldsymbol{A}=(a_{ij})_{m\times l}, \boldsymbol{B}=(b_{ij})_{l\times n}, \boldsymbol{A}$ 的列数和 $\boldsymbol{B}$ 的行数相同, 把 $\boldsymbol{A}, \boldsymbol{B}$ 分成一些小矩阵 ($\boldsymbol{A}$ 的列分法和 $\boldsymbol{B}$ 的行分法相同), 即

$$\boldsymbol{A}=\begin{pmatrix}\boldsymbol{A}_{11}&\boldsymbol{A}_{12}&\cdots&\boldsymbol{A}_{1t}\\\boldsymbol{A}_{21}&\boldsymbol{A}_{22}&\cdots&\boldsymbol{A}_{2t}\\\vdots&\vdots&&\vdots\\\boldsymbol{A}_{s1}&\boldsymbol{A}_{s2}&\cdots&\boldsymbol{A}_{st}\end{pmatrix},\quad \boldsymbol{B}=\begin{pmatrix}\boldsymbol{B}_{11}&\boldsymbol{B}_{12}&\cdots&\boldsymbol{B}_{1r}\\\boldsymbol{B}_{21}&\boldsymbol{B}_{22}&\cdots&\boldsymbol{B}_{2r}\\\vdots&\vdots&&\vdots\\\boldsymbol{B}_{t1}&\boldsymbol{B}_{t2}&\cdots&\boldsymbol{B}_{tr}\end{pmatrix},$$

其中 $\boldsymbol{A}_{i1},\boldsymbol{A}_{i2},\cdots,\boldsymbol{A}_{it}$ 的列数分别等于 $\boldsymbol{B}_{1j},\boldsymbol{B}_{2j},\cdots,\boldsymbol{B}_{tj}$ 的行数, 于是有

$$\boldsymbol{C}=\boldsymbol{A}\boldsymbol{B}=\begin{pmatrix}\boldsymbol{C}_{11}&\boldsymbol{C}_{12}&\cdots&\boldsymbol{C}_{1r}\\\boldsymbol{C}_{21}&\boldsymbol{C}_{22}&\cdots&\boldsymbol{C}_{2r}\\\vdots&\vdots&&\vdots\\\boldsymbol{C}_{s1}&\boldsymbol{C}_{s2}&\cdots&\boldsymbol{C}_{sr}\end{pmatrix},$$

其中 $C_{pq}=A_{p1}B_{1q}+A_{p2}B_{2q}+\cdots+A_{pt}B_{tq}=\sum\limits_{k=1}^{t}A_{pk}B_{kq}(p=1,2,\cdots,s;q=1,2,\cdots,r)$.

例如,

$$\boldsymbol{A}=\begin{pmatrix}1&0&0&0\\0&1&0&0\\-2&1&1&0\\1&2&0&1\end{pmatrix}=\begin{pmatrix}\boldsymbol{E}_2&\boldsymbol{O}\\\boldsymbol{A}_1&\boldsymbol{E}_2\end{pmatrix},$$

其中 $\boldsymbol{E}_2$ 表示 2 阶单位矩阵, 而 $\boldsymbol{A}_1=\begin{pmatrix}-2&1\\1&2\end{pmatrix}$, $\boldsymbol{O}=\begin{pmatrix}0&0\\0&0\end{pmatrix}$.

$$\boldsymbol{B}=\begin{pmatrix}2&1&0&1\\0&1&2&-1\\1&0&3&2\\-1&-1&2&0\end{pmatrix}=\begin{pmatrix}\boldsymbol{B}_{11}&\boldsymbol{B}_{12}\\\boldsymbol{B}_{21}&\boldsymbol{B}_{22}\end{pmatrix},$$

其中 $\boldsymbol{B}_{11}=\begin{pmatrix}2&1\\0&1\end{pmatrix}$, $\boldsymbol{B}_{12}=\begin{pmatrix}0&1\\2&-1\end{pmatrix}$, $\boldsymbol{B}_{21}=\begin{pmatrix}1&0\\-1&-1\end{pmatrix}$, $\boldsymbol{B}_{22}=\begin{pmatrix}3&2\\2&0\end{pmatrix}$.

在计算 $\boldsymbol{AB}$ 时, 把 $\boldsymbol{A}$, $\boldsymbol{B}$ 都看成是分块矩阵, 即按 2 阶矩阵来运算. 于是

$$\boldsymbol{AB}=\begin{pmatrix}\boldsymbol{E}_2&\boldsymbol{O}\\\boldsymbol{A}_1&\boldsymbol{E}_2\end{pmatrix}\begin{pmatrix}\boldsymbol{B}_{11}&\boldsymbol{B}_{12}\\\boldsymbol{B}_{21}&\boldsymbol{B}_{22}\end{pmatrix}=\begin{pmatrix}\boldsymbol{B}_{11}&\boldsymbol{B}_{12}\\\boldsymbol{A}_1\boldsymbol{B}_{11}+\boldsymbol{B}_{21}&\boldsymbol{A}_1\boldsymbol{B}_{12}+\boldsymbol{B}_{22}\end{pmatrix},$$

其中

$$\boldsymbol{A}_1\boldsymbol{B}_{11}+\boldsymbol{B}_{21}=\begin{pmatrix}-2&1\\1&2\end{pmatrix}\begin{pmatrix}2&1\\0&1\end{pmatrix}+\begin{pmatrix}1&0\\-1&-1\end{pmatrix}=\begin{pmatrix}-3&-1\\1&2\end{pmatrix},$$

$$\boldsymbol{A}_1\boldsymbol{B}_{12}+\boldsymbol{B}_{22}=\begin{pmatrix}-2&1\\1&2\end{pmatrix}\begin{pmatrix}0&1\\2&-1\end{pmatrix}+\begin{pmatrix}3&2\\2&0\end{pmatrix}=\begin{pmatrix}5&-1\\6&-1\end{pmatrix}.$$

所以

$$\boldsymbol{AB}=\begin{pmatrix}\boldsymbol{B}_{11}&\boldsymbol{B}_{12}\\\boldsymbol{A}_1\boldsymbol{B}_{11}+\boldsymbol{B}_{21}&\boldsymbol{A}_1\boldsymbol{B}_{12}+\boldsymbol{B}_{22}\end{pmatrix}=\begin{pmatrix}2&1&0&1\\0&1&2&-1\\-3&-1&5&-1\\1&2&6&-1\end{pmatrix}.$$

设有一个 $r \times s$ 块的分块矩阵

$$\boldsymbol{A}=\begin{pmatrix} \boldsymbol{A}_{11} & \boldsymbol{A}_{12} & \cdots & \boldsymbol{A}_{1r} \\ \boldsymbol{A}_{21} & \boldsymbol{A}_{22} & \cdots & \boldsymbol{A}_{2r} \\ \vdots & \vdots & & \vdots \\ \boldsymbol{A}_{s1} & \boldsymbol{A}_{s2} & \cdots & \boldsymbol{A}_{sr} \end{pmatrix},$$

则

$$\boldsymbol{A}^{\mathrm{T}}=\begin{pmatrix} \boldsymbol{A}_{11}^{\mathrm{T}} & \boldsymbol{A}_{21}^{\mathrm{T}} & \cdots & \boldsymbol{A}_{s1}^{\mathrm{T}} \\ \boldsymbol{A}_{12}^{\mathrm{T}} & \boldsymbol{A}_{22}^{\mathrm{T}} & \cdots & \boldsymbol{A}_{s2}^{\mathrm{T}} \\ \vdots & \vdots & & \vdots \\ \boldsymbol{A}_{1r}^{\mathrm{T}} & \boldsymbol{A}_{2r}^{\mathrm{T}} & \cdots & \boldsymbol{A}_{sr}^{\mathrm{T}} \end{pmatrix},$$

转置时, 先将每一个子块矩阵看成一个元素进行转置, 再对每一个子块矩阵进行转置.

由以上讨论可以看出, 分块矩阵的运算法则与一般矩阵的运算法则类似. 分块矩阵的运算归结为它们的子块的运算, 因此利用分块矩阵可以将大矩阵的运算转化为一些小矩阵的运算, 从而使矩阵的运算得到简化.

值得注意的是, 在利用分块矩阵进行运算时, 必须注意相应运算的前提条件. 例如, 分块矩阵相加时, 划分的对应子块应当同型; 相乘时, 划分的对应子块应当可乘.

2.4.3　两种特殊的分块矩阵

设 $\boldsymbol{A}$ 为 n 阶方阵, 若 $\boldsymbol{A}$ 的分块矩阵在非主对角线上的子块皆为零矩阵, 且在主对角线上的子块都是方阵, 即

$$\boldsymbol{A}=\begin{pmatrix} \boldsymbol{A}_{1} & \boldsymbol{O} & \cdots & \boldsymbol{O} \\ \boldsymbol{O} & \boldsymbol{A}_{2} & \cdots & \boldsymbol{O} \\ \vdots & \vdots & & \vdots \\ \boldsymbol{O} & \boldsymbol{O} & \cdots & \boldsymbol{A}_{s} \end{pmatrix},$$

其中 $\boldsymbol{O}$ 表示零矩阵, $\boldsymbol{A}_i(i=1,2,\cdots,s)$ 都是方阵, 那么称 $\boldsymbol{A}$ 为分块对角矩阵.

例如,

$$\left(\begin{array}{cc:ccc:c} 1 & 2 & 0 & 0 & 0 & 0 \\ 2 & 5 & 0 & 0 & 0 & 0 \\ \hdashline 0 & 0 & 2 & 0 & 1 & 0 \\ 0 & 0 & 3 & -2 & 1 & 0 \\ 0 & 0 & 0 & 1 & 2 & 0 \\ \hdashline 0 & 0 & 0 & 0 & 0 & 2 \end{array}\right)$$

就是分块对角矩阵.

显然, 对角矩阵是分块对角矩阵的特例. 分块对角矩阵具有与对角矩阵类似的性质. 设 $\boldsymbol{A}$ 为分块对角矩阵

$$\boldsymbol{A}=\begin{pmatrix}\boldsymbol{A}_1 & \boldsymbol{O} & \cdots & \boldsymbol{O}\\ \boldsymbol{O} & \boldsymbol{A}_2 & \cdots & \boldsymbol{O}\\ \vdots & \vdots & & \vdots\\ \boldsymbol{O} & \boldsymbol{O} & \cdots & \boldsymbol{A}_s\end{pmatrix},$$

则

(1) $|\boldsymbol{A}|=|\boldsymbol{A}_1||\boldsymbol{A}_2|\cdots|\boldsymbol{A}_s|$;

(2) 若 $|\boldsymbol{A}_i|\neq 0(i=1,2,\cdots,s)$, 则 $\boldsymbol{A}$ 可逆, 且 $\boldsymbol{A}^{-1}=\begin{pmatrix}\boldsymbol{A}_1^{-1} & & & \\ & \boldsymbol{A}_2^{-1} & & \\ & & \ddots & \\ & & & \boldsymbol{A}_s^{-1}\end{pmatrix}$;

(3) 同结构的准对角矩阵的和、差、积、数乘及逆矩阵仍是准对角矩阵, 且运算表现为对应子块的运算.

例 2.8　求 $\boldsymbol{A}=\begin{pmatrix}1&2&0&0&0\\2&3&0&0&0\\0&0&3&0&0\\0&0&0&3&2\\0&0&0&2&1\end{pmatrix}$ 的逆矩阵.

解　将 $\boldsymbol{A}$ 分块如下:

$$\boldsymbol{A}=\left(\begin{array}{cc|c|cc}1&2&0&0&0\\2&3&0&0&0\\\hline 0&0&3&0&0\\\hline 0&0&0&3&2\\0&0&0&2&1\end{array}\right)=\begin{pmatrix}\boldsymbol{A}_1&\boldsymbol{O}&\boldsymbol{O}\\\boldsymbol{O}&\boldsymbol{A}_2&\boldsymbol{O}\\\boldsymbol{O}&\boldsymbol{O}&\boldsymbol{A}_3\end{pmatrix},$$

其中 $\boldsymbol{A}_1=\begin{pmatrix}1&2\\2&3\end{pmatrix}$, $\boldsymbol{A}_2=(3)$, $\boldsymbol{A}_3=\begin{pmatrix}3&2\\2&1\end{pmatrix}$ 都可逆, 且

$$\boldsymbol{A}_1^{-1}=\begin{pmatrix}-3&2\\2&-1\end{pmatrix},\quad \boldsymbol{A}_2^{-1}=\left(\frac{1}{3}\right),\quad \boldsymbol{A}_3^{-1}=\begin{pmatrix}-1&2\\2&-3\end{pmatrix},$$

所以

$$A^{-1}=\begin{pmatrix}-3&2&0&0&0\\2&-1&0&0&0\\0&0&\frac{1}{3}&0&0\\0&0&0&-1&2\\0&0&0&2&-3\end{pmatrix}.$$

§2.5　矩阵的初等变换和初等矩阵

2.5.1　矩阵的初等变换

矩阵的初等变换是矩阵的一种十分重要的运算，它在解线性方程组、求逆矩阵及矩阵理论的研究中都起着重要的作用. 为引入矩阵的初等变换，先引入用消元法解线性方程组的例子.

引例 2.3　求解线性方程组

$$\begin{cases}2x_1-x_2-x_3+x_4=2, & (1)\\ x_1+x_2-2x_3+x_4=4, & (2)\\ 4x_1-6x_2+2x_3-2x_4=4, & (3)\\ 3x_1+6x_2-9x_3+7x_4=9. & (4)\end{cases}$$

解　为逐次消去未知元 x_1, x_2, x_3，对方程组作如下变换:

$$\begin{cases}2x_1-x_2-x_3+x_4=2, & (1)\\ x_1+x_2-2x_3+x_4=4, & (2)\\ 4x_1-6x_2+2x_3-2x_4=4, & (3)\\ 3x_1+6x_2-9x_3+7x_4=9 & (4)\end{cases}\xrightarrow[\text{(3) 式}\div 2]{\text{(1) 式}\leftrightarrow\text{(2) 式}}\begin{cases}x_1+x_2-2x_3+x_4=4, & (1)\\ 2x_1-x_2-x_3+x_4=2, & (2)\\ 2x_1-3x_2+x_3-x_4=2, & (3)\\ 3x_1+6x_2-9x_3+7x_4=9 & (4)\end{cases}$$

$$\xrightarrow[\text{(4) 式}-3\times\text{(1) 式}]{\substack{\text{(2) 式}-\text{(3) 式}\\ \text{(3) 式}-2\times\text{(1) 式}}}\begin{cases}x_1+x_2-2x_3+x_4=4, & (1)\\ 0+2x_2-2x_3+2x_4=0, & (2)\\ 0-5x_2+5x_3-3x_4=-6, & (3)\\ 0+3x_2-3x_3+4x_4=-3 & (4)\end{cases}\xrightarrow[\substack{\text{(3)}+5\times\text{(2) 式}\\ \text{(4)}-3\times\text{(2) 式}}]{\text{(2) 式}\times\frac{1}{2}}\begin{cases}x_1+x_2-2x_3+x_4=4, & (1)\\ 0+x_2-x_3+x_4=0, & (2)\\ 0+0+0+2x_4=-6, & (3)\\ 0+0+0+x_4=-3 & (4)\end{cases}$$

$$\xrightarrow[(4)\text{式}-2\times(3)\text{式}]{(3)\text{式}\leftrightarrow(4)\text{式}}\begin{cases}x_1+x_2-2x_3+x_4=4, & (1)\\ 0+x_2-x_3+x_4=0, & (2)\\ 0+0+0+x_4=-3, & (3)\\ 0+0+0+0=0, & (4)\end{cases}$$

最后消 x_4 时, 常数项也消去了, 得到恒等式 $0=0$ (如果常数项消不去, 就得到矛盾方程, 说明方程无解), 然后采取 "回代" 的方法便可求出解:

$$\begin{cases}x_1=x_3+4,\\ x_2=x_3+3,\\ x_4=-3,\end{cases}$$

其中 x_3 可任意取值, 称**自由未知量**.

上述解方程组的变换过程中，实际上只是对方程组的系数和常数进行了三种运算: (1) 交换某两行; (2) 数乘某行; (3) 某行的倍数加到另一行上, 而未知数并未参与运算.

若记

$$\boldsymbol{B}=(\boldsymbol{A},\boldsymbol{b})=\begin{pmatrix}2&-1&-1&1&2\\1&1&-2&1&4\\4&-6&2&-2&4\\3&6&-9&7&9\end{pmatrix},$$

那么上述对方程组的变换就可以转换为对矩阵 $\boldsymbol{B}$ 的行变换, 方程组的上述三种同解变换就是矩阵的三种初等行变换.

定义 2.9

下面三种变换称为矩阵的**初等行变换**:

(i) 两行互换 (互换 i,j 行, 记作 $\xrightarrow{r_i\leftrightarrow r_j}$);

(ii) 以数 $k\neq 0$ 乘 (除) 某一行的所有元素 (第 i 行乘 (除) k, 记作 $\xrightarrow{kr_i}$ ($\xrightarrow{r_i\div k}$));

(iii) 把某一行所有元素的 k 倍加到另一行对应的元素上去 (第 j 行的 k 倍加到第 i 行上, 记作 $\xrightarrow{r_i+kr_j}$).

把定义中的 "行" 换成 "列", 即得矩阵的初等列变换的定义 (所用记号是把 "r" 换成 "c", 如互换 i,j 列, 记作 $\xrightarrow[c_i\leftrightarrow c_j]{}$ 等).

矩阵的初等行变换和初等列变换, 统称**初等变换**.

如果矩阵 $\boldsymbol{A}$ 经过有限次初等变换变成矩阵 $\boldsymbol{B}$, 就称它们等价, 记作 $\boldsymbol{A} \cong \boldsymbol{B}$.

矩阵之间的**等价** “$\cong$” 关系具有: **反身性**、**对称性**和**传递性**.

下面用矩阵的初等行变换来解引例所举的线性方程组, 其过程可与方程组的消元过程一一对照:

$$\boldsymbol{B}=\begin{pmatrix} 2 & -1 & -1 & 1 & 2 \\ 1 & 1 & -2 & 1 & 4 \\ 4 & -6 & 2 & -2 & 4 \\ 3 & 6 & -9 & 7 & 9 \end{pmatrix} \xrightarrow[r_3 \cdot \frac{1}{2}]{r_1 \leftrightarrow r_2} \begin{pmatrix} 1 & 1 & -2 & 1 & 4 \\ 2 & -1 & -1 & 1 & 2 \\ 2 & -3 & 1 & -1 & 2 \\ 3 & 6 & -9 & 7 & 9 \end{pmatrix}$$

$$\xrightarrow[\substack{r_3-2r_1 \\ r_4-3r_1}]{r_2-r_3} \begin{pmatrix} 1 & 1 & -2 & 1 & 4 \\ 0 & 2 & -2 & 2 & 0 \\ 0 & -5 & 5 & -3 & 6 \\ 0 & 3 & -3 & 4 & -3 \end{pmatrix} \xrightarrow[\substack{r_3+5r_2 \\ r_4-3r_2}]{r_2 \div 2} \begin{pmatrix} 1 & 1 & -2 & 1 & 4 \\ 0 & 1 & -1 & 1 & 0 \\ 0 & 0 & 0 & 2 & -6 \\ 0 & 0 & 0 & 1 & -3 \end{pmatrix}$$

$$\xrightarrow[r_4-2r_3]{r_3 \leftrightarrow r_4} \begin{pmatrix} 1 & 1 & -2 & 1 & 4 \\ 0 & 1 & -1 & 1 & 0 \\ 0 & 0 & 0 & 1 & -3 \\ 0 & 0 & 0 & 0 & 0 \end{pmatrix}.$$

方程组解的回代过程也可用矩阵的初等行变换来完成, 即

$$\begin{pmatrix} 1 & 1 & -2 & 1 & 4 \\ 0 & 1 & -1 & 1 & 0 \\ 0 & 0 & 0 & 1 & -3 \\ 0 & 0 & 0 & 0 & 0 \end{pmatrix} \xrightarrow[r_2-r_3]{r_1-r_2} \begin{pmatrix} 1 & 0 & -1 & 0 & 4 \\ 0 & 1 & -1 & 0 & 3 \\ 0 & 0 & 0 & 1 & -3 \\ 0 & 0 & 0 & 0 & 0 \end{pmatrix},$$

最后一个矩阵对应的方程组是

$$\begin{cases} x_1 - x_3 = 4, \\ x_2 - x_3 = 3, \\ x_4 = -3, \end{cases} \qquad \text{取自由未知量 } x_3 = c \text{ (常数)},$$

即得

$$\boldsymbol{X}=\begin{pmatrix}x_1\\x_2\\x_3\\x_4\end{pmatrix}=\begin{pmatrix}c+4\\c+3\\c\\-3\end{pmatrix}=c\begin{pmatrix}1\\1\\1\\0\end{pmatrix}+\begin{pmatrix}4\\3\\0\\-3\end{pmatrix}.$$

矩阵 $\begin{pmatrix}1&1&-2&1&4\\0&1&-1&1&0\\0&0&0&1&-3\\0&0&0&0&0\end{pmatrix}$ 和 $\begin{pmatrix}1&0&-1&0&4\\0&1&-1&0&3\\0&0&0&1&-3\\0&0&0&0&0\end{pmatrix}$ 都称为**行阶梯形矩阵**. 行阶梯矩阵的特点: (1) 全为 0 的行在矩阵最下面; (2) 首非零元下方元素全为 0. 每行的首非零元是 1 且这些非零元所在列的其余元素全为 0 的阶梯形矩阵称为**行最简形矩阵.**

用数学归纳法不难证明, 对于任何矩阵 $\boldsymbol{A}_{m\times n}$, 都可以经过有限次初等行变换化为行阶梯形和行最简形矩阵.

对行最简形矩阵再施以初等列变换, 可化为形状更简单的矩阵, 称为标准形. 例如

$$\boldsymbol{B}=\begin{pmatrix}1&0&-1&0&4\\0&1&-1&0&3\\0&0&0&1&-3\\0&0&0&0&0\end{pmatrix}$$

$$\xrightarrow[\substack{c_3\leftrightarrow c_4\\ c_4+c_1+c_2\\ c_5-4c_1-3c_2+3c_3}]{}\begin{pmatrix}1&0&0&0&0\\0&1&0&0&0\\0&0&1&0&0\\0&0&0&0&0\end{pmatrix}=\boldsymbol{F}.$$

矩阵 $\boldsymbol{F}$ 称为矩阵 $\boldsymbol{B}$ 的**标准形**, 其特点是: $\boldsymbol{F}$ 的左上角是一个单位矩阵, 其余元素全为 0.

对于 $\boldsymbol{A}_{m\times n}$ 矩阵, 总可以经过初等变换化为标准形 $\boldsymbol{F}=\begin{pmatrix}\boldsymbol{E}_r&\boldsymbol{O}\\\boldsymbol{O}&\boldsymbol{O}\end{pmatrix}_{m\times n}$, 其中 r 是行阶梯形矩阵中非零行的行数.

由 “任何非奇异矩阵均能经过初等行变换化为单位矩阵” 可知, 对于任意一个 n 阶可逆矩阵 $\boldsymbol{A}$, 经过一系列的初等行变换可以化为单位矩阵 $\boldsymbol{E}$, 那么用一系列同样的初等行变换作用到单位矩阵 $\boldsymbol{E}$ 上, 就可以把 $\boldsymbol{E}$ 化成 $\boldsymbol{A}^{-1}$. 因此, 我们得到用初等行变换求逆矩阵

的方法: 在矩阵 $\boldsymbol{A}$ 的右边写上一个同阶的单位矩阵 $\boldsymbol{E}$, 构成一个 $n\times 2n$ 矩阵 $(\boldsymbol{A},\boldsymbol{E})$, 用初等行变换将左半部分的 $\boldsymbol{A}$ 化为单位矩阵 $\boldsymbol{E}$, 与此同时, 右半部分的 $\boldsymbol{E}$ 就化为了 $\boldsymbol{A}^{-1}$. 即

$$(\boldsymbol{A},\boldsymbol{E})\xrightarrow{\text{初等行变换}}(\boldsymbol{E},\boldsymbol{A}^{-1}).$$

例 2.9 设矩阵 $\boldsymbol{A}=\begin{pmatrix}1&-1&1\\1&1&3\\2&-3&2\end{pmatrix}$, 求逆矩阵 $\boldsymbol{A}^{-1}$.

解 因为

$$(\boldsymbol{A},\boldsymbol{E})=\begin{pmatrix}1&-1&1&1&0&0\\1&1&3&0&1&0\\2&-3&2&0&0&1\end{pmatrix}\xrightarrow[r_3-2r_1]{r_2-r_1}\begin{pmatrix}1&-1&1&1&0&0\\0&2&2&-1&1&0\\0&-1&0&-2&0&1\end{pmatrix}$$

$$\xrightarrow[r_2+r_3]{\frac{1}{2}r_2}\begin{pmatrix}1&-1&1&1&0&0\\0&1&1&-\frac{1}{2}&\frac{1}{2}&0\\0&0&1&-\frac{5}{2}&\frac{1}{2}&1\end{pmatrix}\xrightarrow[r_2-r_3]{r_1-r_3}\begin{pmatrix}1&-1&0&\frac{7}{2}&-\frac{1}{2}&-1\\0&1&0&2&0&-1\\0&0&1&-\frac{5}{2}&\frac{1}{2}&1\end{pmatrix}$$

$$\xrightarrow{r_1+r_2}\begin{pmatrix}1&0&0&\frac{11}{2}&-\frac{1}{2}&-2\\0&1&0&2&0&-1\\0&0&1&-\frac{5}{2}&\frac{1}{2}&1\end{pmatrix},$$

所以 $\boldsymbol{A}^{-1}=\begin{pmatrix}\frac{11}{2}&-\frac{1}{2}&-2\\2&0&-1\\-\frac{5}{2}&\frac{1}{2}&1\end{pmatrix}$,

所求逆矩阵 $\boldsymbol{A}^{-1}$ 是否正确, 可以通过计算乘积矩阵 $\boldsymbol{A}\boldsymbol{A}^{-1}$ 进行验证. 若 $\boldsymbol{A}\boldsymbol{A}^{-1}=\boldsymbol{E}$ 成立, 则 $\boldsymbol{A}^{-1}$ 正确, 否则不正确.

对给定的 n 阶矩阵 $\boldsymbol{A}$, 用上述方法也可以判断 $\boldsymbol{A}$ 是否可逆. 即在对矩阵 $(\boldsymbol{A},\boldsymbol{E})$ 进行初等行变换的过程中, 如果 $(\boldsymbol{A},\boldsymbol{E})$ 左边的方阵出现零行, 说明矩阵 $\boldsymbol{A}$ 是奇异的, 即 $|\boldsymbol{A}|=0$, 可以判定 $\boldsymbol{A}$ 不可逆; 如果 $(\boldsymbol{A},\boldsymbol{E})$ 中左边的方阵化为了单位矩阵 $\boldsymbol{E}$, 说明 $\boldsymbol{A}$ 是非奇异的, 可以判定 $\boldsymbol{A}$ 是可逆的, 而且这个单位矩阵 $\boldsymbol{E}$ 右边的方阵就是 $\boldsymbol{A}$ 的逆矩阵 $\boldsymbol{A}^{-1}$, 它是由单位矩阵 $\boldsymbol{E}$ 经过同样的初等行变换得到的.

2.5.2 初等矩阵

定义 2.10

由单位矩阵 $\boldsymbol{E}$ 经过一次初等变换得到的矩阵称为**初等矩阵**.

三种初等变换对应着三种初等矩阵.

1. 对换两行或两列

把单位矩阵中第 i,j 两行 (或第 i,j 两列) 对换, 得初等矩阵

$$\boldsymbol{E}(i,j)=\begin{pmatrix}1&&&&&&&&\\&\ddots&&&&&&&\\&&0&\cdots&1&&&&\\&&&1&&&&&\\&&\vdots&\ddots&\vdots&&&&\\&&&&1&&&&\\&&1&\cdots&0&&&&\\&&&&&1&&&\\&&&&&&\ddots&&\\&&&&&&&&1\end{pmatrix}\begin{matrix}\\\\\leftarrow \text{第 } i \text{ 行}\\\\\\\\\leftarrow \text{第 } j \text{ 行}\\\\\\\\\end{matrix}.$$

用 m 阶初等矩阵 $\boldsymbol{E}_m(i,j)$ **左乘**矩阵 $\boldsymbol{A}=(a_{ij})_{m\times n}$, 得

$$\boldsymbol{E}_m(i,j)\boldsymbol{A}=\begin{pmatrix}a_{11}&a_{12}&\cdots&a_{1n}\\\vdots&\vdots&&\vdots\\a_{j1}&a_{j2}&\cdots&a_{jn}\\\vdots&\vdots&&\vdots\\a_{i1}&a_{i2}&\cdots&a_{in}\\\vdots&\vdots&&\vdots\\a_{m1}&a_{m2}&\cdots&a_{mn}\end{pmatrix}\begin{matrix}\\\\\leftarrow \text{第 } i \text{ 行}\\\\\leftarrow \text{第 } j \text{ 行}\\\\\\\end{matrix}.$$

其结果相当于对矩阵 $\boldsymbol{A}$ 施行第一种初等行变换: 把 $\boldsymbol{A}$ 的第 i 行与第 j 行对换 $(r_i\leftrightarrow r_j)$. 类似地, 以 n 阶初等矩阵 $\boldsymbol{E}_n(i,j)$ 右乘矩阵 $\boldsymbol{A}$, 其结果相当于对矩阵 $\boldsymbol{A}$ 施行第一种初等列变换: 把 $\boldsymbol{A}$ 的第 i 列与第 j 列对换 $(c_i\leftrightarrow c_j)$.

2. 以数 $k(k\neq 0)$ 乘某行或某列

以数 $k\neq 0$ 乘单位矩阵的第 i 行 (或列), 得初等矩阵

$$\boldsymbol{E}_m(i(k))=\begin{pmatrix}1&&&&&&\\&\ddots&&&&&\\&&1&&&&\\&&&k&&&\\&&&&1&&\\&&&&&\ddots&\\&&&&&&1\end{pmatrix}.\leftarrow \text{第 } i \text{ 行}$$

可以验证: 以 $\boldsymbol{E}_m(i(k))$ **左乘**矩阵 $\boldsymbol{A}$, 其结果相当于以数 k 乘矩阵 $\boldsymbol{A}$ 的第 i **行** (kr_i), 以 $\boldsymbol{E}_m(i(k))$ **右乘**矩阵 $\boldsymbol{A}$, 其结果相当于以数 k 乘矩阵 $\boldsymbol{A}$ 的第 i **列** (kc_i).

3. 以数 k 乘某一行 (列) 加到另一行 (列) 上去

k 乘 $\boldsymbol{E}$ 的第 j 行加到第 i 行上或 k 乘 $\boldsymbol{E}$ 的第 i 列加到第 j 列上, 得初等矩阵

$$E(i,j(k))=\begin{pmatrix}1&&&&&\\&\ddots&&&&\\&&1&\cdots&k&&\\&&&\ddots&\vdots&&\\&&&&1&&\\&&&&&\ddots&\\&&&&&&1\end{pmatrix}.\begin{matrix}\leftarrow \text{第 } i \text{ 行}\\ \\ \leftarrow \text{第 } j \text{ 行}\end{matrix}$$

可以验证: 以 $\boldsymbol{E}_m(i,j(k))$ **左乘**矩阵 $\boldsymbol{A}$, 其结果相当于把矩阵 $\boldsymbol{A}$ 的第 j 行乘 k 加到第 i 行上 (r_i+kr_j), 以 $\boldsymbol{E}_m(i,j(k))$ **右乘**矩阵 $\boldsymbol{A}$, 其结果相当于把矩阵 $\boldsymbol{A}$ 的第 i 列乘 k 加到第 j 列上 (c_j+kc_i).

综上所述, 可得下述定理:

定理 2.3

设 $\boldsymbol{A}_{m\times n}$ 矩阵, 对其施行一次初等**行**变换, 相当于在 $\boldsymbol{A}_{m\times n}$ 的**左边**乘相应的 m 阶初等矩阵; 对 $\boldsymbol{A}_{m\times n}$ 施行一次初等**列**变换, 相当于在 $\boldsymbol{A}_{m\times n}$ 的**右边**乘相应的 n 阶初等矩阵.

由初等变换可逆, 得知初等矩阵可逆, 于是得下定理.

定理 2.4

方阵 $\boldsymbol{A}$ 可逆的充分必要条件是存在有限个初等矩阵 $\boldsymbol{P}_1, \boldsymbol{P}_2, \cdots, \boldsymbol{P}_l$ 使 $\boldsymbol{A} = \boldsymbol{P}_1\boldsymbol{P}_2 \cdot \cdots \boldsymbol{P}_l$.

推论 2.2

方阵 $\boldsymbol{A}$ 可逆的充分必要条件是 $\boldsymbol{A}$ 与单位矩阵等价, 即 $\boldsymbol{A} \cong \boldsymbol{E}$.

推论 2.3

$\boldsymbol{A}_{m\times n}$ 矩阵与 $\boldsymbol{B}$ 等价的充分必要条件是存在 m 阶可逆矩阵 $\boldsymbol{P}$ 及 n 阶可逆矩阵 $\boldsymbol{Q}$ 使 $\boldsymbol{PAQ} = \boldsymbol{B}$.

设有 n 阶矩阵 $\boldsymbol{A}$ 及 $n \times s$ 矩阵 $\boldsymbol{B}$, 求矩阵 $\boldsymbol{X}$ 使 $\boldsymbol{AX} = \boldsymbol{B}$. 若 $\boldsymbol{A}$ 可逆, 则 $\boldsymbol{X} = \boldsymbol{A}^{-1}\boldsymbol{B}$, 而当 $\boldsymbol{A}$ 可逆时, 据定理 2.4, 有初等矩阵 $\boldsymbol{P}_1, \boldsymbol{P}_2, \cdots, \boldsymbol{P}_l$, 使得 $\boldsymbol{A} = \boldsymbol{P}_1\boldsymbol{P}_2 \cdots \boldsymbol{P}_l$, 从而 $\boldsymbol{A}^{-1} = \boldsymbol{P}_l^{-1} \cdots \boldsymbol{P}_2^{-1}\boldsymbol{P}_1^{-1}$, 记 $\boldsymbol{P}_k^{-1} = \boldsymbol{Q}_k$, 则 $\boldsymbol{Q}_k$ 也是初等矩阵, 于是

$$\begin{aligned} &\boldsymbol{Q}_l \cdots \boldsymbol{Q}_1 \boldsymbol{A} = \boldsymbol{E}, \\ &\boldsymbol{Q}_l \cdots \boldsymbol{Q}_1 \boldsymbol{B} = \boldsymbol{A}^{-1}\boldsymbol{B}. \end{aligned}$$

若用分块矩阵表示, 则可表示为

$$\boldsymbol{Q}_l \cdots \boldsymbol{Q}_1 (\boldsymbol{A}, \boldsymbol{B}) = (\boldsymbol{E}, \boldsymbol{A}^{-1}\boldsymbol{B}).$$

特别地, 当 $\boldsymbol{B} = \boldsymbol{E}$ 时, $(\boldsymbol{A}, \boldsymbol{E}) \stackrel{r}{\to} (\boldsymbol{E}, \boldsymbol{A}^{-1})$, 这便是上一小节所得出的结论, 这也得到求逆矩阵的第二种方法.

对含 n 个未知数 n 个方程的线性方程组

$$\boldsymbol{AX} = \boldsymbol{b},$$

若增广矩阵 $\boldsymbol{B} = (\boldsymbol{A}, \boldsymbol{b}) \stackrel{r}{\to} (\boldsymbol{E}, \boldsymbol{X})$, 则 $\boldsymbol{X} = \boldsymbol{A}^{-1}\boldsymbol{b}$ 是方程组的唯一解.

例 2.10 设

$$\boldsymbol{A} = \begin{pmatrix} 2 & 1 & -3 \\ 1 & 2 & -2 \\ -1 & 3 & 2 \end{pmatrix}, \boldsymbol{b}_1 = \begin{pmatrix} 1 \\ 2 \\ -2 \end{pmatrix}, \boldsymbol{b}_2 = \begin{pmatrix} -1 \\ 0 \\ 5 \end{pmatrix},$$

求线性方程组 $\boldsymbol{AX}_1 = \boldsymbol{b}_1$ 和 $\boldsymbol{AX}_2 = \boldsymbol{b}_2$ 的解.

解　记 $\boldsymbol{X}=(\boldsymbol{X}_1,\boldsymbol{X}_2),\boldsymbol{b}=(\boldsymbol{b}_1,\boldsymbol{b}_2)$, 则两个线性方程组可合并为一个矩阵方程 $\boldsymbol{AX}=\boldsymbol{b}$. 把增广矩阵化为行最简形矩阵:

$$(\boldsymbol{A},\boldsymbol{b})=\begin{pmatrix}2&1&-3&1&-1\\1&2&-2&2&0\\-1&3&2&-2&5\end{pmatrix}\xrightarrow[\substack{r_3+r_2}]{\substack{r_1\leftrightarrow r_2\\r_2-2r_1}}\begin{pmatrix}1&2&-2&2&0\\0&-3&1&-3&-1\\0&5&0&0&5\end{pmatrix}$$

$$\xrightarrow[\substack{r_3+3r_2}]{\substack{r_3\leftrightarrow r_2\\r_2\div 5}}\begin{pmatrix}1&2&-2&2&0\\0&1&0&0&1\\0&0&1&-3&2\end{pmatrix}\xrightarrow{r_1-2r_2+2r_3}\begin{pmatrix}1&0&0&-4&2\\0&1&0&0&1\\0&0&1&-3&2\end{pmatrix}.$$

可见, $\boldsymbol{A}$ 化为单位矩阵的同时, $\boldsymbol{b}$ 化为 $\boldsymbol{X}=\boldsymbol{A}^{-1}\boldsymbol{b}=\begin{pmatrix}-4&2\\0&1\\3&2\end{pmatrix}$, 于是两个线性方程组的解分别为

$$\boldsymbol{X}_1=\begin{pmatrix}-4\\0\\3\end{pmatrix},\boldsymbol{X}_2=\begin{pmatrix}2\\1\\2\end{pmatrix}.$$

例 2.11　求解矩阵方程 $\boldsymbol{AX}=\boldsymbol{A}+\boldsymbol{X}$, 其中 $\boldsymbol{A}=\begin{pmatrix}2&2&0\\2&1&3\\0&1&0\end{pmatrix}$.

解　把方程变形为 $(\boldsymbol{A}-\boldsymbol{E})\boldsymbol{X}=\boldsymbol{A}$, 则

$$(\boldsymbol{A}-\boldsymbol{E},\boldsymbol{A})=\begin{pmatrix}1&2&0&2&2&0\\2&0&3&2&1&3\\0&1&-1&0&1&0\end{pmatrix}\xrightarrow[\substack{r_2\leftrightarrow r_3}]{\substack{r_2-2r_1}}\begin{pmatrix}1&2&0&2&2&0\\0&1&-1&0&1&0\\0&-4&3&-2&-3&3\end{pmatrix}$$

$$\xrightarrow[\substack{r_3\div(-1)}]{\substack{r_3+4r_2}}\begin{pmatrix}1&2&0&2&2&0\\0&1&-1&0&1&0\\0&0&1&2&-1&-3\end{pmatrix}\xrightarrow[\substack{r_1-2r_2}]{\substack{r_2+r_3}}\begin{pmatrix}1&0&0&-2&2&6\\0&1&0&2&0&-3\\0&0&1&2&-1&-3\end{pmatrix}.$$

由于 $\boldsymbol{A}-\boldsymbol{E}$ 化为单位矩阵, 因此 $\boldsymbol{A}-\boldsymbol{E}$ 可逆, 且

$$\boldsymbol{X}=(\boldsymbol{A}-\boldsymbol{E})^{-1}\boldsymbol{A}=\begin{pmatrix}-2&2&6\\2&0&-3\\2&-1&-3\end{pmatrix}.$$

§2.6　矩阵的秩

介绍矩阵的秩之前, 首先应该了解矩阵的 k 阶子式, 然后借助 k 阶子式的定义, 进一步了解矩阵秩的概念. 下面对 k 阶子式进行简单介绍.

2.6.1　k 阶子式

在 $m\times n$ 矩阵 $\boldsymbol{A}$ 中任意选取 $k(k\leqslant m)$ 行和 $k(k\leqslant n)$ 列, 位于这些行列交叉处的 k^2 个元素依照原来的序次构成一个 k 阶行列式 M, 称为矩阵 $\boldsymbol{A}$ 的 k 阶子式.

例如, $\boldsymbol{A}=\begin{pmatrix}1&8&3\\3&9&5\\12&10&4\end{pmatrix}$, $\boldsymbol{A}$ 的第 1, 3 行, 第 2, 3 列交叉处的元素所构成的二阶子式为 $D_1=\begin{vmatrix}8&3\\10&4\end{vmatrix}$. 当然, 矩阵的 k 阶子式并不是唯一的.

显然, $m\times n$ 矩阵 $\boldsymbol{A}$ 共有 $\mathrm{C}_m^k\mathrm{C}_n^k$ 个 k 阶子式.

2.6.2　矩阵的秩

定义 2.11

设 $\boldsymbol{A}=(a_{ij})_{m\times n}$ 有 r 阶子式不为 0, 任何 $r+1$ 阶子式 (如果存在的话) 全为 0, 称 r 为矩阵 $\boldsymbol{A}$ 的**秩**, 记作 $R(\boldsymbol{A})$ 或秩 $\boldsymbol{A}$.

2.6.3　矩阵的秩的一般性质及求法

1. 矩阵的秩的一些简单性质

(1) 若 $R(\boldsymbol{A})=r$, 则 $\boldsymbol{A}$ 中最少有一个 r 阶子式 $D_r\neq 0$, 其余 $r+1$ 阶子式全部为 0 且更高阶子式为 0, 此时 r 是 $\boldsymbol{A}$ 中非零的子式的最高阶数.

(2) 初等矩阵 $\boldsymbol{A}_n$ 均满秩, 任何矩阵 $\boldsymbol{B}$ 乘满秩方阵 $\boldsymbol{A}$, 秩均不变, 即

$$R(\boldsymbol{A})=n, R(\boldsymbol{AB})=R(\boldsymbol{B}).$$

(3) n 阶矩阵的行列式为零的充分必要条件是矩阵 $\boldsymbol{A}$ 的秩小于 n.

(4) 由行列式的性质知, $R(\boldsymbol{A})=R\left(\boldsymbol{A}^{\mathrm{T}}\right)$.

(5) $R(\boldsymbol{A}_{m\times n})\leqslant m, R(\boldsymbol{A}_{m\times n})\leqslant n, 0\leqslant R(A_{m\times n})\leqslant \min\{m,n\}$.

(6) 对于 n 阶方阵 $\boldsymbol{A}$, 若 $|\boldsymbol{A}| \neq 0$, 则 $R(\boldsymbol{A}) = n$. 反之, 若 $R(\boldsymbol{A}) = n$, 则 $|\boldsymbol{A}| \neq 0$. 所以方阵 $\boldsymbol{A}$ 可逆的充分必要条件是 $R(\boldsymbol{A}) = n$. 此时称矩阵 $\boldsymbol{A}$ 是满秩的.

(7) 当 $\boldsymbol{A}$ 可逆时, $R(\boldsymbol{AB}) = R(\boldsymbol{B})$; 当 $\boldsymbol{B}$ 可逆时, $R(\boldsymbol{AB}) = R(\boldsymbol{A})$.

(8) 若 $\boldsymbol{A} \cong \boldsymbol{B}$, 则 $R(\boldsymbol{A}) = R(\boldsymbol{B})$.

2. 矩阵的秩的求法

根据矩阵的秩的定义, 求矩阵的非零阶子式的最高的阶数, 即为矩阵的秩.

应用等价矩阵有相同秩的结论, 利用矩阵的初等变换, 先将一般矩阵简化成阶梯形矩阵, 那么矩阵的秩即为阶梯矩阵中非零的行数, 在初等变换中, 可以只进行初等行变换, 也可以初等行变换或初等列变换混用来对它进行化简.

求矩阵

$$\boldsymbol{A} = \begin{pmatrix} 0 & 1 & 2 \\ 1 & 1 & 4 \\ 2 & -1 & 0 \end{pmatrix}$$

的秩.

解法一 由于 $|\boldsymbol{A}| = \begin{vmatrix} 0 & 1 & 2 \\ 1 & 1 & 4 \\ 2 & -1 & 0 \end{vmatrix} = 2 \neq 0$, 而 $\boldsymbol{A}$ 的最高阶数是 3, 所以 $R(\boldsymbol{A}) = 3$.

解法二 $\boldsymbol{A}_1 = \begin{pmatrix} 0 & 1 & 2 \\ 1 & 1 & 4 \\ 2 & -1 & 0 \end{pmatrix} \to \begin{pmatrix} 1 & 1 & 4 \\ 0 & 1 & 2 \\ 0 & 0 & -2 \end{pmatrix}$,

对它进行初等变换以后, 最后的阶梯矩阵中, 非零行数为 3, 所以该矩阵的秩为 3, 即 $R(\boldsymbol{A})=3$.

注: 以上两种求矩阵秩的方法各有优劣, 运用初等变换的方法求矩阵的秩一般适用于三阶以上的矩阵, 这种方法相对快速方便. 因为对于高阶矩阵来说, 其 k 级子式的个数较多, 计算过程比较冗长且难度较大. 而对于低阶矩阵, 直接求 k 级子式更为直接易理解.

习题 2

1. 计算下列矩阵的乘积:

(1) $(1,2,3)\begin{pmatrix} 3 \\ 2 \\ 1 \end{pmatrix}$; (2) $\begin{pmatrix} 3 \\ 2 \\ 1 \end{pmatrix}(1\ \ 2\ \ 3)$; (3) $\begin{pmatrix} 1 & -2 & 5 \\ 3 & 4 & 0 \end{pmatrix}\begin{pmatrix} 2 & -1 \\ 1 & 0 \\ -3 & 4 \end{pmatrix}$;

(4) $\begin{pmatrix} 2 & -1 & 2 \\ -1 & 3 & 5 \\ 2 & 5 & 4 \end{pmatrix}\begin{pmatrix} 1 \\ -1 \\ 1 \end{pmatrix}$; (5) $(x_1, x_2, x_3)\begin{pmatrix} a_{11} & a_{12} & a_{13} \\ a_{21} & a_{22} & a_{23} \\ a_{31} & a_{32} & a_{33} \end{pmatrix}\begin{pmatrix} x_1 \\ x_2 \\ x_3 \end{pmatrix}$.

2. 设 $\boldsymbol{A} = \begin{pmatrix} -1 & 3 & 0 \\ 0 & 4 & 2 \end{pmatrix}$, $\boldsymbol{B} = \begin{pmatrix} 4 & 1 \\ 2 & 5 \\ 3 & 4 \end{pmatrix}$, $\boldsymbol{C} = \begin{pmatrix} 2 & -1 \\ 4 & 2 \end{pmatrix}$, 求 $(\boldsymbol{ABC})^{\mathrm{T}}$.

3. 已知 $\boldsymbol{A} = \begin{pmatrix} 0 & -2 & 1 \\ 1 & 1 & 3 \\ 3 & 0 & 4 \end{pmatrix}$, $\boldsymbol{B} = \begin{pmatrix} 1 & 4 & -1 \\ 0 & 2 & 3 \\ -1 & 3 & 0 \end{pmatrix}$, 求 $\boldsymbol{AB} - 2\boldsymbol{BA}$ 及 $\boldsymbol{A}^{\mathrm{T}}\boldsymbol{B}$.

4. 设 $\boldsymbol{A} = \begin{pmatrix} 3 & 7 & -3 \\ -2 & -5 & 2 \\ -4 & -10 & 3 \end{pmatrix}$,

(1) 求 $\boldsymbol{A}$ 的伴随矩阵 $\boldsymbol{A}^*$, 并验证 $\boldsymbol{AA}^* = \boldsymbol{A}^*\boldsymbol{A} = |\boldsymbol{A}|\,\boldsymbol{E}$;

(2) $\boldsymbol{A}$ 是否可逆? 若可逆, 求 $\boldsymbol{A}^{-1}$.

5. 设 n 阶方阵 $\boldsymbol{A}$ 满足 $\boldsymbol{A}^2 - 4\boldsymbol{A} - 6\boldsymbol{E} = \boldsymbol{O}$, 试证 $\boldsymbol{A}$ 及 $\boldsymbol{A} + \boldsymbol{E}$ 均可逆, 并求 $\boldsymbol{A}^{-1}$ 及 $(\boldsymbol{A} + \boldsymbol{E})^{-1}$.

6. 设 $\boldsymbol{A} = \begin{pmatrix} 1 & 2 & 3 & 4 \\ 0 & 1 & 2 & 3 \\ 0 & 0 & 1 & 2 \\ 0 & 0 & 0 & 1 \end{pmatrix}$, 求 $\boldsymbol{A}^{-1}$.

7. 解矩阵方程 $\boldsymbol{A}^2 - \boldsymbol{AX} = \boldsymbol{E}$, 其中 $\boldsymbol{A} = \begin{pmatrix} 1 & 1 & -1 \\ 0 & 1 & 1 \\ 0 & 0 & -1 \end{pmatrix}$, $\boldsymbol{E}$ 为 3 阶单位方阵.

8. 设 $\boldsymbol{A}^{-1}\boldsymbol{BA} = \boldsymbol{A}^*\boldsymbol{B} - \boldsymbol{E}$, $\boldsymbol{A}^* = \begin{pmatrix} 2 & 2 & 2 \\ 2 & 6 & 4 \\ 3 & 6 & 8 \end{pmatrix}$ 为 $\boldsymbol{A}$ 的伴随矩阵, 试求矩阵 $\boldsymbol{B}$.

9. 设 4 阶方阵 $\boldsymbol{A} = (\boldsymbol{\alpha}, \gamma_2, \gamma_3, \gamma_4)$, $\boldsymbol{B} = (\boldsymbol{\beta}, \gamma_2, \gamma_3, \gamma_4)$, 其中 $\boldsymbol{\alpha}, \boldsymbol{\beta}, \gamma_2, \gamma_3, \gamma_4$ 均为 4 维列向量, 且已知行列式 $|\boldsymbol{A}| = a$, $|\boldsymbol{B}| = b$, 试求行列式 $|\boldsymbol{A} + \boldsymbol{B}|$ 的值.

10. 把下列矩阵化为行阶梯形矩阵:

(1) $\begin{pmatrix} 3 & 1 & 0 & 2 \\ 1 & -1 & 2 & -1 \\ 1 & 3 & -4 & 4 \end{pmatrix}$;　　(2) $\begin{pmatrix} 3 & 2 & -1 & -3 & -1 \\ 2 & -1 & 3 & 1 & -3 \\ 7 & 0 & 5 & -1 & -8 \end{pmatrix}$.

11. 利用初等变换将下列矩阵化为行最简形矩阵:

(1) $\begin{pmatrix} 2 & 0 & -1 & 3 \\ 1 & 2 & -2 & 4 \\ 0 & 1 & 3 & -1 \end{pmatrix}$;　　(2) $\begin{pmatrix} 2 & 3 & 1 & -3 & -7 \\ 1 & 2 & 0 & -2 & -4 \\ 3 & -2 & 8 & 3 & 0 \\ 2 & -3 & 7 & 4 & 3 \end{pmatrix}$.

12. 利用初等变换求下列矩阵的逆矩阵:

(1) $\begin{pmatrix} 1 & 2 & 3 \\ 1 & 3 & 4 \\ 1 & 4 & 4 \end{pmatrix}$;　　(2) $\begin{pmatrix} 2 & -1 & 1 \\ -1 & 1 & 2 \\ 3 & -1 & 0 \end{pmatrix}$.

13. 已知矩阵 $\boldsymbol{A} = \begin{pmatrix} 1 & 1 & 1 \\ a & b & c \\ a^2 & b^2 & c^2 \end{pmatrix}$, 证明 $\left|\boldsymbol{A}\boldsymbol{A}^{\mathrm{T}}\right| = (b-a)^2(c-a)^2(c-b)^2$.

14. 设 $\boldsymbol{A} = \begin{pmatrix} 1 & 0 \\ 1 & 1 \end{pmatrix}$, 求所有与 $\boldsymbol{A}$ 相乘可换的矩阵.

15. 设 $\boldsymbol{A}$ 为 n 阶方阵, 证明:

(1) 若 $\boldsymbol{A}^2 = \boldsymbol{O}$, 则 $(\boldsymbol{E}-\boldsymbol{A})^{-1} = \boldsymbol{E}+\boldsymbol{A}$;

(2) 若 $\boldsymbol{A}^k = \boldsymbol{O}$, 则 $(\boldsymbol{E}-\boldsymbol{A})^{-1} = \boldsymbol{E}+\boldsymbol{A}+\boldsymbol{A}^2+\cdots+\boldsymbol{A}^{k-1}$.

16. 设矩阵 $\boldsymbol{P} = \begin{pmatrix} -1 & -4 \\ 1 & 1 \end{pmatrix}$, $\boldsymbol{D} = \begin{pmatrix} -1 & 0 \\ 0 & 2 \end{pmatrix}$, 矩阵 $\boldsymbol{A}$ 由矩阵方程 $\boldsymbol{P}^{-1}\boldsymbol{A}\boldsymbol{P} = \boldsymbol{D}$ 确定, 求 $\boldsymbol{A}^5$.

17. 已知 $\boldsymbol{\alpha} = (1,2,3)$, $\boldsymbol{\beta} = \left(1, \dfrac{1}{2}, \dfrac{1}{3}\right)$, 令 $\boldsymbol{A} = \boldsymbol{\alpha}^{\mathrm{T}}\boldsymbol{\beta}$, 求 $\boldsymbol{A}^n\ (\boldsymbol{n} \in \mathbb{Z}^+)$.

18. 设 $\boldsymbol{A} = \begin{pmatrix} 1 & 1 & 1 \\ 2 & 2 & 2 \\ 3 & 3 & 3 \end{pmatrix}$, 求 $\boldsymbol{A}^{100}$.

19. 设 $\boldsymbol{A}$ 为 3 阶矩阵, 且 $|\boldsymbol{A}| = \dfrac{1}{2}$, 求 $\left|(3\boldsymbol{A})^{-1} - 2\boldsymbol{A}^*\right|$.

习题 2 参考答案与讲解

1. (1) 10;　(2) $\begin{pmatrix} 3 & 6 & 9 \\ 2 & 4 & 6 \\ 1 & 2 & 3 \end{pmatrix}$;　(3) $\begin{pmatrix} -15 & 19 \\ 10 & -3 \end{pmatrix}$;　(4) $\begin{pmatrix} 5 \\ 1 \\ 1 \end{pmatrix}$;

(5) $a_{11}x_1^2 + a_{22}x_2^2 + a_{33}x_3^2 + (a_{12} + a_{21})x_1x_2 + (a_{13} + a_{31})x_1x_3 + (a_{32} + a_{23})x_2x_3$.

2. $28\begin{pmatrix} 32 & 10 \\ 26 & 3 \end{pmatrix}$.

3. $\begin{pmatrix} -3 & -5 & -24 \\ -24 & 11 & -34 \\ -7 & 14 & -19 \end{pmatrix}$, $\begin{pmatrix} -3 & 11 & 3 \\ -2 & -6 & 5 \\ -3 & 22 & 8 \end{pmatrix}$.

4. (1) $\boldsymbol{A}^* = \begin{pmatrix} 5 & 9 & -1 \\ -2 & -3 & 0 \\ 0 & 2 & -1 \end{pmatrix}$; (2) $|\boldsymbol{A}| = 1$, $\boldsymbol{A}$ 可逆, $\boldsymbol{A}^{-1} = \begin{pmatrix} 5 & 9 & -1 \\ -2 & -3 & 0 \\ 0 & 2 & -1 \end{pmatrix}$.

5. 由 $\boldsymbol{A}^2 - 4\boldsymbol{A} - 6\boldsymbol{E} = \boldsymbol{O}$ 得 $\boldsymbol{A}(\boldsymbol{A} - 4\boldsymbol{E}) = 6\boldsymbol{E}$, $(\boldsymbol{A} + \boldsymbol{E})(\boldsymbol{A} - 5\boldsymbol{E}) = \boldsymbol{E}$, 故 $\boldsymbol{A}$ 及 $\boldsymbol{A} + \boldsymbol{E}$ 均可逆, 且 $\boldsymbol{A}^{-1} = \dfrac{1}{6}(\boldsymbol{A} - 4\boldsymbol{E})$, $(\boldsymbol{A} + \boldsymbol{E})^{-1} = \boldsymbol{A} - 5\boldsymbol{E}$.

6. $\boldsymbol{A}^{-1} = \begin{pmatrix} 1 & -2 & 1 & 0 \\ 0 & 1 & -2 & 1 \\ 0 & 0 & 1 & -2 \\ 0 & 0 & 0 & 1 \end{pmatrix}$.

7. $\boldsymbol{X} = \begin{pmatrix} 0 & 2 & 1 \\ 0 & 0 & 0 \\ 0 & 0 & 0 \end{pmatrix}$.

8. $\boldsymbol{B} = \begin{pmatrix} -11 & 2 & 2 \\ 2 & -1 & 0 \\ 3 & 0 & -1 \end{pmatrix}$.

9. $|\boldsymbol{A} + \boldsymbol{B}| = |\boldsymbol{\alpha} + \boldsymbol{\beta}, 2\boldsymbol{\gamma}_2, 2\boldsymbol{\gamma}_3, 2\boldsymbol{\gamma}_4| = 8(|\boldsymbol{A}| + |\boldsymbol{B}|) = 8(a + b)$.

10. (1) $\begin{pmatrix} 3 & 1 & 0 & 2 \\ 1 & -1 & 2 & -1 \\ 1 & 3 & -4 & 4 \end{pmatrix} \to \begin{pmatrix} 1 & -1 & 2 & -1 \\ 0 & 4 & -6 & 5 \\ 0 & 4 & -6 & 5 \end{pmatrix} \to \begin{pmatrix} 1 & -1 & 2 & -1 \\ 0 & 4 & -6 & 5 \\ 0 & 0 & 0 & 0 \end{pmatrix}$;

(2) $$\begin{pmatrix} 2 & 0 & -1 & 3 \\ 1 & 2 & -2 & 4 \\ 0 & 1 & 3 & -1 \end{pmatrix} \to \begin{pmatrix} 1 & 2 & -2 & 4 \\ 2 & 0 & -1 & 3 \\ 0 & 1 & 3 & -1 \end{pmatrix} \to \begin{pmatrix} 1 & 2 & -2 & 4 \\ 0 & -4 & 3 & -5 \\ 0 & 1 & 3 & -1 \end{pmatrix}$$

$$\to \begin{pmatrix} 1 & 2 & -2 & 4 \\ 0 & 0 & 15 & -9 \\ 0 & 1 & 3 & -1 \end{pmatrix} \to \begin{pmatrix} 1 & 2 & -2 & 4 \\ 0 & 1 & 3 & -1 \\ 0 & 0 & 15 & -9 \end{pmatrix} \to \begin{pmatrix} 1 & 0 & -8 & 6 \\ 0 & 1 & 3 & -1 \\ 0 & 0 & 1 & -3/5 \end{pmatrix}$$

$$\to \begin{pmatrix} 1 & 0 & 0 & 27/5 \\ 0 & 1 & 0 & 4/5 \\ 0 & 0 & 1 & -3/5 \end{pmatrix}.$$

11. (1) $$\begin{pmatrix} 2 & 0 & -1 & 3 \\ 1 & 2 & -2 & 4 \\ 0 & 1 & 3 & -1 \end{pmatrix} \to \begin{pmatrix} 1 & 2 & -2 & 4 \\ 2 & 0 & -1 & 3 \\ 0 & 1 & 3 & -1 \end{pmatrix} \to \begin{pmatrix} 1 & 2 & -2 & 4 \\ 0 & -4 & 3 & -5 \\ 0 & 1 & 3 & -1 \end{pmatrix}$$

$$\to \begin{pmatrix} 1 & 2 & -2 & 4 \\ 0 & 0 & 15 & -9 \\ 0 & 1 & 3 & -1 \end{pmatrix} \to \begin{pmatrix} 1 & 2 & -2 & 4 \\ 0 & 1 & 3 & -1 \\ 0 & 0 & 15 & -9 \end{pmatrix} \to \begin{pmatrix} 1 & 0 & -8 & 6 \\ 0 & 1 & 3 & -1 \\ 0 & 0 & 1 & -\frac{3}{5} \end{pmatrix}$$

$$\to \begin{pmatrix} 1 & 0 & 0 & \frac{27}{5} \\ 0 & 1 & 0 & \frac{4}{5} \\ 0 & 0 & 1 & -\frac{3}{5} \end{pmatrix};$$

(2) $$\begin{pmatrix} 2 & 3 & 1 & -3 & -7 \\ 1 & 2 & 0 & -2 & -4 \\ 3 & -2 & 8 & 3 & 0 \\ 2 & -3 & 7 & 4 & 3 \end{pmatrix} \to \begin{pmatrix} 1 & 2 & 0 & -2 & -4 \\ 2 & 3 & 1 & -3 & -7 \\ 3 & -2 & 8 & 3 & 0 \\ 2 & -3 & 7 & 4 & 3 \end{pmatrix}$$

$$\to \begin{pmatrix} 1 & 2 & 0 & -2 & -4 \\ 0 & -1 & 1 & 1 & 1 \\ 0 & -8 & 8 & 9 & 12 \\ 0 & -7 & 7 & 8 & 11 \end{pmatrix} \to \begin{pmatrix} 1 & 2 & 0 & -2 & -4 \\ 0 & -1 & 1 & 1 & 1 \\ 0 & 0 & 0 & 1 & 4 \\ 0 & 0 & 0 & 1 & 4 \end{pmatrix}$$

$$\to\begin{pmatrix}1&2&0&-2&-4\\0&1&-1&-1&-1\\0&0&0&1&4\\0&0&0&0&0\end{pmatrix}\to\begin{pmatrix}1&0&2&0&-2\\0&1&-1&0&3\\0&0&0&1&4\\0&0&0&0&0\end{pmatrix}.$$

12. (1) $$\begin{pmatrix}1&2&3&1&0&0\\1&3&4&0&1&0\\1&4&4&0&0&1\end{pmatrix}\to\begin{pmatrix}1&2&3&1&0&0\\0&1&1&-1&1&0\\0&1&0&0&-1&1\end{pmatrix}$$

$$\to\begin{pmatrix}1&2&3&1&0&0\\0&1&1&-1&1&0\\0&0&-1&2&-2&1\end{pmatrix}\to\begin{pmatrix}1&0&1&3&-2&0\\0&1&1&-1&1&0\\0&0&-1&2&-2&1\end{pmatrix}$$

$$\to\begin{pmatrix}1&0&0&5&-4&1\\0&1&0&1&-1&1\\0&0&1&-2&2&-1\end{pmatrix},$$

$$\boldsymbol{A}^{-1}=\begin{pmatrix}5&-4&1\\1&-1&1\\-2&2&-1\end{pmatrix};$$

(2) $$\begin{pmatrix}2&-1&1&1&0&0\\-1&1&2&0&1&0\\3&-1&0&0&0&1\end{pmatrix}\to\begin{pmatrix}1&-1&-2&0&-1&0\\2&-1&1&1&0&0\\3&-1&0&0&0&1\end{pmatrix}$$

$$\to\begin{pmatrix}1&-1&-2&0&-1&0\\0&1&5&1&2&0\\0&2&6&0&3&1\end{pmatrix}\to\begin{pmatrix}1&-1&-2&0&-1&0\\0&1&5&1&2&0\\0&0&1&-2&-1&1\end{pmatrix}$$

$$\to\begin{pmatrix}1&0&3&0&1&0\\0&1&5&1&2&0\\0&0&-4&-2&-1&1\end{pmatrix}\to\begin{pmatrix}1&0&0&-\frac{3}{2}&\frac{1}{4}&\frac{3}{4}\\0&1&0&-\frac{3}{2}&\frac{3}{4}&\frac{5}{4}\\0&0&1&\frac{1}{2}&\frac{1}{4}&-\frac{1}{4}\end{pmatrix},$$

$$A^{-1}=\begin{pmatrix}-\frac{3}{2} & \frac{1}{4} & \frac{3}{4}\\ -\frac{3}{2} & \frac{3}{4} & \frac{5}{4}\\ \frac{1}{2} & \frac{1}{4} & -\frac{1}{4}\end{pmatrix}.$$

13. $\left|AA^{\mathrm{T}}\right|=|A|^2=(b-a)^2(c-a)^2(c-b)^2$.

14. $\begin{pmatrix}a & 0\\ a+b & a\end{pmatrix}$($a$, b 为任意常数) .

15. 略.

16. $A^5=PD^5P^{-1}=\begin{pmatrix}43 & 44\\ -11 & -12\end{pmatrix}$.

17. $A^n=3^{n-1}A$.

18. $A=\begin{pmatrix}1\\ 2\\ 3\end{pmatrix}(1\ \ 1\ \ 1)$, $A^{100}=6^{99}A$.

19. $\left|(3A)^{-1}-2A^*\right|=\left|\frac{1}{3}\frac{A^*}{|A|}-2A^*\right|=\left|-\frac{4}{3}A^*\right|=\left(-\frac{4}{3}\right)^3|A^*|=\left(-\frac{4}{3}\right)^3|A|^2=-\frac{16}{27}$.

重点习题讲解

生活中的矩阵

第 3 章　线性方程组及矩阵的对角化

本章主要包含三部分内容: 向量、线性方程组以及矩阵的相似对角化. 研究线性方程组的解是线性代数的一个主要任务, 我们将使用矩阵方法来讨论线性方程组的解的情形, 并求解线性方程组. 同时, 我们也要会用向量表示线性方程组的解, 并阐述解之间的关系.

§3.1　线性方程组

3.1.1　线性方程组

定义 3.1

由 m 个方程 n 个未知量组成的线性方程组的一般形式为

$$\begin{cases} a_{11}x_1 + a_{12}x_2 + \cdots + a_{1n}x_n = b_1, \\ a_{21}x_1 + a_{22}x_2 + \cdots + a_{2n}x_n = b_2, \\ \cdots\cdots\cdots\cdots \\ a_{m1}x_1 + a_{m2}x_2 + \cdots + a_{mn}x_n = b_m, \end{cases}$$

矩阵形式是

$$\boldsymbol{A}\boldsymbol{x} = \boldsymbol{b},$$

其中矩阵

$$\boldsymbol{A} = \begin{pmatrix} a_{11} & a_{12} & \cdots & a_{1n} \\ a_{21} & a_{22} & \cdots & a_{2n} \\ \vdots & \vdots & & \vdots \\ a_{m1} & a_{m2} & \cdots & a_{mn} \end{pmatrix}, \boldsymbol{b} = \begin{pmatrix} b_1 \\ b_2 \\ \vdots \\ b_m \end{pmatrix}, \boldsymbol{x} = \begin{pmatrix} x_1 \\ x_2 \\ \vdots \\ x_n \end{pmatrix}$$

分别称为**系数矩阵**、**常数项矩阵**和**未知量矩阵**, 称 $(\boldsymbol{A}, \boldsymbol{b})$ 为**增广矩阵**, 满足线性方程组的有序数组 $x_1, x_2, \cdots, x_n$ 称为线性方程组的**解**, 线性方程组的全部解组成解集, 求解的过程称为**解线性方程组.** 对方程进行适当变化而解不变, 叫做**同解变换**. $\boldsymbol{b} = \boldsymbol{0}$ 时, 线性方程组称为**齐次线性方程组**; $\boldsymbol{b} \neq \boldsymbol{0}$ 时, 线性方程组称为**非齐次线性方程组**.

显然, 以下三种变换是同解变换:

(1) 交换两个方程的位置;

(2) 用一个非零数同乘某个方程的两边;

(3) 把一个方程乘某个数加到另一个方程上.

3.1.2 线性方程组的消元解法

线性方程组的消元解法就是利用上述的三种同解变换, 逐步消去未知量化为一元一次方程, 得到这个方程中的未知量的解, 再逐步回代得出其他未知量的解. 也就是两个过程: 消元和回代. 观察下面的例子, 体会同解变换和消元法.

设线性方程组

$$\begin{cases} x_1+x_2+x_3=-1, \\ x_1-x_2+2x_3=3, \\ 2x_1-x_2-x_3=4, \end{cases} \tag{3.1}$$

先把第 1 个方程的 $-1, -2$ 倍分别加到第 2, 3 个方程上去, 消去 x_1:

$$\begin{cases} x_1+x_2+x_3=-1, \\ -2x_2+x_3=4, \\ -3x_2-3x_3=6. \end{cases} \tag{3.2}$$

把第 3 个方程两边同乘 $-\dfrac{1}{3}$ 并且和第 2 个方程互换位置:

$$\begin{cases} x_1+x_2+x_3=-1, \\ x_2+x_3=-2, \\ -2x_2+x_3=4. \end{cases} \tag{3.3}$$

再把第 2 个方程的 2 倍加到第 3 个方程上去, 消去 x_2:

$$\begin{cases} x_1+x_2+x_3=-1, \\ x_2+x_3=-2, \\ 3x_3=0. \end{cases} \tag{3.4}$$

在中学时, 我们一般从第 3 个方程得到 x_3 回代到第 2 个方程得到 x_2, 再把 x_2 和 x_3 回代到第 1 个方程中得到 x_1. 现在我们把第 3 个方程乘 $\dfrac{1}{3}$, 再将其 -1 倍加到第 1, 2 个方程上去:

$$\begin{cases} x_1+x_2 \quad =-1, \\ \qquad x_2=-2, \\ \qquad x_3=0. \end{cases} \tag{3.5}$$

然后把第 2 个方程的 -1 倍加到第 1 个方程上去, 得到

$$\begin{cases} x_1 = 1, \\ x_2 = -2, \\ x_3 = 0. \end{cases} \tag{3.6}$$

以上的解法中, 方程组 (3.1) 变化到方程组 (3.4) 的过程是消元, 后面 2 个步骤是回代. 无论是消元还是回代, 都只是未知量的系数和常数项参与了运算, 未知量本身并未改变; 而且对方程组所作的三种同解变换对应矩阵的三种初等行变换. 因此解线性方程组相当于对增广矩阵进行初等行变换.

通过对利用消元法解线性方程组的观察和分析 (可以写出每个过程对应的矩阵), 有以下结论:

(1) 线性方程组和增广矩阵一一对应, 矩阵的每一行相当于一个方程;

(2) 在变换的过程中, 所有的矩阵都是等价的, 每一个矩阵都对应一个线性方程组, 这些方程组都是同解方程组 (也可以叫做等价方程组);

(3) 消元: 通过初等行变换把增广矩阵化为阶梯形矩阵;

(4) 回代: 通过初等行变换把阶梯形矩阵化为行最简形矩阵;

(5) 解线性方程组只能用初等行变换, 不可以用初等列变换.

对增广矩阵 $(\boldsymbol{A},\boldsymbol{b})$ 作初等行变换, 可以化为矩阵 $\boldsymbol{B}$:

$$(\boldsymbol{A},\boldsymbol{b})=\begin{pmatrix} a_{11} & a_{12} & \cdots & a_{1n} & b_1 \\ a_{21} & a_{22} & \cdots & a_{2n} & b_2 \\ \vdots & \vdots & & \vdots & \\ a_{m1} & a_{m2} & \cdots & a_{mn} & b_m \end{pmatrix} \xrightarrow{r} \begin{pmatrix} c_{11} & c_{12} & \cdots & c_{1r} & \cdots & c_{1n} & d_1 \\ 0 & c_{22} & \cdots & c_{2r} & \cdots & c_{2n} & d_2 \\ \vdots & \vdots & & \vdots & & \vdots & \vdots \\ 0 & 0 & \cdots & c_{rr} & \cdots & c_{rn} & d_r \\ 0 & 0 & \cdots & 0 & \cdots & 0 & d_{r+1} \\ 0 & 0 & \cdots & 0 & \cdots & 0 & 0 \\ \vdots & \vdots & & \vdots & & \vdots & \vdots \\ 0 & 0 & \cdots & 0 & \cdots & 0 & 0 \end{pmatrix} = \boldsymbol{B}.$$

观察到

$$d_{r+1} \neq 0 \Leftrightarrow \text{方程组无解},$$

$$d_{r+1} = 0 \Leftrightarrow \text{方程组有解},$$

并且

$$d_{r+1} \neq 0 \Leftrightarrow R(\boldsymbol{A}) = r, R(\boldsymbol{A},\boldsymbol{b}) = r+1, \text{即 } R(\boldsymbol{A}) \neq R(\boldsymbol{A},\boldsymbol{b}).$$

$$d_{r+1} = 0 \Leftrightarrow R(\boldsymbol{A}) = R(\boldsymbol{A},\boldsymbol{b}) = r.$$

进一步地分析, 当 $R(\boldsymbol{A}) = R(\boldsymbol{A},\boldsymbol{b}) = r = n$ 时, 方程组有唯一解; 当 $R(\boldsymbol{A}) = R(\boldsymbol{A},\boldsymbol{b}) = r < n$ 时, 方程组含有 $n-r$ 个自由未知量 $x_{r+1},\cdots,x_n$, 可以任意取值, 方程组的解有无穷多个. 因此我们得到下面的定理.

定理 3.1

非齐次线性方程组 $\boldsymbol{A}_{m\times n}\boldsymbol{x} = \boldsymbol{b}$ 有解的充分必要条件是 $R(\boldsymbol{A},\boldsymbol{b}) = R(\boldsymbol{A})$, 并且当 $R(\boldsymbol{A},\boldsymbol{b}) = R(\boldsymbol{A}) = n$ 时有唯一解, 当 $R(\boldsymbol{A},\boldsymbol{b}) = R(\boldsymbol{A}) < n$ 时有无穷多个解.

定理 3.2

齐次线性方程组 $\boldsymbol{A}_{m\times n}\boldsymbol{x} = \boldsymbol{0}$ 有非零解的充分必要条件是 $R(\boldsymbol{A}) < n$, $\boldsymbol{A}\boldsymbol{x} = \boldsymbol{0}$ 仅有零解的充分必要条件是 $R(\boldsymbol{A}) = n$.

推论 3.1

当 $m < n$ 时, 齐次线性方程组 $\boldsymbol{A}_{m\times n}\boldsymbol{x} = \boldsymbol{0}$ 有非零解.

这是因为当 $m < n$ 时, 齐次线性方程组 $\boldsymbol{A}_{m\times n}x = \boldsymbol{0}$ 的系数矩阵的秩一定小于 n.

推论 3.2

当 $m = n$ 时, 齐次线性方程组 $\boldsymbol{A}_{m\times n}\boldsymbol{x} = \boldsymbol{0}$ 有非零解的充分必要条件是 $|\boldsymbol{A}| = 0$, 仅有零解的充分必要条件是 $|\boldsymbol{A}| \neq 0$.

要清楚以上定理中的 n 是未知量的个数, m 是方程的个数. 但是判断解的情形是根据矩阵的秩而不是方程的个数或未知量的个数.

3.1.3 线性方程组的消元解法步骤

利用消元法解非齐次线性方程组 $\boldsymbol{A}_{m\times n}\boldsymbol{x} = \boldsymbol{b}$ 的步骤:

(1) 写出 $\boldsymbol{A}_{m\times n}\boldsymbol{x} = \boldsymbol{b}$ 对应的增广矩阵 $(\boldsymbol{A},\boldsymbol{b})$;

(2) 求出 $R(\boldsymbol{A},\boldsymbol{b})$ 及 $R(\boldsymbol{A})$, 如果不相等, 得出无解的结论, 如果相等就进行下一步;

(3) 继续初等行变换把矩阵化为行最简形矩阵, 当 $R(\boldsymbol{A},\boldsymbol{b}) = R(\boldsymbol{A}) = n$ 时, 可直接写出它的唯一解, 当 $R(\boldsymbol{A},\boldsymbol{b}) = R(\boldsymbol{A}) < n$ 时, 进行下一步;

(4) 根据行最简形矩阵写出等价方程组, 令其中的 $n-r$ 个自由未知量 (非首元所在列) 为任意常数: $c_1,c_2,\cdots,c_{n-r}$, 并把其他未知量 (首元所在列) 用 $c_1,c_2,\cdots,c_{n-r}$ 表示.

增广矩阵对应原始方程组, 阶梯形矩阵用于判断线性方程组有没有解和有多少解, 行最简形矩阵用于求解.

解齐次线性方程组 $\boldsymbol{A}_{m\times n}\boldsymbol{x}=\boldsymbol{0}$ 的步骤:

(1) 写出 $\boldsymbol{A}_{m\times n}\boldsymbol{x}=\boldsymbol{0}$ 对应的系数矩阵 $\boldsymbol{A}$;

(2) 求 $R(\boldsymbol{A})$, 如果 $R(\boldsymbol{A})=n$, 得出仅有零解的结论, 如果 $R(\boldsymbol{A})=r<n$, 进行下一步;

(3) 继续初等行变换把矩阵化为行最简形矩阵, 写出等价方程组, 令其中的 $n-r$ 个自由未知量 (非首元所在列) 为任意常数: $c_1,c_2,\cdots,c_{n-r}$, 并把其他未知量 (首元所在列) 用 $c_1,c_2,\cdots,c_{n-r}$ 表示.

无论非齐次还是齐次线性方程组, 判断解的情形只需将其增广矩阵或系数矩阵化为阶梯形矩阵, 而求解必须化为行最简形矩阵.

例 3.1 解下面的线性方程组

$$\begin{cases}4x_1+2x_2-x_3=2,\\3x_1-x_2+2x_3=10,\\11x_1+3x_2=8.\end{cases}$$

解 对线性方程组的增广矩阵作初等行变换, 化为阶梯形矩阵:

$$(\boldsymbol{A},\boldsymbol{b})=\begin{pmatrix}4&2&-1&2\\3&-1&2&10\\11&3&0&8\end{pmatrix}\xrightarrow[r_1-r_2]{r_3-(2r_1+r_2)}\begin{pmatrix}1&3&-3&-8\\3&-1&2&10\\0&0&0&-6\end{pmatrix}$$

$$\xrightarrow{r_2-3r_1}\begin{pmatrix}1&3&-3&-8\\0&-10&11&34\\0&0&0&-6\end{pmatrix}.$$

得到 $R(\boldsymbol{A})=2$, $R(\boldsymbol{A},\boldsymbol{b})=3$, 说明方程组无解.

例 3.2 解线性方程组

$$\begin{cases}2x_1-x_2+3x_3=3,\\3x_1+x_2-5x_3=0,\\4x_1-x_2+x_3=3,\\x_1+3x_2-6x_3=1.\end{cases}$$

解 对增广矩阵作初等行变换, 化为阶梯形矩阵:

$$(\boldsymbol{A},\boldsymbol{b})=\begin{pmatrix}2&-1&3&3\\3&1&-5&0\\4&-1&1&3\\1&3&-6&1\end{pmatrix}\xrightarrow[r_1-r_4]{\substack{r_3-r_2\\r_2-r_1}}\begin{pmatrix}1&-4&9&2\\1&2&-8&-3\\1&-2&6&3\\1&3&-6&1\end{pmatrix}$$

$$\xrightarrow[r_4-r_1]{\substack{r_2-r_1\\r_3-r_1}}\begin{pmatrix}1&-4&9&2\\0&6&-17&-5\\0&2&-3&1\\0&7&-15&-1\end{pmatrix}\xrightarrow[r_4\leftrightarrow r_2]{r_4-r_2}\begin{pmatrix}1&-4&9&2\\0&1&2&4\\0&2&-3&1\\0&6&-17&-5\end{pmatrix}$$

$$\xrightarrow[r_4-6r_2]{r_3-2r_2}\begin{pmatrix}1&-4&9&2\\0&1&2&4\\0&0&-7&-7\\0&0&-29&-29\end{pmatrix}\xrightarrow[r_4+29r_3]{-\frac{1}{7}r_3}\begin{pmatrix}1&-4&9&2\\0&1&2&4\\0&0&1&1\\0&0&0&0\end{pmatrix}=\boldsymbol{B}.$$

由于 $R(\boldsymbol{A})=R(\boldsymbol{A},\boldsymbol{b})=3$, 方程组有唯一解, 因此继续初等行变换, 化为行最简形矩阵:

$$\begin{pmatrix}1&-4&9&2\\0&1&2&4\\0&0&1&1\\0&0&0&0\end{pmatrix}\xrightarrow[r_1-9r_3]{r_2-2r_3}\begin{pmatrix}1&-4&0&-7\\0&1&0&2\\0&0&1&1\\0&0&0&0\end{pmatrix}\xrightarrow{r_1+4r_2}\begin{pmatrix}1&0&0&1\\0&1&0&2\\0&0&1&1\\0&0&0&0\end{pmatrix},$$

得到解

$$\begin{cases}x_1=1,\\x_2=2,\\x_3=1.\end{cases}$$

§3.2 向量及其运算

3.2.1 向量的定义

定义 3.2

n 个有序的数 $a_1,a_2,\cdots,a_n$ 组成的数组称为 n **维向量**, n 称为向量的**维数**, 这 n 个数称为该向量的 n 个**分量**, 第 i 个数 a_i 是第 i 个分量, 每个分量都是实数的向量称为**实向量**, 分量中有复数的向量称为**复向量**.

本课程仅讨论实向量.

向量可以写成一列或一行, 分别称为**列向量**或**行向量**, 记作

$$\boldsymbol{\alpha}=\begin{pmatrix}a_1\\a_2\\\vdots\\a_n\end{pmatrix}\text{ 或 }\boldsymbol{\alpha}=(a_1,a_2,\cdots,a_n).$$

一个行向量的转置是一个列向量, 一个列向量的转置是一个行向量. 一个列 (行) 向量可以看成一个列 (行) 矩阵. 对于向量, 我们有以下的说明:

(1) 行向量和列向量是两个不同的向量;

(2) 行向量和列向量都按照矩阵的运算法则进行运算;

(3) 当没有明确指明是行向量还是列向量时, 都当作列向量.

定义 3.3

每个分量都是零的向量称为**零向量**, 记作 $\mathbf{0}$; 将向量 $\boldsymbol{\alpha}$ 的每个分量变成相反数得到的向量称为 $\boldsymbol{\alpha}$ 的**负向量**, 记作 $-\boldsymbol{\alpha}$.

有不同维数的零向量.

定义 3.4

若干个维数相同的向量组成的集合称为**向量组**.

线性方程组的一个解是一个向量, 称为**解向量**, 解的集合称为解向量组.

向量组: $\boldsymbol{\varepsilon}_1^{\mathrm{T}}=(1,0,\cdots,0),\boldsymbol{\varepsilon}_2^{\mathrm{T}}=(0,1,\cdots,0),\cdots,\boldsymbol{\varepsilon}_n^{\mathrm{T}}=(0,0,\cdots,1)$ 称为**初始单位向量组**, 有不同维数的初始单位向量组.

3.2.2　向量的线性运算

定义 3.5

当且仅当两个向量 $\boldsymbol{\alpha},\boldsymbol{\beta}$ 的维数相同且对应的分量相等时称这两个**向量相等**, 记作 $\boldsymbol{\alpha}=\boldsymbol{\beta}$. 即:

$$\text{假设有 }\boldsymbol{\alpha}=\begin{pmatrix}a_1\\a_2\\\vdots\\a_n\end{pmatrix},\boldsymbol{\beta}-\begin{pmatrix}b_1\\b_2\\\vdots\\b_n\end{pmatrix},\text{ 那么 }\boldsymbol{\alpha}=\boldsymbol{\beta}\Leftrightarrow a_i=b_i(i=1,2,\cdots,n).$$

下面我们定义向量的加法和数乘运算, 暂时不作向量的乘法运算.

1. 加法

设有两个 n 维向量: $\boldsymbol{\alpha}=\begin{pmatrix}a_1\\a_2\\\vdots\\a_n\end{pmatrix}$ 与 $\boldsymbol{\beta}=\begin{pmatrix}b_1\\b_2\\\vdots\\b_n\end{pmatrix}$, 称向量 $\begin{pmatrix}a_1+b_1\\a_2+b_2\\\vdots\\a_n+b_n\end{pmatrix}$ 为 $\boldsymbol{\alpha}$ 与 $\boldsymbol{\beta}$ 的**和**, 记作 $\boldsymbol{\alpha}+\boldsymbol{\beta}$, 即:

$$\boldsymbol{\alpha}+\boldsymbol{\beta}=\begin{pmatrix}a_1+b_1\\a_2+b_2\\\vdots\\a_n+b_n\end{pmatrix}.$$

2. 数乘

设有 n 维向量 $\boldsymbol{\alpha}=\begin{pmatrix}a_1\\a_2\\\vdots\\a_n\end{pmatrix}$ 和数 k, 称向量 $\begin{pmatrix}ka_1\\ka_2\\\vdots\\ka_n\end{pmatrix}$ 为**数k 与向量 $\boldsymbol{\alpha}$ 的乘积**, 记作 $k\boldsymbol{\alpha}$, 即:

$$k\boldsymbol{\alpha}=\begin{pmatrix}ka_1\\ka_2\\\vdots\\ka_n\end{pmatrix}.$$

根据负向量和数乘运算的定义, 我们得到向量的减法:

$$\boldsymbol{\alpha}-\boldsymbol{\beta}=\boldsymbol{\alpha}+(-\boldsymbol{\beta})=\begin{pmatrix}a_1-b_1\\a_2-b_2\\\vdots\\a_n-b_n\end{pmatrix}.$$

行向量的线性运算类似上述列向量的运算.

定义 3.6

向量的加法和数乘运算统称为**线性运算**.

既然向量可以看成列矩阵或行矩阵, 那么向量的线性运算与矩阵的加法和数乘运算完全相同, 也就具有相同的运算律, 这里不再重复.

3.2.3　向量与矩阵、方程组的关系

一个矩阵 $\boldsymbol{A}_{m\times n}$ 的每一行元素可以构成一个向量, 得到 m 个 n 维的行向量 $\boldsymbol{\beta}_1,\boldsymbol{\beta}_2,\cdots,\boldsymbol{\beta}_m$, 称为矩阵 $\boldsymbol{A}_{m\times n}$ 的**行向量组**.

每一列元素可以构成一个向量, 得到 n 个 m 维的列向量 $\boldsymbol{\alpha}_1,\boldsymbol{\alpha}_2,\cdots,\boldsymbol{\alpha}_n$, 称为矩阵 $\boldsymbol{A}_{m\times n}$ 的**列向量组**. 用分块矩阵的观点看, 矩阵 $\boldsymbol{A}_{m\times n}$ 以列向量为子块: $\boldsymbol{A}=(\boldsymbol{\alpha}_1,\boldsymbol{\alpha}_2,\cdots,\boldsymbol{\alpha}_n)$, 也可以以行向量为子块 $\boldsymbol{A}=\begin{pmatrix}\boldsymbol{\beta}_1\\ \boldsymbol{\beta}_2\\ \vdots\\ \boldsymbol{\beta}_n\end{pmatrix}$.

如果矩阵 $\boldsymbol{A}=(\boldsymbol{\alpha}_1,\boldsymbol{\alpha}_2,\cdots,\boldsymbol{\alpha}_n)$ 是 n 阶方阵, 那么它的行列式可以写成 $|\boldsymbol{A}|=|\boldsymbol{\alpha}_1,\boldsymbol{\alpha}_2,\cdots,\boldsymbol{\alpha}_n|$.

设有线性方程组

$$\begin{cases}a_{11}x_1+a_{12}x_2+\cdots+a_{1n}x_n=b_1,\\ a_{21}x_1+a_{22}x_2+\cdots+a_{2n}x_n=b_2,\\ \qquad\cdots\cdots\cdots\cdots\\ a_{m1}x_1+a_{m2}x_2+\cdots+a_{mn}x_n=b_m,\end{cases}$$

它的每个未知量的系数组成一个列向量, 得到 n 个 m 维列向量 $\boldsymbol{\alpha}_j=(a_{1j},a_{2j},\cdots,a_{mj})^{\mathrm{T}}$, $j=1,2,\cdots,n$, 常数项也组成一个 m 维列向量 $\boldsymbol{\beta}=(b_1,b_2,\cdots,b_m)^{\mathrm{T}}$, 用向量的线性运算表示为

$$\boldsymbol{\alpha}_1x_1+\boldsymbol{\alpha}_2x_2+\cdots+\boldsymbol{\alpha}_nx_n=\boldsymbol{\beta},$$

那么齐次线性方程组可表示为

$$\boldsymbol{\alpha}_1x_1+\boldsymbol{\alpha}_2x_2+\cdots+\boldsymbol{\alpha}_nx_n=\boldsymbol{0}.$$

在方程组中 $\boldsymbol{\alpha}_1,\boldsymbol{\alpha}_2,\cdots,\boldsymbol{\alpha}_n$ 是未知量 $x_1,x_2,\cdots,x_n$ 的系数, 而在向量的运算中, 可以把 $x_1,x_2,\cdots,x_n$ 看成是向量 $\boldsymbol{\alpha}_1,\boldsymbol{\alpha}_2,\cdots,\boldsymbol{\alpha}_n$ 的系数. 这在向量关系的讨论中很重要.

例 3.3 已知向量 $\boldsymbol{\alpha}_1=(2,1,0,3)$, $\boldsymbol{\alpha}_2=(0,-2,3,5)$, $\boldsymbol{\alpha}_3=(-1,-5,3,1)$, 求一个向量 $\boldsymbol{\alpha}$ 使得 $2(\boldsymbol{\alpha}_1+\boldsymbol{\alpha})+(\boldsymbol{\alpha}_2-3\boldsymbol{\alpha})=4(\boldsymbol{\alpha}-\boldsymbol{\alpha}_3)$ 成立.

解 先将所求向量 $\boldsymbol{\alpha}$ 用向量 $\boldsymbol{\alpha}_1,\boldsymbol{\alpha}_2,\boldsymbol{\alpha}_3$ 表示出来, 再作向量的线性运算, 由

$$2(\boldsymbol{\alpha}_1+\boldsymbol{\alpha})+(\boldsymbol{\alpha}_2-3\boldsymbol{\alpha})=4(\boldsymbol{\alpha}-\boldsymbol{\alpha}_3),$$

得

$$\boldsymbol{\alpha}=\frac{1}{5}(2\boldsymbol{\alpha}_1+\boldsymbol{\alpha}_2+4\boldsymbol{\alpha}_3),$$

所以

$$\begin{aligned}\boldsymbol{\alpha}&=\frac{1}{5}[2(2,1,0,3)+(0,-2,3,5)+4(-1,-5,3,1)]\\&=\frac{1}{5}(0,-20,15,15)=(0,-4,3,3).\end{aligned}$$

§3.3 向量组的线性相关性

3.3.1 线性组合

线性组合研究一个向量与一个向量组的关系.

定义 3.7

对于给定的向量组 $\boldsymbol{\alpha}_1,\boldsymbol{\alpha}_2,\cdots,\boldsymbol{\alpha}_n$ 和向量 $\boldsymbol{\beta}$, 如果存在一组数 $k_1,k_2,\cdots,k_n$, 使得

$$\boldsymbol{\beta}=k_1\boldsymbol{\alpha}_1+k_2\boldsymbol{\alpha}_2+\cdots+k_n\boldsymbol{\alpha}_n$$

成立, 那么称向量 $\boldsymbol{\beta}$ 是向量组 $\boldsymbol{\alpha}_1,\boldsymbol{\alpha}_2,\cdots,\boldsymbol{\alpha}_n$ 的一个**线性组合**, 或者说向量 $\boldsymbol{\beta}$ 可以由向量组 $\boldsymbol{\alpha}_1,\boldsymbol{\alpha}_2,\cdots,\boldsymbol{\alpha}_n$ **线性表示**, 数 $k_1,k_2,\cdots,k_n$ 称为**组合系数**.

等式 $\boldsymbol{\beta}=k_1\boldsymbol{\alpha}_1+k_2\boldsymbol{\alpha}_2+\cdots+k_n\boldsymbol{\alpha}_n$ 表达了向量组 $\boldsymbol{\alpha}_1,\boldsymbol{\alpha}_2,\cdots,\boldsymbol{\alpha}_n$ 和向量 $\boldsymbol{\beta}$ 以及一组数 $k_1,k_2,\cdots,k_n$ 之间的关系. 一般有两类问题:

(1) 已知 $\boldsymbol{\alpha}_1,\boldsymbol{\alpha}_2,\cdots,\boldsymbol{\alpha}_n$ 和一组数 $k_1,k_2,\cdots,k_n$, 求向量 $\boldsymbol{\beta}$.

(2) 已知 $\boldsymbol{\alpha}_1,\boldsymbol{\alpha}_2,\cdots,\boldsymbol{\alpha}_n$ 和向量 $\boldsymbol{\beta}$, 求一组数 $k_1,k_2,\cdots,k_n$.

前一个是向量的线性运算问题, 后一个是求组合系数问题. 如何求组合系数呢?

可以认为 $\boldsymbol{\beta}=k_1\boldsymbol{\alpha}_1+k_2\boldsymbol{\alpha}_2+\cdots+k_n\boldsymbol{\alpha}_n$ 是一个线性方程组, 它以 $k_1,k_2,\cdots,k_n$ 为未知量, $\boldsymbol{\alpha}_1,\boldsymbol{\alpha}_2,\cdots,\boldsymbol{\alpha}_n$ 为系数, $\boldsymbol{\beta}$ 为常数项, 显然线性方程组的解就是组合系数. 因此有

定理 3.3

向量 $\boldsymbol{\beta}$ 是向量组 $\boldsymbol{\alpha}_1, \boldsymbol{\alpha}_2, \cdots, \boldsymbol{\alpha}_n$ 的一个线性组合的充分必要条件是以 $\boldsymbol{\alpha}_1, \boldsymbol{\alpha}_2, \cdots, \boldsymbol{\alpha}_n$ 为列向量的矩阵的秩和以 $\boldsymbol{\alpha}_1, \boldsymbol{\alpha}_2, \cdots, \boldsymbol{\alpha}_n, \boldsymbol{\beta}$ 为列向量的矩阵的秩相等, 即:

$$R(\boldsymbol{\alpha}_1, \boldsymbol{\alpha}_2, \cdots, \boldsymbol{\alpha}_n) = R(\boldsymbol{\alpha}_1, \boldsymbol{\alpha}_2, \cdots, \boldsymbol{\alpha}_n, \boldsymbol{\beta}).$$

判断向量 $\boldsymbol{\beta}$ 是否是向量组 $\boldsymbol{\alpha}_1, \boldsymbol{\alpha}_2, \cdots, \boldsymbol{\alpha}_n$ 的一个线性组合并求出组合系数, 和判断线性方程组是否有解及求解的步骤相同. 若方程组有唯一解, 则表示法唯一; 若方程组有无穷多解, 则表示法不唯一.

注: 求组合系数时, 应把所有的向量写成列向量组成矩阵, 并且作初等行变换, 不可以作列变换.

定义 3.8

设有两个向量组 $(A): \boldsymbol{\alpha}_1, \boldsymbol{\alpha}_2, \cdots, \boldsymbol{\alpha}_s$; $(B): \boldsymbol{\beta}_1, \boldsymbol{\beta}_2, \cdots, \boldsymbol{\beta}_t$, 如果向量组 (A) 的每个向量都可以由向量组 (B) 线性表示, 称向量组 (A) 可由向量组 (B) 线性表示; 如果向量组 (A) 与向量组 (B) 可以互相表示, 则称**向量组 (A) 与向量组 (B) 等价**.

等价向量组的性质:

(1) 自反性: 每个向量组与自身等价;

(2) 对称性: 若向量组 (A) 与向量组 (B) 等价, 则向量组 (B) 与向量组 (A) 等价;

(3) 传递性: 若向量组 (A) 与向量组 (B) 等价, 且向量组 (B) 与向量组 (C) 等价, 则向量组 (A) 与向量组 (C) 等价.

设向量组 $(A): \boldsymbol{\alpha}_1, \boldsymbol{\alpha}_2, \cdots, \boldsymbol{\alpha}_s$ 可由向量组 $(B): \boldsymbol{\beta}_1, \boldsymbol{\beta}_2, \cdots, \boldsymbol{\beta}_t$ 线性表示, 那么存在 $k_{1j}, k_{2j}, \cdots, k_{tj}$, 使得

$$\boldsymbol{\alpha}_j = k_{1j}\boldsymbol{\beta}_1 + k_{2j}\boldsymbol{\beta}_2 + \cdots + k_{tj}\boldsymbol{\beta}_t, \quad j = 1, 2, \cdots, s,$$

即: 存在矩阵 $\boldsymbol{K} = (k_{ij})_{t\times s}$ 使得

$$\boldsymbol{A} = \boldsymbol{B}\boldsymbol{K},$$

其中, $\boldsymbol{A} = (\boldsymbol{\alpha}_1, \boldsymbol{\alpha}_2, \cdots, \boldsymbol{\alpha}_s), \boldsymbol{B} = (\boldsymbol{\beta}_1, \boldsymbol{\beta}_2, \cdots, \boldsymbol{\beta}_t)$. 称 $\boldsymbol{K}$ 为向量组 (A) 由向量组 (B) 线性表示的系数矩阵.

更简单地说, 矩阵方程 $\boldsymbol{A} = \boldsymbol{B}\boldsymbol{X}$ 有解, 那么矩阵 $\boldsymbol{A}$ 的列向量组 (A) 可由矩阵 $\boldsymbol{B}$ 的列向量组 (B) 线性表示, 其解 $\boldsymbol{X}$ 为线性表示的系数矩阵.

例 3.4 向量 $\boldsymbol{\beta} = (8, -2, 5, -9)$ 能否由向量组:

$$\boldsymbol{\alpha}_1 = (3, 1, 1, 1), \boldsymbol{\alpha}_2 = (-1, 1, -1, 3), \boldsymbol{\alpha}_3 = (1, 3, -1, 7)$$

线性表示? 如果能表示, 写出其表示式.

解 $$(\boldsymbol{\alpha}_1,\boldsymbol{\alpha}_2,\boldsymbol{\alpha}_3,\boldsymbol{\beta})=\begin{pmatrix}3&-1&1&8\\1&1&3&-2\\1&-1&-1&5\\1&3&7&-9\end{pmatrix}\to\begin{pmatrix}1&0&1&\frac{3}{2}\\0&1&2&-\frac{7}{2}\\0&0&0&0\\0&0&0&0\end{pmatrix},$$

由于 $R(\boldsymbol{\alpha}_1,\boldsymbol{\alpha}_2,\boldsymbol{\alpha}_3,\boldsymbol{\beta})=R(\boldsymbol{\alpha}_1,\boldsymbol{\alpha}_2,\boldsymbol{\alpha}_3)$, 故 $\boldsymbol{\beta}$ 可由向量组 $\boldsymbol{\alpha}_1,\boldsymbol{\alpha}_2,\boldsymbol{\alpha}_3$ 线性表示, 且有 $\boldsymbol{\beta}=\frac{3}{2}\boldsymbol{\alpha}_1-\frac{7}{2}\boldsymbol{\alpha}_2+0\cdot\boldsymbol{\alpha}_3$.

3.3.2 线性相关与线性无关

线性相关和线性无关研究一个向量组与零向量的关系.

定义 3.9

对于给定的向量组 $\boldsymbol{\alpha}_1,\boldsymbol{\alpha}_2,\cdots,\boldsymbol{\alpha}_n$, 如果存在一组不全为零的数 $k_1,k_2,\cdots,k_n$ 使得

$$k_1\boldsymbol{\alpha}_1+k_2\boldsymbol{\alpha}_2+\cdots+k_n\boldsymbol{\alpha}_n=\mathbf{0} \tag{3.7}$$

成立, 称向量组 $\boldsymbol{\alpha}_1,\boldsymbol{\alpha}_2,\cdots,\boldsymbol{\alpha}_n$ **线性相关**; 如果当且仅当 $k_1=k_2=\cdots=k_n=0$ 时 (3.7) 式成立, 那么称 $\boldsymbol{\alpha}_1,\boldsymbol{\alpha}_2,\cdots,\boldsymbol{\alpha}_n$ **线性无关**.

对于给定的向量组 $\boldsymbol{\alpha}_1,\boldsymbol{\alpha}_2,\cdots,\boldsymbol{\alpha}_n$, 如何判断是否有一组不全为零的数 $k_1,k_2,\cdots,k_n$ 使 $k_1\boldsymbol{\alpha}_1+k_2\boldsymbol{\alpha}_2+\cdots+k_n\boldsymbol{\alpha}_n=\mathbf{0}$ 呢? 如何求出这组数呢?

可以将 (3.7) 式看成一个齐次线性方程组, 它以 $k_1,k_2,\cdots,k_n$ 为未知量, $\boldsymbol{\alpha}_1,\boldsymbol{\alpha}_2,\cdots,\boldsymbol{\alpha}_n$ 为系数, 那么就变成了讨论齐次线性方程组是否有非零解. 因此得到下面的定理:

定理 3.4

向量组 $\boldsymbol{\alpha}_1,\boldsymbol{\alpha}_2,\cdots,\boldsymbol{\alpha}_n$ 线性相关的充分必要条件是 $R(\boldsymbol{\alpha}_1,\boldsymbol{\alpha}_2,\cdots,\boldsymbol{\alpha}_n)<n$, 线性无关的充分必要条件是 $R(\boldsymbol{\alpha}_1,\boldsymbol{\alpha}_2,\cdots,\boldsymbol{\alpha}_n)=n$.

推论 3.3

n 个 n 维向量 $\boldsymbol{\alpha}_1,\boldsymbol{\alpha}_2,\cdots,\boldsymbol{\alpha}_n$ 线性相关的充分必要条件是 $|\boldsymbol{\alpha}_1,\boldsymbol{\alpha}_2,\cdots,\boldsymbol{\alpha}_n|=0$, 线性无关的充分必要条件是 $|\boldsymbol{\alpha}_1,\boldsymbol{\alpha}_2,\cdots,\boldsymbol{\alpha}_n|\neq 0$.

推论 3.4

$n+k(k\in\mathbf{N})$ 个 n 维向量一定线性相关, 即当向量组中所含向量个数大于维数时必定线性相关.

根据上面的讨论, n 个 m 维向量组成的向量组 $\boldsymbol{\alpha}_1,\boldsymbol{\alpha}_2,\cdots,\boldsymbol{\alpha}_n$:

当 $m<n$ 时, 一定线性相关;

当 $m=n$ 时, 可用行列式 $|\boldsymbol{\alpha}_1,\boldsymbol{\alpha}_2,\cdots,\boldsymbol{\alpha}_n|$ 是不是等于零判断其线性相关性;

无论 n 和 m 哪个大, 都可以用初等变换求向量组的秩来判断其是否线性相关, 与判断齐次线性方程组是否有非零解的步骤相同.

求线性关系式的一组系数 $k_1,k_2,\cdots,k_n$, 就是要求出相应的齐次线性方程组的任一组非零解.

下面是一些关于线性组合和线性相关的简单有用的结论:

(1) 一个零向量线性相关, 一个非零向量线性无关;

(2) 含有零向量的向量组线性相关;

(3) 两个向量线性相关的充分必要条件是对应分量成比例;

(4) 初始单位向量组线性无关;

(5) 任何向量可由初始单位向量组线性表示;

(6) 零向量是任何向量组的线性组合;

(7) 向量组中的任何一个向量可以由该向量组线性表示.

定义 3.10

由向量组中的一部分向量组成的新向量组称为原向量组的**部分组**.

定理 3.5

若一个向量组线性无关, 则它的任何部分组线性无关; 若向量组的一个部分组线性相关, 则原向量组线性相关.

例 3.5　设向量组 $\boldsymbol{\alpha}_1,\boldsymbol{\alpha}_2,\boldsymbol{\alpha}_3$ 线性无关, 证明: 向量组 $\boldsymbol{\alpha}_1+2\boldsymbol{\alpha}_2,\boldsymbol{\alpha}_2-\boldsymbol{\alpha}_3,\boldsymbol{\alpha}_1+2\boldsymbol{\alpha}_3$ 线性相关.

证　设有数 k_1,k_2,k_3 使得

$$k_1\left(\boldsymbol{\alpha}_1+2\boldsymbol{\alpha}_2\right)+k_2\left(\boldsymbol{\alpha}_2-\boldsymbol{\alpha}_3\right)+k_3\left(\boldsymbol{\alpha}_1+2\boldsymbol{\alpha}_3\right)=\mathbf{0},$$

即

$$\left(k_1+k_3\right)\boldsymbol{\alpha}_1+\left(2k_1+k_2\right)\boldsymbol{\alpha}_2+\left(-k_2+2k_3\right)\boldsymbol{\alpha}_3=\mathbf{0},$$

由于 $\boldsymbol{\alpha}_1,\boldsymbol{\alpha}_2,\boldsymbol{\alpha}_3$ 线性无关, 根据线性无关的定义, 上式成立的条件是

$$\begin{cases} k_1+k_3=0, \\ 2k_1+k_2=0, \\ -k_2+2k_3=0, \end{cases}$$

其系数行列式 $\begin{vmatrix} 1 & 0 & 1 \\ 2 & 1 & 0 \\ 0 & -1 & 2 \end{vmatrix}=0$, 根据克拉默法则, 这个齐次线性方程组有非零解, 即存在不全为零的数 k_1,k_2,k_3, 使得

$$k_1(\boldsymbol{\alpha}_1+2\boldsymbol{\alpha}_2)+k_2(\boldsymbol{\alpha}_2-\boldsymbol{\alpha}_3)+k_3(\boldsymbol{\alpha}_1+2\boldsymbol{\alpha}_3)=\mathbf{0}.$$

根据线性相关的定义, 向量组 $\boldsymbol{\alpha}_1+2\boldsymbol{\alpha}_2,\boldsymbol{\alpha}_2-\boldsymbol{\alpha}_3,\boldsymbol{\alpha}_1+2\boldsymbol{\alpha}_3$ 线性相关.

3.3.3 线性组合与线性相关性的有关定理

定理 3.6

向量组 $\boldsymbol{\alpha}_1,\boldsymbol{\alpha}_2,\cdots,\boldsymbol{\alpha}_n$ 线性相关的充分必要条件是 $\boldsymbol{\alpha}_1,\boldsymbol{\alpha}_2,\cdots,\boldsymbol{\alpha}_n$ 中至少有一个向量是其余 $n-1$ 个向量的线性组合.

定理 3.7

如果向量组 $\boldsymbol{\alpha}_1,\boldsymbol{\alpha}_2,\cdots,\boldsymbol{\alpha}_n$ 线性无关, 添加一个向量 $\boldsymbol{\beta}$ 后 $\boldsymbol{\alpha}_1,\boldsymbol{\alpha}_2,\cdots,\boldsymbol{\alpha}_n,\boldsymbol{\beta}$ 线性相关, 那么 $\boldsymbol{\beta}$ 可由 $\boldsymbol{\alpha}_1,\boldsymbol{\alpha}_2,\cdots,\boldsymbol{\alpha}_n$ 线性表示, 且表示式唯一.

定理 3.8

如果向量组 $(A):\boldsymbol{\alpha}_1,\boldsymbol{\alpha}_2,\cdots,\boldsymbol{\alpha}_s$ 可由向量组 $(B):\boldsymbol{\beta}_1,\boldsymbol{\beta}_2,\cdots,\boldsymbol{\beta}_t$ 线性表示, 且 $s>t$, 那么向量组 (A) 线性相关.

推论 3.5

如果向量组 $(A):\boldsymbol{\alpha}_1,\boldsymbol{\alpha}_2,\cdots,\boldsymbol{\alpha}_s$ 可由向量组 $(B):\boldsymbol{\beta}_1,\boldsymbol{\beta}_2,\cdots,\boldsymbol{\beta}_t$ 线性表示, 且向量组 (A) 线性无关, 那么 $s\leqslant t$.

此推论即是定理 3.8 的逆否命题.

推论 3.6

如果两个向量组 $(A):\boldsymbol{\alpha}_1,\boldsymbol{\alpha}_2,\cdots,\boldsymbol{\alpha}_s$ 与 $(B):\boldsymbol{\beta}_1,\boldsymbol{\beta}_2,\cdots,\boldsymbol{\beta}_t$ 可以互相表示, 且向量组 (A) 和 (B) 都线性无关, 那么 $s=t$. 即两个线性无关的等价向量组所含向量个

数相同.

定理 3.9

矩阵 $\boldsymbol{A}$ 经过初等行变换化为矩阵 $\boldsymbol{B}$, 那么矩阵 $\boldsymbol{A}$ 与 $\boldsymbol{B}$ 的行向量组等价; 对应位置的列向量 (部分) 组具有相同的线性相关性.

也就是矩阵 $\boldsymbol{A}$ 与 $\boldsymbol{B}$ 的行向量组可以互相表示, 而在 $\boldsymbol{A}$ 与 $\boldsymbol{B}$ 中取相同列的向量组, 要么都线性相关, 要么都线性无关, 为下一节求最大无关组和表示式提供了依据.

定义 3.11

在 m 维向量组 (A) 的每个向量后面 (或者前面) 添加 k 个分量, 得到 $m+k$ 维的向量组 (A'), 称 (A') 是 (A) 的**加长向量组**.

定理 3.10

如果向量组线性无关, 那么其加长向量组也线性无关; 如果加长向量组线性相关, 那么原向量组也线性相关.

§3.4 极大无关组和向量组的秩

3.4.1 极大无关组

极大无关组研究的问题是: 一个向量组中有没有一部分向量是线性无关的? 最多有多少个向量是线性无关的?

定义 3.12

设 $\boldsymbol{\alpha}_{i_1},\boldsymbol{\alpha}_{i_2},\cdots,\boldsymbol{\alpha}_{i_r}$ 是向量组 $\boldsymbol{\alpha}_1,\boldsymbol{\alpha}_2,\cdots,\boldsymbol{\alpha}_n$ 中的 $r(r\leqslant n)$ 个向量, 如果

(1) $\boldsymbol{\alpha}_{i_1},\boldsymbol{\alpha}_{i_2},\cdots,\boldsymbol{\alpha}_{i_r}$ 线性无关;

(2) $\boldsymbol{\alpha}_1,\boldsymbol{\alpha}_2,\cdots,\boldsymbol{\alpha}_n$ 可由 $\boldsymbol{\alpha}_{i_1},\boldsymbol{\alpha}_{i_2},\cdots,\boldsymbol{\alpha}_{i_r}$ 线性表示,

那么称 $\boldsymbol{\alpha}_{i_1},\boldsymbol{\alpha}_{i_2},\cdots,\boldsymbol{\alpha}_{i_r}$ 是向量组 $\boldsymbol{\alpha}_1,\boldsymbol{\alpha}_2,\cdots,\boldsymbol{\alpha}_n$ 的一个极**大线性无关组**, 简称极**大无关组**, 也称**最大无关组**.

定义 3.12 中条件 (2) 意味着每一个向量都可以由 $\boldsymbol{\alpha}_{i_1},\boldsymbol{\alpha}_{i_2},\cdots,\boldsymbol{\alpha}_{i_r}$ 线性表示, 可以将其改写为 “其余向量可以由 $\boldsymbol{\alpha}_{i_1},\boldsymbol{\alpha}_{i_2},\cdots,\boldsymbol{\alpha}_{i_r}$ 线性表示”.

注意理解极大无关组的两个关键词: 极大、线性无关.

只有一个零向量的向量组没有极大无关组.

根据定义可知, 向量组与它的极大无关组等价, 向量组的两个极大无关组等价.

有了极大无关组, 很多研究向量组的问题就变成研究它的极大无关组问题, 研究两个向量组的关系就变成研究它们的极大无关组之间的关系, 例如: 两个向量组等价相当于它们的极大无关组等价.

极大无关组一般不唯一, 但有下面的结论:

定理 3.11

极大无关组所含向量个数相同.

3.4.2 向量组的秩

定义 3.13

一个向量组的极大无关组所含向量的个数称为**向量组的秩**.

如果向量组 (A): $\boldsymbol{\alpha}_1, \boldsymbol{\alpha}_2, \cdots, \boldsymbol{\alpha}_n$ 的极大无关组中含有 r 个向量, 那么向量组的秩为 r, 记作 $R(\boldsymbol{A}) = r$ 或 $R(\boldsymbol{\alpha}_1, \boldsymbol{\alpha}_2, \cdots, \boldsymbol{\alpha}_n) = r$.

规定: 只有一个零向量的向量组的秩为零.

为了更好地理解极大无关组和向量组的秩, 假设 $R(\boldsymbol{\alpha}_1, \boldsymbol{\alpha}_2, \cdots, \boldsymbol{\alpha}_n) = r$, 我们作以下说明:

(1) 任何 $r-1$ 个向量都不可能是向量组的极大无关组;

(2) 任何 $r+1$ 个向量都是线性相关的;

(3) 任何含有 r 个向量的线性无关部分组都是极大无关组.

定理 3.12

如果向量组 (A) 可以由向量组 (B) 线性表示, 那么 $R(A) \leqslant R(B)$.

推论 3.7

若向量组 (A) 与向量组 (B) 等价, 则 $R(A) = R(B)$.

3.4.3 向量组的秩与矩阵的秩的关系

一般用定义求向量组的秩很困难, 鉴于向量和矩阵的关系, 我们希望找到向量组的秩与矩阵的秩的关系.

定义 3.14

矩阵的行向量组的秩称为**矩阵的行秩**, 矩阵的列向量组的秩称为**矩阵的列秩**.

定理 3.13

矩阵的行秩 = 矩阵的列秩 = 矩阵的秩.

如果矩阵 $\boldsymbol{A}$ 的秩为 r, 那么 $\boldsymbol{A}$ 中至少有一个 r 阶子式不为零, 这个子式所在的行和列的 r 个向量都是线性无关的.

这个定理告诉我们一个求向量组的秩的方法——利用初等变换求向量组的秩. 步骤:

(1) 用向量组 $\boldsymbol{\alpha}_1,\boldsymbol{\alpha}_2,\cdots,\boldsymbol{\alpha}_n$ 组成一个矩阵 $(\boldsymbol{\alpha}_1,\boldsymbol{\alpha}_2,\cdots,\boldsymbol{\alpha}_n)$;

(2) 对矩阵作初等变换, 化为阶梯形矩阵;

(3) 矩阵的秩就是向量组的秩.

求秩的时候, 矩阵中的向量写成行向量或列向量都可以 (但要一致), 对矩阵既可作初等行变换又可作初等列变换.

如果需要求出向量组的一个极大无关组, 并把向量组的其余向量用该极大无关组线性表示, 那么可以把向量写成列向量的形式, 并且只作初等行变换. 步骤如下:

(1) 把向量组 $\boldsymbol{\alpha}_1,\boldsymbol{\alpha}_2,\cdots,\boldsymbol{\alpha}_n$ 写成列向量的形式, 构成一个矩阵 $(\boldsymbol{\alpha}_1,\boldsymbol{\alpha}_2,\cdots,\boldsymbol{\alpha}_n)$;

(2) 对矩阵作初等行变换, 化为行最简形矩阵;

(3) 非零行行数 (首元个数) 就是向量组的秩, 并且首元所在列对应的向量组就是极大无关组;

(4) 把非首元所在列的向量用首元所在列的向量组表示, 这个表示式就是把该列对应的向量用极大无关组表示的表示式.

例 3.6　已知向量组 $\boldsymbol{\alpha}_1=\begin{pmatrix}1\\5\\-1\\-1\end{pmatrix},\boldsymbol{\alpha}_2=\begin{pmatrix}1\\-2\\1\\3\end{pmatrix},\boldsymbol{\alpha}_3=\begin{pmatrix}3\\8\\-1\\1\end{pmatrix},\boldsymbol{\alpha}_4=\begin{pmatrix}1\\-9\\3\\7\end{pmatrix}$, 求一个极大无关组并把其余向量用该极大无关组线性表示.

解　$\boldsymbol{\alpha}_1,\boldsymbol{\alpha}_2,\boldsymbol{\alpha}_3,\boldsymbol{\alpha}_4$ 构成矩阵, 对其进行初等行变换, 化为行最简形矩阵:

$$(\boldsymbol{\alpha}_1,\boldsymbol{\alpha}_2,\boldsymbol{\alpha}_3,\boldsymbol{\alpha}_4)=\begin{pmatrix}1&1&3&1\\5&-2&8&-9\\-1&1&-1&3\\-1&3&1&7\end{pmatrix}\xrightarrow[\substack{r_3+r_1\\r_4+r_1}]{r_2-5r_1}\begin{pmatrix}1&1&3&1\\0&-7&-7&-14\\0&2&2&4\\0&4&4&8\end{pmatrix}$$

$$\xrightarrow[\substack{r_3-2r_2\\ r_4-4r_2}]{-\frac{1}{7}r_2}\begin{pmatrix}1&1&3&1\\0&1&1&2\\0&0&0&0\\0&0&0&0\end{pmatrix}\xrightarrow{r_1-r_2}\begin{pmatrix}1&0&2&-1\\0&1&1&2\\0&0&0&0\\0&0&0&0\end{pmatrix},$$

首非零元在第 1, 2 列, 所以 $\boldsymbol{\alpha}_1,\boldsymbol{\alpha}_2$ 是一个极大无关组, $\boldsymbol{\alpha}_3,\boldsymbol{\alpha}_4$ 可以用 $\boldsymbol{\alpha}_1,\boldsymbol{\alpha}_2$ 表示, 表示式为

$$\boldsymbol{\alpha}_3=2\boldsymbol{\alpha}_1+\boldsymbol{\alpha}_2,\quad \boldsymbol{\alpha}_4=-\boldsymbol{\alpha}_1+2\boldsymbol{\alpha}_2.$$

§3.5 线性方程组解的结构

3.5.1 齐次线性方程组解的结构

齐次线性方程组 $\boldsymbol{A}\boldsymbol{x}=\boldsymbol{0}$ 解的性质:

(1) 如果 $\boldsymbol{v}_1,\boldsymbol{v}_2$ 是齐次线性方程组 $\boldsymbol{A}\boldsymbol{x}=\boldsymbol{0}$ 的解, 那么 $\boldsymbol{v}_1+\boldsymbol{v}_2$ 也是它的解;

(2) 如果 $\boldsymbol{v}$ 是齐次线性方程组 $\boldsymbol{A}\boldsymbol{x}=\boldsymbol{0}$ 的解, k 是任意实数, 那么 $k\boldsymbol{v}$ 也是它的解;

(3) 如果 $\boldsymbol{v}_1,\boldsymbol{v}_2,\cdots,\boldsymbol{v}_s$ 是齐次线性方程组 $\boldsymbol{A}\boldsymbol{x}=\boldsymbol{0}$ 的解, 那么其线性组合

$$k_1\boldsymbol{v}_1+k_2\boldsymbol{v}_2+\cdots k_s\boldsymbol{v}_s$$

也是它的解, 其中 $k_1,k_2,\cdots,k_s$ 是任意常数.

这几条性质也说明了, 齐次线性方程组如果有非零解, 那么就有无穷多个; 找到一个解就可以找到无穷多个.

我们知道, 当系数矩阵 $\boldsymbol{A}_{m\times n}$ 的秩 $R(\boldsymbol{A})<n$ 时, 方程组 $\boldsymbol{A}\boldsymbol{x}=\boldsymbol{0}$ 有非零解, 其解向量组一定线性相关 (个数大于维数). 如果我们能求出解向量组的极大无关组, 记作 $\boldsymbol{v}_1,\boldsymbol{v}_2,\cdots,\boldsymbol{v}_s$, 那么极大无关组的任意线性组合 $k_1\boldsymbol{v}_1+k_2\boldsymbol{v}_2+\cdots+k_s\boldsymbol{v}_s$ 就是方程组的全部解. 这句话包含两层意思:

(1) $k_1\boldsymbol{v}_1+k_2\boldsymbol{v}_2+\cdots+k_s\boldsymbol{v}_s$ 是方程组的解;

(2) 任意一个解 $\boldsymbol{v}$ 都可以表示成 $\boldsymbol{v}_1,\boldsymbol{v}_2,\cdots,\boldsymbol{v}_s$ 的线性组合形式 (没有其他形式的解). 由性质 (3), 第 (1) 条成立. 由极大无关组的定义, 第 (2) 条成立. 因此求线性方程组的解向量组的极大无关组就是求解线性方程组的根本问题.

定义 3.15

若 $\boldsymbol{v}_1, \boldsymbol{v}_2, \cdots, \boldsymbol{v}_s$ 是齐次线性方程组 $\boldsymbol{Ax}=\boldsymbol{0}$ 的非零解, 且满足:

(1) $\boldsymbol{v}_1, \boldsymbol{v}_2, \cdots, \boldsymbol{v}_s$ 线性无关;

(2) 任意一个解都可以由 $\boldsymbol{v}_1, \boldsymbol{v}_2, \cdots, \boldsymbol{v}_s$ 线性表示,

则称 $\boldsymbol{v}_1, \boldsymbol{v}_2, \cdots, \boldsymbol{v}_s$ 是齐次线性方程组 $\boldsymbol{Ax}=\boldsymbol{0}$ 的一个**基础解系**.

一个基础解系实际上就是解向量组的一个极大无关组. 如何求基础解系?

定理 3.14

如果 n 元齐次线性方程组的系数矩阵 $\boldsymbol{A}$ 的秩 $R(\boldsymbol{A})=r<n$, 那么方程组的基础解系存在, 且每个基础解系恰好含有 $n-r$ 个解向量, 同时方程组的每一个解都是基础解系的线性组合.

求基础解系的方法和过程:

(1) 写出系数矩阵, 施以初等行变换化为阶梯形矩阵, 如果 $R(\boldsymbol{A})=r<n$, 继续作初等行变换化为行最简形矩阵 (不妨设前 r 个向量线性无关, 则首元位于第 1～r 列):

$$\boldsymbol{A}=\begin{pmatrix} a_{11} & a_{12} & \cdots & a_{1n} \\ a_{21} & a_{22} & \cdots & a_{2n} \\ \vdots & \vdots & & \vdots \\ a_{m1} & a_{m2} & \cdots & a_{mn} \end{pmatrix} \xrightarrow{r} \begin{pmatrix} 1 & \cdots & 0 & b_{11} & \cdots & b_{1,n-r} \\ \vdots & & \vdots & \vdots & & \vdots \\ 0 & \cdots & 1 & b_{r1} & \cdots & b_{r,n-r} \\ 0 & & 0 & 0 & \cdots & 0 \\ \vdots & & \vdots & \vdots & & \vdots \\ 0 & \cdots & 0 & 0 & \cdots & 0 \end{pmatrix};$$

(2) 写出等价方程组:

$$\begin{cases} x_1=-b_{11}x_{r+1}-\cdots-b_{1,n-r}x_n, \\ \cdots\cdots\cdots\cdots \\ x_r=-b_{r1}x_{r+1}-\cdots-b_{r,n-r}x_n; \end{cases}$$

(3) 令自由未知量为 $\begin{pmatrix} x_{r+1} \\ x_{r+2} \\ \vdots \\ x_n \end{pmatrix}$, 依次取值为初始单位向量组: $\begin{pmatrix} 1 \\ 0 \\ \vdots \\ 0 \end{pmatrix}, \begin{pmatrix} 0 \\ 1 \\ \vdots \\ 0 \end{pmatrix}, \cdots, \begin{pmatrix} 0 \\ 0 \\ \vdots \\ 1 \end{pmatrix}$,

得出其他未知量的值:

$$\begin{pmatrix} x_1 \\ \vdots \\ x_r \end{pmatrix} = \begin{pmatrix} -b_{11} \\ \vdots \\ -b_{r1} \end{pmatrix}, \begin{pmatrix} -b_{12} \\ \vdots \\ -b_{r2} \end{pmatrix}, \cdots, \begin{pmatrix} -b_{1,n-r} \\ \vdots \\ -b_{r,n-r} \end{pmatrix};$$

(4) 将所有未知量合写在一起, 得到方程组的 $n-r$ 个线性无关的解, 即基础解系:

$$\boldsymbol{v}_1 = \begin{pmatrix} -b_{11} \\ \vdots \\ -b_{r1} \\ 1 \\ 0 \\ \vdots \\ 0 \end{pmatrix}, \boldsymbol{v}_2 = \begin{pmatrix} -b_{12} \\ \vdots \\ -b_{r2} \\ 0 \\ 1 \\ \vdots \\ 0 \end{pmatrix}, \cdots, \boldsymbol{v}_{n-r} = \begin{pmatrix} -b_{1,n-r} \\ \vdots \\ -b_{r,n-r} \\ 0 \\ 0 \\ \vdots \\ 1 \end{pmatrix}.$$

在上述步骤 (3) 中, 自由未知量 $\begin{pmatrix} x_{r+1} \\ x_{r+2} \\ \vdots \\ x_n \end{pmatrix}$ 只要依次取值 $n-r$ 个线性无关的向量就行, 但一般是取初始单位向量组, 此时计算量最小, 表达最方便.

3.5.2 非齐次线性方程组解的结构

定义 3.16

当齐次线性方程组 $\boldsymbol{Ax}=\mathbf{0}$ 和非齐次线性方程组 $\boldsymbol{Ax}=\boldsymbol{b}$ 的系数矩阵相同时, 称 $\boldsymbol{Ax}=\mathbf{0}$ 为 $\boldsymbol{Ax}=\boldsymbol{b}$ 对应的**齐次方程组**或**导出组**.

非齐次线性方程组 $\boldsymbol{Ax}=\boldsymbol{b}$ 解的性质:

(1) 如果 $\boldsymbol{u}$ 是方程组 $\boldsymbol{Ax}=\boldsymbol{b}$ 的解, $\boldsymbol{v}$ 是导出组 $\boldsymbol{Ax}=\mathbf{0}$ 的解, 那么 $\boldsymbol{u}+\boldsymbol{v}$ 也是方程组 $\boldsymbol{Ax}=\boldsymbol{b}$ 的解;

(2) 如果 $\boldsymbol{u}_1, \boldsymbol{u}_2$ 都是方程组 $\boldsymbol{Ax}=\boldsymbol{b}$ 的解, 那么 $\boldsymbol{u}_1-\boldsymbol{u}_2$ 是其导出组 $\boldsymbol{Ax}=\mathbf{0}$ 的解.

这两条性质说明方程组 $\boldsymbol{Ax}=\boldsymbol{b}$ 的解和它的导出组 $\boldsymbol{Ax}=\mathbf{0}$ 的解之间有关系, 那么 $\boldsymbol{Ax}=\boldsymbol{b}$ 的全部解与导出组的基础解系有着怎样的关系呢?

定理 3.15

对于 n 元非齐次线性方程组 $\boldsymbol{Ax}=\boldsymbol{b}$, 若有 $R(\boldsymbol{A})=R(\boldsymbol{A},\boldsymbol{b})=r<n$, 且 $\boldsymbol{u}_0$ 是 $\boldsymbol{Ax}=\boldsymbol{b}$ 的一个特解, 而 $\boldsymbol{v}_1,\boldsymbol{v}_2,\cdots,\boldsymbol{v}_{n-r}$ 是导出组 $\boldsymbol{Ax}=\boldsymbol{0}$ 的一个基础解系, 则方程组 $\boldsymbol{Ax}=\boldsymbol{b}$ 的全部解可表示为

$$\boldsymbol{u}=\boldsymbol{u}_0+c_1\boldsymbol{v}_1+c_2\boldsymbol{v}_2+\cdots+c_{n-r}\boldsymbol{v}_{n-r}.$$

定理 3.15 告诉我们求方程组的全部解, 只需要求出一个特解和导出组的基础解系. 我们已经学会了求基础解系, 剩下的问题是求一个特解, 都可以利用矩阵的初等行变换来求解.

求线性方程组 $\boldsymbol{Ax}=\boldsymbol{b}$ 的全部解的步骤:

(1) 写出增广矩阵, 并施以初等行变换化为阶梯形矩阵, 如果 $R(\boldsymbol{A})=R(\boldsymbol{A},\boldsymbol{b})=r$, 继续作初等行变换化为行最简形矩阵:

$$\begin{pmatrix} 1 & \cdots & 0 & b_{11} & \cdots & b_{1,n-r} & c_1 \\ \vdots & & \vdots & \vdots & & \vdots & \vdots \\ 0 & \cdots & 1 & b_{r1} & \cdots & b_{r,n-r} & c_r \\ 0 & \cdots & 0 & 0 & \cdots & 0 & 0 \\ \vdots & & \vdots & \vdots & & \vdots & \vdots \\ 0 & \cdots & 0 & 0 & \cdots & 0 & 0 \end{pmatrix}.$$

(2) 写出等价方程组:

$$\begin{cases} x_1=c_1-b_{11}x_{r+1}-\cdots-b_{1,n-r}x_n, \\ \qquad\qquad\cdots\cdots\cdots\cdots \\ x_r=c_r-b_{r1}x_{r+1}-\cdots-b_{r,n-r}x_n. \end{cases}$$

(3) 若 $r=n$, 写出它的唯一解 $\boldsymbol{x}=(c_1,c_2,\cdots,c_n)^{\mathrm{T}}$; 若 $r<n$, 令 $(x_{r+1},\cdots,x_n)^{\mathrm{T}}=(0,\cdots,0)^{\mathrm{T}}$, 求出一个特解 $\boldsymbol{u}_0=(c_1,c_2,\cdots,c_r,0,\cdots,0)^{\mathrm{T}}$ 以及导出组的基础解系 $\boldsymbol{v}_1,\boldsymbol{v}_2,\cdots,\boldsymbol{v}_{n-r}$.

(4) 写出全部解: $\boldsymbol{u}=\boldsymbol{u}_0+c_1\boldsymbol{v}_1+c_2\boldsymbol{v}_2+\cdots+c_{n-r}\boldsymbol{v}_{n-r}$.

例 3.7 求齐次线性方程组 $\begin{cases} x_1+x_2-x_3-x_4=0, \\ x_1-2x_2+4x_3+2x_4=0, \\ 2x_1-x_2+3x_3+x_4=0 \end{cases}$ 的基础解系和通解.

解 齐次方程组的方程个数小于未知量个数, 有非零解. 对系数矩阵作初等行变换化为行最简形矩阵:

$$\boldsymbol{A}=\begin{pmatrix}1&1&-1&-1\\1&-2&4&2\\2&-1&3&1\end{pmatrix}\to\begin{pmatrix}1&0&\frac{2}{3}&0\\0&1&-\frac{5}{3}&-1\\0&0&0&0\end{pmatrix}.$$

等价方程组:

$$\begin{cases}x_1=-\dfrac{2}{3}x_3,\\x_2=\dfrac{5}{3}x_3+x_4.\end{cases}$$

令自由未知量 $\begin{pmatrix}x_3\\x_4\end{pmatrix}=\begin{pmatrix}1\\0\end{pmatrix}$ 或 $\begin{pmatrix}0\\1\end{pmatrix}$, 得到 $\begin{pmatrix}x_1\\x_2\end{pmatrix}=\begin{pmatrix}-\frac{2}{3}\\\frac{5}{3}\end{pmatrix}$ 或 $\begin{pmatrix}0\\1\end{pmatrix}$, 所以基础解系为

$$\boldsymbol{v}_1=\begin{pmatrix}-\frac{2}{3}\\\frac{5}{3}\\1\\0\end{pmatrix},\boldsymbol{v}_2=\begin{pmatrix}0\\1\\0\\1\end{pmatrix},$$

方程组的通解为 $c_1\boldsymbol{v}_1+c_2\boldsymbol{v}_2$, 其中 c_1,c_2 为任意实数.

本例中, 如果令自由未知量 $\begin{pmatrix}x_3\\x_4\end{pmatrix}=\begin{pmatrix}3\\0\end{pmatrix}$ 或 $\begin{pmatrix}0\\1\end{pmatrix}$, 得到 $\begin{pmatrix}x_1\\x_2\end{pmatrix}=\begin{pmatrix}-2\\5\end{pmatrix}$ 或 $\begin{pmatrix}0\\1\end{pmatrix}$, 那么基础解系为 $\boldsymbol{v}_1=\begin{pmatrix}-2\\5\\3\\0\end{pmatrix},\boldsymbol{v}_2=\begin{pmatrix}0\\1\\0\\1\end{pmatrix}$.

例 3.8 求解线性方程组

$$\begin{cases}x_1-x_2-x_3+x_4=0,\\x_1-x_2+x_3-3x_4=1,\\x_1-x_2-2x_3+3x_4=-\dfrac{1}{2}.\end{cases}$$

解　对增广矩阵作初等行变换化为行最简形:

$$(\boldsymbol{A},\boldsymbol{b})=\begin{pmatrix}1&-1&-1&1&0\\1&-1&1&-3&1\\1&-1&-2&3&-\dfrac{1}{2}\end{pmatrix}\to\begin{pmatrix}1&-1&0&-1&\dfrac{1}{2}\\0&0&1&-2&\dfrac{1}{2}\\0&0&0&0&0\end{pmatrix}.$$

所以, $R(\boldsymbol{A},\boldsymbol{b})=R(\boldsymbol{A})=2<4$, 等价方程组为

$$\begin{cases}x_1=\dfrac{1}{2}+x_2+x_4,\\x_3=\dfrac{1}{2}+2x_4.\end{cases}$$

令自由未知量 $\begin{pmatrix}x_2\\x_4\end{pmatrix}=\begin{pmatrix}0\\0\end{pmatrix}$, 得到一个特解

$$\boldsymbol{u}_0=\left(\frac{1}{2},\quad 0,\quad \frac{1}{2},\quad 0\right)^{\mathrm{T}}.$$

对应的齐次线性方程组为

$$\begin{cases}x_1=x_2+x_4,\\x_3=2x_4,\end{cases}$$

令自由未知量 $\begin{pmatrix}x_2\\x_4\end{pmatrix}=\begin{pmatrix}1\\0\end{pmatrix},\begin{pmatrix}0\\1\end{pmatrix}$, 得到基础解系

$$\boldsymbol{v}_1=\begin{pmatrix}1\\1\\0\\0\end{pmatrix},\quad \boldsymbol{v}_2=\begin{pmatrix}1\\0\\2\\1\end{pmatrix},$$

因此, 方程组的全部解是 $\boldsymbol{u}_0+c_1\boldsymbol{v}_1+c_2\boldsymbol{v}_2$, 其中 c_1,c_2 为任意实数.

例 3.9　求 k 为何值时, 下面的线性方程组

$$\begin{cases}kx_1+x_2+x_3=1,\\x_1+kx_2+x_3=k,\\x_1+x_2+kx_3=k^2\end{cases}$$

(1) 有唯一解;

(2) 无解;

(3) 有无穷多解, 并求出通解.

解 这个方程组带有一个参数, 而且未知量的个数与方程的个数相同, 所以先用克拉默法则确定参数 k 的值:

$$\begin{vmatrix} k & 1 & 1 \\ 1 & k & 1 \\ 1 & 1 & k \end{vmatrix} = (k+2)(k-1)^2 \neq 0 \Rightarrow k \neq -2 \text{ 且 } k \neq 1.$$

(1) 当 $k \neq -2$ 且 $k \neq 1$ 时, 方程组有唯一的解.

(2) 当 $k = -2$ 时,

$$(\boldsymbol{A}, \boldsymbol{b}) = \begin{pmatrix} -2 & 1 & 1 & 1 \\ 1 & -2 & 1 & -2 \\ 1 & 1 & -2 & 4 \end{pmatrix} \xrightarrow{r} \begin{pmatrix} 1 & 1 & -2 & 4 \\ 0 & -3 & 3 & -6 \\ 0 & 0 & 0 & 3 \end{pmatrix}.$$

说明 $R(\boldsymbol{A}) = 2$, 而 $R(\boldsymbol{A}, \boldsymbol{b}) = 3$, 线性方程组无解.

(3) 当 $k = 1$ 时,

$$(\boldsymbol{A}, \boldsymbol{b}) = \begin{pmatrix} 1 & 1 & 1 & 1 \\ 1 & 1 & 1 & 1 \\ 1 & 1 & 1 & 1 \end{pmatrix} \xrightarrow{r} \begin{pmatrix} 1 & 1 & 1 & 1 \\ 0 & 0 & 0 & 0 \\ 0 & 0 & 0 & 0 \end{pmatrix},$$

说明 $R(\boldsymbol{A}, \boldsymbol{b}) = R(\boldsymbol{A}) = 2$, 线性方程组有无穷多组解. 等价方程为

$$x_1 + x_2 + x_3 = 1,$$

求得特解 $\boldsymbol{u}_0 = (1,\ 0,\ 0)^{\mathrm{T}}$, 而导出组的基础解系为 $\boldsymbol{v}_1 = (-1,\ 1,\ 0)^{\mathrm{T}}, \boldsymbol{v}_2 = (-1,\ 0,\ 1)^{\mathrm{T}}$, 那么全部解是 $\boldsymbol{u}_0 + c_1\boldsymbol{v}_1 + c_2\boldsymbol{v}_2$, 其中 c_1, c_2 为任意实数.

§3.6 特征值和特征向量

3.6.1 特征值和特征向量的基本概念

先看一个例子:

设 $\boldsymbol{A} = \begin{pmatrix} 3 & 1 \\ 5 & -1 \end{pmatrix}$, 取 $\boldsymbol{\alpha} = \begin{pmatrix} 1 \\ 1 \end{pmatrix}$, 可验证

$$\boldsymbol{A\alpha}=\begin{pmatrix}3 & 1\\ 5 & -1\end{pmatrix}\begin{pmatrix}1\\ 1\end{pmatrix}=\begin{pmatrix}4\\ 4\end{pmatrix}=4\boldsymbol{\alpha}.$$

这说明矩阵 $\boldsymbol{A}$ 作用在向量 $\boldsymbol{\alpha}$ 上变成了 $\boldsymbol{\alpha}$ 的常数倍. 我们把具有这种性质的非零向量 $\boldsymbol{\alpha}$ 称为矩阵 $\boldsymbol{A}$ 的特征向量, 数 4 称为对应于 $\boldsymbol{\alpha}$ 的特征值.

对于一般的 n 阶矩阵, 引入如下概念:

定义 3.17

设 $\boldsymbol{A}$ 是 n 阶矩阵, 若存在数 λ 和 n 维非零向量 $\boldsymbol{\alpha}$, 使得

$$\boldsymbol{A\alpha}=\lambda\boldsymbol{\alpha},$$

则称数 λ 为矩阵 $\boldsymbol{A}$ 的**特征值**, $\boldsymbol{\alpha}$ 是 $\boldsymbol{A}$ 的属于 (或对应于) 特征值 λ 的**特征向量**.

根据定义, n 阶矩阵 $\boldsymbol{A}$ 的特征值, 就是使齐次线性方程组

$$(\lambda\boldsymbol{E}-\boldsymbol{A})\boldsymbol{x}=\boldsymbol{0}$$

有非零解的 λ 的值, 即满足方程 $|\lambda\boldsymbol{E}-\boldsymbol{A}|=0$ 的 λ 都是矩阵 $\boldsymbol{A}$ 的特征值. 在复数域上 n 次方程有 n 个根 (重根按重数计算), 因此 n 阶矩阵 $\boldsymbol{A}$ 在复数域上有 n 个特征值.

方阵 $\boldsymbol{A}$ 的对应于特征值 λ 的特征向量就是齐次线性方程组 $(\lambda\boldsymbol{E}-\boldsymbol{A})\boldsymbol{x}=\boldsymbol{0}$ 的非零解.

定义 3.18

设 n 阶矩阵 $\boldsymbol{A}=(\boldsymbol{a}_{ij})_{n\times n}$, 则

$$\begin{aligned}f(\lambda)&=|\lambda\boldsymbol{E}-\boldsymbol{A}|\\&=\begin{vmatrix}\lambda-a_{11} & -a_{12} & \cdots & -a_{1n}\\ -a_{21} & \lambda-a_{22} & \cdots & -a_{2n}\\ \vdots & \vdots & & \vdots\\ -a_{n1} & -a_{n2} & \cdots & \lambda-a_{nn}\end{vmatrix}\end{aligned}$$

称为矩阵 $\boldsymbol{A}$ 的**特征多项式**, $\lambda\boldsymbol{E}-\boldsymbol{A}$ 称为 $\boldsymbol{A}$ 的**特征矩阵**, $|\lambda\boldsymbol{E}-\boldsymbol{A}|=0$ 称为 $\boldsymbol{A}$ 的**特征方程**.

根据上述定义, 求 n 阶矩阵 $\boldsymbol{A}$ 的特征值与特征向量可按如下步骤进行:

(1) 由 $f(\lambda)=|\lambda\boldsymbol{E}-\boldsymbol{A}|=0$ 求出矩阵 $\boldsymbol{A}$ 的全部特征值 $\lambda_1,\lambda_2,\cdots,\lambda_n$, 其中 $f(\lambda)=0$ 的 t 重根对应 $\boldsymbol{A}$ 的 t 个相同的特征值.

(2) 对于 $\boldsymbol{A}$ 的每一个特征值 λ_i, 求解齐次线性方程组 $(\lambda_i\boldsymbol{E}-\boldsymbol{A})\boldsymbol{x}=\boldsymbol{0}$, 设它的一个基础解系为 $\boldsymbol{v}_1,\boldsymbol{v}_2,\cdots,\boldsymbol{v}_{n-r}$ (其中 $r=R(\lambda_i\boldsymbol{E}-\boldsymbol{A})$), 则 $\boldsymbol{A}$ 的属于 λ_i 的全部特征向量为

$$k_1\boldsymbol{v}_1+k_2\boldsymbol{v}_2+\cdots+k_{n-r}\boldsymbol{v}_{n-r},$$

其中 $k_1,k_2,\cdots,k_{n-r}$ 是不全为零的任意实数.

例 3.10 求 $\boldsymbol{A}=\begin{pmatrix}1&-1\\2&4\end{pmatrix}$ 的特征值和特征向量.

解 $\boldsymbol{A}$ 的特征多项式为

$$|\lambda\boldsymbol{E}-\boldsymbol{A}|=\begin{vmatrix}\lambda-1&1\\-2&\lambda-4\end{vmatrix}=(\lambda-2)(\lambda-3),$$

故 $\boldsymbol{A}$ 的特征值为 $\lambda_1=2,\lambda_2=3$.

对于特征值 $\lambda_1=2$, 解方程 $(2\boldsymbol{E}-\boldsymbol{A})\boldsymbol{x}=\boldsymbol{0}$. 由

$$(2\boldsymbol{E}-\boldsymbol{A})=\begin{pmatrix}1&1\\-2&-2\end{pmatrix}\to\begin{pmatrix}1&1\\0&0\end{pmatrix},$$

求得 $(2\boldsymbol{E}-\boldsymbol{A})\boldsymbol{x}=\boldsymbol{0}$ 的基础解系为

$$\boldsymbol{v}_1=\begin{pmatrix}-1\\1\end{pmatrix},$$

故 $k_1\boldsymbol{v}_1(k_1\neq 0)$ 是对应于 $\lambda_1=2$ 的全部特征值向量.

对于特征值 $\lambda_2=3$, 解方程 $(3\boldsymbol{E}-\boldsymbol{A})\boldsymbol{x}=\boldsymbol{0}$. 由

$$(3\boldsymbol{E}-\boldsymbol{A})=\begin{pmatrix}2&1\\-2&-1\end{pmatrix}\to\begin{pmatrix}2&1\\0&0\end{pmatrix},$$

求得 $(3\boldsymbol{E}-\boldsymbol{A})\boldsymbol{x}=\boldsymbol{0}$ 的基础解系

$$\boldsymbol{v}_2=\begin{pmatrix}-\dfrac{1}{2}\\1\end{pmatrix},$$

所以 $k_2\boldsymbol{v}_2(k_2\neq 0)$ 是对应于 $\lambda_2=3$ 的全部特征向量.

例 3.11 设 $\boldsymbol{A}=\begin{pmatrix}-2&1&1\\0&2&0\\-4&1&3\end{pmatrix}$, 求 $\boldsymbol{A}$ 的特征值和特征向量.

解　$\boldsymbol{A}$ 的特征多项式为

$$|\lambda\boldsymbol{E}-\boldsymbol{A}|=\begin{vmatrix}\lambda+2 & -1 & -1\\ 0 & \lambda-2 & 0\\ 4 & -1 & \lambda-3\end{vmatrix}=(\lambda-2)^2(\lambda+1),$$

所以 $\boldsymbol{A}$ 的特征值为 $\lambda_1=\lambda_2=2,\lambda_3=-1$.

对于特征值 $\lambda_1=\lambda_2=2$, 解方程 $(2\boldsymbol{E}-\boldsymbol{A})\boldsymbol{x}=\boldsymbol{0}$, 即

$$\begin{pmatrix}4 & -1 & -1\\ 0 & 0 & 0\\ 4 & -1 & -1\end{pmatrix}x=\begin{pmatrix}0\\0\\0\end{pmatrix},$$

得其基础解系为

$$\boldsymbol{v}_1=\begin{pmatrix}1\\4\\0\end{pmatrix},\boldsymbol{v}_2=\begin{pmatrix}1\\0\\4\end{pmatrix},$$

故对应于 $\lambda_1=\lambda_2=2$ 的全部特征向量为

$$k_1\boldsymbol{v}_1+k_2\boldsymbol{v}_2(k_1,k_2\text{ 不同时为 }0).$$

对于特征值 $\lambda_3=-1$, 解方程 $(-\boldsymbol{E}-\boldsymbol{A})\boldsymbol{x}=\boldsymbol{0}$, 即

$$\begin{pmatrix}1 & -1 & -1\\ 0 & -3 & 0\\ 4 & -1 & -4\end{pmatrix}\boldsymbol{x}=\begin{pmatrix}0\\0\\0\end{pmatrix},$$

得其基础解系为

$$\boldsymbol{v}_3=\begin{pmatrix}1\\0\\1\end{pmatrix},$$

故对应于 $\lambda_3=-1$ 的全部特征向量为 $k_3\boldsymbol{v}_3(k_3\neq 0)$.

3.6.2　特征值和特征向量的性质

性质 3.1

设 $\boldsymbol{A}$ 为 n 阶矩阵, 则 $\boldsymbol{A}$ 与 $\boldsymbol{A}^{\mathrm{T}}$ 有相同的特征值.

证 因为

$$\left|\lambda\boldsymbol{E}-\boldsymbol{A}^{\mathrm{T}}\right|=\left|(\lambda\boldsymbol{E}-\boldsymbol{A})^{\mathrm{T}}\right|=|\lambda\boldsymbol{E}-\boldsymbol{A}|,$$

所以 $\boldsymbol{A}$ 与 $\boldsymbol{A}^{\mathrm{T}}$ 有相同的特征多项式, 故它们的特征值相同.

性质 3.2

设 n 阶方阵 $\boldsymbol{A}=(a_{ij})_{n\times n}$ 的 n 个特征值为 $\lambda_1,\lambda_2,\cdots,\lambda_n$, 则

(1) $\lambda_1+\lambda_2+\cdots+\lambda_n=a_{11}+a_{22}+\cdots+a_{nn}$;

(2) $\lambda_1\lambda_2\cdots\lambda_n=|\boldsymbol{A}|$,

其中 $\boldsymbol{A}$ 的主对角线的元素之和 $a_{11}+a_{22}+\cdots+a_{nn}$ 称为矩阵 $\boldsymbol{A}$ 的**迹**, 记为 $\mathrm{tr}(\boldsymbol{A})$.

推论 3.8

n 阶方阵 $\boldsymbol{A}$ 可逆的充分必要条件是 $\boldsymbol{A}$ 的 n 个特征值都不为零.

定理 3.16

设 $\lambda_1,\lambda_2,\cdots,\lambda_m$ 是矩阵 $\boldsymbol{A}$ 的 m 个不同的特征值, $\boldsymbol{\alpha}_1,\boldsymbol{\alpha}_2,\cdots,\boldsymbol{\alpha}_m$ 是 $\boldsymbol{A}$ 的分别属于 $\lambda_1,\lambda_2,\cdots,\lambda_m$ 的特征向量, 则 $\boldsymbol{\alpha}_1,\boldsymbol{\alpha}_2,\cdots,\boldsymbol{\alpha}_m$ 线性无关.

推论 3.9

若 n 阶方阵 $\boldsymbol{A}$ 有 n 个不同的特征值, 则 $\boldsymbol{A}$ 有 n 个线性无关的特征向量.

类似地, 可以证明:

定理 3.17

设 $\lambda_1,\lambda_2,\cdots,\lambda_m$ 是矩阵 $\boldsymbol{A}$ 的 m 个互不相同的特征值, $\boldsymbol{\alpha}_{i1},\boldsymbol{\alpha}_{i2},\cdots,\boldsymbol{\alpha}_{is_i}$ 是 $\boldsymbol{A}$ 的属于特征值 $\lambda_i(i=1,2,\cdots,m)$ 的线性无关的特征向量, 则向量组

$$\boldsymbol{\alpha}_{11},\boldsymbol{\alpha}_{12},\cdots,\boldsymbol{\alpha}_{1s_1},\boldsymbol{\alpha}_{21},\boldsymbol{\alpha}_{22},\cdots,\boldsymbol{\alpha}_{2s_2},\cdots,\boldsymbol{\alpha}_{m1},\boldsymbol{\alpha}_{m2},\cdots,\boldsymbol{\alpha}_{ms_m}$$

线性无关

定理 3.18

设 λ 是 n 阶方阵 $\boldsymbol{A}$ 的一个 t 重特征值, 则 λ 对应的线性无关的特征向量至多有 t 个.

§3.7　相似矩阵及矩阵的相似对角化

在矩阵的运算中, 对角矩阵的运算最方便. 自然要问, 对于一个 n 阶矩阵 $\boldsymbol{A}$, 是否可化为对角矩阵, 且保持矩阵 $\boldsymbol{A}$ 的一些重要性质不变? 本节将讨论这个问题.

3.7.1　相似矩阵的概念与性质

定义 3.19

设 $\boldsymbol{A}$ 和 $\boldsymbol{B}$ 都是 n 阶方阵, 若存在可逆矩阵 $\boldsymbol{P}$, 使

$$\boldsymbol{P}^{-1}\boldsymbol{A}\boldsymbol{P}=\boldsymbol{B},$$

则称 $\boldsymbol{B}$ 是 $\boldsymbol{A}$ 的**相似矩阵**, 或说矩阵 $\boldsymbol{A}$ 与 $\boldsymbol{B}$ 相似, 记为 $\boldsymbol{A}\sim\boldsymbol{B}$, 可逆矩阵 $\boldsymbol{P}$ 称为把 $\boldsymbol{A}$ 变成 $\boldsymbol{B}$ 的相似变换矩阵. 对 $\boldsymbol{A}$ 进行的运算 $\boldsymbol{P}^{-1}\boldsymbol{A}\boldsymbol{P}$ 称为对 $\boldsymbol{A}$ 进行相似变换.

相似是方阵之间的一种关系, 这种关系具有下列三个性质:

(1) 自反性: $\boldsymbol{A}\sim\boldsymbol{A}$;

(2) 对称性: 若 $\boldsymbol{A}\sim\boldsymbol{B}$, 则 $\boldsymbol{B}\sim\boldsymbol{A}$;

(3) 传递性: 若 $\boldsymbol{A}\sim\boldsymbol{B},\boldsymbol{B}\sim\boldsymbol{C}$, 则 $\boldsymbol{A}\sim\boldsymbol{C}$.

即相似是一种等价关系. 彼此相似的矩阵具有一些共性, 也称为相似不变性.

定理 3.19

若 n 阶矩阵 $\boldsymbol{A}$ 与 $\boldsymbol{B}$ 相似, 则

(1) $R(\boldsymbol{A})=R(\boldsymbol{B})$;

(2) $|\boldsymbol{A}|=|\boldsymbol{B}|$;

(3) $\boldsymbol{A}$ 和 $\boldsymbol{B}$ 的特征多项式相同, 即 $|\lambda\boldsymbol{E}-\boldsymbol{A}|=|\lambda\boldsymbol{E}-\boldsymbol{B}|$, 从而 $\boldsymbol{A}$ 和 $\boldsymbol{B}$ 的特征值相同;

(4) $\boldsymbol{A}^k\sim\boldsymbol{B}^k$ (k 为正整数);

(5) $\boldsymbol{A}^{-1}\sim\boldsymbol{B}^{-1}$ ($\boldsymbol{A}$ 可逆).

推论 3.10

若 n 阶矩阵 $\boldsymbol{A}$ 与对角矩阵

$$\boldsymbol{\Lambda}=\begin{pmatrix}\lambda_1 & & & \\ & \lambda_2 & & \\ & & \ddots & \\ & & & \lambda_n\end{pmatrix}$$

相似, 则 $\lambda_1, \lambda_2, \cdots, \lambda_n$ 是 $\boldsymbol{A}$ 的 n 个特征值.

从定理 3.19 可以看出相似矩阵有许多共同的性质, 若一个矩阵与一个简单矩阵相似, 可以通过研究简单矩阵的性质来得到原来矩阵的一些性质, 最简单的矩阵就是对角矩阵. 下面来研究矩阵 $\boldsymbol{A}$ 满足什么条件时与对角矩阵相似.

定义 3.20

对于 n 阶方阵 $\boldsymbol{A}$, 若存在可逆矩阵 $\boldsymbol{P}$, 使 $\boldsymbol{P}^{-1}\boldsymbol{A}\boldsymbol{P} = \boldsymbol{\Lambda}$, 则称 $\boldsymbol{A}$ 相似于对角矩阵, 也称矩阵 $\boldsymbol{A}$ **可相似对角化**.

若方阵 $\boldsymbol{A}$ 能够对角化, 则可简化许多运算过程. 但并不是每个矩阵都能对角化, 即矩阵的可对角化是有条件限制的. 下面将从特征向量的角度来刻画矩阵可对角化的条件.

3.7.2 矩阵可对角化的条件

定理 3.20

n 阶矩阵 $\boldsymbol{A}$ 与对角矩阵相似 ($\boldsymbol{A}$ 可对角化) 的充分必要条件是 $\boldsymbol{A}$ 有 n 个线性无关的特征向量.

证 必要性.

设 $\boldsymbol{A}$ 可对角化, 即存在可逆矩阵 $\boldsymbol{P}$ 和 n 阶对角矩阵 $\boldsymbol{\Lambda}$, 使

$$\boldsymbol{P}^{-1}\boldsymbol{A}\boldsymbol{P} = \boldsymbol{\Lambda} = \begin{pmatrix} \lambda_1 & & & \\ & \lambda_2 & & \\ & & \ddots & \\ & & & \lambda_n \end{pmatrix}.$$

设 $\boldsymbol{P} = (\boldsymbol{\alpha}_1, \boldsymbol{\alpha}_2, \cdots, \boldsymbol{\alpha}_n)$, 由 $\boldsymbol{P}^{-1}\boldsymbol{A}\boldsymbol{P} = \boldsymbol{\Lambda}$, 得 $\boldsymbol{A}\boldsymbol{P} = \boldsymbol{P}\boldsymbol{\Lambda}$, 即

$$\begin{aligned} \boldsymbol{A}\boldsymbol{P} &= \boldsymbol{A}(\boldsymbol{\alpha}_1, \boldsymbol{\alpha}_2, \cdots, \boldsymbol{\alpha}_n) = (\boldsymbol{A}\boldsymbol{\alpha}_1, \boldsymbol{A}\boldsymbol{\alpha}_2, \cdots, \boldsymbol{A}\boldsymbol{\alpha}_n) \\ &= (\boldsymbol{\alpha}_1, \boldsymbol{\alpha}_2, \cdots, \boldsymbol{\alpha}_n) \begin{pmatrix} \lambda_1 & & & \\ & \lambda_2 & & \\ & & \ddots & \\ & & & \lambda_n \end{pmatrix} \\ &= (\lambda_1\boldsymbol{\alpha}_1, \lambda_2\boldsymbol{\alpha}_2, \cdots, \lambda_n\boldsymbol{\alpha}_n), \end{aligned}$$

因此, $\boldsymbol{A}\boldsymbol{\alpha}_i = \lambda_i\boldsymbol{\alpha}_i(i = 1,2,\cdots,n)$. 由于 $\boldsymbol{P}$ 可逆, 所以 $\boldsymbol{\alpha}_i \neq \boldsymbol{0}$, $i = 1,2,\cdots,n$. 故 $\boldsymbol{\alpha}_1,\boldsymbol{\alpha}_2,\cdots,\boldsymbol{\alpha}_n$ 分别是属于特征值 $\lambda_1,\lambda_2,\cdots,\lambda_n$ 的特征向量, 且由 $\boldsymbol{P}$ 可逆知 $\boldsymbol{\alpha}_1,\boldsymbol{\alpha}_2,\cdots,\boldsymbol{\alpha}_n$ 线性无关.

充分性.

设 $\boldsymbol{\alpha}_1,\boldsymbol{\alpha}_2,\cdots,\boldsymbol{\alpha}_n$ 分别为 $\boldsymbol{A}$ 的属于特征值 $\lambda_1,\lambda_2,\cdots,\lambda_n$ 的 n 个线性无关的特征向量, 则有

$$\boldsymbol{A}\boldsymbol{\alpha}_i = \lambda_i\boldsymbol{\alpha}_i(i = 1,2,\cdots,n).$$

取 $\boldsymbol{P} = (\boldsymbol{\alpha}_1,\boldsymbol{\alpha}_2,\cdots,\boldsymbol{\alpha}_n)$, 因为 $\boldsymbol{\alpha}_1,\boldsymbol{\alpha}_2,\cdots,\boldsymbol{\alpha}_n$ 线性无关, 所以 $\boldsymbol{P}$ 可逆, 于是有

$$\boldsymbol{AP} = \boldsymbol{P}\begin{pmatrix} \lambda_1 & & & \\ & \lambda_2 & & \\ & & \ddots & \\ & & & \lambda_n \end{pmatrix},$$

即

$$\boldsymbol{P}^{-1}\boldsymbol{AP} = \begin{pmatrix} \lambda_1 & & & \\ & \lambda_2 & & \\ & & \ddots & \\ & & & \lambda_n \end{pmatrix} = \boldsymbol{\Lambda},$$

因此 $\boldsymbol{A}$ 可对角化.

注 因特征向量不是唯一的, 所以矩阵 $\boldsymbol{P}$ 不具有唯一性.

推论 3.11

若 n 阶矩阵 $\boldsymbol{A}$ 有 n 个互异的特征值, 则 $\boldsymbol{A}$ 必相似于对角矩阵.

定理 3.21

n 阶矩阵 $\boldsymbol{A}$ 相似于对角矩阵的充分必要条件是 $\boldsymbol{A}$ 的每一个 t_i 重特征值 λ_i 对应 t_i 个线性无关的特征向量, 即

$$R(\lambda_i\boldsymbol{E} - \boldsymbol{A}) = n - t_i,$$

这里 $\sum\limits_{i=1}^{m} t_i = n$, $\lambda_1,\lambda_2,\cdots,\lambda_m$ 是 $\boldsymbol{A}$ 的所有互异的特征值.

定理 3.21 不仅给出了一个矩阵可对角化的充分必要条件, 而且定理证明的本身给出了对角化的具体方法. 将这种方法总结如下:

(1) 求出矩阵 $\boldsymbol{A}$ 的全部互不相等的特征值 $\lambda_1, \lambda_2, \cdots, \lambda_m$, 它们的重数依次为 $t_1, t_2, \cdots, t_m, t_1+t_2+\cdots+t_m=n$.

(2) 求 $\boldsymbol{A}$ 的特征向量.

对于每个特征值 λ_i, 求出齐次线性方程组 $(\lambda_i\boldsymbol{E}-\boldsymbol{A})\boldsymbol{x}=\boldsymbol{0}$ 的一个基础解系, 设为

$$\boldsymbol{\xi}_{i1}, \boldsymbol{\xi}_{i2}, \cdots, \boldsymbol{\xi}_{is_i}(i=1,2,\cdots,m).$$

(3) 判断 $\boldsymbol{A}$ 是否可对角化.

若 $\boldsymbol{A}$ 的 t_i 重特征值有 $t_i\,(i=1,2,\cdots,m)$ 个线性无关的特征向量, 则 $\boldsymbol{A}$ 可对角化, 否则 $\boldsymbol{A}$ 不可对角化.

例 3.12　判断下列矩阵能否相似于对角矩阵, 若能, 则求出相似变换矩阵 $\boldsymbol{P}$:

(1) $\boldsymbol{A}=\begin{pmatrix} 2 & 0 & 0 \\ 1 & 1 & 0 \\ 1 & 1 & 1 \end{pmatrix}$;　　(2) $\boldsymbol{B}=\begin{pmatrix} 1 & 2 & 2 \\ 2 & 1 & 2 \\ 2 & 2 & 1 \end{pmatrix}$.

解　(1) $\boldsymbol{A}$ 的特征多项式为

$$|\lambda\boldsymbol{E}-\boldsymbol{A}|=(\lambda-2)(\lambda-1)^2,$$

故 $\boldsymbol{A}$ 的特征值为 $\lambda_1=\lambda_2=1, \lambda_3=2$. $\lambda_1=\lambda_2=1$ 为二重特征值. 又

$$(1\boldsymbol{E}-\boldsymbol{A})=\begin{pmatrix} -1 & 0 & 0 \\ -1 & 0 & 0 \\ -1 & -1 & 0 \end{pmatrix},$$

$$R(1\boldsymbol{E}-\boldsymbol{A})=2, \quad 3-R(1\boldsymbol{E}-\boldsymbol{A})=3-2=1,$$

故 $\lambda=1$ 只对应一个线性无关的特征向量, 故矩阵 $\boldsymbol{A}$ 不能相似于对角矩阵.

(2) $\boldsymbol{B}$ 的特征多项式为

$$|\lambda\boldsymbol{E}-\boldsymbol{B}|=(\lambda+1)^2(\lambda-5)=0,$$

故 $\boldsymbol{B}$ 的特征值为 $\lambda_1=\lambda_2=-1, \lambda_3=5$. 其中 -1 为 $\boldsymbol{B}$ 的二重特征值.

当 $\lambda=-1$ 时,

$$(-1\boldsymbol{E}-\boldsymbol{B})=\begin{pmatrix} -2 & -2 & -2 \\ -2 & -2 & -2 \\ -2 & -2 & -2 \end{pmatrix}\rightarrow\begin{pmatrix} 1 & 1 & 1 \\ 0 & 0 & 0 \\ 0 & 0 & 0 \end{pmatrix},$$

所以 $3-R(\boldsymbol{B}+\boldsymbol{E})=3-1=2$, 故 $\lambda=-1$ 对应 2 个线性无关的特征向量, 即 $\boldsymbol{B}$ 可对角化, 且 $\lambda_1=\lambda_2=-1$ 对应的线性无关特征向量为

$$(-1,1,0)^{\mathrm{T}},(-1,0,1)^{\mathrm{T}}.$$

由于 $\lambda_3=5$ 为单特征值, 它有且仅有一个线性无关的特征向量, 由

$$(5\boldsymbol{E}-\boldsymbol{B})\boldsymbol{x}=\boldsymbol{0},$$

得线性无关的特征向量 $(1,1,1)^{\mathrm{T}}$. 取

$$\boldsymbol{P}=\begin{pmatrix}-1&-1&1\\1&0&1\\0&1&1\end{pmatrix},$$

于是

$$\boldsymbol{P}^{-1}\boldsymbol{B}\boldsymbol{P}=\begin{pmatrix}-1&&\\&-1&\\&&5\end{pmatrix}.$$

习题 3

1. 当 λ 为何值时, 下述齐次线性方程组有非零解? 并且求出它的一般解:

$$\begin{cases}(\lambda-2)x_1-3x_2-2x_3=0,\\-x_1+(\lambda-8)x_2-2x_3=0,\\2x_1+14x_2+(\lambda+3)x_3=0.\end{cases}$$

2. 当 a 与 b 取什么值时, 线性方程组

$$\begin{cases}x_1+x_2+x_3+x_4+x_5=1,\\3x_1+2x_2+x_3+x_4-3x_5=a,\\x_2+2x_3+2x_4+6x_5=3,\\5x_1+4x_2+3x_3+3x_4-x_5=b\end{cases}$$

有唯一解、无解、无穷多个解?

3. 求矩阵 $\boldsymbol{A}=\begin{pmatrix}2&-1&1\\0&3&-1\\2&1&3\end{pmatrix}$ 的特征值与特征向量.

4. 已知方阵 $\boldsymbol{A}$ 满足 $\boldsymbol{A}^2+2\boldsymbol{A}=3\boldsymbol{E}$, 试确定 $\boldsymbol{A}$ 的特征值的可能取值.

5. 设 $\boldsymbol{A}$ 是三阶矩阵, 它的特征值是 $-1,0,4$, 又知 $\boldsymbol{A}+\boldsymbol{B}=2\boldsymbol{E}$, 求 $\boldsymbol{B}$ 的特征值.

6. (1) 设矩阵 $\boldsymbol{A}=\begin{pmatrix}-1&2&2\\2&-1&-2\\2&-2&-1\end{pmatrix}$, 求 $\boldsymbol{A}$ 及 $\boldsymbol{A}^{-1}+\boldsymbol{E}$ 的特征值;

(2) 设矩阵 $\boldsymbol{A}=\begin{pmatrix}0&0&1\\x&1&y\\1&0&0\end{pmatrix}$ 有三个线性无关的特征向量, 求 x,y 应满足的条件.

7. 设方阵 $\boldsymbol{A}=\begin{pmatrix}1&-2&-4\\-2&x&-2\\-4&-2&1\end{pmatrix}$ 与 $\boldsymbol{\varLambda}=\begin{pmatrix}5&0&0\\0&y&0\\0&0&-4\end{pmatrix}$ 相似, 求 x,y.

8. 判断下列矩阵能否相似于对角矩阵, 若能, 则求出相似变换矩阵 $\boldsymbol{P}$:

(1) $\boldsymbol{A}=\begin{pmatrix}2&-2&0\\-2&1&-2\\0&-2&0\end{pmatrix}$;　　　(2) $\boldsymbol{B}=\begin{pmatrix}4&2&1\\-2&0&-1\\1&1&0\end{pmatrix}$.

9. 当 k 为何值时, 方阵 $\boldsymbol{A}=\begin{pmatrix}2&-5&k\\1&-4&1\\0&0&1\end{pmatrix}$ 可相似对角化?

10. 设 3 维向量组 $\boldsymbol{\alpha}_1,\boldsymbol{\alpha}_2,\boldsymbol{\alpha}_3$ 线性无关, $\boldsymbol{A}$ 是 3 阶矩阵, 且有

$$\boldsymbol{A}\boldsymbol{\alpha}_1=\boldsymbol{\alpha}_1+2\boldsymbol{\alpha}_2+3\boldsymbol{\alpha}_3,\boldsymbol{A}\boldsymbol{\alpha}_2=2\boldsymbol{\alpha}_2+3\boldsymbol{\alpha}_3,\boldsymbol{A}\boldsymbol{\alpha}_3=3\boldsymbol{\alpha}_2-4\boldsymbol{\alpha}_3,$$

试求 $|\boldsymbol{A}|$.

11. 设 $\boldsymbol{\alpha}_1=(1,\ 1,\ 1)^{\mathrm{T}}$, $\boldsymbol{\alpha}_2=(1,\ 2,\ 3)^{\mathrm{T}}$, $\boldsymbol{\alpha}_3=(1,\ 3,\ t)^{\mathrm{T}}$, t 为何值时 $\boldsymbol{\alpha}_1,\boldsymbol{\alpha}_2,\boldsymbol{\alpha}_3$ 线性相关? t 为何值时 $\boldsymbol{\alpha}_1$, $\boldsymbol{\alpha}_2$, $\boldsymbol{\alpha}_3$ 线性无关?

12. 设 $\boldsymbol{\beta}_1=\boldsymbol{\alpha}_1+\boldsymbol{\alpha}_2,\boldsymbol{\beta}_2=3\boldsymbol{\alpha}_2-\boldsymbol{\alpha}_1,\boldsymbol{\beta}_3=2\boldsymbol{\alpha}_1-\boldsymbol{\alpha}_2$, 试证 $\boldsymbol{\beta}_1,\boldsymbol{\beta}_2,\boldsymbol{\beta}_3$ 线性相关.

13. 已知三阶方阵 $\boldsymbol{A}$ 的三个特征根为 $1,1,2$, 其相应的特征向量依次为 $(0,0,1)^{\mathrm{T}},(-1,1,0)^{\mathrm{T}},(-2,1,1)^{\mathrm{T}}$, 求矩阵 $\boldsymbol{A}$.

14. 设 $\boldsymbol{A}=\begin{pmatrix}2&-1&2\\5&a&3\\-1&b&-2\end{pmatrix}$ 有一个特征向量 $\boldsymbol{\alpha}=\begin{pmatrix}1\\1\\-1\end{pmatrix}$, 求 a,b 的值, 并求出对应于 $\boldsymbol{\alpha}$ 的特征值.

15. 求非奇异矩阵 $\boldsymbol{P}$, 使 $\boldsymbol{P}^{-1}\boldsymbol{AP}$ 为对角矩阵:

(1) $\boldsymbol{A}=\begin{pmatrix}2&1\\1&2\end{pmatrix}$;　　(2) $\boldsymbol{A}=\begin{pmatrix}1&1&-2\\-1&-3&1\\-2&0&-1\end{pmatrix}$.

16. 若 n 阶方阵 $\boldsymbol{A}$ 的每一行元素之和都等于 a, 试求 $\boldsymbol{A}$ 的一个特征值及该特征值对应的一个特征向量.

17. 已知 $\boldsymbol{\alpha}_1,\boldsymbol{\alpha}_2,\boldsymbol{\alpha}_3$ 是齐次线性方程组 $\boldsymbol{Ax}=\boldsymbol{0}$ 的一个基础解系, 问 $\boldsymbol{\alpha}_1+\boldsymbol{\alpha}_2,\boldsymbol{\alpha}_2+\boldsymbol{\alpha}_3,\boldsymbol{\alpha}_3+\boldsymbol{\alpha}_1$ 是不是该方程组的一个基础解系? 为什么?

18. 设 $\boldsymbol{A}=\begin{pmatrix}1&2&1\\2&3&a+2\\1&a&-2\end{pmatrix},\boldsymbol{b}=\begin{pmatrix}1\\3\\0\end{pmatrix},\boldsymbol{x}=\begin{pmatrix}x_1\\x_2\\x_3\end{pmatrix}$, 若齐次线性方程组 $\boldsymbol{Ax}=\boldsymbol{0}$ 只有零解, 求 a.

习题 3 参考答案与讲解

1. $\lambda=1$ 或 $\lambda=3$.

2. $a=1,b=2$.

3. $\lambda_1=\lambda_2=2,\lambda_3=4$. 2 对应的特征向量为 $k\begin{pmatrix}-1\\1\\1\end{pmatrix}(k\neq0)$,4 对应的特征向量为 $k\begin{pmatrix}1\\-1\\1\end{pmatrix}(k\neq0)$.

4. $\lambda=1$ 或 $\lambda=-3$.

5. 3, 2, -2.

6. (1) $\boldsymbol{A}$ 的特征值为 $\lambda_1=\lambda_2=1,\lambda_3=-5,\boldsymbol{A}^{-1}+\boldsymbol{E}$ 的特征值为 $2,2,\dfrac{4}{5}$; (2) $x=1,y=-1$.

7. $x=4,y=5$.

8. (1) 可相似对角化, $\boldsymbol{P}=\begin{pmatrix}2&2&1\\-2&1&2\\1&-2&2\end{pmatrix}$; (2) 不可相似对角化.

9. $k=1$.

10. -17.

11. $t=5$ 时线性相关, $t\neq 5$ 时线性无关.

12. 略.

13. $\boldsymbol{A}=\begin{pmatrix} 3 & -2 & 2 \\ 0 & 1 & 0 \\ -1 & 1 & 0 \end{pmatrix}$.

14. $a=-9, b=0$, 特征值为 -1.

15. (1) $\boldsymbol{P}=\begin{pmatrix} 1 & 1 \\ -1 & 1 \end{pmatrix}, \boldsymbol{P}^{-1}\boldsymbol{A}\boldsymbol{P}=\begin{pmatrix} 1 & 0 \\ 0 & 3 \end{pmatrix}$;

(2) $\boldsymbol{P}=\begin{pmatrix} 1 & 1 & -3 \\ -2 & 1 & 1 \\ 1 & 2 & 2 \end{pmatrix}, \boldsymbol{P}^{-1}\boldsymbol{A}\boldsymbol{P}=\begin{pmatrix} -3 & 0 & 0 \\ 0 & -2 & 0 \\ 0 & 0 & 2 \end{pmatrix}$.

16. 特征值为 a, 特征向量为 $k\begin{pmatrix} 1 \\ 1 \\ 1 \end{pmatrix} (k\neq 0)$.

17. $\boldsymbol{\alpha}_1+\boldsymbol{\alpha}_2, \boldsymbol{\alpha}_2+\boldsymbol{\alpha}_3, \boldsymbol{\alpha}_3+\boldsymbol{\alpha}_1$ 是该方程组的一个基础解系.

18. $a\neq 3$ 或 $a\neq -1$.

重点习题讲解

相似矩阵及对角化在人口迁移模型中的应用

第3篇

概率论与数理统计

概率论是随机数学的理论基础，给出了描述随机现象规律性的数学模型．数理统计是以概率论为基础的一门数学分科，主要研究如何收集、整理和分析实际问题的数据，以对所研究的问题作出有效的结论．时至今日，概率论与数理统计的理论和方法在自然科学、人文社会科学、工程技术等诸多领域中得到了广泛的应用并取得了很好的效果．概率论与数理统计是一种思考和认识世界的新方法，也是核心数学学科，其研究和应用遍布各个大学和各类研究机构．

第 1 章　随机事件及其概率

随机事件及其概率是概率论中最基本的概念. 20 世纪 30 年代, 概率论建立了基于公理化体系的严密理论基础.

本章介绍随机试验、样本空间、随机事件、随机事件的频率和概率、条件概率以及随机事件的独立性等基本概念, 并介绍古典概型和几何概型, 此外, 还将介绍加法公式、乘法公式、全概率公式、贝叶斯 (Bayes) 公式以及二项概率公式等计算概率的基本公式.

§1.1　随机试验与随机事件

1.1.1　随机试验

在自然界和人类社会中出现的各种现象大致可以分为两类: 确定性现象和非确定性现象, 在一定条件下必然出现的现象叫做确定性现象. 例如, 每天早晨太阳从东方升起, 同性电荷互相排斥等, 都是确定性现象.

在相同的条件下, 可能出现不同的结果, 而在试验或观测之前不能预知确切的结果的现象叫做随机现象. 例如, 抛掷一枚骰子出现的点数, 抽样检查某产品的检验结果, 某城市某日的交通事故发生的次数等, 都是随机现象. 许多随机现象在相同的条件下可以重复出现. 如果我们对这种随机现象进行大量重复的观测, 在每次观测之前不能预先确定其结果, 这就是这种现象的随机性; 但在进行了大量重复的观测之后, 其结果往往会表现出某种规律性, 这就是随机现象的统计规律性. 随机现象具有表面上的偶然性和内在蕴含的必然规律性. 例如, 抽样检查一大批电子元件, 每次抽查的可能是合格品, 也可能是次品, 在检验之前无法预先确定是哪一个结果, 这就是随机性; 但在多次抽查之后, 次品出现的比率 (即在抽查中出现的次品件数与抽查总件数的比值) 将在整批电子元件的次品率附近摆动, 随机现象的统计规律性便体现出来了.

为了研究和揭示随机现象的统计规律性, 我们需要对随机现象进行大量重复地观察、测量或试验. 为了方便, 将它们统称为试验. 若试验满足以下两个条件, 则称之为随机试验:

(1) 可重复性: 试验可以在相同条件下重复进行多次, 甚至进行无限次;

(2) 结果的可知性: 试验的所有可能结果都是已知的或者是可以确定的, 但每次试验究竟将会发生什么结果是事先无法预知的.

随机试验简称为试验, 我们通常用字母 E 表示一个随机试验. 随机试验 E 的基本结果称为样本点, 用 ω 表示. 称随机试验 E 的所有基本结果的集合为样本空间, 用 $\Omega=\{\omega\}$ 表示.

例 1.1 抛掷一枚硬币, 观察正面 H 和反面 T 出现的情况, 则该试验的样本空间为

$$\Omega=\{\mathrm{H},\mathrm{T}\}.$$

例 1.2 将一枚硬币抛掷三次, 观察正面出现的次数, 则该试验的样本空间为

$$\Omega=\{0,1,2,3\}.$$

例 1.3 抛掷一枚骰子, 观察出现的点数, 将基本结果 "出现 i 点" 记为 $\omega_i(i=1,2,3,4,5,6)$, 则该试验的样本空间为

$$\Omega=\{\omega_1,\omega_2,\omega_3,\omega_4,\omega_5,\omega_6\}.$$

例 1.4 从某一大批同型号电子元件中任取一个测试其使用寿命 (单位: h), 则试验的样本空间为

$$\Omega=[0,+\infty).$$

为了研究随机现象的统计规律性, 需要合理地安排随机试验, 分析试验的样本空间. 在许多实际问题中, 人们不仅关心试验的基本结果, 还关心某些特定的结果在重复试验中是否会出现以及出现的比率 (即该结果出现的次数与试验总次数的比值) 有多大. 例如, 在例 1.4 中, 若规定该型号电子元件优质品的标准是使用寿命超过 1 000 h, 则 "任取 1 个元件是优质品" 这一结果可以用样本空间 $\Omega=[0,+\infty)$ 的一个子集 $A=(1\ 000,+\infty)$ 来表示. 这一结果在重复试验中有时出现, 有时不出现. 若这一结果在重复试验中出现的比率较高, 则表明这批元件的优质品率较高.

1.1.2 随机事件及其运算

1. 随机事件的概念

我们把随机试验 E 的样本空间 Ω 的子集 (进一步还要要求这些子集满足一些特定的条件, 在此不做讨论) 称为随机试验 E 的随机事件, 简称为事件, 用大写字母 A,B,C 等表示. 设 A 为一个随机事件, 若试验结果 $\omega\in A$, 则称在这次试验中事件 A 发生; 若 $\omega\notin A$, 则称事件 A 不发生. 在上面的例子中, $A=(1\ 000,+\infty)$, 是一个随机事件. 若取出的一个元件的使用寿命 $\omega=$1 500 h , 则 $\omega\in A$, 表明事件 A 发生; 若取出的另一个元件的使用寿命 $\omega=$920 h, 则 $\omega\notin A$, 表明事件 A 没有发生.

由一个样本点 ω 组成的事件, 称为基本事件. 样本空间 Ω 本身也是 Ω 的子集, 它包含 Ω 的所有样本点, 在每次试验中 Ω 必然发生, 称为必然事件. 空集 $\varnothing$ 也是 Ω 的子集, 它不包含任何样本点, 在每次试验中都不可能发生, 称为不可能事件.

随机试验的样本空间是由试验的目的决定的. 在一个样本空间中, 若只有有限个样本点, 则称它为有限样本空间; 若有无限个样本点, 则称它为无限样本空间.

2. 随机事件的关系

在一个试验 E 的样本空间 Ω 中可能有很多随机事件, 每一事件具有各自的特性, 在一些事件之间可能存在着某种联系. 为了考察一个比较复杂的事件, 通常是把它与一些较为简单的事件联系起来, 通过研究这些简单事件去掌握复杂事件的特性, 因此我们需要研究事件的关系及运算. 由于事件是样本空间的子集, 因此事件的关系及运算与集合的关系及运算是互相对应的, 同时要理解事件的关系和运算在概率论中的含义.

(1) **事件的包含**　若当事件 A 发生时事件 B 一定发生, 则称事件 B 包含事件 A, 记作 $A\subset B$. 见图 1.1.

(2) **事件的相等**　若事件 A 和事件 B 相互包含, 即 $A\subset B$ 且 $A\supset B$, 则称事件 A 与事件 B 相等, 记作 $A=B$. 事件 A 与事件 B 相等, 表明 A 和 B 是样本空间 Ω 的同一子集, 实际上是同一事件.

(3) **事件的互不相容**　若事件 A 和事件 B 在同一次试验中不能同时发生, 则称事件 A 与事件 B 是互不相容的, 或称事件 A 与事件 B 是互斥的. 见图 1.2.

事件 A 与事件 B 是互斥的包含三种可能的情况, 即 A 发生而 B 不发生, 或 A 不发生而 B 发生, 或是 A 与 B 都不发生.

(4) **对立事件**　若在每一次试验中事件 A 和事件 B 必有一个且仅有一个发生, 则称事件 A 与事件 B 是对立的或互逆的, 称其中的一个事件是另一个事件的对立事件, 记作 $\overline{A}=B$ 或 $\overline{B}=A$.

事件 A 与事件 B 是对立的, 就是 A 与 B 将样本空间 Ω 分割成两个互不相容的部分. 见图 1.3.

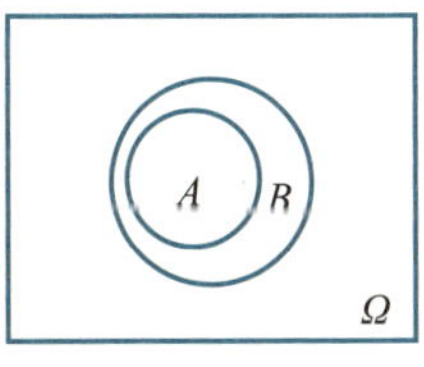

图 1.1

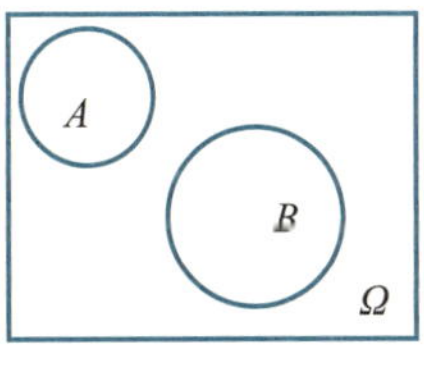

图 1.2

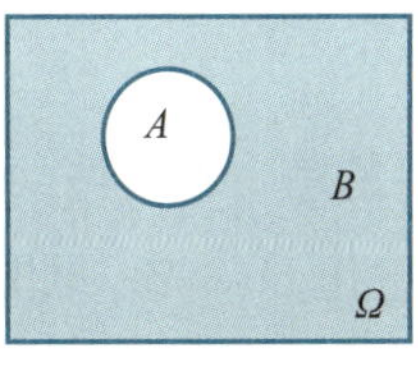

图 1.3

3. 随机事件的运算

(1) **事件的并**　若事件 A 和事件 B 至少有一个发生, 则这样的一个事件称为事件 A 与事件 B 的并或和, 记作 $A\cup B$. $A\cup B$ 表示 "事件 A 发生或 B 发生", 见图 1.4 中阴影部分, 即

$$A\cup B=\left\{\omega\left|\omega\in A\text{或}\omega\in B\right.\right\}.$$

对于任何事件 A 与 B, 有

$$A\cup A=A, A\cup\varnothing=A, A\cup\Omega=\Omega, A\subset A\cup B, B\subset A\cup B,$$

等等.

事件的并可以推广到多个事件的情形:

$$\bigcup_{i=1}^{n}A_i=\left\{\text{事件}A_1,A_2,\cdots,A_n\text{中至少有一个发生}\right\},$$

$$\bigcup_{i=1}^{\infty}A_i=\left\{\text{事件}A_1,A_2,\cdots,A_n,\cdots\text{中至少有一个发生}\right\}.$$

例如, 某人做一项试验, 以 A 表示事件 "该项试验成功" , 以 A_i 表示事件 "该项试验做到第 i 次才成功"($i=1,2,\cdots$), 则有

$$A=\bigcup_{i=1}^{\infty}A_i.$$

(2) **事件的交**　若事件 A 和事件 B 同时发生, 则这样的一个事件称为事件 A 与事件 B 的交或积, 记作 $A\cap B$ 或 AB, 见图 1.5 中阴影部分, 即

$$A\cap B=\left\{\text{事件}A\text{与事件}B\text{同时发生}\right\}=\left\{\omega\left|\omega\in A\text{且}\omega\in B\right.\right\}.$$

事件 A 和事件 B 作为样本空间 Ω 的子集, $A\cap B$ 就是子集 A 与 B 的交集.

对于任何事件 A 与 B, 有

$$A\cap A=A, A\cap\varnothing=\varnothing, A\cap\Omega=A, A\cap B\subset A, A\cap B\subset B,$$

等等.

(3) **事件的差**　若事件 A 发生而事件 B 不发生, 则这样的一个事件称为事件 A 与事件 B 的差, 记作 $A-B$, 见图 1.6 中阴影部分, 即

$$A-B=A\overline{B}=\left\{\text{事件}A\text{发生但事件}B\text{不发生}\right\}=\left\{\omega\left|\omega\in A\text{且}\omega\notin B\right.\right\}.$$

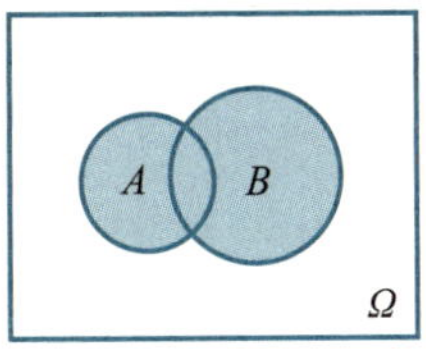

图 1.4

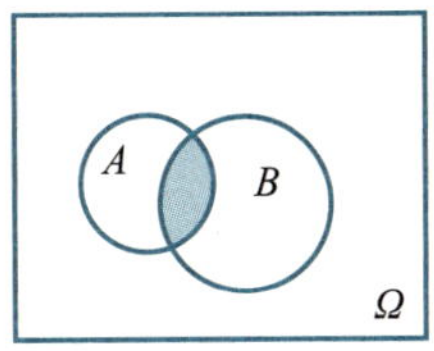

图 1.5

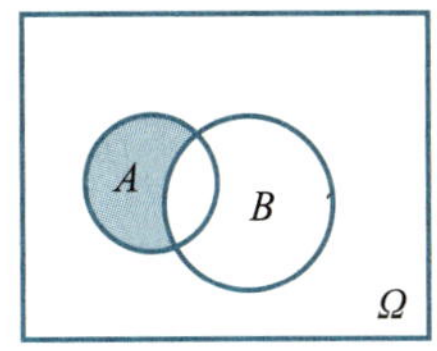

图 1.6

随机事件的关系和运算, 就是集合的关系和运算, 以后可以将复杂的事件用简单事件表示出来, 利于对事件的讨论.

事件的运算满足以下运算规律. 对任何事件 A 与 B, 有

(1) 交换律　$A\cup B=B\cup A, A\cap B=B\cap A$.

(2) 结合律　$A\cup(B\cup C)=(A\cup B)\cup C, (A\cap B)\cap C=A\cap(B\cap C)$.

(3) 分配律　$A\cup(B\cap C)=(A\cup B)\cap(A\cup C), A\cap(B\cup C)=(A\cap B)\cup(A\cap C)$.

(4) 德・摩根 (De Morgan) 律　$\overline{A\cup B}=\overline{A}\cap\overline{B}, \overline{A\cap B}=\overline{A}\cup\overline{B}$.

对于多个随机事件, 以上的运算规律也是成立的.

例 1.5　设 A, B, C 为三个事件, 用 A, B, C 表示下列事件:

(1) 恰有 A 发生;

(2) A, B 都发生而 C 不发生;

(3) A, B, C 恰有一个发生;

(4) A, B, C 中不多于两个发生.

解　(1) 恰有 A 发生, 意味着仅有 A 发生, 同时 B, C 都不发生, 因此可以表示为

$$A\overline{B}\,\overline{C}\text{或}A-B-C.$$

(2) A, B 都发生而 C 不发生, 可以表示为

$$AB\overline{C}\text{或}AB-C.$$

(3) A, B, C 恰有一个发生, 意味着 A, B, C 中仅有一个发生, 同时其余两个事件都不发生, 而发生的事件可以为 A, 可以为 B, 也可以为 C, 因此可以表示为

$$(A\overline{B}\,\overline{C})\cup(\overline{A}B\overline{C})\cup(\overline{A}\,\overline{B}C).$$

(4) A, B, C 中不多于两个发生, 意味着发生的事件个数要小于或等于两个, 因此可以表示为

$$(\overline{A}\,\overline{B}\,\overline{C})\cup(A\overline{B}\,\overline{C})\cup(\overline{A}B\overline{C})\cup(\overline{A}\,\overline{B}C)\cup(\overline{A}BC)\cup(A\overline{B}C)\cup(AB\overline{C}).$$

这样表示比较复杂, 事件 "A, B, C 中不多于两个发生" 的对立事件为 "三个事件都发生", 因此事件 "A, B, C 中不多于两个发生" 也可以表示为

$$\overline{ABC}.$$

§1.2　随机事件的概率

在一个随机试验的样本空间中, 可能有许多随机事件. 一个事件在一次试验中可能发生, 也可能不发生, 具有随机性. 如果在大量重复试验中观测这些事件, 则有的事件发生的可能性大些, 有的事件发生的可能性小些, 有些事件发生的可能性大小近似相等, 这些事件发生的可能性大小呈现出一定的规律性. 为了刻画随机事件发生的可能性大小, 人们引入了随机事件的概率这一概念. 现实问题中, 一次性事件的概率称为主观概率, 没有公认的方法可以决定一个唯一的值, 往往是根据经验的一种认为和判断的结果, 可重复试验的事件的概率可以通过观测获得, 一般基于物理对称性或试验数据等途径得出, 这样就出现了如何定义 "概率" 这个难题. 为了说明概率的一些主要特点, 下面先给出频率的概念.

1.2.1　频率

定义 1.1

若在相同的条件下进行的 n 次试验中, 事件 A 发生了 n_A 次, 则称 n_A 为事件 A 发生的频数, 称比值 $\dfrac{n_A}{n}$ 为事件 A 发生的频率, 记作 $f_n(A)$, 即

$$f_n(A)=\frac{n_A}{n}.$$

历史上, 曾有许多学者做过大量的试验, 例如蒲丰 (Buffon)、皮尔逊 (Pearson) 等人先后做过抛掷一枚均匀硬币的试验, 观察 "正面朝上" 这一事件出现的频率. 表 1.1 记录了几位数学家重复抛掷一枚硬币的结果.

表 1.1　几位数学家重复抛掷一枚硬币的结果

试验者	抛掷次数n	正面朝上频数 n_A	正面朝上的频率 $f_n(A)$
德・摩根	2048	1061	0.5181
蒲丰	4040	2048	0.5069
费希尔 (Fisher)	10000	4979	0.4979
皮尔逊	12000	6019	0.5016
皮尔逊	24000	12012	0.5005

这些试验结果表明, 在 n 次重复抛掷一枚硬币的试验中, 随着 n 的增大, 事件 A"正面朝上" 发生的频率总是在 0.5 附近摆动. 我们可以用 0.5 表示事件 A 发生的可能性大小. 大量的试验表明, 在相同的条件下重复进行 n 次试验, 事件 A 发生的频率 $f_n(A)=\dfrac{n_A}{n}$ 呈现出稳定在某一常数 p 的这样的特征, 我们用常数 p 表示事件 A 发生的可能性的大小, 称之为事件 A 发生的概率, 记为 $P(A)$, 这也是概率的统计意义上的定义.

概率的这种统计定义将概率定义为频率的稳定值. 它的特点是非常直观, 但在理论上的不严密也是很明显的, 例如概率的统计定义并未为概率的计算提供任何具体规则. 在以后相当长的时间内, 如何定义概率一直是人们关注的问题. 在概率论发展的早期受到关注的两类试验模型是古典概型与几何概型.

1.2.2 古典概型

若随机试验具有以下两个特点:

(1) 试验的样本空间只包含有限个样本点;

(2) 在试验中每个基本事件发生的可能性相同,

则称这种试验为等可能概型或古典概型.

设试验 E 是古典概型, 样本空间为 $\Omega=\{\omega_1,\omega_2,\cdots,\omega_n\}$, 则基本事件 $\{\omega_1\},\{\omega_2\},\cdots,\{\omega_n\}$ 两两互不相容.

由于 $P(\Omega)=1$ 及 $P(\{\omega_1\})=P(\{\omega_2\})=\cdots=P(\{\omega_n\})=\dfrac{1}{n}$, 因此若事件 A 包含 k 个基本事件, 即 $A=\{\omega_{i_1},\omega_{i_2},\cdots,\omega_{i_k}\}$, 则有

$$P(A)=P(\{\omega_{i_1}\})+P(\{\omega_{i_2}\})+\cdots+P(\{\omega_{i_k}\})=\frac{k}{n},$$

即

$$P(A)=\frac{A\text{包含的基本事件个数}}{\Omega\text{包含的基本事件总数}}.$$

例 1.6 抛掷一枚硬币两次, 求 "恰有 1 次出现正面" 这一事件的概率.

解 设 A 表示事件 "抛掷一枚硬币出现正面", 则抛掷一枚硬币两次的样本空间为

$$\Omega=\left\{(A,A),(A,\overline{A}),(\overline{A},A),(\overline{A},\overline{A})\right\},$$

样本空间包含 4 个基本事件. 用 B 表示事件 "恰有 1 次出现正面", 则

$$B=\left\{(A,\overline{A}),(\overline{A},A)\right\},$$

B 包含 2 个基本事件, 因此

$$P(B)=\frac{2}{4}=0.5.$$

例 1.7 一位常饮牛奶加茶的人士声称: 他能从一杯冲好的奶茶中辨别出先放茶还是先放牛奶, 并且在 10 次试验中都准确地辨别出来, 问该人士的说法是否可信?

解 假设该人士的说法不可信, 即假定他纯粹是猜测的. 那么在此假设下每次试验的结果为 "先放牛奶后放茶" 和 "先放茶后放牛奶". 10 次试验共有 2^{10} 个等可能结果. 用 A 表示事件 "在 10 次试验中都能正确辨别先放茶还是先放牛奶", 则

$$P(A)=\frac{1}{2^{10}}=0.000\,976\,6,$$

这是一个非常小的概率. 人们在日常生活中往往遵循一个称之为 "**实际推断原理**" 的准则, 即 "**概率很小的随机事件在一次试验中实际上是几乎不发生的**", 它有着广泛的应用. 依据此原理, 事件 A 实际上是不发生的, 这与实际试验结果相矛盾, 因而开始所做的 "该人士的说法不可信" 的假设不成立, 有理由断言该人士的说法是可信的.

1.2.3 几何概型

古典概型要求基本事件的总数必须是有限个, 这限制了它的适用范围. 然而, 当基本事件的总数是无限个, 且这些基本事件仍然具有等可能性时, 如何计算概率就是几何概型问题.

若随机试验是将一个点随机地投到某一区域 Ω(Ω 可以是直线上的某一区间也可以是平面或空间内的某一区域) 内, 而这个点落在 Ω 中任意一个位置是等可能的, 则称这样的试验为几何概型. 用 A 表示随机点落在 Ω 内的一个子区域 D 内, 则

$$P(A)=\frac{D\text{的度量}}{\Omega\text{的度量}}.$$

例 1.8 设 x 和 y 是取自 $(0,1)$ 内的两个数, 求 $xy<\dfrac{1}{3}$ 的概率.

解 问题相当于将一个随机点 M 投到 xOy 平面内的区域 $\Omega=\{(x,y)|0<x<1,0<y<1\}$ 内, 求点 M 落在 Ω 的子区域 $D=\left\{(x,y)\middle|(x,y)\in\Omega,xy<\dfrac{1}{3}\right\}$(图 1.7 中阴影部分) 内. 记 A 表示事件 "$xy<\dfrac{1}{3}$", 则

$$P(A)=\frac{D\text{的面积}}{\Omega\text{的面积}}=\frac{\dfrac{1}{3}+\displaystyle\int_{\frac{1}{3}}^{1}\frac{1}{3x}\mathrm{d}x}{1\times 1}=\frac{1}{3}+\frac{1}{3}\ln x\Big|_{\frac{1}{3}}^{1}=\frac{1}{3}+\frac{1}{3}\ln 3.$$

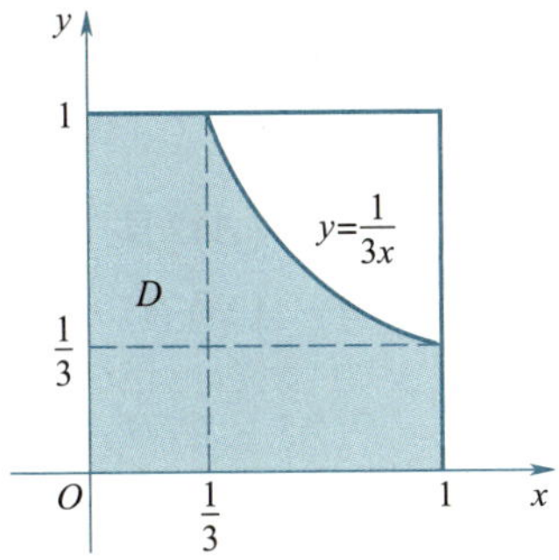

图 1.7

1.2.4 概率的公理化定义

古典概型和几何概型的计算公式虽然解决了这两种模型的事件概率的确定问题, 但并不具有普遍性. 直到 1933 年, 苏联数学家柯尔莫戈洛夫 (Kolmogorov) 综合了已有的大量成果, 提出了概率的公理化法则, 并由此给出了概率的公理化定义.

数学家简介
柯尔莫戈洛夫

定义 1.2

设随机试验 E 的样本空间为 Ω, 如果对于 E 的每一个事件, 有唯一的实数 $P(A)$ 和它对应, 并且 $P(A)$ 满足以下条件:

(1) 非负性 对于任一事件 A, 有 $P(A) \geqslant 0$;

(2) 规范性 对于必然事件 Ω, 有 $P(\Omega) = 1$;

(3) 可列可加性 对于两两互不相容的事件 $A_1, A_2, \cdots$ (即当 $i \neq j$ 时, $A_iA_j = \varnothing, i, j = 1, 2, \cdots$), 有

$$P\left(\bigcup_{i=1}^{\infty} A_i\right) = \sum_{i=1}^{\infty} P(A_i),$$

则称 $P(A)$ 为事件 A 的**概率**.

概率的公理化定义的特点是对"概率是什么"不加以定义, 只制定出概率运算必须遵守的几条规则, 从此以后不论对概率的理解是主观的还是客观的, 在运算推理上都要遵守概率的公理化准则, 也使得概率论成为严谨的数学分支, 极大地推动了概率论的发展.

根据概率的公理化定义, 可以得到概率的一些性质:

(1) $P(\varnothing) = 0$.

(2) $P(A) = 1 - P(A)$.

(3) 对于两两互不相容的事件 $A_1, A_2, \cdots, A_n$, 有有限可加性, 即

$$P\left(\bigcup_{i=1}^{n} A_i\right) = \sum_{i=1}^{n} P(A_i).$$

(4) 若 $A \subset B$, 则 $P(B-A) = P(B) - P(A)$, 且 $P(A) \leqslant P(B)$.

证　因为 $A \subset B$, 且 $B = A \cup (B-A)$, $A \cap (B-A) = \varnothing$, 由性质 (3) 可得

$$P(B) = P(A) + P(B-A),$$

所以

$$P(B-A) = P(B) - P(A).$$

由于 $P(B-A) \geqslant 0$, 因此

$$P(A) \leqslant P(B).$$

由性质 (4) 可知, 对于任意两个事件 A 与 B, 有

$$P(B-A) = P(B-AB) = P(B) - P(AB),$$

这个公式称为**概率的减法公式**.

(5) 对于任意两个事件 A 与 B, 有

$$P(A \cup B) = P(A) + P(B) - P(AB).$$

证　因为 $A \cup B = (A-AB) \cup (AB) \cup (B-AB)$, 由性质 (3) 可得

$$\begin{aligned} P(A \cup B) &= P(A-AB) + P(AB) + P(B-AB) \\ &= P(A-AB) + P(AB) + P(B-AB) \\ &= P(A) - P(AB) + P(AB) + P(B) - P(AB) \\ &= P(A) + P(AB) - P(AB). \end{aligned}$$

这个公式称为**概率的加法公式**.

若 A, B, C 是三个随机事件, 则

$$P(A \cup B) = P(A) + P(B) + P(C) - P(AB) - P(AC) - P(BC) + P(ABC).$$

例 1.9　设 A, B 是同一个试验中的两个事件, 且 $P(A) = 0.6, P(A-B) = 0.2, P(A \cup B) = 0.9$. 求 $P(\overline{AB}), P(B), P(\overline{A} \cup B)$.

解　由于

$$P(A-B) = P(A-AB) = P(A) - P(AB),$$

于是

$$P(AB) = P(A) - P(A - B) = 0.4,$$

从而有

$$P(\overline{AB}) = 1 - P(AB) = 0.6.$$

由于

$$P(A \cup B) = P(A) + P(B) - P(AB),$$

于是

$$P(B) = P(A \cup B) - P(A) + P(AB) = 0.7.$$

$$\begin{aligned} P(\overline{A} \cup B) &= P(\overline{A}) + P(B) - P(\overline{A}B) = 1 - P(A) + P(B - A) \\ &= 1 - P(A) + P(B - AB) \\ &= 1 - P(A) + P(B) - P(AB) \\ &= 1 - 0.6 + 0.7 - 0.4 \\ &= 0.7. \end{aligned}$$

§1.3　条件概率

在实际问题中, 例如在人寿保险领域中, 我们关注的是在已知某人已达到特定年龄的条件下, 其在未来一年内死亡的概率. 也就是说往往需要考虑在某一事件 A 已经发生的条件下, 另一个事件 B 发生的概率, 这就是条件概率, 一般把它记为 $P(B|A), P(A) > 0$.

1.3.1　条件概率

例 1.10　设有两个口袋, 第一个口袋装有 3 个黑球和 2 个白球; 第二个口袋装有 2 个黑球和 4 个白球. 现在从第一个口袋中任取一个球放到第二个口袋, 再从第二个口袋中任取一个球, 求已知从第一个口袋中取出的是白球的条件下, 从第二个口袋中取出白球的概率.

解　设 A 表示事件 "从第一个口袋中取出白球", B 表示事件 "从第二个口袋中取出白球". 由古典概型的概率计算公式, 可得

$$P(B|A) = \frac{5}{7}.$$

事实上, 这样的计算是基于以下情景: 从第一个口袋中取出白球放入第二个口袋后, 第二个口袋中的球变为 2 个黑球和 5 个白球, 然后在这个新的样本空间中进行计算. 这样的

方法并不是普遍适用的. 为了得出一般情况下都适用的条件概率计算公式, 我们考虑原来样本空间的计算. 此时从两个口袋取球, 看成一次试验, 共有 5×7 个样本点. 因此

$$P(A)=\frac{2\times 7}{5\times 7}=\frac{2}{5},$$

$$P(AB)=\frac{2\times 5}{5\times 7}=\frac{2}{7},$$

另一方面可以改写

$$P(B|A)=\frac{5}{7}=\frac{5\times\dfrac{2}{5\times 7}}{7\times\dfrac{2}{5\times 7}}=\frac{\dfrac{2}{7}}{\dfrac{2}{5}},$$

因此有

$$P(B|A)=\frac{P(AB)}{P(A)},$$

于是有下面的定义.

定义 1.3

设 A 和 B 是试验 E 的两个事件, 且 $P(A)>0$, 称

$$P(B|A)=\frac{P(AB)}{P(A)}$$

为在事件 A 已经发生的条件下, 事件 B 发生的**条件概率**.

由这个定义可知, 对于任意两个事件 A 和 B, 若 $P(A)>0$, 则有

$$P(AB)=P(A)P(B|A),$$

这个式子称为**概率的乘法公式**.

同样, 当 $P(B)>0$ 时, 定义在事件 B 已经发生的条件下, 事件 A 发生的条件概率为

$$P(A|B)=\frac{P(AB)}{P(B)}.$$

当 $P(A)>0, P(B)>0$ 时, 有

$$P(AB)=P(A)P(B|A)=P(B)P(A|B).$$

关于条件概率, 指出以下几点:

(1) 定义 1.3 给出了在一般情形下计算条件概率的方法, 在实际中也可以利用缩减后的样本空间直接进行计算;

(2) 条件概率同样满足概率定义的三条规则, 同样具有概率的类似性质. 例如

$$P(\varnothing\,|A) = 0,$$

$$P(\overline{B}\,|A) = 1 - P(B\,|A),$$

$$P(B_1 \cup B_2\,|A) = P(B_1\,|A) + P(B_2\,|A) - P(B_1B_2\,|A),$$

等等.

(3) 可以把乘法公式推广到有限个事件的积的情形下: 设 $A_1, A_2, \cdots, A_n$ 是同一试验的事件, 且 $P(A_1A_2\cdots A_{n-1}) > 0$, 则有

$$P(A_1A_2\cdots A_{n-1}) = P(A_1)P(A_2\,|A_1)P(A_3\,|A_1A_2)\cdots P(A_n\,|A_1A_2\cdots A_{n-1}).$$

例 1.11　设袋中有 5 个大小和形状完全一样的球, 其中有 2 个白球, 3 个黑球. 从袋中取球两次, 每次随机地取 1 个球. 考虑两种取球方式: (i) 第一次取出 1 个球观察其颜色后放回袋中, 搅匀后再取 1 个球. 这种抽取方式叫做放回抽样.(ii) 第一次取出 1 个球后不放回袋中, 第二次从剩余的球中再取出 1 个球. 这种抽取方式叫做不放回抽样. 试分别按上述两种取球方式, 求:

(1) 第二次取到白球的概率;

(2) 在第一次取到白球的条件下, 第二次取到白球的概率.

解　设 A 和 B 分别表示事件 "第一次取到白球" 与 "第二次取到白球".

放回抽样情形下:

试验的基本事件总数 $n = 5 \times 5 = 25$.

(1) 事件 B 包含的基本事件数 $n_B = 5 \times 2 = 10$, 因此

$$P(B) = \frac{n_B}{n} = \frac{10}{25} = \frac{2}{5}.$$

(2) 事件 AB 包含的基本事件数 $n_{AB} = 2 \times 2 = 4$, 事件 A 包含的基本事件数 $n_A = 2 \times 5 = 10$, 由此得

$$P(AB) = \frac{n_{AB}}{n} = \frac{4}{25},$$

$$P(A) = \frac{n_A}{n} = \frac{10}{25} = \frac{2}{5},$$

所以

$$P(B\,|A) = \frac{P(AB)}{P(A)} = \frac{\frac{4}{25}}{\frac{2}{5}} = \frac{2}{5}.$$

不放回抽样情形下:

试验的基本事件总数 $n = 5 \times 4 = 20$.

(1) 事件 B 包含的基本事件数 $n_B = 4 \times 2 = 8$, 因此

$$P(B) = \frac{n_B}{n} = \frac{8}{20} = \frac{2}{5}.$$

(2) 事件 AB 包含的基本事件数 $n_{AB} = 2 \times 1 = 2$, 事件 A 包含的基本事件数 $n_A = 2 \times 4 = 8$, 由此得

$$P(AB) = \frac{n_{AB}}{n} = \frac{2}{20} = \frac{1}{10},$$

$$P(A) = \frac{n_A}{n} = \frac{8}{20} = \frac{2}{5},$$

所以

$$P(B|A) = \frac{P(AB)}{P(A)} = \frac{\frac{1}{10}}{\frac{2}{5}} = \frac{1}{4}.$$

1.3.2 事件的独立性

从例 1.11 可以看到, 不论是放回抽样还是不放回抽样, 第一次取到白球与第二次取到白球的概率是相等的. 这就是所谓的 "**抽签原理**". 同时也看到 $P(B|A)$ 与取球方式有关. 在放回抽样的情况下, $P(B|A) = P(B) = \frac{2}{5}$, 这说明事件 A 是否发生不影响事件 B 发生的概率, 这实际上反映了事件 A 与 B 的一种关系, 即事件 A 与 B 是相互独立的. 能否用 $P(B|A) = P(B)$ 来定义事件 A 与 B 是相互独立的呢? 如果这样定义, 需要 $P(A) > 0$, 这使得事件 A 与 B 相互独立的这种关系不具有普遍性, 为此, 给出如下的定义:

定义 1.4

设 A 和 B 是试验 E 的两个事件, 若

$$P(AB) = P(A)P(B),$$

则称事件 A 与事件 B 是相互独立的.

例 1.12 证明: 若事件 A 与事件 B 相互独立, 则事件 A 与 $\overline{B}$ 相互独立.

证 若事件 A 与事件 B 相互独立, 则 $P(AB) = P(A)P(B)$, 而

$$\begin{aligned} P(A\overline{B}) &= P(A - B) = P(A - AB) = P(A) - P(AB) \\ &= P(A) - P(A)P(B) = P(A)[1 - P(B)] \end{aligned}$$

$$= P(A)P(\overline{B}),$$

所以事件 A 与 $\overline{B}$ 相互独立.

事实上, 若事件 A 与事件 B 相互独立, 则事件 A 与 $\overline{B}$, $\overline{A}$ 与 B, $\overline{A}$ 与 $\overline{B}$ 都是相互独立的. 当 $0 < P(A) < 1$ 时, 事件 A 与事件 B 相互独立的充分必要条件为 $P(B|A) = P(B|\overline{A}) = P(B)$.

若 A, B 和 C 是试验 E 的三个事件, 且

$$\begin{aligned} P(AB) &= P(A)P(B), \\ P(AC) &= P(A)P(C), \\ P(BC) &= P(B)P(C), \end{aligned}$$

则称事件 A, B, C 是两两独立的. 若还满足

$$P(ABC) = P(A)P(B)P(C),$$

则称事件 A, B, C 是相互独立的.

1.3.3　全概率公式

回到例 1.11, 当做不放回抽样时, 第二次取到白球的概率还可以这样求得. 事件 B 有如下的简单分解:

$$B = AB \cup \overline{A}B,$$

其中右端 AB 与 $\overline{A}B$ 互不相容. 根据概率的可加性及乘法公式, 有

$$\begin{aligned} P(B) &= P(AB) + P(\overline{A}B) \\ &= P(A)P(B|A) + P(\overline{A})P(B|\overline{A}) \\ &= \frac{2}{5} \times \frac{1}{4} + \frac{3}{5} \times \frac{2}{4} \\ &= \frac{2}{5}. \end{aligned}$$

在上面的计算过程中, 事件 B 的分解式是十分关键的, 不妨将事件 B 看成 “结果”, 而将事件 A 与 $\overline{A}$ 看成是产生 “结果 B” 的两个可能原因. 分解式 $B = AB \cup A\overline{B}$ 反映的正是 “结果” 与可能 “原因” 之间的联系方式, 问题是在已知可能 “原因” 发生的概率, 去考察 “结果” 发生的概率. 我们把这一类问题称为全概率问题. 下面给出一般情形下的全概率公式:

设试验的样本空间为 Ω, 事件 $A_1, A_2, \cdots, A_n$ 两两互不相容, 且 $P(A_i)>0, 1\leqslant i\leqslant n$. 又事件 B 满足

$$B=\bigcup_{i=1}^{n} BA_i,$$

则有

$$P(B)=\sum_{i=1}^{n} P(A_i)P(B\,|A_i).$$

例 1.13　某车间有四个班组生产同一种产品, 这些产品无区别标志且被均匀地混合在一起. 已知这四个组的产量分别占总产量的 15 %, 20%, 30%和 35%, 这四个组的产品的次品率 (次品率是指从该组产品中随机抽取 1 件是次品的概率) 分别为 0.05, 0.04, 0.03 和 0.02. 现从该车间生产的产品中任取 1 件, 问抽取到次品的概率是多少?

解　设 A_i 表示事件 "任取的 1 件产品是第 i 组生产的"$(i=1,2,3,4)$, B 表示事件 "任取的 1 件是次品", 由题设可知

$$P(A_1)=0.15, P(A_2)=0.20, P(A_3)=0.30, P(A_4)=0.35,$$

$$P(B|\,A_1)=0.05, P(B|\,A_2)=0.04, P(B|\,A_3)=0.03, P(B|\,A_4)=0.02.$$

根据全概率公式可得

$$P(B)=\sum_{i=1}^{4} P(A_i)P(B\,|A_i)=0.15\times0.05+0.20\times0.04+0.30\times0.03+0.35\times0.02=0.031\,5.$$

1.3.4　贝叶斯公式

全概率公式给出的是由 "原因" 推断 "结果" 的概率计算公式, 这只是问题的一个方面, 实际问题中常常需要考虑的另一方面的问题是如何从 "结果" 判断 "原因". 例如在例 1.13 中, 如果已知抽取到的 1 件产品是次品, 那么这件产品是哪个班组生产的呢? 从统计意义上看, 这一提法更具有普遍性, 这就是贝叶斯 (Bayes) 公式:

设试验的样本空间为 Ω, 事件 $A_1, A_2, \cdots, A_n$ 两两互不相容, 且 $P(A_i)>0, 1\leqslant i\leqslant n$, 则对任意的事件 $A_i, i=1,2,\cdots,n$, 有

$$P(A_i|\,B)=\frac{P(A_i)P(B\,|A_i)}{\displaystyle\sum_{j=1}^{n} P(A_j)P(B\,|A_j)}.$$

例 1.14 一项血液检测化验以概率 0.95 将带菌患者检出阳性, 但是也有 1%的概率误将健康人检出阳性. 已知该种疾病的发病率为 0.5%, 求已知一个个体血液检测为阳性的条件下, 该个体确实患有此种疾病的概率.

解 此例的 "结果" 是该个体血液检测为阳性, 产生此结果的两个可能原因是带菌和误检, 所求的是已知 "结果" 发生的条件下推断 "结果" 是由 "带菌" 产生的条件概率. 所以可设 A_1 表示事件 "该个体带菌", A_2 表示事件 "该个体不带菌", B 表示事件 "检测结果为阳性", 则

$$P(A_1)=0.005, P(A_2)=0.995, P(B|\,A_1)=0.95, P(B|\,A_2)=0.01,$$

由贝叶斯公式可得

$$P(A_1|\,B)=\frac{P(A_1)P(B\,|A_1)}{\sum\limits_{i=1}^{2}P(A_i)P(B\,|A_i)}=\frac{0.005\times0.95}{0.005\times0.95+0.995\times0.01}\approx0.323.$$

这里的发病率也称之为先验概率, 而所求的条件概率称之为后验概率, 后者是在有了试验结果后, 对先验概率的一种校正. 注意到 $P(A_1|\,B)$ 较小, 这似乎与常规的认识不一致, 血液检测为阳性, 该个体带菌的可能性应该很大, 然而事实并非如此, 主要原因是人群中带菌的比例 $P(A_1)$ 很小. 若其他条件不变, 增大 $P(A_1)$, 则 $P(A_1|\,B)$ 也随之增大, 因此说后验概率是对先验概率的一种校正.

§1.4 伯努利试验和二项概率

为了了解某些随机现象的全过程, 常常要重复试验并对其进行观察. 例如, 将一枚硬币重复抛掷 n 次, 在一批产品中随机地抽取若干个测试它们的寿命, 等等. 现在用事件的独立性研究这个问题.

若将试验 E 重复进行 n 次, 在每一次试验中, 事件 A 或者发生, 或者不发生. 若每次试验的结果互不影响, 即在每次试验中事件 A 发生的概率保持不变, 不受其他各次试验结果的影响, 则称这 n 次试验相互独立.

若试验 E 只有两个可能的对立结果 A 及 $\overline{A}$, 并且 $P(A)=p, P(\overline{A})=1-p$, 其中 $0<p<1$. 将试验 E 独立地重复进行 n 次所构成的一个试验叫做 n **重伯努利 (Bernoulli) 试验**, 简称为**伯努利试验**或**伯努利概型**. n 重伯努利试验是一种很重要的数学模型, 有着广泛的应用, 是研究最多的模型之一.

n 重伯努利试验中, 由于各次试验是相互独立的, 因此事件 A 发生 k 次, 相当于在 n 次试验中的指定的 k 次试验中发生, 挑选这 k 次试验的方法共有 C_n^k 种, 而在其余的 $n-k$ 次试验中不发生, 因此事件 A 发生 k 次的概率为

$$P_n(k)=\mathrm{C}_n^k p^k(1-p)^{n-k}, k=0,1,2,\cdots,n.$$

由于 $[p+(1-p)]^n=\sum\limits_{k=0}^{n}\mathrm{C}_n^k p^k(1-p)^{n-k}$, 上面的公式恰是 $[p+(1-p)]^n$ 的牛顿二项展开式的一般项, 故上式也称为二项概率公式.

例 1.15　某人进行射击, 设每次射击的命中率为 0.02, 现在独立射击 400 次, 试求至少击中两次的概率.

解　将一次射击看成是一次试验, 每次命中的概率为 $p=0.02$, 则事件 "400 次独立射击中, 至少命中两次" 的对立事件是 "一次都不中" 和 "命中一次". 设 A 表示事件 "至少击中两次", 则

$$P(A)=1-P_{400}(0)-P_{400}(1)=1-\mathrm{C}_{400}^0\cdot 0.02^0\cdot 0.98^{400}-\mathrm{C}_{400}^1\cdot 0.02^1\cdot 0.98^{399}\approx 0.997\,2.$$

这个概率很接近于 1, 这一结果的实际意义表明, 虽然每次射击的命中率很小 (仅为 0.02), 但如果射击 400 次, 击中目标至少两次是几乎可以肯定的. 结合前面的实际推断原理, 说明 "**概率很小的随机事件在一次试验中实际上是几乎不发生的, 但是在大量重复试验时是不可忽视的**".

例 1.16　设在独立重复试验中每次试验成功的概率为 0.5, 问需要进行多少次试验, 才能使至少成功一次的概率不小于 0.9?

解　设需要进行 n 次独立重复试验, 则在 n 次试验中至少成功一次的概率为

$$1-P_n(0)=1-(1-0.5)^n.$$

由条件 $1-P_n(0)=1-(1-0.5)^n\geqslant 0.9$, 解得 $n\geqslant\dfrac{1}{\lg 2}\approx 3.3$, 所以 $n=4$, 即需要进行 4 次试验, 才能使至少成功一次的概率不小于 0.9.

习题 1

1. 写出下列随机试验的样本空间:

(1) 将一枚骰子抛掷两次, 记录出现的点数;

(2) 将一枚骰子抛掷两次, 记录出现的点数之和.

2. 用三个事件 A,B,C 的运算表示下列事件:

(1) A,B,C 中只有 A 发生;

(2) A,B,C 中至少有一个发生;

(3) A,B,C 中至少有两个发生;

(4) A,B,C 中不多于两个发生;

(5) A 不发生但 B ,C 中至少有一个发生;

(6) A,B,C 中恰好有一个发生;

(7) A,B,C 中恰好有两个发生;

(8) A,B,C 中不多于一个发生.

3. 下列等式是否成立? 若不成立, 写出正确结果:

(1) $A \cup B = (A\overline{B}) \cup B$;

(2) $(AB)(A\overline{B}) = \varnothing$;

(3) $(A - B) \cup B = A$;

(4) $(A \cup B) - B = A$.

4. 设有 N 件产品, 其中有 n 件次品, 今从中任取 m 件, 问其中恰有 $k(k \leqslant n)$ 件次品的概率是多少?

5. 已知在 20 个同种零件中有 3 个次品, 其余为合格品. 从这 20 个零件中任取 3 次, 每次任取 1 个零件作不放回抽样, 求下列事件的概率:

(1) 3 个都是合格品的概率;

(2) 3 个都是次品的概率;

(3) 只有 1 个是合格品的概率.

6. 据以往资料表明, 某三口之家患某种传染病的概率有以下规律: 孩子患病的概率为 0.6, 孩子患病情况下母亲患病的概率为 0.5, 母亲及孩子患病情况下父亲患病的概率为 0.4, 求母亲及孩子患病但父亲未患病的概率.

7. 设一质点落在 xOy 平面内由 x 轴、y 轴及直线 $x + y = 1$ 所围成的三角形区域内, 而落在这个三角形区域内各点处的可能性相等, 即落在这三角形内任何区域上的可能性与这区域的面积成正比. 求质点落在直线 $x = \dfrac{1}{3}$ 的左边的概率.

8. 两人约定上午 9: 00—10: 00 在公园会面, 求一人要等另一人 30 min 以上的概率.

9. 甲、乙、丙三个人同时向某一目标射击, 每个人击中目标的概率都是 $\dfrac{1}{4}$, 甲、乙两个人同时击中目标的概率为 0, 甲、丙两个人及乙、丙两个人同时击中目标的概率均为 $\dfrac{1}{8}$, 求目标被击中的概率.

10. 设 A 与 B 为两个随机事件, 已知 A 与 B 至少有一个发生的概率为 $\dfrac{1}{3}$, A 发生且 B 不发生的概率为 $\dfrac{1}{9}$, 求事件 B 发生的概率.

11. 已知 $P(\overline{A})=0.3, P(B)=0.4, P(A\overline{B})=0.5$, 求 $P(B\,|A\cup\overline{B})$.

12. 有两箱同种零件, 第一箱内装有 50 件, 其中有 10 件是一等品; 第二箱内装有 30 件, 其中有 18 件是一等品. 现从两箱中随机地取出一箱, 然后从该箱中取两次零件, 每次随机地取出一个零件, 取出的零件均不放回, 求:

(1) 第一次取出的零件是一等品的概率;

(2) 在第一次取出的零件是一等品的条件下, 第二次取出的零件是一等品的概率.

13. 每箱产品有 10 件, 其次品数从 0 到 2 是等可能的, 在开箱检验时, 从中任取一件, 若检验为次品, 则认为该箱产品不合格而拒收. 但由于检验存在误差, 一件正品被误判为次品的概率为 2%, 一件次品被误判为正品的概率为 10%, 求一箱产品能通过验收的概率.

14. 仪器中有三个元件, 它们损坏的概率都是 0.2, 并且损坏与否相互独立. 当一个元件损坏时, 仪器发生故障的概率为 0.25, 当两个元件损坏时, 仪器发生故障的概率为 0.6, 当三个元件损坏时, 仪器发生故障的概率为 0.95, 当三个元件都不损坏时, 仪器不发生故障. 求: (1) 仪器发生故障的概率; (2) 仪器发生故障时恰有两个元件损坏的概率.

15. 假设在某时期内影响股票价格变化的因素只有银行存款利率的变化. 经分析, 该时期内利率不会上调, 利率下降的概率为 0.60, 利率不变的概率为 0.40. 根据经验, 在利率下调时某只股票上涨的概率为 0.80, 在利率不变时这只股票上涨的概率为 0.40, 求这只股票上涨的概率.

16. 设三个两两相互独立的事件 A, B, C, 其满足 $ABC=\varnothing, P(A)=P(B)=P(C)<\dfrac{1}{2}$, 且已知 $P(A\cup B\cup C)=\dfrac{9}{16}$, 求 $P(A)$.

17. 一个射手射击的命中率为 0.6, 现独立地射击 10 次, 求至少命中目标 2 次的概率.

18. 在 4 重伯努利试验中, 已知事件 A 至少出现 1 次的概率为 0.5, 求在 1 次试验中事件 A 出现的概率.

19. 每门高射炮 (每射一发) 击中目标的概率为 0.6, 现有若干门高射炮同时发射 (每炮射一发), 欲以 99%以上的概率击中目标, 问至少需要配置几门高射炮?

20. 《论语》子曰: 三人行必有我师焉, 择其善者而行之, 择其不善者而改之. 假设这三个人之间是相互独立的, 每人 “为善” 的概率为 0.6. 试求三人中无 “善者” 的概率, 并说明《论语》中的这句话是否有概率意义上的根据?

习题 1 参考答案与讲解

1.(1)$\Omega=\{(i,j)\,|i,j=1,2,\cdots,6\}$, 其中 (i,j) 表示事件 “第一次出现 i 点, 第二次出现 j 点”; (2)$\Omega=\{2,3,4,\cdots,12\}$.

2. (1)$A\overline{B}\,\overline{C}$; (2)$A\cup B\cup C$; (3)$AB\cup BC\cup AC$; (4)$\overline{A}\cup\overline{B}\cup\overline{C}$; (5)$\overline{A}(B\cup C)$; (6)$A\overline{B}\,\overline{C}\cup\overline{A}B\overline{C}\cup\overline{A}\,\overline{B}C$; (7)$AB\overline{C}\cup A\overline{B}C\cup\overline{A}BC$; (8)$\overline{A}\,\overline{B}\cup\overline{B}\,\overline{C}\cup\overline{A}\,\overline{C}$ 或 $\overline{A}\,\overline{B}\,\overline{C}\cup A\overline{B}\,\overline{C}\cup\overline{A}B\overline{C}\cup\overline{A}\,\overline{B}C$.

3. (1) 成立; (2) 成立; (3) 不成立, $(A-B)\cup B=A\cup B$; (4) 不成立, $(A\cup B)-B=A-B$.

4. $\dfrac{\mathrm{C}_n^k\mathrm{C}_{N-n}^{m-k}}{\mathrm{C}_N^m}$.

5. (1)0.596; (2)0.000 877; (3)0.044 7.

6. 0.18.

7. $\dfrac{5}{9}$.

8. 0.25.

9. 0.5.

10. $\dfrac{2}{9}$.

11. 0.25.

12. (1)0.4;　(2)0.485 6.

13. 0.892.

14. (1)0.161 2; (2)0.357 3.

15. 0.64.

16. 0.25.

17. 0.998.

18. 0.159.

19. 6 门.

20. 0.064, 这是一个小概率事件, 在一次实验中几乎是不发生的, 所以可以说三人行必有我师.

重点习题讲解

关于疫苗问题的讨论

第 2 章　随机变量

在本章, 我们将随机试验的结果与实数对应起来, 引入随机变量的概念. 在概率论中, 随机变量是与事件及概率同样重要的基本概念, 研究随机变量是概率论的中心内容之一. 我们主要利用微积分等数学工具来量化并揭示随机现象的统计规律性.

本章主要介绍随机变量的概念、分布函数及其性质、离散型随机变量及其概率分布、连续型随机变量及其概率密度以及随机变量的数学期望与方差等内容.

§2.1　随机变量及其分布

2.1.1　随机变量

我们知道, 随机现象是通过在随机试验中出现的众多随机事件来表现的, 然而, 与给定的随机试验相关的随机事件种类繁多, 能否一一总结它们出现的规律性, 能否从动态上把握整个随机现象的统计规律, 这是非常重要的问题. 随机变量的成功引入, 可以实现上面的目标, 因此随机变量在概率论的发展史上有重要的地位, 它是在 19 世纪中叶, 由俄国数学家切比雪夫 (Chebyshev) 在一系列的研究中首先引入的.

某些随机试验的结果是一个数量, 不同的结果对应着不同的数值. 例如, 抛掷一枚骰子, 出现的点数是 1,2,3,4,5,6 这六个数字之一; 某电话交换台在一分钟内接到呼叫次数是 0, 1,2,$\cdots$; 一只灯泡的寿命 t(单位: h) 是一个非负的实数, 等等. 有些试验的结果不是一个数量, 但我们可以用某一数量来表示它们. 例如, 抛掷一枚硬币, "出现正面" 这一结果记为 1, 而 "出现反面" 记为 0, 等等.

定义 2.1

设随机试验 E 的样本空间为 $\Omega=\{\omega\}$. 若对于每一个 $\omega\in\Omega$, 都有一个实数 $X(\omega)$ 与之对应, 则称 $X=X(\omega)\,(\omega\in\Omega)$ 为随机变量.

随机变量是随机试验观察对象的量化指标, 随着试验结果的不同而取不同的值, 常用大写字母 X,Y,Z 等表示. 下面再举几个随机变量的例子.

(1) 某篮球队员投篮, 投中记 2 分, 未投中记 0 分. 如果用 X 表示篮球队员在一次投篮中的得分, 则 X 是一个随机变量, 它的所有可能取值是 0,2.

(2) 向一个可容纳 n 个乒乓球的木箱投掷 n 个乒乓球, 用 X 表示投入木箱中的乒乓球个数, 则 X 是一个随机变量, 它的所有可能取值是 $0,1,2,\cdots,n$.

(3) 某人进行射击试验, 将试验进行到命中目标为止, 用 X 表示射击的次数, 则 X 是一个随机变量, 它的所有可能取值是 $1,2,\cdots$.

(4) 一个在数轴上的闭区间 $[a,b]$ 上作随机游动的质点, 用 X 表示它在数轴上的坐标, 则 X 可以取 a 和 b 之间 (包括 a 和 b) 的任何实数.

引入随机变量以后, 就可以使用随机变量表示在随机试验下的各种随机事件, 例如在 (2) 中, 篮球队员投篮命中用 $\{X=2\}$ 表示, 没有投中用 $\{X=0\}$ 表示, 所以说随机变量的概念包容着随机事件的概念.

2.1.2 分布函数

为了研究随机变量, 我们引入分布函数的概念.

定义 2.2

设 X 是一个随机变量, 对于任意实数 x, 令

$$F(x)=P\{X\leqslant x\}, x\in\mathbf{R},$$

称 $F(x)$ 为随机变量 X 的分布函数.

随机变量 X 的分布函数 $F(x)$ 是定义在 $(-\infty,+\infty)$ 内的函数, 是随机事件 $\{X\leqslant x\}$ 发生的概率. 若 X 是数轴上随机点的坐标, 则分布函数值 $F(a)$ 表示 X 落在区间 $(-\infty,a]$ 上的概率 (如图 2.1 所示).

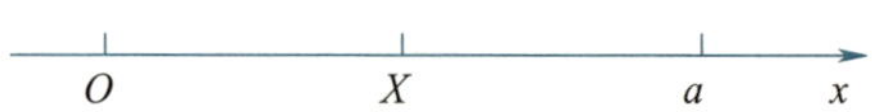

图 2.1

例 2.1 抛掷一枚硬币, 设随机变量

$$X=\begin{cases}0, \text{出现反面T},\\1, \text{出现正面H},\end{cases}$$

求随机变量 X 的分布函数, 并画出其图形.

解 设 x 是任意实数. 当 $x<0$ 时, 事件 $\{X\leqslant x\}=\varnothing$, 因此

$$F(x)=P\{X\leqslant x\}=P(\varnothing)=0;$$

当 $0\leqslant x<1$ 时, 事件

$$\{X\leqslant x\}=\{X<0\}\cup\{0<X\leqslant x\}=\phi\cup\{X=0\}\cup\phi=\{X=0\}=\{\text{出现反面T}\},$$

因此

$$F(x)=P\{X\leqslant x\}=P\{X=0\}=P\left\{\text{出现反面T}\right\}=\frac{1}{2};$$

当 $x\geqslant 1$ 时, 事件

$$\begin{aligned}\{X\leqslant x\}&=\{X<0\}\cup\{X=0\}\cup\{0<X<1\}\cup\{X=1\}\\&=\{X=0\}\cup\{X=1\}\\&=\left\{\text{出现反面T}\right\}\cup\left\{\text{出现正面H}\right\},\end{aligned}$$

因此

$$\begin{aligned}F(x)&=P\{X\leqslant x\}=P\{X=0\}+P\{X=1\}\\&=P\left\{\text{出现反面T}\right\}+P\left\{\text{出现正面H}\right\}=\frac{1}{2}+\frac{1}{2}=1.\end{aligned}$$

综上所述, X 的分布函数为

$$F(x)=\begin{cases}0, & x<0,\\ \dfrac{1}{2}, & 0\leqslant x<1,\\ 1, & x\geqslant 1,\end{cases}$$

其图形如图 2.2 所示.

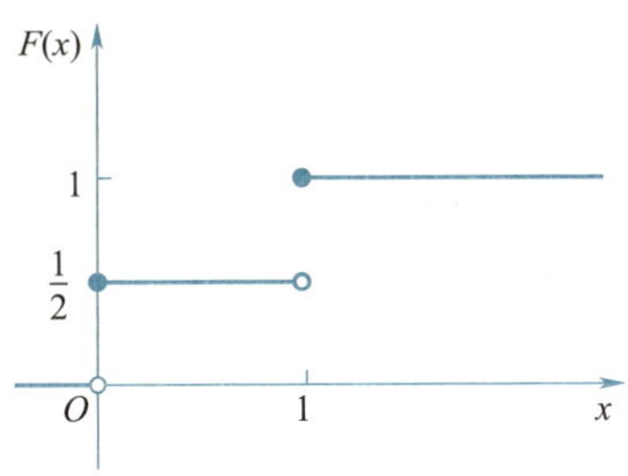

图 2.2

从例 2.1 的 X 的分布函数及其图形中可以看到分布函数具有右连续、单调不减等性质, 具体而言, 分布函数 $F(x)$ 有以下一些性质:

(1) 对于任意实数 x, 有 $0\leqslant F(x)\leqslant 1$.

(2) 分布函数 $F(x)$ 是单调不减函数.

对于任意实数 $x_1,x_2,x_1<x_2$, 由于

$$\{x_1<X\leqslant x_2\}=\{X\leqslant x_2\}-\{X\leqslant x_1\},$$

所以有

$$P\{x_1 < X \leqslant x_2\} = P\{X \leqslant x_2\} - P\{X \leqslant x_1\} = F(x_2) - F(x_1),$$

即 $F(x_1) \leqslant F(x_2)$, 表明 $F(x)$ 是单调不减函数.

(3) $F(-\infty) = \lim\limits_{x\to-\infty} F(x) = 0, F(+\infty) = \lim\limits_{x\to+\infty} F(x) = 1$.

(4) $F(x)$ 处处右连续, 即 $\lim\limits_{x\to x_0^+} F(x) = F(x_0)$.

随机变量主要包括离散型和非离散型两种, 下面主要讨论两种常见的随机变量.

2.1.3 离散型随机变量

定义 2.3

若一个随机变量 X 所有可能取到的不相同的值有有限个或可列无限多个, 并且以确定的概率取到这些不同的值, 则称 X 为**离散型随机变量**.

定义 2.4

设离散型随机变量 X 所有可能取的值为 $x_k(k = 1, 2, \cdots)$, X 取各个可能值的概率, 即事件 $\{X = x_k\}$ 的概率为

$$P\{X = x_k\} = p_k, k = 1, 2, \cdots, \tag{2.1}$$

并且 p_k 满足以下两个条件:

(1) $p_k \geqslant 0, k = 1, 2, \cdots$;

(2) $\sum\limits_{k=1}^{\infty} p_k = 1$,

则称 (2.1) 式为离散型随机变量 X 的**概率分布**或**分布律**.

概率分布也可以用表 2.1 来表示.

表 2.1 X 的概率分布

X	x_1	x_2	$\cdots$	x_k	$\cdots$
P	p_1	p_2	$\cdots$	p_k	$\cdots$

概率分布反映了离散型随机变量的统计规律性.

例 2.2 设离散型随机变量 X 的概率分布为

$$P\{X = k\} = p^k, k = 1, 2, \cdots, n, \cdots,$$

其中 $0<p<1$, 求 p 的值.

解　由于 $\sum\limits_{k=1}^{\infty} p_k=1$, 因此 $\sum\limits_{k=1}^{\infty} p^k=1$, 由等比级数求和公式, 可得

$$\sum_{k=1}^{\infty} p^k=\frac{p}{1-p}=1,$$

解得 $p=\dfrac{1}{2}$.

例 2.3　某人进行射击试验, 将试验进行到命中目标为止, 每次命中的概率为 p, 用 X 表示射击的次数, 求 X 的概率分布.

解　X 是一个随机变量, 它的所有可能取值是 $1,2,\cdots,k,\cdots$. 由于试验进行到命中目标为止, 所以事件 $\{X=k\}$ 表示前 $k-1$ 次射击目标没有被击中, 第 k 次射击才命中, 故

$$P\{X=k\}=\underbrace{(1-p)\cdots(1-p)}_{k-1\text{次}}p=(1-p)^{k-1}p, k=1,2,\cdots,n,\cdots.$$

2.1.4　连续型随机变量

定义 2.5

对于随机变量 X 的分布函数 $F(x)$, 若存在非负函数 $f(x)$, 使得对任意的 x, 都有

$$F(x)=\int_{-\infty}^{x} f(t)\mathrm{d}t,$$

则称随机变量 X 是连续型随机变量, 其中函数 $f(x)$ 称作 X 的概率密度函数, 简称为概率密度, 记作 $X\sim f(x)$.

由定义 2.5 可知, 连续型随机变量的分布函数处处连续.

例 2.4　设随机变量 X 的概率密度为

$$f(x)=\begin{cases}2x, & 0<x<1,\\ 0, & \text{其他},\end{cases}$$

求: (1)X 的分布函数 $F(x)$; (2)$P\left\{X>\dfrac{1}{2}\right\}$.

解　(1) 根据定义 2.5, 有

$$F(x)=\int_{-\infty}^{x} f(t)\mathrm{d}t.$$

当 $x<0$ 时,

$$F(x)=\int_{-\infty}^{x} f(t)\mathrm{d}t=\int_{-\infty}^{x} 0\mathrm{d}t=0;$$

当 $0 \leqslant x < 1$ 时,

$$F(x) = \int_{-\infty}^{x} f(t)\mathrm{d}t = \int_{-\infty}^{0} 0\mathrm{d}t + \int_{0}^{x} 2t\mathrm{d}t = x^2;$$

当 $x \geqslant 1$ 时,

$$F(x) = \int_{-\infty}^{x} f(t)\mathrm{d}t = \int_{0}^{1} 2t\mathrm{d}t = 1,$$

因此

$$F(x) = \begin{cases} 0, & x < 0, \\ x^2, & 0 \leqslant x < 1, \\ 1, & x \geqslant 1. \end{cases}$$

(2) $P\left\{X > \dfrac{1}{2}\right\} = 1 - P\left\{X \leqslant \dfrac{1}{2}\right\} = 1 - F\left(\dfrac{1}{2}\right) = 1 - \left(\dfrac{1}{2}\right)^2 = \dfrac{3}{4}.$

一般情况下, 连续型随机变量适合用概率密度进行研究, 下面给出概率密度 $f(x)$ 的几个重要性质.

(1) $f(x) \geqslant 0$.

(2) $\displaystyle\int_{-\infty}^{+\infty} f(x)\mathrm{d}x = 1$.

(3) 对任意的实数 $a, b(a < b)$, 有

$$P\{a < X \leqslant b\} = F(b) - F(a) = \int_{-\infty}^{b} f(x)\mathrm{d}x - \int_{-\infty}^{a} f(x)\mathrm{d}x = \int_{a}^{b} f(x)\mathrm{d}x.$$

(4) 对于 X 的任意一个可取的值 x, 有 $P\{X = x\} = 0$.

由性质 (3)(4) 有

$$P\{a < X \leqslant b\} = P\{a < X < b\} = P\{a \leqslant X \leqslant b\} = P\{a \leqslant X < b\} = \int_{a}^{b} f(x)\mathrm{d}x.$$

(5) 若 $f(x)$ 在点 x 处连续, 则 $f(x) = F'(x)$.

例 2.5 设随机变量 X 的概率密度为

$$f(x) = \begin{cases} \dfrac{k}{x^2}, & x \geqslant 100, \\ 0, & x < 100, \end{cases}$$

求常数 k 和概率 $P\{X < 200\}$.

解 根据概率密度的性质 (2), 有

$$\int_{-\infty}^{+\infty} f(x)\mathrm{d}x = \int_{100}^{+\infty} \frac{k}{x^2}\mathrm{d}x = -\frac{k}{x}\bigg|_{100}^{+\infty} = \frac{k}{100} = 1,$$

解得 $k=100$.

$$P\{X<200\}=\int_{100}^{200}\frac{100}{x^2}\mathrm{d}x=\frac{1}{2}.$$

§2.2　几种常用的分布

2.2.1　几种常用的离散型随机变量的分布

1. 0-1 分布

如果随机变量 X 只取 0 与 1 两个值, 其概率分布为

$$P\{X=0\}=1-p, P\{X=1\}=p, 0<p<1,$$

或

X	0	1
P	$1-p$	p

一般在随机试验中结果可以有很多, 但是若只关注具有某种性质的结果, 则可以将样本空间划分为事件 A 与 $\bar{A}$, 而 A 出现时, 令 $X=1$; $\overline{A}$ 出现时, 令 $X=0$, 此时 X 就服从 0-1 分布.

2. 二项分布

在 n 重伯努利试验中, 若用 X 表示在 n 次试验中事件 A 出现的次数, 则 X 的所有可能取的值为 $0,1,2,\cdots,n$, 则由二项概率公式得到 X 的概率分布为

$$P\{X=k\}=\mathrm{C}_n^k p^k(1-p)^{n-k}, k=0,1,2,\cdots,n,$$

则称随机变量 X 服从参数为 n,p 的二项分布, 记作 $X\sim B(n,p)$.

在概率论中, 二项分布是一个非常重要的分布, 很多随机现象都可以用二项分布来描述. 例如在次品率为 p 的一批产品中有放回地任取 n 件产品, 以 X 表示取出的 n 件产品中的次品数, 则 $X\sim B(n,p)$. 如果这批产品的数量很大, 无放回地取 n 件产品, 也可以认为 X 服从参数为 n,p 的二项分布.

例 2.6　设某保险公司的某人寿保险险种有 1 000 人投保, 每个人在一年内死亡的概率为 0.005, 且每个人在一年内是否死亡是相互独立的, 试求在未来一年中这 1 000 个投保人中死亡人数不超过 10 的概率.

解　设 X 表示 1 000 个投保人中在未来一年内死亡的人数, 则 X 是一个随机变量, 且 $X \sim B(1\,000, 0.005)$, 因此这 1 000 个投保人中死亡人数不超过 10 的概率为

$$P\{X \leqslant 10\} = \sum_{k=0}^{10} \mathrm{C}_{1\,000}^{k} \cdot 0.005^{k} \cdot 0.995^{1\,000-k}.$$

显然, 直接计算 $\sum\limits_{k=0}^{10} \mathrm{C}_{1\,000}^{k} \cdot 0.005^{k} \cdot 0.995^{100\,0-k}$ 是很麻烦的. 下面介绍一种近似计算的方法, 即二项分布的逼近.

如果 $X \sim B(n,p)$, 当 n 很大, p 很小, 且 $\lambda = np$ 适中时, 有

$$P\{X = k\} \approx \frac{\lambda^{k}}{k!}\mathrm{e}^{-\lambda}, k = 0, 1, 2, \cdots .$$

这里对此结论不进行证明, 仅介绍它的应用. 利用这个结论对例 2.6 中事件 “1 000 个投保人中死亡人数不超过 10” 的概率进行近似计算, 得

$$P\{X \leqslant 10\} \approx \sum_{k=0}^{10} \frac{5^{k}}{k!}\mathrm{e}^{-5}\mathrm{C}_{1\,000}^{k} \approx 0.986.$$

3. 泊松 (Poisson) 分布

若随机变量 X 的所有可能取值为 0,1,2,$\cdots$, 并且 X 的概率分布为

$$P\{X = k\} = \frac{\lambda^{k}}{k!}\mathrm{e}^{-\lambda}, k = 0, 1, 2, \cdots ,$$

其中 $\lambda > 0$ 是常数, 则称随机变量 X 服从参数为 λ 的泊松分布, 记作 $X \sim P(\lambda)$.

数学家简介
泊松

泊松分布在很多领域中有着广泛的应用, 例如某交通路口 1 min 内的汽车流量、某医院在一天内来急诊的患者数、一天内物流公司货物的配送量等都服从泊松分布.

当 X 服从 $P(\lambda)$ 时, 可以通过查泊松分布表 (本书附表 1) 而得到所求事件的概率.

例 2.7　设每分通过某交叉路口的汽车流量 X 服从泊松分布, 且已知在 1 min 内无车辆通过与恰有一辆汽车通过的概率相等, 求在 1 min 内至少有两辆车通过的概率.

解　设 X 服从参数为 λ 的泊松分布, 由题意知 $P\{X = 0\} = P\{X = 1\}$, 即

$$\frac{\lambda^{0}}{0!}\mathrm{e}^{-\lambda} = \frac{\lambda^{1}}{1!}\mathrm{e}^{-\lambda},$$

解得 $\lambda = 1$. 因此在 1 min 内至少有两辆车通过的概率为

$$P\{X \geqslant 2\} = 1 - P\{X = 0\} - P\{X = 1\} = 1 - \frac{1^{0}}{0!}\mathrm{e}^{-1} - \frac{1^{1}}{1!}\mathrm{e}^{-1} = 1 - 2\mathrm{e}^{-1}.$$

2.2.2 几种常用的连续型随机变量的分布

1. 均匀分布

若连续型随机变量 X 的概率密度为

$$f(x)=\begin{cases}\dfrac{1}{b-a}, & a<x<b,\\ 0, & \text{其他},\end{cases}$$

则称 X 在区间 (a,b) 内服从均匀分布, 记作 $X\sim U(a,b)$.

均匀分布与几何概型有密切的联系, 它的分布函数为

$$F(x)=\begin{cases}0, & x<a,\\ \dfrac{x-a}{b-a}, & a\leqslant x<b,\\ 1, & x\geqslant b.\end{cases}$$

X 的概率密度和分布函数的图形分别如图 2.3 和图 2.4 所示.

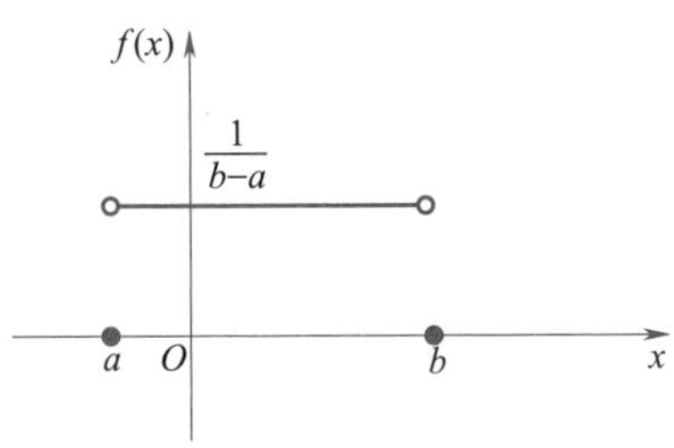

图 2.3

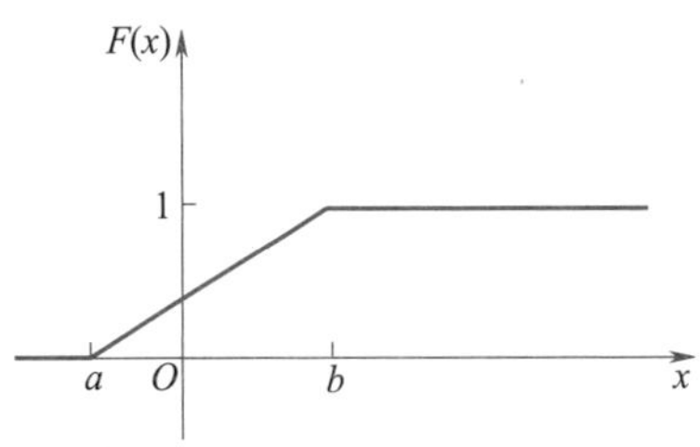

图 2.4

例 2.8 已知某公共汽车站每隔 10 min 来一次公共汽车. 设某乘客到站的时刻是随机的, 求该乘客等车时间超过 5 min 的概率及不超过 2 min 的概率.

解 设该乘客等车时间为 X, 则 X 在区间 (0,10) 上服从均匀分布, 它的概率密度为

$$f(x)=\begin{cases}\dfrac{1}{10}, & 0<x<10,\\ 0, & \text{其他},\end{cases}$$

乘客等车时间超过 5 min 的概率为

$$P\{X>5\}=\int_5^{+\infty}f(x)\mathrm{d}x=\int_5^{10}\frac{1}{10}\mathrm{d}x=\frac{1}{2}.$$

乘客等车时间不超过 2 min 的概率为

$$P\{X\leqslant 2\}=\int_{-\infty}^{2}f(x)\mathrm{d}x=\int_0^{2}\frac{1}{10}\mathrm{d}x=\frac{1}{5}.$$

2. 指数分布

若连续型随机变量 X 的概率密度为

$$f(x)=\begin{cases}\lambda\mathrm{e}^{-\lambda x}, x>0,\\ 0, \quad x\leqslant 0,\end{cases}$$

其中 $\lambda>0$ 是常数, 则称 X 服从参数为 λ 的指数分布, 记作 $X\sim E(\lambda)$.

X 的分布函数为

$$F(x)=\begin{cases}1-\mathrm{e}^{-\lambda x}, & x\geqslant 0,\\ 0, & x<0.\end{cases}$$

X 的概率密度和分布函数的图形分别如图 2.5 和图 2.6 所示.

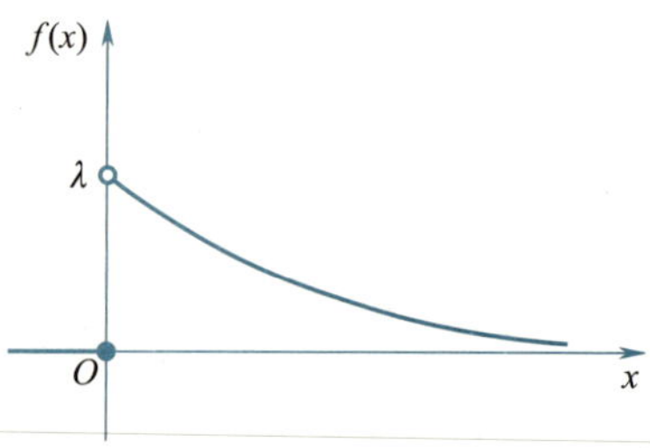

图 2.5

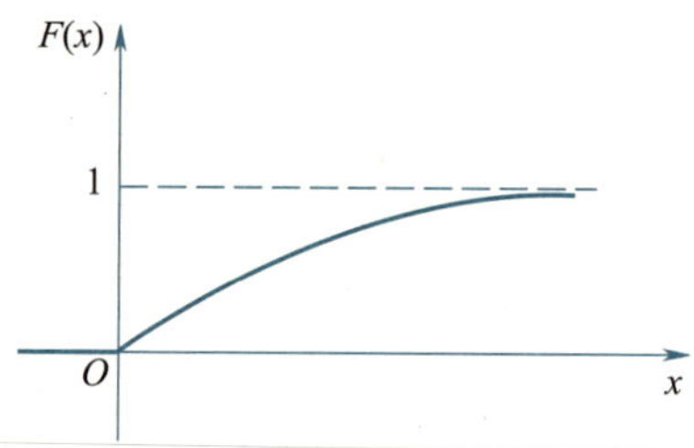

图 2.6

指数分布在实际中有着重要的应用, 例如, 在可靠性问题中, 电子元件的寿命常常服从指数分布, 随机服务系统中的服务时间也服从指数分布.

例 2.9 设随机变量 X 服从参数为 λ 的指数分布. 证明: 对任意正数 s, t, 有

$$P\{X>s+t|X>t\}=P\{X>s\}.$$

证 由题意, X 服从参数为 λ 的指数分布, X 的分布函数为

$$F(x)=\int_{-\infty}^{x}f(t)\mathrm{d}t=\begin{cases}1-\mathrm{e}^{-\lambda x}, x\geqslant 0,\\ 0, \quad x<0.\end{cases}$$

因为 $s+t>s$, 所以

$$P\{X>s\}=1-P\{X\leqslant s\}=1-F(s)=1-[1-\mathrm{e}^{-\lambda s}]=\mathrm{e}^{-\lambda s}.$$

又 $\{X>s+t, X>s\}=\{X>s+t\}$, 从而

$$P\{X>s+t|X>t\}=\frac{P\{X>s+t, X>s\}}{P\{X>t\}}$$

$$
\begin{aligned}
&= \frac{P\{X>s+t\}}{P\{X>t\}} \\
&= \frac{1-P\{X\leqslant s+t\}}{1-P\{X\leqslant t\}} \\
&= \frac{1-F(s+t)}{1-F(t)} \\
&= \mathrm{e}^{-\lambda s} \\
&= P\{X>s\}.
\end{aligned}
$$

结果说明对任意正数 s, t, $P\{X>s+t|X>t\}=P\{X>s\}$, 而与 t 无关, 这个性质称为指数分布的无记忆性.

3. 正态分布

若连续型随机变量 X 的概率密度为

$$
f(x)=\frac{1}{\sqrt{2\pi}\sigma}\mathrm{e}^{-\frac{(x-\mu)^2}{2\sigma^2}}, \quad -\infty<x<+\infty,
$$

其中 $\mu, \sigma(\sigma>0)$ 是常数, 则称 X 服从参数为 μ, σ 的正态分布, 记作 $X\sim N(\mu,\sigma^2)$.

数学家简介
高斯

X 的分布函数为

$$
F(x)=\frac{1}{\sqrt{2\pi}\sigma}\int_{-\infty}^{x}\mathrm{e}^{-\frac{(t-\mu)^2}{2\sigma^2}}\mathrm{d}t, -\infty<x<+\infty.
$$

X 的概率密度和分布函数的图形分别如图 2.7 和图 2.8 所示.

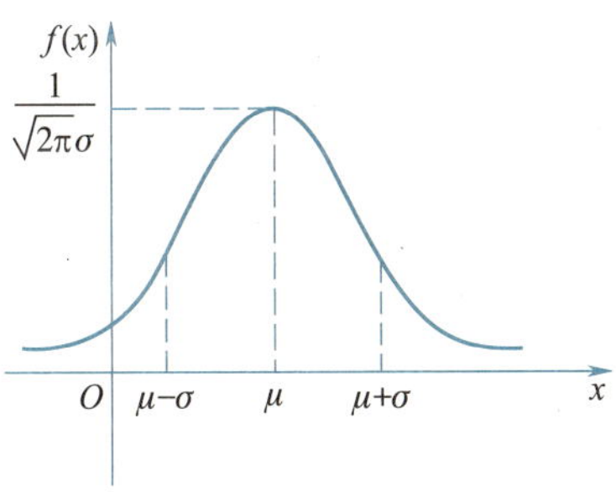

图 2.7

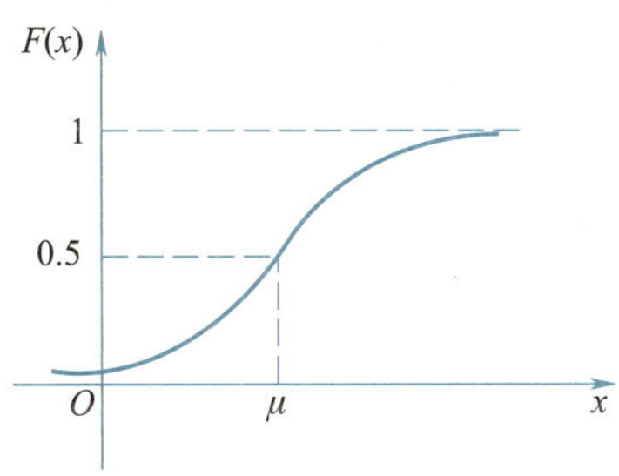

图 2.8

正态分布的概率密度曲线 $y=f(x)$ 关于直线 $x=\mu$ 对称, 并在 $x=\mu$ 处取最大值 $\frac{1}{\sqrt{2\pi}\sigma}$, 在横坐标 $x=\mu\pm\sigma$ 处有拐点. 若固定 σ, 改变 μ 的值, 则概率密度曲线沿着 x 轴平移, 但是形状不变 (如图 2.9). 若固定 μ, 改变的 σ 值, 则 σ 越小, 概率密度曲线在 $x=\mu$ 附近越陡峭, X 落在 $x=\mu$ 附近的概率越大; σ 越大, 概率密度越平缓 (如图 2.10).

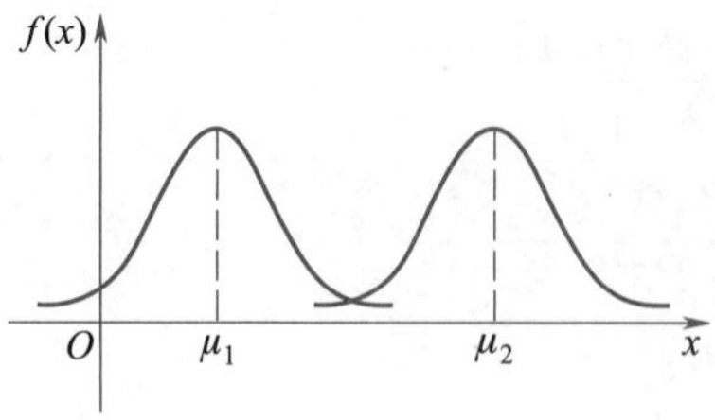

图 2.9

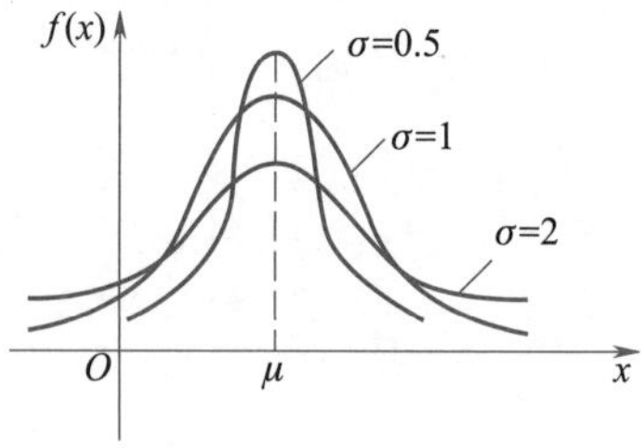

图 2.10

正态分布是概率论中最重要的分布, 大量的实践经验与理论分析表明, 测量误差、自动机床生产的产品尺寸等都服从或近似服从正态分布.

当 $\mu=0,\sigma=1$ 时, 则称 X 服从标准正态分布, 记作 $X\sim N(0,1)$. 此时其概率密度与分布函数分别为

$$\varphi(x)=\frac{1}{\sqrt{2\pi}}\mathrm{e}^{-\frac{x^2}{2}},\quad -\infty<x<+\infty,$$

$$\Phi(x)=\frac{1}{\sqrt{2\pi}}\int_{-\infty}^{x}\mathrm{e}^{-\frac{t^2}{2}}\mathrm{d}t,\quad -\infty<x<+\infty.$$

它们的图形分别如图 2.11 及图 2.12 所示.

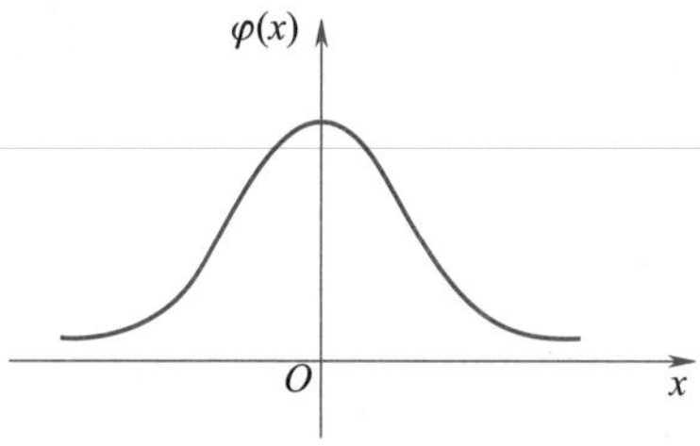

图 2.11

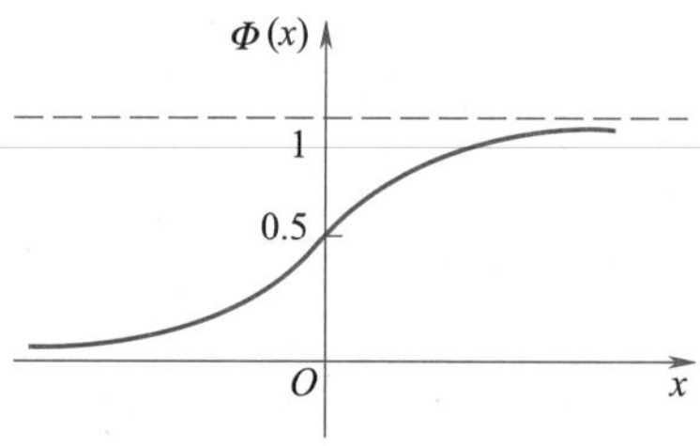

图 2.12

标准正态分布的概率密度 $\varphi(x)$ 是偶函数, 它的图形关于 $y=0$ 对称, 所以有

$$\Phi(0)=\frac{1}{2},\ \Phi(-x)=1-\Phi(x),$$

由此可得

$$P\{|X|\leqslant a\}=P\{-a\leqslant X\leqslant a\}=\Phi(a)-\Phi(-a)=\Phi(a)-[1-\Phi(a)]=2\Phi(a)-1.$$

本书末附表 2 给出了 $\Phi(x)$ 的函数值, 如

$$\Phi(1)=0.841\ 3,\Phi(1.96)=0.975.$$

例 2.10 设 $X\sim N(\mu,\ \sigma^2)$, 证明: $Y=\dfrac{X-\mu}{\sigma}\sim N(0,\ 1)$.

证 $Y=\dfrac{X-\mu}{\sigma}$ 的分布函数为

$$P\{Y \leqslant x\} = P\left\{\frac{X-\mu}{\sigma} \leqslant x\right\} = P\{X \leqslant \mu + \sigma x\} = \frac{1}{\sqrt{2\pi}\sigma}\int_{-\infty}^{\mu+\sigma x} \mathrm{e}^{-\frac{(t-\mu)^2}{2\sigma^2}}\mathrm{d}t.$$

令 $u = \dfrac{t-\mu}{\sigma}$, 由换元积分法, 可得

$$P\{Y \leqslant x\} = \frac{1}{\sqrt{2\pi}}\int_{-\infty}^{x} \mathrm{e}^{-\frac{u^2}{2}}\mathrm{d}u = \varPhi(x),$$

即 $Y = \dfrac{X-\mu}{\sigma} \sim N(0,\ 1)$.

依据这个结论, 可知如果 $X \sim N(\mu,\ \sigma^2)$, 则 $\dfrac{X-\mu}{\sigma} \sim N(0,\ 1)$, 于是

$$P\{a < X < b\} = P\left\{\frac{a-\mu}{\sigma} < \frac{X-\mu}{\sigma} < \frac{b-\mu}{\sigma}\right\} = \varPhi\left(\frac{b-\mu}{\sigma}\right) - \varPhi\left(\frac{a-\mu}{\sigma}\right).$$

上式右端由书末附表 2 可查, 无须直接计算.

例 2.11 设 X 服从标准正态分布 $N(0,\ 1)$, 求 $P\{|X| \leqslant 1.5\}$, $P\{|X| > 1.96\}$.

解 $P\{|X| \leqslant 1.5\} = P\{-1.5 \leqslant X \leqslant 1.5\} = \varPhi(1.5) - \varPhi(-1.5)$

$$= 2\varPhi(1.5) - 1 = 2 \times 0.993\,2 - 1 = 0.866\,4.$$

$$P\{|X| > 1.96\} = 1 - P\{|X| \leqslant 1.96\} = 1 - [2\varPhi(1.96) - 1] = 2 - 2 \times 0.975 = 0.05.$$

例 2.12 设 X 服从正态分布 $N(8,\ 0.5^2)$, 求 $P\{|X-8| < 1\}$ 及 $P\{X < 10\}$.

解 由于 $X \sim N(8,\ 0.5^2)$, 所以 $\dfrac{X-8}{0.5} \sim N(0,\ 1)$, 从而

$$P\{|X-8| < 1\} = P\{-1 < X-8 < 1\} = P\left\{-2 < \frac{X-8}{0.5} < 2\right\}$$

$$= \varPhi(2) - \varPhi(-2) = 2\varPhi(2) - 1 = 0.954\,4.$$

$$P\{X < 10\} = P\left\{\frac{X-8}{0.5} < \frac{10-8}{0.5}\right\} = \varPhi(4) = 0.999\,9.$$

例 2.13 对某地区高考英语成绩进行抽样调查, 考生成绩按百分制计算, 近似服从正态分布, 抽样结果显示: 平均成绩为 72 分, 96 分以上人数占考生总数的 2.3%. 试问成绩在 60 至 84 分的考生在总人数中的概率?

解 设 X 表示英语考试成绩, 由题意, 知 $X \sim N(\mu,\ \sigma^2)$. 可以用以往抽样数据中的平均值来代替参数 μ 的值, 即 $X \sim N(72,\ \sigma^2)$.

又因为 96 分以上人数占考生总数的 2.3%, 即 $P\{X \geqslant 96\} = 0.023$, 从而

$$P\{X \geqslant 96\} = P\left\{\frac{X-72}{\sigma} \geqslant \frac{96-72}{\sigma}\right\} = 1 - \Phi\left(\frac{24}{\sigma}\right) = 0.023,$$

得到 $\Phi\left(\frac{24}{\sigma}\right) = 0.977, \frac{24}{\sigma} = 2, \sigma = 12.$

那么成绩在 60 至 84 分的考生在总人数中的概率为

$$\begin{aligned} P\{60 \leqslant X \leqslant 84\} &= P\left\{\frac{60-72}{12} \leqslant \frac{X-72}{12} \leqslant \frac{84-72}{12}\right\} \\ &= \Phi(1) - \Phi(-1) \\ &= 2\Phi(1) - 1 \\ &= 0.682\,6. \end{aligned}$$

§2.3 随机变量的函数的分布

将一个随机变量进行一定的运算或变换得到另一个随机变量, 它是原随机变量的函数. 例如, 在测量球的直径时, 所得到的直径的测量值 X 是一个随机变量. 若我们感兴趣的是球的体积, 则球的体积 $Y = \frac{1}{6}\pi X^3$ 是随机变量 X 的函数. 在这一节里我们将讨论如何由已知的随机变量 X 的概率分布去求得它的函数 $Y = g(X)$ 的概率分布.

2.3.1 离散型随机变量的函数的分布

例 2.14 设随机变量 X 的概率分布为

X	-2	-1	0	1	2
P	0.2	0.1	0.3	0.2	0.2

求 $Y = X^2$ 的概率分布.

解 随机变量 $Y = X^2$ 的所有可能取值为 0, 1, 4, 且 Y 取每个值的概率分别为

$$P\{Y=0\} = P\left\{X^2=0\right\} = P\{X=0\} = 0.3,$$

$$P\{Y=1\} = P\left\{X^2=1\right\} = P\{X=-1\} + P\{X=1\} = 0.1 + 0.2 = 0.3,$$

$$P\{Y=4\} = P\left\{X^2=4\right\} = P\{X=-2\} + P\{X=2\} = 0.2 + 0.2 = 0.4,$$

所以 $Y=X^2$ 的概率分布为

Y	0	1	4
P	0.3	0.3	0.4

一般地, 设离散型随机变量 X 的概率分布为

$$P\{X=x_k\}=p_k, k=1,2,\cdots,$$

$y=g(x)$ 是连续函数, 则对于 X 的函数 $Y=g(X)$, 有

$$P\{Y=g(x_k)\}=p_k, k=1,2,\cdots,$$

如果数值 $g(x_k)(k=1,2,\cdots)$ 中有相等的, 就把 Y 取这些相等的数值的概率相加, 作为 Y 取该值的概率, 从而确定 $Y=g(X)$ 的概率分布.

2.3.2　连续型随机变量的函数的分布

如果已知连续型随机变量 X 的概率密度, 要求它的函数 $Y=g(X)$ 的概率分布, 可以先求 $Y=g(X)$ 的分布函数, 再来考虑 Y 的概率密度.

例 2.15　设随机变量 X 的概率密度为

$$f_X(x)=\frac{1}{\pi(1+x^2)}, \ -\infty<x<+\infty,$$

求 $Y=\arctan X$ 的概率密度.

解　$Y=\arctan X$ 的取值范围为 $\left(-\frac{\pi}{2}, \frac{\pi}{2}\right)$, 先求 Y 的分布函数

$$F_Y(y)=P\{Y\leqslant y\}=P\{\arctan X\leqslant y\}=P\{X\leqslant \tan y\}.$$

当 $y\leqslant -\frac{\pi}{2}$ 时, 事件 $\{X\leqslant \tan y\}$ 是不可能事件, 所以

$$F_Y(y)=0;$$

当 $|y|<\frac{\pi}{2}$ 时,

$$F_Y(y)=P\{Y\leqslant y\}=P\{\arctan X\leqslant y\}=P\{X\leqslant \tan y\}=F_X(\tan y);$$

当 $y\geqslant \frac{\pi}{2}$ 时, 事件 $\{X\leqslant \tan y\}$ 是必然事件, 所以

$$F_Y(y)=1.$$

因此 Y 的概率密度为

$$
\begin{aligned}
f_Y(y) &= \frac{\mathrm{d}}{\mathrm{d}y}F_Y(y) = \frac{\mathrm{d}}{\mathrm{d}y}F_X(\tan y) \\
&= \begin{cases} f_X(\tan y)\cdot \sec^2 y, & |y| < \dfrac{\pi}{2}, \\ 0, & \text{其他} \end{cases} \\
&= \begin{cases} \dfrac{1}{\pi(1+\tan^2 y)}\sec^2 y, & |y| < \dfrac{\pi}{2}, \\ 0, & \text{其他} \end{cases} \\
&= \begin{cases} \dfrac{1}{\pi}, & |y| < \dfrac{\pi}{2}, \\ 0, & \text{其他}. \end{cases}
\end{aligned}
$$

例 2.16　设随机变量 X 的概率密度为 $f_X(x)$, $-\infty < x < +\infty$, 函数 $y = g(x)$ 处处可导, 且 $g'(x) > 0$(或 $g'(x) < 0$), 证明: 随机变量 $Y = g(X)$ 的概率密度为

$$
f_Y(y) = \begin{cases} f_X[h(y)]|h'(y)|, & \alpha < y < \beta, \\ 0, & \text{其他}, \end{cases}
$$

其中 $\alpha = \min\{g(-\infty), g(+\infty)\}, \beta = \max\{g(-\infty), g(+\infty)\}, x = h(y)$ 是 $y = g(x)$ 的反函数.

解　不妨设 $g'(x) > 0$, y 的取值范围为 $[\alpha,\ \beta]$.

当 $y \leqslant \alpha$ 时, $F_Y(y) = P\{Y \leqslant y\} = 0$;

当 $\alpha < y < \beta$ 时,

$$
F_Y(y) = P\{g(X) \leqslant y\} = P\{X \leqslant h(y)\} = \int_{-\infty}^{h(y)} f_X(x)\mathrm{d}x = F_X(h(y));
$$

$y \geqslant \beta$ 时, $F_Y(y) = 1$.

于是

$$
f_Y(y) = F_Y'(y) = \begin{cases} f_X[h(y)]h'(y), & \alpha < y < \beta, \\ 0, & \text{其他}. \end{cases}
$$

同理, 当 $g'(x) < 0$ 时,

$$
f_Y(y) = \begin{cases} -f_X[h(y)]h'(y), & \alpha < y < \beta, \\ 0, & \text{其他}. \end{cases}
$$

综上所述, $Y = g(X)$ 的概率密度为

$$
f_Y(y) = \begin{cases} f_X[h(y)]|h'(y)|, & \alpha < y < \beta, \\ 0, & \text{其他}. \end{cases}
$$

例 2.17 设 $X \sim N(\mu,\ \sigma^2)$, $Y = aX + b(a \neq 0)$, 证明: $Y \sim N(a\mu + b,\ a^2\sigma^2)$.

证 因为 $y = ax + b$ 的反函数为 $x = h(y) = \dfrac{y-b}{a}$, $h'(y) = \dfrac{1}{a}$, 于是

$$f_Y(y) = \frac{1}{|a|} f_X\left(\frac{y-b}{a}\right) = \frac{1}{|a|}\frac{1}{\sqrt{2\pi}b}\mathrm{e}^{-\frac{\left(\frac{y-b}{a}\mu\right)^2}{2\sigma^2}} = \frac{1}{\sqrt{2\pi}|a|\sigma}\mathrm{e}^{-\frac{(y-a\mu-b)^2}{2a^2\sigma^2}},$$

即 $Y \sim N(a\mu + b,\ a^2\sigma^2)$.

特别地, 当 $a = \dfrac{1}{\sigma}$, $b = -\dfrac{\mu}{\sigma}$ 时,

$$Y = \frac{X-\mu}{\sigma} \sim N(0,\ 1).$$

§2.4 随机变量的数字特征

随机变量的概率分布能够完整地描述随机变量的统计规律性, 但是在许多实际问题中, 要确定出一个随机变量的分布往往不是一件容易的事, 而有的时候我们并不需要知道随机变量的分布, 只需要知道分布的少数几个特征指标, 例如分布的中心位置、偏离程度等. 这些特征用数值来表示, 我们称之为随机变量的数字特征. 本节讨论随机变量两个最主要的数字特征——数学期望和方差.

2.4.1 数学期望

首先从数据的平均数说起. 例如在研究某一对象时, 我们得到一列数据: 2,3,2,4,2,3,4,5,3,2, 这组数据的平均数为

$$\begin{aligned}\mu &= \frac{2+3+2+4+2+3+4+5+3+2}{10} \\ &= \frac{2\times4+3\times3+4\times2+5\times1}{10} \\ &= 2\times\frac{4}{10}+3\times\frac{3}{10}+4\times\frac{2}{10}+5\times\frac{1}{10} \\ &= 3,\end{aligned}$$

其中 4, 3, 2, 1 分别为 2, 3, 4, 5 出现的频数, $\frac{4}{10}$, $\frac{3}{10}$, $\frac{2}{10}$, $\frac{1}{10}$ 为频率. 所以计算一组数据的平均数可以抽象概括为

$$\sum_i x_i f_i,$$

其中 x_i 为所有可能的不同值, f_i 为取值 x_i 的频率. 现在将这个公式推广到随机变量的情况, 就可以得到随机变量的数学期望.

1. 数学期望的概念

定义 2.6

设离散型随机变量 X 的概率分布为 $P\{X=x_k\}=p_k, k=1,2,\cdots$, 若 $\sum\limits_{k=1}^{\infty}x_kp_k$ 有意义, 则称 $\sum\limits_{k=1}^{\infty}x_kp_k$ 的和为离散型随机变量 X 的**数学期望**或**均值**, 记作 $E(X)$, 即

$$E(X)=\sum_{k=1}^{\infty}x_kp_k.$$

设连续型随机变量 X 的概率密度为 $f(x)$, 若 $\int_{-\infty}^{+\infty}xf(x)\mathrm{d}x$ 有意义, 则称 $\int_{-\infty}^{+\infty}xf(x)\mathrm{d}x$ 的值为连续型随机变量 X 的**数学期望**或**均值**, 记作 $E(X)$ 或 EX, 即

$$E(X)=\int_{-\infty}^{+\infty}xf(x)\mathrm{d}x.$$

例 2.18　设随机变量 X 服从参数为 p 的 0-1 分布, 求 $E(X)$.

解　随机变量 X 的概率分布为

X	0	1
P	$1-p$	p

所以

$$E(X)=0\times(1-p)+1\times p=p.$$

例 2.19　设随机变量 X 服从参数为 $\lambda\ (\lambda>0)$ 的指数分布, 求 $E(X)$.

解　随机变量 X 的概率密度为

$$f(x)=\begin{cases}\lambda\mathrm{e}^{-\lambda x}, & x>0,\\ 0, & x\leqslant 0,\end{cases}$$

于是

$$\begin{aligned}E(X)&=\int_{-\infty}^{+\infty}xf(x)\mathrm{d}x=\int_{0}^{+\infty}x\lambda\mathrm{e}^{-\lambda x}\mathrm{d}x\\&=-x\mathrm{e}^{-\lambda x}\Big|_0^{+\infty}+\int_0^{+\infty}\mathrm{e}^{-\lambda x}\mathrm{d}x\\&=-\frac{1}{\lambda}\mathrm{e}^{-\lambda x}\Big|_0^{+\infty}\end{aligned}$$

$$= \frac{1}{\lambda}.$$

例 2.20 设随机变量 $X \sim N(\mu, \sigma^2)$, 求 $E(X)$.

解 随机变量 X 的概率密度为

$$f(x) = \frac{1}{\sqrt{2\pi}\sigma} \mathrm{e}^{-\frac{(x-\mu)^2}{2\sigma^2}}, \quad -\infty < x < +\infty,$$

于是

$$E(X) = \int_{-\infty}^{+\infty} x \frac{1}{\sqrt{2\pi}\sigma} \mathrm{e}^{-\frac{(x-\mu)^2}{2\sigma^2}} \mathrm{d}x.$$

令 $t = \frac{x-\mu}{\sigma}$, 则

$$\begin{aligned} E(X) &= \int_{-\infty}^{+\infty} x \frac{1}{\sqrt{2\pi}\sigma} \mathrm{e}^{-\frac{(x-\mu)^2}{2\sigma^2}} \mathrm{d}x = \frac{1}{\sqrt{2\pi}} \int_{-\infty}^{+\infty} (\sigma t + \mu) \mathrm{e}^{-\frac{t^2}{2}} \mathrm{d}t \\ &= \frac{\sigma}{\sqrt{2\pi}} \int_{-\infty}^{+\infty} t \mathrm{e}^{-\frac{t^2}{2}} \mathrm{d}t + \mu \frac{1}{\sqrt{2\pi}} \int_{-\infty}^{+\infty} \mathrm{e}^{-\frac{t^2}{2}} \mathrm{d}t \\ &= \mu. \end{aligned}$$

2. 随机变量函数的数学期望

定理 2.1

设随机变量 Y 是随机变量 X 的函数 $Y = g(X)$, g 是一元连续函数.

若离散型随机变量 X 的概率分布为 $P\{X = x_k\} = p_k, k = 1, 2, \cdots$, 且 $\sum_{k=1}^{\infty} g(x_k) p_k$ 有意义, 则随机变量 Y 的数学期望为

$$E(Y) = \sum_{k=1}^{\infty} g(x_k) p_k.$$

若连续型随机变量 X 的概率密度为 $f(x)$, 且 $\int_{-\infty}^{+\infty} g(x) f(x) \mathrm{d}x$ 有意义, 则随机变量 Y 的数学期望为

$$E(Y) = \int_{-\infty}^{+\infty} g(x) f(x) \mathrm{d}x.$$

例 2.21 已知随机变量 $X \sim N(0,1)$, 求随机变量 $Y = X^2$ 的数学期望.

解 根据定理 2.1, 有

$$E(Y) = E(X^2) = \frac{1}{\sqrt{2\pi}} \int_{-\infty}^{+\infty} x^2 \mathrm{e}^{-\frac{x^2}{2}} \mathrm{d}x$$

$$
\begin{aligned}
&= -\frac{1}{\sqrt{2\pi}}\int_{-\infty}^{+\infty} x\mathrm{d}\mathrm{e}^{-\frac{x^2}{2}}\\
&= -\frac{1}{\sqrt{2\pi}}\left(x\mathrm{e}^{-\frac{x^2}{2}}\Big|_{-\infty}^{+\infty} - \int_{-\infty}^{+\infty}\mathrm{e}^{-\frac{x^2}{2}}\mathrm{d}x\right)\\
&= \frac{1}{\sqrt{2\pi}}\int_{-\infty}^{+\infty}\mathrm{e}^{-\frac{x^2}{2}}\mathrm{d}x\\
&= 1.
\end{aligned}
$$

3. 数学期望的性质

设 C 为常数, X 和 Y 是随机变量, 且 $E(X)$ 和 $E(Y)$ 都存在, 有

(1) $E(C) = C$.

(2) $E(CX) = CE(X)$.

(3) $E(X \pm Y) = E(X) \pm E(Y)$.

(4) 若 X 与 Y 相互独立, 则 $E(XY) = E(X)E(Y)$.

这里 X 与 Y 相互独立是指 X 与 Y 所表示的任意积事件的概率等于事件概率的乘积, 即对任意实数 x, y, $P\{(X \leqslant x) \cap (Y \leqslant y)\} = P\{X \leqslant x\}P\{Y \leqslant y\}$.

2.4.2 方差

在许多问题中, 除了需要知道随机变量的数学期望, 还需要研究其取值与均值之间的偏离程度, 这个偏离程度可以用方差来描述.

1. 方差的概念

定义 2.7

设 X 是一个随机变量, 若 $E\left\{[X-E(X)]^2\right\}$ 存在, 则称之为随机变量 X 的**方差**, 记为 $D(X)$ 或 DX, 即

$$D(X) = E\left\{[X-E(X)]^2\right\}.$$

称 $\sqrt{D(X)}$ 为随机变量 X 的**标准差**或**均方差**, 记作 $\sigma(X)$, 即

$$\sigma(X) = \sqrt{D(X)}.$$

根据数学期望的性质, 知

$$D(X) = E\{[X-E(X)]^2\} = E(X^2) - [E(X)]^2.$$

若 X 是离散型随机变量, 其概率分布为

$$P\{X = x_k\} = p_k, k = 1, 2, \cdots,$$

则由定义 2.7, 有

$$D(X) = \sum_{k=1}^{\infty} [X_k - E(X)]^2 p_k.$$

若 X 是连续型随机变量, 其概率密度为 $f(x)$, 则由定义 2.7, 有

$$D(X) = \int_{-\infty}^{+\infty} [x - E(X)]^2 f(x) \mathrm{d}x.$$

例 2.22 设随机变量 X 服从参数为 p 的 0-1 分布, 求 $D(X)$.

解 随机变量 X 的概率分布为

X	0	1
P	$1-p$	p

由于 $E(X) = p$, 所以

$$D(X) = E\left\{[X - E(X)]^2\right\} = (0-p)^2(1-p) + (1-p)^2 p = p(1-p).$$

例 2.23 设随机变量 X 服从参数为的 $\lambda(\lambda > 0)$ 的指数分布, 求 $D(X)$.

解 由例 2.19 知 $E(X) = \dfrac{1}{\lambda}$. 于是

$$\begin{aligned}
D(X) &= E(X^2) - [E(X)]^2 \\
&= \int_{-\infty}^{+\infty} x^2 f(x) \mathrm{d}x - \frac{1}{\lambda^2} \\
&= \int_{0}^{+\infty} x^2 \lambda \mathrm{e}^{-\lambda x} \mathrm{d}x - \frac{1}{\lambda^2} \\
&= -x^2 \mathrm{e}^{-\lambda x}\Big|_0^{+\infty} + \int_{0}^{+\infty} 2x \mathrm{e}^{-\lambda x} \mathrm{d}x - \frac{1}{\lambda^2} \\
&= \frac{2}{\lambda} \int_{0}^{+\infty} \lambda x \mathrm{e}^{-\lambda x} \mathrm{d}x - \frac{1}{\lambda^2} \\
&= \frac{2}{\lambda^2} - \frac{1}{\lambda^2} \\
&= \frac{1}{\lambda^2}.
\end{aligned}$$

例 2.24　设随机变量 $X \sim N(\mu,\ \sigma^2)$, 求 $D(X)$.

解　由例 2.20 知 $E(X)=\mu$. 根据方差的定义, 可得

$$\begin{aligned} D(X) &= \int_{-\infty}^{+\infty} [x-E(X)]^2 f(x)\mathrm{d}x \\ &= \int_{-\infty}^{+\infty} (x-\mu)^2 f(x)\mathrm{d}x \\ &= \int_{-\infty}^{+\infty} (x-\mu)^2 \frac{1}{\sqrt{2\pi}} \mathrm{e}^{-\frac{(x-\mu)^2}{2\sigma^2}} \mathrm{d}x. \end{aligned}$$

令 $t=\dfrac{x-\mu}{\sigma}$, 则

$$D(X)=\sigma^2 \int_{-\infty}^{+\infty} t^2 \frac{1}{\sqrt{2\pi}} \mathrm{e}^{-\frac{t^2}{2}} \mathrm{d}t = \sigma^2.$$

2. 方差的性质

设 C 为常数, X 和 Y 是随机变量, 且 $D(X)$ 和 $D(Y)$ 都存在, 有

(1) $D(C)=0$.

(2) $D(CX)=C^2 D(X)$.

(3) $D(X+C)=D(X)$.

(4) 若 X 与 Y 相互独立, 则 $D(X\pm Y)=D(X)+D(Y)$.

例 2.25　设随机变量 X 和 Y 相互独立, 且 $X \sim N(0,\ 2^2)$, $Y \sim E\left(\dfrac{1}{2}\right)$, $Z=2X-3Y$, 求 $D(Z)$.

解　因为随机变量 X 和 Y 相互独立, 且 $D(X)=4, D(Y)=4$, 从而

$$D(Z)=D(2X)+D(3Y)=4D(X)+9D(Y)=4\times 4+9\times 4=52.$$

2.4.3　常用分布的数学期望和方差

(1) 若随机变量 X 服从参数为 p 的 0-1 分布, 则 $E(X)=p,\ D(X)=p(1-p)$.

(2) 若随机变量 X 服从二项分布 $B(n,\ p)$, 则 $E(X)=np,\ D(X)=np(1-p)$.

(3) 若随机变量 X 服从泊松分布 $P(\lambda)$, 则 $E(X)=D(X)=\lambda$.

(4) 若随机变量 X 服从均匀分布 $U(a,\ b)$, 则 $E(X)=\dfrac{a+b}{2},\ D(X)=\dfrac{(b-a)^2}{12}$.

(5) 若随机变量 X 服从指数分布 $E(\lambda)$, 则 $E(X)=\dfrac{1}{\lambda},\ D(X)=\dfrac{1}{\lambda^2}$.

(6) 若随机变量 X 服从正态分布 $N(\mu,\ \sigma^2)$, 则 $E(X)=\mu,\ D(X)=\sigma^2$.

习题 2

1. 同时抛掷 3 枚硬币, 以 X 表示出现正面的枚数, 写出 X 的概率分布.

2. 袋中有 5 只球, 其中白球 2 只、红球 3 只. 现从中任取 3 次, 每次任取 1 只, 取后不放回, 写出所取到的白球个数 X 的概率分布.

3. 一批产品由 9 个正品和 3 个次品组成, 从这批产品中每次任取 1 个, 取后不放回, 直到取到正品为止, 用 X 表示取到的次品个数, 写出 X 的概率分布

4. 试确定常数 k, 使 $P\{X=k\}=\dfrac{k}{2^k}(k=0,1,2,3,4)$ 成为某个随机变量 X 的概率分布, 并求概率 $P\{X\leqslant 2\}, P\left\{\dfrac{1}{2}<X<\dfrac{5}{2}\right\}$.

5. 设随机变量 $X\sim B(6,p)$, 已知 $P\{X=1\}=P\{X=5\}$, 求概率 p 与 $P\{X=2\}$.

6. 某商店出售某种商品, 根据以往经验, 每月销售量 X 服从参数 $\lambda=4$ 的泊松分布, 问在月初进货时, 要进多少单位商品才能以 99%的概率充分满足顾客的需要?

7. 已知随机变量 X 的分布函数为

$$F(x)=\begin{cases}0, & x<0,\\ \dfrac{x^2}{4}, & 0\leqslant x<2,\\ 1, & x\geqslant 2,\end{cases}$$

求概率 $P\{1<X\leqslant 2\}$.

8. 设连续型随机变量 X 的概率密度为

$$f(x)=\begin{cases}x, & 0\leqslant x<1,\\ 2-x, & 1\leqslant x<2,\\ 0, & \text{其他},\end{cases}$$

求 X 的分布函数 $F(x)$.

9. 设随机变量 X 在区间 $[2,5]$ 上服从均匀分布, 对 X 独立观察 3 次, 求至少有两次观察值大于 3 的概率.

10. 顾客在某银行的窗口等候服务的时间 X(单位: min) 服从参数为 0.2 的指数分布. 顾客在窗口等候服务, 若超过 10 min , 他便离去. 他一个月要到银行 5 次, 以 Y 表示一个月内他未等到服务而离开窗口的次数, 写出 Y 的概率分布.

11. 已知某批建筑材料的强度 X 服从正态分布 $N(200,\ 18^2)$, 现从中任取 1 件, 求: (1) 取到的建筑材料强度不低于 180 的概率; (2) 如果工程要求所用材料以至少 99%的概率保证强度不低于 150, 问这批建筑材料是否符合要求?

12. 设随机变量 X 的概率分布为

X	-2	-1	0	1	2	3
P	0.10	0.20	0.25	0.20	0.15	0.10

求: (1)$Y = -2X$ 的概率分布; (2)$Z = X^2$ 的概率分布.

13. 已知随机变量 X 的概率密度为

$$f(x)=\begin{cases} e^{-x}, & x>0, \\ 0, & x \leqslant 0, \end{cases}$$

求 $Y = X^2$ 的概率密度.

14. 设随机变量 X 服从参数 $\lambda = 2$ 的指数分布, 证明随机变量 $Y = 1 - e^{-2X}$ 在区间 $[0,1]$ 上服从均匀分布.

15. 已知随机变量 X 的概率密度为

$$f(x)=\frac{1}{2}e^{-|x|}, -\infty < x < +\infty,$$

求 $E(X), E(|x|), D(X)$.

16. 设随机变量 X 的概率分布为

X	-2	0	2
P	0.4	0.3	0.3

求 $E(X), E(X^2), E(3X^2+5), D(3X^2+5)$ 和 $D(-2X^2-8)$.

17. 设随机变量 X 在 $[-1,\ 2]$ 上服从均匀分布, $Y=\begin{cases} 1, & x>0, \\ 0, & x=0, \\ -1, & x<0, \end{cases}$ 求 $D(Y)$.

18. 设 X 的概率密度为

$$f(x)=\begin{cases} 1+x, & -1 \leqslant x < 0, \\ 1-x, & 0 < x < 1, \\ 0, & \text{其他}, \end{cases}$$

求 $D(Y)$.

19. 设 $D(X) = 2$, 求 $D(3X-2)$.

20. 设随机变量 X 的概率密度为

$$f(x)=\frac{1}{\sqrt{x}}e^{-x^2+2x-1},$$

求 $E(X), D(X)$.

习题 2 参考答案与讲解

1.

X	0	1	2	3
P	$\frac{1}{8}$	$\frac{1}{8}$	$\frac{1}{8}$	$\frac{1}{8}$

2.

X	0	1	2
P	$\frac{1}{10}$	$\frac{3}{5}$	$\frac{3}{10}$

3.

X	0	1	2	3
P	$\frac{3}{4}$	$\frac{9}{44}$	$\frac{9}{220}$	$\frac{1}{220}$

4. $\frac{16}{31},\frac{28}{31},\frac{12}{31}$.

5. $\frac{1}{2},\frac{15}{64}$.

6. 7.

7. $\frac{3}{4}$.

8. $F(x)=\begin{cases}0, x<0,\\ \frac{x^2}{2}, 0\leqslant x<1,\\ -\frac{x^2}{2}+2x-1, 1\leqslant x<2,\\ 1, x\geqslant 2.\end{cases}$

9. $\frac{20}{27}$.

10. $P\{Y=k\}=C_5^k e^{-2k}(1-e^{-2})^{5-k}, k=0,1,2,3,4,5$.

11. (1) $\Phi(1.11)=0.866\ 5$; (2) 符合.

12. (1)

Y	-6	-4	-2	0	2	4
P	0.10	0.15	0.20	0.25	0.20	0.10

(2)

Z	0	1	4	9
P	0.25	0.40	0.25	0.10

13. $f_Y(y)=\begin{cases}\dfrac{1}{2\sqrt{y}}\mathrm{e}^{-\sqrt{y}}, & y>0,\\ 0, & y\leqslant 0.\end{cases}$

14. 略.

15. 0,1,2.

16. $-0.2, 2.8, 13.4, 30.24, 13.44$.

17. $\dfrac{8}{9}$.

18. $\dfrac{1}{6}$.

19. 18.

20. 1, $\dfrac{1}{2}$.

重点习题讲解

求职中的统计——认识与使用数字特征

第 3 章　数理统计初步

数理统计是研究如何收集和使用带有随机性影响的数据的一门学科. 我们知道, 随机现象的统计规律性是在大量的重复试验中呈现出来的, 但在研究实际问题时, 所允许进行的试验次数往往是有限的, 甚至是少量的. 如何合理地安排试验以便更有效地采集数据, 如何更好地利用采集到的有限的数据进行统计推断, 能够得出比较可靠的结论, 是数理统计所讨论的两类重要问题. 一切由数据说话是统计方法的最重要的特点. 这一特点决定了统计方法完全不涉及问题的专业内涵, 是完全 “中性” 的、任何人都可以使用的工具. 统计方法一般是使用归纳推理, 选取适合观察结果的假设, 由特殊性向一般性的推理. 研究和揭示现象之间在数量表现层面上的相关关系, 但不肯定因果关系.

本章介绍总体、样本、统计量及样本函数的分布, 直方图与样本分布函数, 并介绍由正态分布导出的统计中的三个重要分布及简单的统计推断方法——参数的点估计和假设检验.

§3.1　总体、样本与直方图

3.1.1　总体

在数理统计中, 我们把所研究对象的全体称为总体, 总体中的每个元素称为个体. 例如, 我们考察某工厂生产的电灯泡的寿命, 该厂生产的所有电灯泡构成总体, 而其中的每一只电灯泡都是一个个体. 总体中所包含的个体总数叫做总体容量.

在具体问题当中, 人们关心的往往不是总体的一切方面, 而是它的某一项数量指标 X(例如电灯泡的寿命) 以及它在总体中的分布情况. 如果 X 在总体中的分布情况可以用一个概率分布来表示, 那么 X 就可以看成是服从这一概率分布的随机变量. 我们把表示总体的这项数量指标的随机变量 X 可能取的值的全体作为总体, 并称作总体 X, 而 X 可能取的每一个数值 x 都是一个个体. 例如, 上述厂家生产的所有电灯泡的寿命是一个总体, 每一只电灯泡的寿命是一个个体.

若 X 是离散型随机变量, 则其概率分布叫做离散型总体 X 的概率分布; 若 X 是连续型随机变量, 则其概率密度叫做连续型总体 X 的概率密度, 并将它们和总体 X 的分布函数统称为总体的分布.

3.1.2 简单随机样本

从理论上来讲, 对总体 X 中的所有个体进行测试, 就能够呈现出它的概率特征. 但是, 这在实际问题中往往是做不到的. 例如, 由于测试电灯泡寿命这类的试验具有破坏性, 因此我们不可能对所有个体逐一加以测试, 而只能从总体中取出一部分个体进行测试. 从总体中抽取一个个体, 就看作是对表示总体的随机变量 X 进行一次试验 (或观测), 得到 X 的一个试验数据 (或观测值). 从总体 X 中抽取一部分个体, 就是对随机变量 X 进行若干次试验 (或观测), 得到一些试验数据 (或观测值). 从总体中抽取若干个个体的过程称为**抽样**. 抽样结果得到 X 的一组试验数据 (或观测值) 称为**样本**, 样本中所含个体的数量称为**样本容量**.

为了使得样本能很好地反映总体的情况, 从总体中抽取样本, 必须满足下述两个条件:

(1) 随机性: 为了使样本具有充分的代表性, 抽样必须是随机的, 总体的每一个个体都有同等的机会被抽取到. 这种抽样通常可以用编号抽签的方法或利用随机数表来实现.

(2) 独立性: 各次抽取必须是相互独立的, 即每次抽样的结果既不影响其他各次抽样的结果, 也不受其他各次抽样结果的影响.

这种随机的、独立的抽样方法称为**简单随机抽样**, 由此得到的样本称为**简单随机样本**.

定义 3.1

设总体 X 是具有某一概率分布的随机变量, 若随机变量 $X_1, X_2, \cdots, X_n$ 相互独立, 且都与 X 具有相同的概率分布, 则称 $X_1, X_2, \cdots, X_n$ 为来自总体 X 的**简单随机样本**, n 称为**样本容量**. 在对总体 X 进行一次具体的抽样并做观测之后, 得到样本 $X_1, X_2, \cdots, X_n$ 的确切数值 $x_1, x_2, \cdots, x_n$, 称为**样本观测值**, 简称**样本值**.

若从总体 X 中抽到样本值 $x_1, x_2, \cdots, x_n$, 则可以认为以下 n 个相互独立的事件

$$\{X_1 = x_1\}, \{X_2 = x_2\}, \cdots, \{X_n = x_n\}$$

同时发生了.

(1) 若总体 X 是离散型随机变量, 其概率分布为 $P\{X = x\} = p_X(x)$, 则样本 $X_1, X_2, \cdots, X_n$ 的联合概率分布为

$$P\{X_1 = x_1, X_2 = x_2, \cdots, X_n = x_n\} = p_{X_1}(x_1) p_{X_2}(x_2) \cdots p_{X_n}(x_n).$$

(2) 若总体 X 是连续型随机变量, 其概率密度为 $f_X(x)$, 则样本 $X_1, X_2, \cdots, X_n$ 的联合概率密度为

$$f(x_1, x_2, \cdots, x_n) = f(x_1) f(x_2) \cdots f(x_n).$$

从总体中进行放回抽样, 显然是简单随机抽样, 得到的是简单随机样本. 从无限总体中抽取一个个体后不会影响这个总体的分布, 因此可以采用不放回抽样来得到简单随机样本. 从有限总体中进行不放回抽样, 虽然不是简单随机抽样, 但是当总体容量 N 很大而样本容量 n 较小时, 也可以近似地看作是放回抽样, 即可以近似地看作是简单随机抽样, 得到的样本可以近似地看作是简单随机样本. 以后我们所涉及的抽样和样本都是指简单随机抽样和简单随机样本.

例 3.1　设总体 $X \sim P(\lambda)$, 则 X 的概率分布为

$$P\{X=x\}=\frac{\lambda^{x}}{x!}\mathrm{e}^{-\lambda x}, x=0,1,2,\cdots,$$

样本 $X_1, X_2, \cdots, X_n$ 的联合概率分布为

$$P\{X_1=x_1, X_2=x_2, \cdots, X_n=x_n\}=\frac{\lambda^{x_1}}{x_1!}\mathrm{e}^{-\lambda}\frac{\lambda^{x_2}}{x_2!}\mathrm{e}^{-\lambda}\cdots\frac{\lambda^{x_n}}{x_n!}\mathrm{e}^{-\lambda}=\frac{\lambda^{\sum\limits_{i=1}^{n}x_i}\mathrm{e}^{-n\lambda}}{x_1!x_2!\cdots x_n!}.$$

例 3.2　设总体 X 的概率密度为

$$f(x)=\begin{cases}\lambda\mathrm{e}^{-\lambda x}, & x>0,\\ 0, & x\leqslant 0,\end{cases}$$

则样本 $X_1, X_2, \cdots, X_n$ 的联合概率密度为

$$f(x_1, x_2, \cdots, x_n)=\begin{cases}\lambda^{n}\mathrm{e}^{-\lambda\sum\limits_{i=1}^{n}x_i}, & x_i>0(i=1,2,\cdots,n),\\ 0, & x_i\leqslant 0.\end{cases}$$

需要注意的是, 虽然样本与总体服从相同的分布, 但是在样本取不同的值时, 对应的事件的概率或是概率密度可能是不同的, 所以在形式上要进行区分.

3.1.3　直方图

一般来说, 原始统计数据, 经过初步清洗、整理后, 需要大致知道它的分布. 迄今为止, 描述一维样本数据分布的常规方法是绘制样本的频率直方图 (简称直方图). 直方图实际上是由数轴上的若干个小矩形组成, 绘制直方图的一般步骤如下:

(1) 依据总体 X 的样本观测值 $x_1, x_2, \cdots, x_n$, 找出数据中的最小值 $x_{(1)}$ 和最大值 $x_{(n)}$. 选取略小于 $x_{(1)}$ 的数 a 和略大于 $x_{(n)}$ 的数 b;

(2) 根据样本容量确定组数 k. 若样本容量小, 则组数少些; 若样本容量大, 则组数多些. 一般情况下, k 取 8~16;

(3) 选取分点

$$a=t_0<t_1<\cdots<t_{i-1}<t_i<\cdots<t_k=b,$$

这样把区间 (a,b) 分成 k 个子区间

$$(a,t_1],(t_1,t_2],\cdots,(t_{i-1},t_i],\cdots,(t_{k-1},b],$$

第 i 个子区间 $(t_{i-1},t_i]$ 的长度为 $\Delta t_i=t_i-t_{i-1},i=1,2,\cdots,k$. 记 $\Delta t=\dfrac{b-a}{k}$, 称其为组距, 此时分点

$$t_i=a+i\Delta t,i=1,2,\cdots,k.$$

(4) 计算 $x_1,x_2,\cdots,x_n$ 落在每个子区间 $(t_{i-1},t_i]$ 内的频数 n_i, 再算出频率

$$f_i=\frac{n_i}{n},i=1,2,\cdots,k.$$

在计算每个小区间所含数据个数时, 若某些数据位于区间的右端点, 则计算在内, 若某些数据恰好为左端点, 则排除在该区间之外.

(5) 在 x 轴上画出各个分点 $t_i(i=0,1,2,\cdots,k)$, 并以各子区间 $(t_{i-1},t_i]$ 为底, 以 $y_i=\dfrac{f_i}{\Delta t_i},i=1,2,\cdots,k$ 为高作小矩形, 就构成了直方图, 而且所有小矩形的面积之和等于 1.

直方图大致反映了总体 X 的概率分布, 但也存在较多的主观作用, 主要体现在区间数量或长短的选择方面. 因此对于同样的一批数据, 不同的人可能做出不同的直方图.

例 3.3 某门课程有 120 人参加考试, 考试成绩 X 如下:

86	83	77	81	81	80	79	82	82	81
83	65	64	78	75	82	80	80	77	81
81	87	82	78	80	81	87	81	77	78
77	78	77	77	77	71	95	78	81	79
80	77	76	82	80	82	84	79	90	82
79	82	79	86	76	78	83	75	82	78
73	83	81	81	83	89	81	86	82	82
78	84	84	84	81	81	74	78	78	80
74	78	75	79	85	75	74	71	88	82
76	85	73	78	81	79	77	78	81	87
75	83	90	80	85	81	77	78	82	84
85	84	82	85	84	82	85	84	78	78

试根据这些数据作出直方图, 并根据直方图大致确定 X 的分布.

解 首先从 $n=120$ 个数据中找出最小值 $x_{(1)}=64$ 和最大值 $x_{(120)}=95$. 取 $a=63.5,b=95.5$, 组数 $k=16$, 组距 $\Delta t=\dfrac{95.5-63.5}{16}=2$, 分组及频数如表 3.1 所示.

表 3.1　考试成绩分组及频数表

分组号	分组$(t_{i-1},t_i]$	频数 n_i
1	$63.5\sim65.5$	2
2	$65.5\sim67.5$	0
3	$67.5\sim69.5$	0
4	$69.5\sim71.5$	2
5	$71.5\sim73.5$	2
6	$73.5\sim75.5$	8
7	$75.5\sim77.5$	13
8	$77.5\sim79.5$	23
9	$79.5\sim81.5$	24
10	$81.5\sim83.5$	21
11	$83.5\sim85.5$	14
12	$85.5\sim87.5$	6
13	$87.5\sim89.5$	2
14	$89.5\sim91.5$	2
15	$91.5\sim93.5$	0
16	$93.5\sim95.5$	1

以横轴表示成绩, 画出点 $a=t_0=63.5,t_1=65.5,t_2=67.5,\cdots,t_{16}=b=95.5$, 各区间的长度 $\Delta t=2$. 在 $(t_{i-1},t_i]$ 上, 作高为 $y_i=\dfrac{f_i}{2}=\dfrac{1}{2}\cdot\dfrac{n_i}{240}$ 的矩形, 这 13 个矩形构成本题的直方图. 取纵坐标的单位长为 $\dfrac{1}{240}$, 则第 i 个小矩形的高度就是 $n_i(i=1,2,\cdots,16)$ 个单位长, 如图 3.1.

有了直方图, 就可以大致画出 X 的概率密度曲线 (图 3.1 中的光滑曲线), 从曲线的形状上可以看出 X 近似服从正态分布.

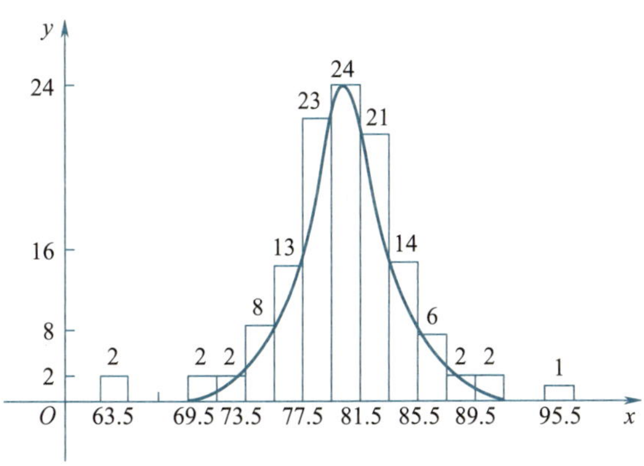

图 3.1

§3.2 统计量与常用抽样分布

判断一维数据大致分布的图的方法有很多, 例如样本分布函数图、散点图、箱图、茎叶图, 等等. 知道了数据的分布, 对于要进行的统计推断还是不够的. 为了进行统计推断, 还需要引入一些相关概念与结论.

3.2.1 统计量

从数学观点来看, 统计量是样本的函数.

定义 3.2

设 $X_1, X_2, \cdots, X_n$ 是来自总体 X 的样本, $x_1, x_2, \cdots, x_n$ 是样本观测值. 若 $g(t_1, t_2, \cdots, t_n)$ 为已知的 n 元函数, 则称 $g(X_1, X_2, \cdots, X_n)$ 为**样本函数**, 称 $g(x_1, x_2, \cdots, x_n)$ 为样本函数的**观测值**. 若样本函数 $g(X_1, X_2, \cdots, X_n)$ 中不含有未知的参数, 则称这种样本函数为**统计量**. 简言之, 统计量是完全由样本确定的量.

3.2.2 几种常用的统计量

1. 样本均值

称

$$\overline{X} = \frac{1}{n}\sum_{i=1}^{n} X_i$$

为样本均值. 它的观测值为

$$\overline{x} = \frac{1}{n}\sum_{i=1}^{n} x_i.$$

设总体 X 具有数学期望 $E(X) = \mu$ 和方差 $D(X) = \sigma^2(\sigma > 0)$, 则有

$$E(X) = E\left(\frac{1}{n}\sum_{i=1}^{n} X_i\right) = \frac{1}{n}\sum_{i=1}^{n} E(X_i) = \mu,$$

$$D(X) = D\left(\frac{1}{n}\sum_{i=1}^{n} X_i\right) = \frac{1}{n^2}\sum_{i=1}^{n} D(X_i) = \frac{\sigma^2}{n}.$$

2. 样本方差

称

$$S^2 = \frac{1}{n-1}\sum_{i=1}^{n}(X_i - \overline{X})^2 = \frac{1}{n-1}\left(\sum_{i=1}^{n} X_i^2 - n\overline{X}^2\right)$$

为样本方差. 它的观测值为

$$S^2=\frac{1}{n-1}\sum_{i=1}^{n}(x_i-\overline{x})^2=\frac{1}{n-1}\left(\sum_{i=1}^{n}x_i^2-n\overline{x}^2\right),$$

而且 $E(S^2)=\sigma^2$, 称 $S=\sqrt{S^2}$ 为样本标准差.

例 3.4　已知总体 X 的样本值如下:

x_i	102	104	106
n_i	2	3	5

求样本均值、样本方差和样本标准差的观测值.

解　在本题中 $k=3, n=2+3+5=10$, 因此样本均值、样本方差和样本标准差的观测值分别为

$$\begin{aligned}\overline{x}&=\frac{1}{n}\sum_{i=1}^{3}n_ix_i=\frac{1}{10}(2\times102+3\times104+5\times106)=104.6,\\ s^2&=\frac{1}{n-1}\left(\sum_{i=1}^{3}n_ix_i^2-n\overline{x}^2\right)\\ &=\frac{1}{10-1}(2\times102^2+3\times104^2+5\times106^2-10\times104.6^2)=2.71,\\ s&=\sqrt{s^2}=1.646.\end{aligned}$$

3.2.3　抽样分布

统计量的分布称为抽样分布. 在实际问题中, 正态分布是出现频率最高和使用最多的总体, 下面介绍由正态分布导出的两个重要的常用分布.

1. χ^2 分布

定义 3.3

设 $X_1,X_2,\cdots,X_n$ 是来自标准正态总体 $N(0,1)$ 的样本, 称统计量

$$\chi^2=X_1^2+X_2^2+\cdots+X_n^2$$

服从自由度为 n 的 χ^2 **分布**, 记作 $\chi^2\sim\chi^2(n)$.

证明从略, χ^2 分布的概率密度的图形如图 3.2 所示.

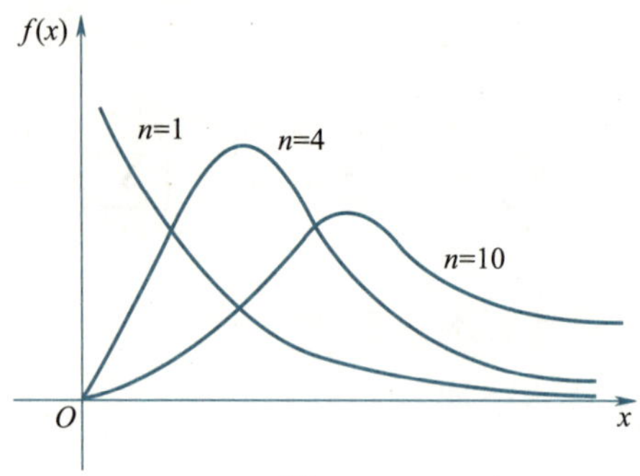

图 3.2

χ^2 分布具有如下性质:

(1) 若 $\chi^2 \sim \chi^2(n)$, 则 $E(\chi^2)=n, D(\chi^2)=2n$.

(2) 若 $X \sim \chi^2(n_1), Y \sim \chi^2(n_2)$, 且 X 与 Y 相互独立, 则 $X+Y \sim \chi^2(n_1+n_2)$.

定义 3.4

设 $\chi^2 \sim \chi^2(n), f(x)$ 为其概率密度, 对于给定的正数 $\alpha(0<\alpha<1)$, 称满足条件

$$P\left\{\chi^2 > \chi_\alpha^2(n)\right\} = \int_{\chi_\alpha^2(n)}^{+\infty} f(x)\mathrm{d}x = \alpha$$

的点 $\chi_\alpha^2(n)$ 为 $\chi^2(n)$ 分布的**上α 分位点**.

实际上, 分位点就是概率的一个临界值, 进行统计推断的时候经常被用到.

2. t 分布

定义 3.5

设 $X \sim N(0,1), Y \sim \chi^2(n)$, 且 X 与 Y 相互独立, 则称随机变量

$$t = \frac{X}{\sqrt{Y/n}} \sim t(n)$$

服从自由度为 n 的 **t 分布**, 记作 $t \sim t(n)$.

证明从略. t 分布的概率密度的图形如图 3.3 所示, 概率密度曲线关于纵轴是对称的.

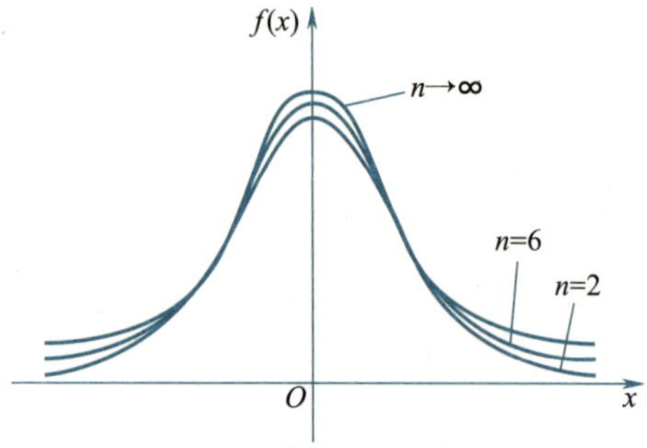

图 3.3

当 $n \to \infty$ 时, t 分布的概率密度趋于标准正态分布的概率密度.t 分布是小样本检验时常用的一种分布, 理论与实际意义非常大.

定义 3.6

设 $t \sim t(n), f(x)$ 为其概率密度, 对于给定的正数 $\alpha(0<\alpha<1)$, 称满足条件

$$P\{t > t_\alpha(n)\} = \int_{t_\alpha(n)}^{+\infty} f(x)\mathrm{d}x = \alpha$$

的点 $t_\alpha(n)$ 为 t 分布的**上 α 分位点**, 见图 3.4.

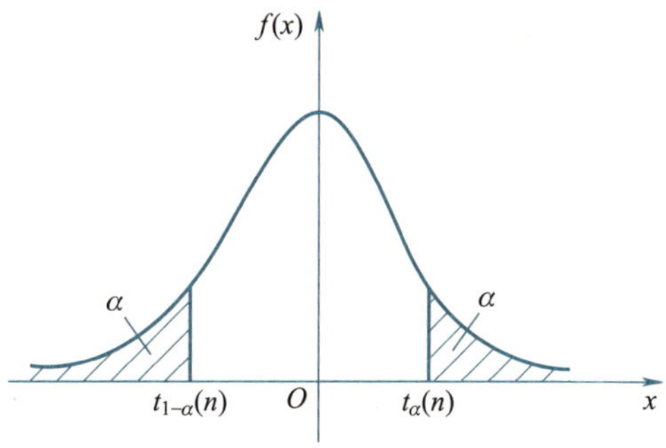

图 3.4

由图 3.4 可知

$$t_{1-\alpha}(n) = -t_\alpha(n).$$

3.2.4 正态总体的抽样分布

引入 χ^2 分布与 t 分布后, 如果总体 $X \sim N(\mu, \sigma^2)$, 那么有下列结论.

定理 3.1

设总体 $X \sim N(\mu,\sigma^2)$, $X_1, X_2, \cdots, X_n$ 是来自总体 X 的样本, $\overline{X} = \dfrac{1}{n}\sum\limits_{i=1}^{n} X_i$ 为样本均值, $S^2 = \dfrac{1}{n-1}\sum\limits_{i=1}^{n}(X_i - \overline{X})^2$ 为样本方差, 则

(1) $\overline{X} \sim N\left(\mu, \sigma^2/n\right), u = \dfrac{\overline{X}-\mu}{\sigma/\sqrt{n}} \sim N(0,1)$;

(2) $t = \dfrac{\overline{X}-\mu}{S/\sqrt{n}} \sim t(n-1)$;

(3) $\chi^2 = \dfrac{1}{\sigma^2}\sum\limits_{i=1}^{n}(X_i-\mu)^2 \sim \chi^2(n)$;

(4) $\overline{X}$ 与 S^2 相互独立, 且 $\chi^2 = \dfrac{(n-1)S^2}{\sigma^2} \sim \chi^2(n-1)$.

这些结论是后面研究统计推断的理论基础, 因而是十分重要的. 在实际问题中, 除了正态总体等少数例外, 对于一般统计总体, 精确的抽样分布并不容易得到, 为此常借助其极限分布, 这也为理论与实践之间架起了应用统计理论解决具体问题的桥梁.

例 3.5　设 $X_1, X_2, \cdots, X_{16}$ 是来自总体 $N(0,4)$ 的样本, 求 $P\left\{\sum\limits_{i=1}^{16} X_i^2 \leqslant 77.476\right\}$.

解　由于

$$X_i \sim N(0,4), \frac{X_i}{2} \sim N(0,1), i=1,2,\cdots,16,$$

再由 χ^2 分布的定义可知

$$\chi^2 = \frac{1}{4}\sum_{i=1}^{16} X_i^2 \sim \chi^2(16),$$

所以根据 χ^2 分布表, 得

$$P\left\{\sum_{i=1}^{16} X_i^2 \leqslant 77.476\right\} = P\left\{\frac{1}{4}\sum_{i=1}^{16} X_i^2 \leqslant \frac{77.476}{4}\right\} = P\left\{\chi^2 \leqslant 19.369\right\} = 0.75.$$

例 3.6　设总体 $X \sim N(\mu, \sigma^2)$, 从总体 X 中抽取样本容量为 n 的样本, 其样本方差为 S^2, 求 $D(S^2)$.

解　由定理 3.1(4), 可知

$$\chi^2 = \frac{(n-1)S^2}{\sigma^2} \sim \chi^2(n-1).$$

由 χ^2 分布的性质可得

$$D\left[\frac{(n-1)S^2}{\sigma^2}\right] = \frac{(n-1)^2}{\sigma^4} D(S^2) = 2(n-1),$$

所以

$$D(S^2) = \frac{2\sigma^4}{n-1}.$$

§3.3　参数估计

统计推断是在总体的分布不完全清楚或未知的情况下, 需要通过抽取样本来对总体的分布或它的某些方面做出推断, 例如根据样本对总体的分布中所包含的未知参数或总体的数字特征做出数值上的估计, 这就是参数估计问题.

设总体 X 的分布中含有未知参数 θ. 从总体 X 中抽取样本 $X_1, X_2, \cdots, X_n$, 相应的样本值是 $x_1, x_2, \cdots, x_n$. 点估计问题就是构造出适当的统计量 $\hat{\theta}(X_1, X_2, \cdots, X_n)$ 去估计 θ, 则称 $\hat{\theta}(X_1, X_2, \cdots, X_n)$ 为 θ 的点估计量, 称 $\hat{\theta}(x_1, x_2, \cdots, x_n)$ 为 θ 的点估计值.

求未知参数的点估计的方法很多, 这里在最简单的情形下, 介绍两种最为常用的方法——矩估计法和最大似然估计法.

3.3.1 矩估计法

矩估计法的理论依据是大数定律 (本书未作介绍). 如果总体 X 的分布中有一个未知参数 θ, 令

$$E(X)=\overline{X},$$

从而解出参数 θ 的矩估计量 $\hat{\theta}$;

如果总体 X 的分布中有两个未知参数 θ_1,θ_2, 令

$$\begin{cases} E(X)=\overline{X}, \\ E(X^2)=\dfrac{1}{n}\displaystyle\sum_{i=1}^{n}X_i^2, \end{cases}$$

解出 θ_1,θ_2 的矩估计量 $\hat{\theta}_1,\hat{\theta}_2$.

将样本值代入到矩估计量中, 就可以得到矩估计值.

例 3.7 设总体 X 的均值 μ 和方差 σ^2 都存在但未知, 从总体 X 中抽取样本 $X_1, X_2,\cdots,X_n$, 求 μ 和 σ^2 的矩估计量.

解 由题意, 知

$$E(X)=\mu, E(X^2)=D(X)+[E(X)]^2=\sigma^2+\mu^2.$$

令

$$\begin{cases} \mu=\overline{X}, \\ \sigma^2+\mu^2=\dfrac{1}{n}\displaystyle\sum_{i=1}^{n}X_i^2, \end{cases}$$

解得 μ 和 σ^2 的矩估计量分别为

$$\hat{\mu}=\overline{X},\quad \hat{\sigma}^2=\frac{1}{n}\sum_{i=1}^{n}X_i^2-\overline{X}^2=\frac{1}{n}\sum_{i=1}^{n}(X_i-\overline{X})^2.$$

此例表明, 在总体的均值 μ 和方差 σ^2 都存在时, 无论总体服从什么分布, 总体均值 μ 的矩估计量都是样本均值, 总体方差 σ^2 的矩估计量都是 $\dfrac{1}{n}\displaystyle\sum_{i=1}^{n}(X_i-\overline{X})^2$(样本二阶中心矩).

例如, 若总体 X 服从参数为 λ 的指数分布, $\lambda>0$ 为未知参数, $X_1,X_2,\cdots,X_n$ 为来自总体 X 的样本, $E(X)=\dfrac{1}{\lambda}$, 则 λ 的矩估计量为 $\hat{\lambda}=\dfrac{1}{\overline{X}}$.

3.3.2 最大似然估计法

最大似然估计法是由英国统计学家费希尔首先提出的, 只适用于总体的分布类型为已知的统计模型. 最大似然估计法的主要原理是 "概率最大的事件在一次试验中最可能出现". 下面分开来讨论.

1. 总体 X 属离散型

若总体 X 属离散型, 概率分布为 $P\{X=x\}=p(x;\theta)$, 其中 θ 是未知参数, 从总体 X 中抽取样本 $X_1,X_2,\cdots,X_n$, 得到一组相应的样本值 $x_1,x_2,\cdots,x_n$, 则表明在一次抽样时事件 $\{X_1=x_1\},\{X_2=x_2\},\cdots,\{X_n=x_n\}$ 发生了, 因此有理由认为 θ 的取值使得概率

$$P\{X_1=x_1,X_2=x_2,\cdots,X_n=x_n\}=p(x_1,\theta)p(x_2,\theta)\cdots p(x_n,\theta)=\prod_{i=1}^{n}p(x_i,\theta)$$

取最大值.

记 $L(\theta)=\prod\limits_{i=1}^{n}p(x_i,\theta)$, 称之为样本的似然函数, 使 $L(\theta)$ 取最大值时的 $\hat{\theta}=\hat{\theta}(x_1,x_2,\cdots,x_n)$ 为 θ 的最大似然估计值. 如果将样本观测值换为 $X_1,X_2,\cdots,X_n$, 就得到 θ 的最大似然估计量

$$\hat{\theta}=\hat{\theta}(X_1,X_2,\cdots,X_n).$$

求未知参数 θ 的最大似然估计值的问题, 就是求似然函数的极大值点问题. 当 $L(\theta)$ 可导时, 要使 $L(\theta)$ 取极大值, θ 必须满足方程

$$\frac{\mathrm{d}L(\theta)}{\mathrm{d}\theta}=0,$$

这个方程叫做似然方程. 在具体问题中, 若 $L(\theta)$ 有唯一驻点 $\theta=\hat{\theta}$, 则一般不加讨论而认为它就是 $L(\theta)$ 的极大值点, 即取 $\hat{\theta}$ 为 θ 的最大似然估计值.

由于对数函数 $\ln x$ 是单调增加函数, $L(\theta)$ 与 $\ln L(\theta)$ 在 θ 的同一点处取得极大值, 因此可以由对数似然方程

$$\frac{\mathrm{d}\ln L(\theta)}{\mathrm{d}\theta}=0$$

求得 θ 的最大似然估计值.

例 3.8 设总体 X 的概率分布为

X	0	1	2	3
P	θ^2	$2\theta(1-\theta)$	θ^2	$1-2\theta$

其中 $\theta\left(0<\theta<\dfrac{1}{2}\right)$ 是未知参数, 利用总体 X 的如下样本值:

$$3,1,3,0,3,1,2,3,$$

求 θ 的最大似然估计值.

解 对于给定的样本值, 似然函数为

$$\begin{aligned}L(\theta)&=P\{X_1=3,X_2=1,X_3=3,X_4=0,X_5=3,X_6=1,X_7=2,X_8=3,\}\\&=\theta^2[2\theta(1-\theta)]^2\theta^2(1-2\theta)^4\\&=4\theta^6(1-\theta)^2(1-2\theta)^4.\end{aligned}$$

取对数, 得

$$\ln L(\theta)=\ln 4+6\ln\theta+2\ln(1-\theta)+4\ln(1-2\theta),$$

将上式两端对 θ 求导数, 得

$$\frac{\mathrm{d}\ln L(\theta)}{\mathrm{d}\theta}=\frac{6}{\theta}-\frac{2}{1-\theta}-\frac{8}{1-2\theta}.$$

令

$$\frac{\mathrm{d}\ln L(\theta)}{\mathrm{d}\theta}=0,$$

并注意已知条件 $0<\theta<\dfrac{1}{2}$, 解得 θ 的最大似然估计值

$$\hat{\theta}=\frac{7-\sqrt{13}}{12}\approx 0.282\,9.$$

2. 总体 X 属连续型

若总体 X 属连续型, 概率密度为 $f(x;\theta)$, 其中 θ 是未知参数. 从总体 X 中抽取样本 $X_1,X_2,\cdots,X_n$, 得到一组相应的样本值 $x_1,x_2,\cdots,x_n$, 则似然函数可以抽象为

$$L(\theta)=\prod_{i=1}^{n}f(x_i,\theta),$$

再按照 1 中的方法求出 θ 的最大似然估计值及最大似然估计量.

例 3.9 设总体服从指数分布, 其概率密度为

$$f(x;\theta)=\begin{cases}\dfrac{1}{\theta}\mathrm{e}^{-\frac{x}{\theta}}, & x>0,\\ 0, & x\leqslant 0,\end{cases}$$

其中 $\theta>0$ 为未知参数, $X_1,X_2,\cdots,X_n$ 是来自总体 X 的样本, 求 θ 的最大似然估计量.

解　设样本观测值为 $x_1,x_2,\cdots,x_n$, 似然函数为

$$L(\theta)=\prod_{i=1}^{n}\frac{1}{\theta}\mathrm{e}^{-\frac{x_i}{\theta}}=\frac{1}{\theta^n}\mathrm{e}^{-\frac{1}{\theta}\sum\limits_{i=1}^{n}x_i}.$$

取对数, 得

$$\ln L(\theta)=-n\ln\theta-\frac{1}{\theta}\sum_{i=1}^{n}x_i.$$

令

$$\frac{\mathrm{d}\ln L(\theta)}{\mathrm{d}\theta}=-\frac{n}{\theta}+\frac{1}{\theta^2}\sum_{i=1}^{n}x_i=0,$$

解得 θ 的最大似然估计值为

$$\hat{\theta}=\frac{1}{n}\sum_{i=1}^{n}x_i=\overline{x},$$

因此 θ 的最大似然估计量为

$$\hat{\theta}=\frac{1}{n}\sum_{i=1}^{n}X_i=\overline{X}.$$

3.3.3　区间估计

参数的点估计是利用样本观测值算得的一个值去估计未知参数 θ. 这个点估计值仅仅是 θ 的一个近似值, 还无法知道这个估计的误差的大小. 在实际问题中, 往往需要给出一个范围, 要求它能够以一定的概率包含未知参数在其之内, 这个范围通常是以区间形式给出的. 这要比前者更为可信, 因为后者已经把可能出现的误差考虑在内.

先看一个例子.

例 3.10　某农作物的平均亩①产量 X(单位: kg) 服从正态分布 $N(\mu,100^2)$. 现随机地抽取 100 亩进行试验, 观察其亩产量值 $x_1,x_2,\cdots,x_{100}$, 基于此算出样本均值 $\overline{x}=500$, 因此 μ 的点估计值为 500. 由于抽样的随机性, μ 的真值与 $\overline{x}$ 的值总有误差, 我们希望以 95%的可靠度估计 $\overline{x}$ 与 μ 的最大误差是多少?

解　因为

$$\overline{X}\sim N\left(\mu,\frac{\sigma^2}{n}\right),$$

从而存在 $c>0$, 使得

$$P\left\{\left|\overline{X}-\mu\right|\leqslant c\right\}=0.95.$$

① 1 亩 =0.000 666 7 km^2.

所以这个 c 就是可允许的最大误差.

注意到事件 $\left\{\left|\overline{X}-\mu\right|\leqslant c\right\}$ 等价于 $\mu\in[\overline{X}-c,\overline{X}+c]$, 这个区间覆盖未知参数 μ 有 95%的机会, 把这种估计未知参数的方法称为区间估计.

定义 3.7

设总体 X 的分布中含有一个未知参数 θ, 对于给定值 $\alpha(0<\alpha<1)$, 若由样本 $X_1, X_2, \cdots, X_n$ 确定的统计量 $\theta_1=\theta_1(X_1, X_2, \cdots, X_n)$ 和 $\theta_2=\theta_2(X_1, X_2, \cdots, X_n)$ 满足

$$P\{\theta_1(X_1, X_2, \cdots, X_n)<\theta<\theta_2(X_1, X_2, \cdots, X_n)\}=1-\alpha,$$

则称随机区间 (θ_1, θ_2) 是 θ 的置信水平为 $1-\alpha$ 的**置信区间**, θ_1 和 θ_2 分别称为置信水平为 $1-\alpha$ 的双侧置信区间的**置信下限**和**置信上限**, $1-\alpha$ 称为**置信水平** (或**置信度**).

下面给出求置信区间的一般步骤:

(1) 求出未知参数 θ 的一个点估计 (通常为最大似然估计)$\hat{\theta}=\hat{\theta}(X_1,X_2,\cdots,X_n)$;

(2) 通过 $\hat{\theta}$ 的分布, 构造一个枢轴量 T, 需要 T 含有未知参数 θ, 不能有其他未知参数, 且 T 的分布是已知的或是完全可以确定的;

(3) 由于 T 的分布完全已知, 从而可以确定 $a<b$, 使得

$$P\{a<T<b\}=1-\alpha\,(0<\alpha<1),$$

通常情况下 $\alpha=0.10$ 或 0.05;

(4) 将 $a<T<b$ 等价变形为 $\theta_1<\theta<\theta_2$, 则 (θ_1,θ_2) 是 θ 的置信水平为 $1-\alpha$ 的置信区间.

作为实际问题中最常见的总体, 下面主要讨论正态总体 $N(\mu,\sigma^2)$ 的参数的区间估计.

例 3.11　设总体 $X\sim N(\mu,\sigma^2), X_1,X_2,\cdots,X_n$ 是来自总体 X 的样本, $\overline{X}=\dfrac{1}{n}\sum\limits_{i=1}^{n}X_i$ 为样本均值, $S^2=\dfrac{1}{n-1}\sum\limits_{i=1}^{n}(X_i-\overline{X})^2$ 为样本方差, 求参数 μ 的置信水平为 $1-\alpha$ 的置信区间.

解　当 σ^2 已知时, 由定理 3.1, 取枢轴量

$$u=\frac{\overline{X}-\mu}{\sigma}\sqrt{n}\sim N(0,1).$$

因为标准正态分布的概率密度曲线关于纵坐标轴对称, 所以对于给定的置信水平 $1-\alpha$, 为使求得的 μ 的置信区间最短, 应选取区间 $(-u_{\frac{\alpha}{2}}, u_{\frac{\alpha}{2}})$(见图 3.5), 使得

$$P\left\{-u_{\frac{\alpha}{2}} < \frac{\overline{X}-\mu}{\sigma}\sqrt{n} < u_{\frac{\alpha}{2}}\right\} = 1-\alpha,$$

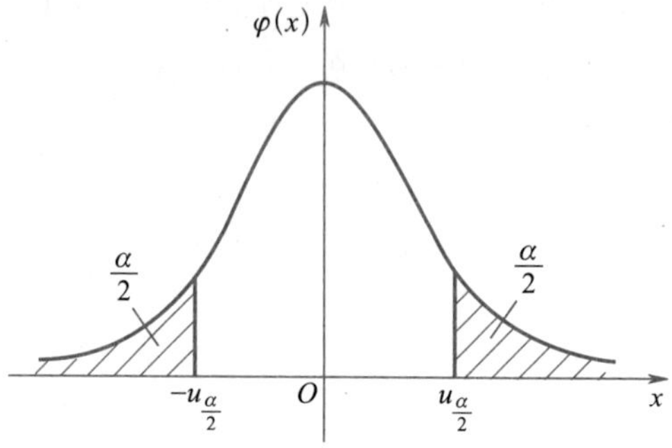

图 3.5

即

$$P\left\{\overline{X}-\frac{\sigma}{\sqrt{n}}u_{\frac{\alpha}{2}} < \mu < \overline{X}+\frac{\sigma}{\sqrt{n}}u_{\frac{\alpha}{2}}\right\} = 1-\alpha,$$

由此得参数 μ 的置信水平为 $1-\alpha$ 的置信区间为

$$\left(\overline{X}-\frac{\sigma}{\sqrt{n}}u_{\frac{\alpha}{2}}, \overline{X}+\frac{\sigma}{\sqrt{n}}u_{\frac{\alpha}{2}}\right).$$

(2) 当 σ^2 未知时, 由定理 3.1, 取枢轴量

$$t = \frac{\overline{X}-\mu}{S}\sqrt{n} \sim t(n-1).$$

因为 t 分布的概率密度曲线关于纵坐标轴对称, 所以对于给定的置信水平 $1-\alpha$, 为使求得的 μ 的置信区间最短, 应选取区间 $(-t_{\frac{\alpha}{2}}(n-1), t_{\frac{\alpha}{2}}(n-1))$(见图 3.6), 使得

$$P\left\{-t_{\frac{\alpha}{2}}(n-1) < \frac{\overline{X}-\mu}{S}\sqrt{n} < t_{\frac{\alpha}{2}}(n-1)\right\} = 1-\alpha,$$

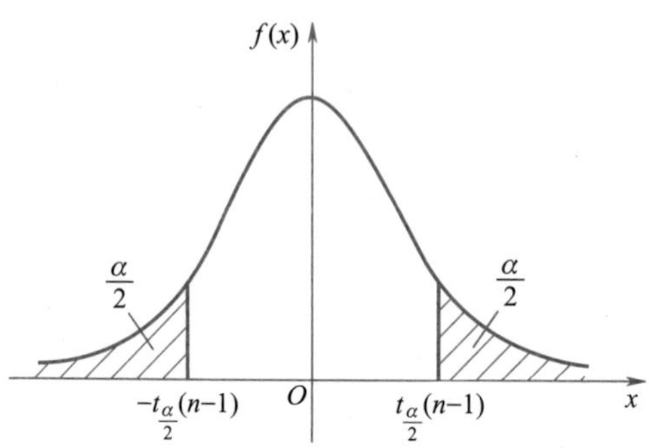

图 3.6

即

$$P\left\{\overline{X}-\frac{S}{\sqrt{n}}t_{\frac{\alpha}{2}}(n-1)<\mu<\overline{X}+\frac{S}{\sqrt{n}}t_{\frac{\alpha}{2}}(n-1)\right\}=1-\alpha,$$

由此得参数 μ 的置信水平为 $1-\alpha$ 的置信区间为

$$\left(\overline{X}-\frac{S}{\sqrt{n}}t_{\frac{\alpha}{2}}(n-1),\overline{X}+\frac{S}{\sqrt{n}}t_{\frac{\alpha}{2}}(n-1)\right).$$

例 3.12　设总体 $X\sim N(\mu,\sigma^2)$, $X_1,X_2,\cdots,X_n$ 是来自总体 X 的样本, $\overline{X}=\frac{1}{n}\sum\limits_{i=1}^{n}X_i$ 为样本均值, $S^2=\frac{1}{n-1}\sum\limits_{i=1}^{n}(X_i-\overline{X})^2$ 为样本方差, 求参数 σ^2 的置信水平为 $1-\alpha$ 的置信区间.

解　当 μ 已知时, 由定理 3.1, 取枢轴量

$$\chi^2=\frac{1}{\sigma^2}\sum_{i=1}^{n}(X_i-\mu)^2\sim\chi^2(n).$$

对于给定的置信水平 $1-\alpha$, 选取区间 $\left(\chi^2_{1-\frac{\alpha}{2}}(n),\chi^2_{\frac{\alpha}{2}}(n)\right)$(见图 3.7), 使得

$$P\left\{\chi^2_{1-\frac{\alpha}{2}}(n)<\frac{1}{\sigma^2}\sum_{i=1}^{n}(X_i-\mu)^2<\chi^2_{\frac{\alpha}{2}}(n)\right\}=1-\alpha,$$

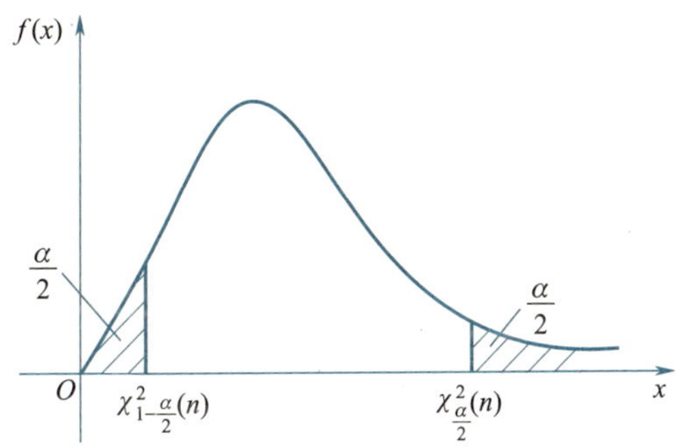

图 3.7

即

$$P\left\{\frac{\sum\limits_{i=1}^{n}(X_i-\mu)^2}{\chi^2_{\frac{\alpha}{2}}(n)}<\sigma^2<\frac{\sum\limits_{i=1}^{n}(X_i-\mu)^2}{\chi^2_{1-\frac{\alpha}{2}}(n)}\right\}=1-\alpha,$$

由此得参数 σ^2 的置信水平为 $1-\alpha$ 的置信区间为

$$\left(\frac{\sum\limits_{i=1}^{n}(X_i-\mu)^2}{\chi^2_{\frac{\alpha}{2}}(n)},\frac{\sum\limits_{i=1}^{n}(X_i-\mu)^2}{\chi^2_{1-\frac{\alpha}{2}}(n)}\right).$$

当 μ 未知时, 由定理 3.1, 取枢轴量

$$\chi^2=\frac{(n-1)S^2}{\sigma^2}\sim\chi^2(n-1).$$

对于给定的置信水平 $1-\alpha$, 为使求得的 μ 的置信区间最短, 应选取区间 $(\chi^2_{1-\frac{\alpha}{2}}(n-1),\chi^2_{\frac{\alpha}{2}}(n-1))$, 使得

$$P\left\{\chi^2_{1-\frac{\alpha}{2}}(n-1)<\frac{(n-1)S^2}{\sigma^2}<\chi^2_{\frac{\alpha}{2}}(n-1)\right\}=1-\alpha,$$

即

$$P\left\{\frac{\sum\limits_{i=1}^{n}(X_i-\mu)^2}{\chi^2_{\frac{\alpha}{2}}(n)}<\sigma^2<\frac{\sum\limits_{i=1}^{n}(X_i-\mu)^2}{\chi^2_{1-\frac{\alpha}{2}}(n)}\right\}=1-\alpha,$$

由此得参数 σ^2 的置信水平为 $1-\alpha$ 的置信区间为

$$\left(\frac{(n-1)S^2}{\chi^2_{\frac{\alpha}{2}}(n-1)},\frac{(n-1)S^2}{\chi^2_{1-\frac{\alpha}{2}}(n-1)}\right).$$

例 3.11 和例 3.12 的结果可以作为公式使用.

例 3.13　设总体 $X\sim N(\mu,\sigma^2)$, 从总体 X 中抽取一个样本如下:

$$12.6,\ 13.4,\ 12.8,\ 13.2,$$

在下面两种情形下: (1)$\sigma^2=0.09$; (2)σ^2 未知, 求参数 μ 的置信水平为 0.95 的置信区间.

解　(1) 这里 $1-\alpha=0.95,\alpha=0.05,\overline{x}=13$.

当 $\sigma^2=0.09$ 时, 参数 μ 的置信水平为 0.95 的置信区间为

$$\begin{aligned}\left(\overline{x}-\frac{\sigma}{\sqrt{n}}u_{\frac{\alpha}{2}},\overline{x}+\frac{\sigma}{\sqrt{n}}u_{\frac{\alpha}{2}}\right)&=\left(13-\frac{0.3}{\sqrt{4}}u_{0.025},13+\frac{0.3}{\sqrt{4}}u_{0.025}\right)\\&=\left(13-\frac{0.3}{\sqrt{4}}\times1.96,13+\frac{0.3}{\sqrt{4}}\times1.96\right)\\&=(12.71,13.29).\end{aligned}$$

(2) 当 σ^2 未知时, $\alpha=0.05,n=4,\overline{x}=13,t_{0.025}(3)=3.182\,4$,

$$s=\sqrt{\frac{1}{n-1}\left(\sum_{i=1}^{n}x_i^2-n\overline{x}^2\right)}=\sqrt{\frac{1}{3}(12.6^2+13.4^2+12.8^2+13.2^2-4\times13^2)}\approx0.365\,1,$$

因此参数 μ 的置信水平为 0.95 的置信区间为

$$\left(\overline{x}-\frac{s}{\sqrt{n}}t_{\frac{\alpha}{2}}(n-1),\overline{x}+\frac{s}{\sqrt{n}}t_{\frac{\alpha}{2}}(n-1)\right)=\left(13-\frac{0.365\,1}{\sqrt{4}}\times 3.182\,4,13-\frac{0.365\,1}{\sqrt{4}}\times 3.182\,4\right)$$

$$=(12.42,13.58).$$

习题 3

1. 已知总体 X 的样本值如下:

x_i	42	44	45	46	47	48	49	51
n_i	1	1	2	7	9	3	1	1

频数 n_i 表示样本之中有 n_i 个 x_i, 求样本均值、样本方差和样本标准差.

2. 某校 100 名新生的身高 (单位: cm) 数据如下所示:

身高	153	156	157	158	159	160	161	162	163	164
人数	1	3	2	0	1	4	6	7	6	10
身高	165	166	167	168	169	170	171	172	173	174
人数	8	7	5	7	5	6	3	4	7	3
身高	175	176	177	178	179	180	181	182		
人数	0	2	0	1	0	1	1	0		

试画出频率直方图.

3. 设 X_1,X_2,X_3,X_4,X_5 是来自正态总体 $N(\mu,\sigma^2)$ 的样本, 其中 μ 已知, σ^2 未知, 下列样本函数中哪些是统计量, 哪些不能作为统计量:

$$\overline{X},\quad X_1+X_2-2\mu,\frac{1}{\sigma^2}\sum_{i=1}^{5}\left(X_i-\overline{X}\right)^2,\frac{1}{3}\sum_{i=1}^{5}\left(X_i-\overline{X}\right)^2.$$

4. 设总体 X 的概率密度为 $f(x)=\dfrac{1}{2}\mathrm{e}^{-|x|}(-\infty<x<+\infty),X_1,X_2,\cdots,X_n$ 为总体 X 的简单随机样本, 其样本方差为 S^2, 求 $E(S^2)$.

5. 设总体 $X\sim N(0,2),X_1,X_2,\cdots,X_n$ 是来自总体 X 的样本, $\overline{X},S^2$ 分别是样本均值和样本方差, 统计量 $T=\overline{X}+(n-1)S^2$, 求 $E(T),D(T)$.

6. 设 $X_1,X_2,\cdots,X_n$ 是来自正态总体 $N(0,\sigma^2)$ 的样本, 证明: $\dfrac{1}{\sigma^2}\displaystyle\sum_{i=1}^{n}X_i^2\sim\chi^2(n)$.

7. 设随机变量 X 和 Y 相互独立, 且 $X \sim N(\mu, \sigma^2)$, $\dfrac{Y}{\sigma^2} \sim \chi^2(n)$, 证明 $t = \dfrac{\bar{X} - \mu}{\sqrt{Y/n}} \sim t(n)$.

8. 设总体 X 服从参数为 λ 的泊松分布, $X_1, X_2, \cdots, X_n$ 是来自总体 X 的样本, 其中 $\lambda(\lambda > 0)$ 为未知参数, 求 λ 的矩估计与最大似然估计量. 如果得到一组样本值:

X	0	1	2	3	4
频数	17	20	10	2	1

求 λ 的矩估计值与最大似然估计值.

9. 设总体 X 具有概率分布

X	1	2	3
P	θ^2	$2\theta(1-\theta)$	$(1-\theta)^2$

其中 $\theta\,(0 < \theta < 1)$ 是未知参数, 已知来自总体 X 的样本值为 1, 2, 1. 求 θ 的矩估计值和最大似然估计值.

10. 设 $X_1, X_2, \cdots, X_n$ 是来自总体 X 的样本, X 的概率密度为

$$f(x) = \begin{cases} (\theta+1)x^{\theta}, & 0 < x < 1, \\ 0, & \text{其他}, \end{cases}$$

其中 $\theta(\theta > 0)$ 未知, 求 θ 的矩估计量和最大似然估计量.

11. 设总体 X 的密度函数为

$$f(x) = \begin{cases} \mathrm{e}^{-(x-\theta)}, & x \geqslant \theta, \\ 0, & x < \theta, \end{cases}$$

其中 $\theta > 0$ 是未知参数, $X_1, X_2, \cdots, X_n$ 为取自总体 X 的简单随机样本, 求 θ 的最大似然估计量 $\hat{\theta}$.

12. 设总体 X 的分布函数为

$$F(x;\beta) = \begin{cases} 1 - \left(\dfrac{1}{x}\right)^{\beta}, & x > 1, \\ 0, & x \leqslant 1, \end{cases}$$

其中参数 $\beta > 1$ 是未知参数, 又 $X_1, X_2, \cdots, X_n$ 为来自总体 X 的随机样本, 求:

(1) X 的概率密度函数 $f(x\,;\,\beta)$;

(2) 参数 β 的矩估计量;

(3) 参数 β 的最大似然估计量.

13. 设总体 X 的概率密度为

$$f(x)=\begin{cases}\dfrac{2}{\theta^2}(\theta-x), & 0<x<\theta,\\ 0, & \text{其他},\end{cases}$$

其中 θ 为未知参数, 又 $X_1,\ X_2,\ \cdots,\ X_n$ 为取自总体 X 的一组简单随机样本, $\overline{X}$ 为样本均值, $\hat{\theta}$ 为 θ 的矩估计量, 求 $E(\hat{\theta})$.

14. 设总体 $X\sim N(\mu,\ 1)$, 从总体 X 抽得一组样本值 $-2,\ 1,\ 3,\ -2$, 求参数 μ 的置信水平为 0.95 的双侧置信区间.

15. 设 $x_1,x_2,\cdots,x_n$ 为来自总体 $N(\mu,\sigma^2)$ 的简单随机样本, 样本均值 $\bar{x}=9.5$, 参数 μ 的置信水平为 0.95 的双侧置信区间的置信上限为 10.8, 求 μ 的置信水平为 0.95 的双侧置信区间.

16. 从正态总体 $N(\mu,\sigma^2)$ 中抽取容量为 5 的样本值如下:

$$1.86,\ 3.22,\ 1.46,\ 4.01,\ 2.64.$$

(1) 已知 $\mu=3$, 求 σ^2 的置信水平为 0.95 的置信区间;

(2) 若 μ 未知, 求 σ^2 的置信水平为 0.95 的置信区间;

已知 $\chi^2_{0.975}(4)=0.484,\chi^2_{0.025}(4)=11.143,\chi^2_{0.975}(5)=0.831,\chi^2_{0.025}(5)=12.833$.

习题 3 参考答案与讲解

1. $\overline{x}=46.6,s^2=2.83,s=1.68$.

2. 略.

3. 因为 σ^2 未知, 所以 $\dfrac{1}{\sigma^2}\displaystyle\sum_{i=1}^{5}\left(X_i-\overline{X}\right)^2$ 不能作为统计量, 其余样本函数都是统计量.

4. 2.

5. $E(T)=2(n-1),D(T)=\dfrac{8n^2-8n+2}{n}$.

6. 略.

7. 略.

8. $\overline{X},\overline{X},1,1$.

9. θ 的矩估计值为 $\theta_1=\dfrac{5}{6}$, θ 的最大似然值为 $\theta_2=\dfrac{5}{6}$.

10. $\dfrac{2\overline{X}-1}{1-\overline{X}}, -1-\dfrac{n}{\sum\limits_{i=1}^{n}\ln X_i}$.

11. $\hat{\theta}=\min\{X_1,X_2,\cdots,X_n\}$.

12. (1)$f(x;\beta)=\begin{cases}\dfrac{\beta}{x^{\beta+1}}, & x>1,\\ 0, & x\leqslant 1;\end{cases}$ (2)$\beta=\dfrac{\overline{X}}{\overline{X}-1}$; (3)$\beta=\dfrac{n}{\sum\limits_{i=1}^{n}\ln X_i}$.

13. $E(\hat{\theta})=\theta$.

14. $(-0.98,0.98)$.

15. $(8.2,10.8)$.

16. (1)$(0.379,5.86)$；(2)$(0.378,8.711)$.

重点习题讲解

---

t 分布的发现及其在统计学史上划时代的意义

附表 1 泊松分布表

$$P\{X \leqslant x\} = \sum_{k=0}^{x} \frac{\lambda^k \mathrm{e}^{-\lambda}}{k!}$$

x	λ								
	0.1	0.2	0.3	0.4	0.5	0.6	0.7	0.8	0.9
0	0.9048	0.8187	0.7408	0.6730	0.6065	0.5488	0.4966	0.4493	0.4066
1	0.9953	0.9825	0.9631	0.9384	0.9098	0.8781	0.8442	0.8088	0.7725
2	0.9998	0.9989	0.9964	0.9921	0.9856	0.9769	0.9659	0.9526	0.9371
3	1.0000	0.9999	0.9997	0.9992	0.9982	0.9966	0.9942	0.9909	0.9865
4		1.0000	1.0000	0.9999	0.9998	0.9996	0.9992	0.9986	0.9977
5				1.0000	1.0000	1.0000	0.9999	0.9998	0.9997
6							1.0000	1.0000	1.0000

x	λ								
	1.0	1.5	2.0	2.5	3.0	3.5	4.0	4.5	5.0
0	0.3679	0.2231	0.1353	0.0821	0.0498	0.0302	0.0183	0.0111	0.0067
1	0.7358	0.5578	0.4060	0.2873	0.1991	0.1359	0.0916	0.0611	0.0404
2	0.9197	0.8088	0.6767	0.5438	0.4232	0.3208	0.2381	0.1736	0.1247
3	0.9810	0.9344	0.8571	0.7576	0.6472	0.5366	0.4335	0.3423	0.2650
4	0.9963	0.9814	0.9473	0.8912	0.8153	0.7254	0.6288	0.5321	0.4405
5	0.9994	0.9955	0.9834	0.9580	0.9161	0.8576	0.7851	0.7029	0.6160
6	0.9999	0.9991	0.9955	0.9858	0.9665	0.9347	0.8893	0.8311	0.7622
7	1.0000	0.9998	0.9989	0.9958	0.9881	0.9733	0.9489	0.9134	0.8666
8		1.0000	0.9998	0.9989	0.9962	0.9901	0.9786	0.9597	0.9319
9			1.0000	0.9997	0.9989	0.9967	0.9919	0.9829	0.9682
10				0.9999	0.9997	0.9990	0.9972	0.9933	0.9863
11				1.0000	0.9999	0.9997	0.9991	0.9976	0.9945
12					1.0000	0.9999	0.9997	0.9992	0.9980

x	λ								
	5.5	6.0	6.5	7.0	7.5	8.0	8.5	9.0	9.5
0	0.0041	0.0025	0.0015	0.0009	0.0006	0.0003	0.0002	0.0001	0.0001
1	0.0266	0.0174	0.0113	0.0073	0.0047	0.0030	0.0019	0.0012	0.0008
2	0.0884	0.0620	0.0430	0.0296	0.0203	0.0138	0.0093	0.0062	0.0042
3	0.2017	0.1512	0.1118	0.0818	0.0591	0.0424	0.0301	0.0212	0.0149
4	0.3575	0.2851	0.2237	0.1730	0.1321	0.0996	0.0744	0.0550	0.0403
5	0.5289	0.4457	0.3690	0.3007	0.2414	0.1912	0.1496	0.1157	0.0885
6	0.6860	0.6063	0.5265	0.4497	0.3782	0.3134	0.2562	0.2068	0.1649
7	0.8095	0.7440	0.6728	0.5987	0.5246	0.4530	0.3856	0.3239	0.2687
8	0.8944	0.8472	0.7916	0.7291	0.6620	0.5925	0.5231	0.4557	0.3918
9	0.9462	0.9161	0.8774	0.8305	0.7764	0.7166	0.6530	0.5874	0.5218
10	0.9747	0.9574	0.9332	0.9015	0.8622	0.8159	0.7634	0.7060	0.6453
11	0.9890	0.9799	0.9661	0.9466	0.9208	0.8881	0.8487	0.8030	0.7520
12	0.9955	0.9912	0.9840	0.9730	0.9573	0.9362	0.9091	0.8758	0.8364
13	0.9983	0.9964	0.9929	0.9872	0.9784	0.9658	0.9486	0.9261	0.8981
14	0.9994	0.9986	0.9970	0.9943	0.9897	0.9827	0.9726	0.9585	0.9400
15	0.9998	0.9995	0.9988	0.9976	0.9954	0.9918	0.9862	0.9780	0.9665
16	0.9999	0.9998	0.9996	0.9990	0.9980	0.9963	0.9934	0.9889	0.9823
17	1.0000	0.9999	0.9998	0.9996	0.9992	0.9984	0.9970	0.9947	0.9911
18		1.0000	0.9999	0.9999	0.9997	0.9994	0.9987	0.9976	0.9957
19			1.0000	1.0000	0.9999	0.9997	0.9995	0.9989	0.9980
20					1.0000	0.9999	0.9998	0.9996	0.9991

附表 2　标准正态分布表

$$\Phi(x)=\int_{-\infty}^{x}\frac{1}{\sqrt{2\pi}}\mathrm{e}^{-\frac{t^2}{2}}\mathrm{d}t$$

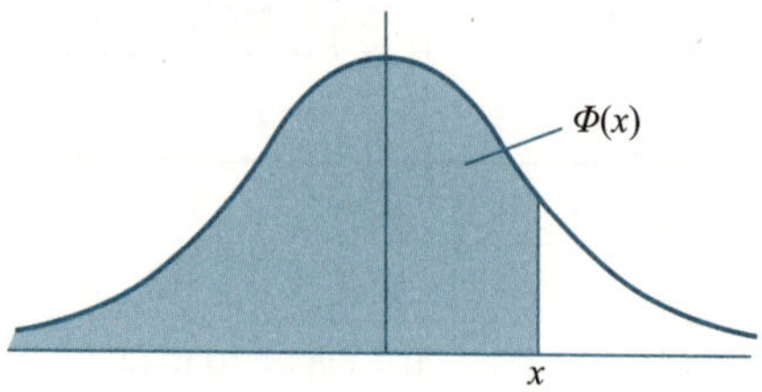

x	0.00	0.01	0.02	0.03	0.04	0.05	0.06	0.07	0.08	0.09
0.0	0.5000	0.5040	0.5080	0.5120	0.5160	0.5199	0.5239	0.5279	0.5319	0.5359
0.1	0.5398	0.5438	0.5478	0.5517	0.5557	0.5596	0.5636	0.5675	0.5714	0.5753
0.2	0.5793	0.5832	0.5871	0.5910	0.5948	0.5987	0.6026	0.6064	0.6103	0.6141
0.3	0.6179	0.6217	0.6255	0.6293	0.6331	0.6368	0.6406	0.6443	0.6480	0.6517
0.4	0.6554	0.6591	0.6628	0.6664	0.6700	0.6736	0.6772	0.6808	0.6844	0.6879
0.5	0.6915	0.6950	0.6985	0.7019	0.7054	0.7088	0.7123	0.7157	0.7190	0.7224
0.6	0.7257	0.7291	0.7324	0.7357	0.7389	0.7422	0.7454	0.7486	0.7517	0.7549
0.7	0.7580	0.7611	0.7642	0.7673	0.7704	0.7734	0.7764	0.7794	0.7823	0.7852
0.8	0.7881	0.7910	0.7939	0.7967	0.7995	0.8023	0.8051	0.8078	0.8106	0.8133
0.9	0.8159	0.8186	0.8212	0.8238	0.8264	0.8289	0.8315	0.8340	0.8365	0.8389
1.0	0.8413	0.8438	0.8461	0.8485	0.8508	0.8531	0.8554	0.8577	0.8599	0.8621
1.1	0.8643	0.8665	0.8686	0.8708	0.8729	0.8749	0.8770	0.8790	0.8810	0.8830
1.2	0.8849	0.8869	0.8888	0.8907	0.8925	0.8944	0.8962	0.8980	0.8997	0.9015
1.3	0.9032	0.9049	0.9066	0.9082	0.9099	0.9115	0.9131	0.9147	0.9162	0.9177
1.4	0.9192	0.9207	0.9222	0.9236	0.9251	0.9265	0.9278	0.9292	0.9306	0.9319
1.5	0.9332	0.9345	0.9357	0.9370	0.9382	0.9394	0.9406	0.9418	0.9429	0.9441
1.6	0.9452	0.9463	0.9474	0.9484	0.9495	0.9505	0.9515	0.9525	0.9535	0.9545
1.7	0.9554	0.9564	0.9573	0.9582	0.9591	0.9599	0.9608	0.9616	0.9625	0.9633
1.8	0.9641	0.9649	0.9656	0.9664	0.9671	0.9678	0.9686	0.9693	0.9699	0.9706
1.9	0.9713	0.9719	0.9726	0.9732	0.9738	0.9744	0.9750	0.9756	0.9761	0.9767
2.0	0.9772	0.9778	0.9783	0.9788	0.9793	0.9798	0.9803	0.9808	0.9812	0.9817
2.1	0.9821	0.9826	0.9830	0.9834	0.9838	0.9842	0.9846	0.9850	0.9854	0.9857
2.2	0.9861	0.9864	0.9868	0.9871	0.9875	0.9878	0.9881	0.9884	0.9887	0.9890
2.3	0.9893	0.9896	0.9898	0.9901	0.9904	0.9906	0.9909	0.9911	0.9913	0.9916
2.4	0.9918	0.9920	0.9922	0.9925	0.9927	0.9929	0.9931	0.9932	0. 9934	0.9936
2.5	0.9938	0.9940	0.9941	0.9943	0.9945	0.9946	0.9948	0.9949	0.9951	0.9952
2.6	0.9953	0.9955	0.9956	0.9957	0.9959	0.9960	0.9961	0.9962	0.9963	0.9964
2.7	0.9965	0.9966	0.9967	0.9968	0.9969	0.9970	0.9971	0.9972	0.9973	0.9974
2.8	0.9974	0.9975	0.9976	0.9977	0.9977	0.9978	0.9979	0.9979	0.9980	0.9981
2.9	0.9981	0.9982	0.9982	0.9983	0.9984	0.9984	0.9985	0.9985	0.9986	0.9986
3.0	0.9987	0.9987	0.9987	0.9988	0.9988	0.9989	0.9989	0.9989	0.9990	0.9990
3.1	0.9990	0.9991	0.9991	0.9991	0.9992	0.9992	0.9992	0.9992	0.9993	0.9993
3.2	0.9993	0.9993	0.9994	0.9994	0.9994	0.9994	0.9994	0.9995	0.9995	0.9995
3.3	0.9995	0.9995	0.9995	0.9996	0.9996	0.9996	0.9996	0.9996	0.9996	0.9997
3.4	0.9997	0.9997	0.9997	0.9997	0.9997	0.9997	0.9997	0.9997	0.9997	0.9998